Nationalatlas Bundesrepublik Deutschland – Freizeit und Tourismus

Nationalatlas Bundesrepublik Deutschland –
Unser Land in Karten, Texten und Bildern

Gesellschaft und Staat
Bevölkerung
Dörfer und Städte
Bildung und Kultur
Verkehr und Kommunikation
Freizeit und Tourismus

In dieser Sonderausgabe sind die zwischen 1999 und 2002 erschienenen ersten
sechs Bände des *Nationalatlas Bundesrepublik Deutschland* zusammengefasst.

Der Band *Freizeit und Tourismus* wurde ermöglicht durch Projektförderung
des Staatsministeriums für Wissenschaft und Kunst des Freistaates Sachsen.

Institut für Länderkunde, Leipzig (Hrsg.)

Nationalatlas Bundesrepublik Deutschland –
Unser Land in Karten, Texten und Bildern

Freizeit und Tourismus
Mitherausgegeben von Christoph Becker und Hubert Job

Wichtiger Hinweis für den Benutzer
Der Verlag und der Autor haben alle Sorgfalt walten lassen, um vollständige und akkurate Informationen in diesem Buch zu publizieren. Der Verlag übernimmt weder Garantie noch die juristische Verantwortung oder irgendeine Haftung für die Nutzung dieser Informationen, für deren Wirtschaftlichkeit oder fehlerfreie Funktion für einen bestimmten Zweck. Der Verlag übernimmt keine Gewähr dafür, dass die beschriebenen Verfahren, Programme usw. frei von Schutzrechten Dritter sind. Der Verlag hat sich bemüht, sämtliche Rechteinhaber von Abbildungen zu ermitteln. Sollte dem Verlag gegenüber dennoch der Nachweis der Rechtsinhaberschaft geführt werden, wird das branchenübliche Honorar gezahlt.

Bibliografische Information der Deutschen Bibliothek
Die Deutsche Bibliothek verzeichnet diese Publikation in der Deutschen Nationalbibliografie; detaillierte bibliografische Daten sind im Internet über http://dnb.ddb.de abrufbar.

Nationalatlas Bundesrepublik Deutschland
Herausgeber: Leibniz-Institut für Länderkunde
Schongauerstraße 9
D-04329 Leipzig
Mitglied der Leibniz-Gemeinschaft

Freizeit und Tourismus
Mitherausgegeben von Christoph Becker und Hubert Job

Alle Rechte vorbehalten
Sonderausgabe der sechs Bände *Gesellschaft und Staat* (1. Auflage 1999),
Bevölkerung (2001), *Dörfer und Städte* (2002), *Bildung und Kultur* (2002),
Verkehr und Kommunikation (2001), *Freizeit und Tourismus* (2000)
1. Auflage der Sonderausgabe 2004
© Elsevier GmbH, München
Spektrum Akademischer Verlag ist ein Imprint der Elsevier GmbH.

04 05 06 07   5 4 3 2 1 0

Das Werk einschließlich aller seiner Teile ist urheberrechtlich geschützt. Jede Verwertung außerhalb der engen Grenzen des Urheberrechtsgesetzes ist ohne Zustimmung des Verlages unzulässig und strafbar. Das gilt insbesondere für Vervielfältigungen, Übersetzungen, Mikroverfilmungen und die Einspeicherung und Verarbeitung in elektronischen Systemen.

Nationalatlas Bundesrepublik Deutschland
Projektleitung: Prof. Dr. S. Lentz, Dr. S. Tzschaschel
Lektorat: S. Tzschaschel
Redaktion: V. Bode, K. Großer, D. Hänsgen, C. Hanewinkel, S. Lentz, S. Tzschaschel
Kartenredaktion: S. Dutzmann, K. Großer, B. Hantzsch, W. Kraus
Umschlag- und Layoutgestaltung: WSP Design, Heidelberg
Satz und Gesamtgestaltung: J. Rohland
Druck und Verarbeitung: Appl Druck GmbH & Co. KG, Wemding

Umschlagfotos: PhotoDisc
Printed in Germany

ISBN 3-8274-1523-3

Aktuelle Informationen finden Sie im Internet unter www.elsevier.de

Geleitwort

Früher sagte man den Deutschen nach, sie hätten die Arbeit erfunden. Heute spricht man dagegen von der Freizeitgesellschaft, und die Statistik zeigt, dass kaum ein Volk auf der Welt so viel und so oft reist wie die Deutschen. Mit den veränderten Lebensbedingungen der postmodernen Gesellschaft spielt die Freizeit eine zunehmend wichtige Rolle für die Bürger und auch für die Wirtschaft. Wenn Freizeit als Komplementärbegriff zur Arbeits- oder Lernzeit als Teil des Tages, einer Woche oder auch eines Jahres verstanden wird, ist dieser Begriff überwiegend positiv besetzt und wird assoziativ mit angenehmen Freizeitaktivitäten verbunden. Eine durchaus problematische Dimension erhält der Begriff Freizeit, wenn er als Lebensfreizeit verstanden wird und damit alle Zeiten des Lebens umfasst, in denen nicht gelernt oder gearbeitet wird bzw. nicht mehr gearbeitet werden kann aus Gründen der Arbeitslosigkeit, der Gesundheit oder des Alters.

Entsprechend vielschichtig sind auch die Themen im vorliegenden Atlasband „Freizeit und Tourismus". So werden die Angebotspotenziale im Freizeitbereich der verschiedenen Regionen der Bundesrepublik dargestellt, Nachfragestrukturen und ihre regionalwirtschaftliche Bedeutung transparent gemacht und auch Probleme, die durch Tourismus und Fremdenverkehr verursacht sind, diskutiert.

Im umfangreichsten Themenbereich des Bandes werden die Angebotspotenziale für unterschiedlichste Freizeitangebote aller Regionen Deutschlands dargestellt. So entsteht ein reizvolles Gesamtbild von Deutschland, in das jedes Land und jeder Landstrich seine regionalen Besonderheiten einbringt und damit beim Leser Interesse und ggf. Neugier weckt. Und hier verweise ich als Sächsischer Staatsminister für Wissenschaft und Kunst mit besonderer Freude auf die zahlreichen Darstellungen zum Kulturtourismus aus zwei Gründen.

Zum einen meine ich, dass in diesem Bereich die neuen Bundesländer, und natürlich auch Sachsen, für alle Bürger unseres Landes und auch unserer Nachbarländer Interessantes zu bieten haben. Zum anderen haben wir in den neuen Bundesländern im Prozess der Wiedereinrichtung der Länder Brandenburg, Mecklenburg-Vorpommern, Sachsen, Sachsen-Anhalt und Thüringen hautnah erleben können, wie die kulturgeschichtliche Entwicklung und besonders die Entwicklungsgeschichte von Wissenschaft und Kunst regionale Identität prägen und stiften können. Doch diese regionalen Identitäten sollen nicht trennen, sondern sollen sich, dem föderalen Konzept der Bundesrepublik Deutschland folgend, durch Bündelung und Verknüpfung zu einem einheitlichen Deutschlandbild überlagern.

Wenn man heute, zehn Jahre nach der Wiederherstellung der deutschen Einheit, noch häufig die vorhandene Mauer in den Köpfen beklagt, bin ich sicher, dass dieser Zustand nur durch den eben genannten Prozess einer Herstellung der Einheit in der Vielfalt überwunden werden kann. Doch dazu ist es notwendig, sich gegenseitig kennen zu lernen. Und hierfür leistet der vorliegende Atlasband einen wichtigen Beitrag.

Ich hoffe, dass die Atlasbeiträge Interesse und Neugier wecken und so letztendlich Anreize für Reisen in die verschiedenen Regionen Deutschlands bieten. Vielleicht lassen sich so nicht nur die noch vorhandenen Mauern in den Köpfen abbauen, sondern auch die von Alltagssorgen verschüttete Freude und Dankbarkeit über das Geschenk der Wiedervereinigung wieder entdecken.

Das Institut für Länderkunde setzt mit seiner Neugründung 1992 die über 100-jährige Tradition geographischer Forschung in Leipzig fort – wie die erst kürzlich vom Wissenschaftsrat verabschiedete Stellungnahme zeigt, mit großem Erfolg. Ich freue mich, dass der Wissenschaftsrat bei der Begutachtung

des Instituts für Länderkunde e.V. das Atlasprojekt besonders hervorgehoben hat. Insbesondere wurde das hervorragende Konzept des Nationalatlasses Bundesrepublik gewürdigt, weil es die Mitwirkung breiter Kreise an der Erarbeitung des ersten gesamtdeutschen Nationalatlasses ermöglicht und eine deutliche Lücke in der geographischen Forschung Deutschlands schließt.

Ich wünsche dem Institut für Länderkunde als federführendem Koordinator des Projektes und Herausgeber des Nationalatlas Bundesrepublik Deutschland und allen am Vorhaben Beteiligten viel Erfolg.

Dresden, im April 2000

Prof. Dr. Hans Joachim Meyer
Sächsischer Staatsminister für Wissenschaft und Kunst

Abkürzungsverzeichnis

Zeichenerläuterung

❶   Verweis auf Abbildung/Karte
▶▶   Verweis auf anderen Beitrag
→   Hinweis auf Folgeseiten
▶   Verweis auf blauen Erläuterungsblock

Allgemeine Abkürzungen

Abb. – Abbildung
BBR – Bundesamt für Bauwesen und Raumordnung
BIP – Bruttoinlandsprodukt
BRD – Bundesrepublik Deutschland
bspw. – beispielsweise
bzw. – beziehungsweise
ca. – cirka, ungefähr
DDR – Deutsche Demokratische Republik
etc. – etcetera, und so weiter
EU – Europäische Union
Ew. – Einwohner
ggf. – gegebenenfalls
GIS – Geographisches Informationssystem
Hrsg. – Herausgeber
i.e.S. – im eigentlichen Sinn
IfL – Institut für Länderkunde
inkl. – inklusive
J. – Jahr/e
Jh./Jhs. – Jahrhundert/s
Kfz – Kraftfahrzeug
km – Kilometer
k.A. – Keine Angabe (bei Daten)
m – Meter
Max./max. – Maximum/maximal
Med./med. – Medizin/medizinisch
Min./min. – Minimum/minimal
mind. – mindestens
Mio. – Millionen
MJ – Mega-Joule
MOE – Mittel- und Osteuropa
Mrd. – Milliarden
N – Norden
O – Osten
o.g. – oben genannt/e/r
ÖPNV – Öffentlicher Personennahverkehr
Pkw – Personenkraftwagen
Pol. – Politik
rd. – rund
S – Süden
sog. – sogenannte/r/s
Tsd. – Tausend
u.s.w. – und so weiter
u.a. – und andere
u.U. – unter Umständen
v.a. – vor allem
vs. – versus
W – Westen
Wirt. – Wirtschaft
z.B. – zum Beispiel
z.T. – zum Teil

Abkürzungen in diesem Band

ADFC – Allgemeiner Deutscher Fahrrad-Club e.V.
BNatSchG – Bundesnaturschutzgesetz
DCC – Deutscher Camping-Club
DEHOGA – Deutscher Hotel- und Gaststättenverband
DGF – Deutsche Gesellschaft für Freizeit
DTV – Deutscher Tourismusverband
DWIF – Deutsches Wirtschaftswissenschaftliches Institut für Fremdenverkehr
DZT – Deutsche zentrale für Tourismusforschung
EWA – European Waterparc Association
FDGB – Freier Deutscher Gewerkschaftsbund (DDR)
FFA – Filmförderungsanstalt
F.U.R. – Forschungsgemeinschaft Urlaub und Reisen e.V.
GRW – Gemeinschaftsaufgabe zur Verbesserung der Regionalen Wirtschaftsstruktur
IATA – International Air Transport Association
ITB – Internationale Tourismus-Börse
IUCN – The World Conservation Union/Weltnaturschutzunion
UNESCO – United Nations Educational, Scientific, and Cultural Organization
UZR – unzerschnittener Freiraum
VDGW – Verband Deutscher Gebirgs- und Wandervereine
VNP – Verein Naturschutzpark

Für Abkürzungen von geographischen Namen – Kreis- und Länderbezeichnungen, die in den Karten verwendet werden – siehe Verzeichnis im Anhang.

Inhaltsverzeichnis

Geleitwort *(Hans-Joachim Meyer)* 5
Vorwort des Herausgebers 9
Deutschland auf einen Blick *(Dirk Hänsgen, Birgit Hantzsch und Uwe Hein)* 10

Einführung und Rückblick

Freizeit und Tourismus in Deutschland – eine Einführung *(Christoph Becker)* 12
Fremdenverkehr vor dem Zweiten Weltkrieg *(Oliver Kersten und Hasso Spode)* 22
Urlaub in der DDR *(Volker Bode)* 24

Angebotspotenzial

Natur und Kulturlandschaft

Fremdenverkehrsgebiete und naturräumliche Ausstattung *(Yin-Lin Chen, Jörg Maier, Nadine Menchen,
    Thomas Sieker, Michael Stoiber)* 26
Bioklimatische Eignung und Fremdenverkehr *(Hans-Joachim Fuchs und Heinz-Dieter May)* 30
Kurverkehr *(Anja Brittner)* 32
Naturparke – Erholungsvorsorge und Naturschutz *(Hubert Job)* 34
Freilichtmuseen – Besuchermagneten im Kulturtourismus *(Winfried Schenk)* 38
Inszenierte Natur *(Julia Siebert und Wilhelm Steingrube)* 40
Kleingärten – Freizeiträume und grüne Lungen der Städte *(Meike Wollkopf)* 44
Naherholung *(Kim E. Potthoff und Peter Schnell)* 46

Gebaute und gelebte Kultur

Kulturtourismus und historische Baudenkmäler *(Ludger Brenner)* 48
Wallfahrtsorte und Pilgertourismus *(Gisbert Rinschede)* 50
Freilichtbühnen *(Aline Albers und Heinz-Dieter Quack)* 54
Musikfestivals und Musicals *(Anja Brittner)* 56
Fasnet – Fasching – Karneval *(Torsten Widmann)* 60
Volksfeste *(Sigurd Agricola)* 62

Freizeit- und Tourismusinfrastruktur

Verkehrslinien als touristische Attraktionen *(Imre Josef Demhardt)* 64
Freizeitwohnen mobil und stationär *(Jürgen Newig)* 68
Feriengroßprojekte *(Christoph Becker)* 72
Entwicklung des Beherbergungsangebots (1985 - 1998) *(Ulrich Spörel)* 74
Freizeit- und Erlebnisbäder *(Roman Schramm)* 76
Multiplex-Kinos – moderne Freizeitgroßeinrichtungen *(Hans-Jürgen Ulbert)* 78
Freizeit- und Erlebnisparks *(Uwe Fichtner)* 80

Sport

Sportstätten im Trendsport-Zeitalter *(Thomas Schnitzler)* 84
Fußball – Volkssport und Zuschauermagnet *(Christian Lambrecht)* 86
Unterwegs in der Landschaft – Wandern, Radfahren und Reiten *(Petra Becker)* 88
Naturorientierter Freizeitsport – Klettern und Kanufahren *(Hubert Job und Daniel Metzler)* 92
Golfsport *(Kai-Oliver Mursch)* 94
Wintersport *(Tanja Bader-Nia)* 96

Nachfrage- und Organisationsstrukturen

Inländische Reiseziele *(Susanne Flohr)* 98
Auslandsreisen der Deutschen *(Karl Vorlaufer)* 100
Herkunft und Ziele ausländischer Gäste *(Michael Horn und Rainer Lukhaup)* 104
Städtetourismus zwischen Geschäftsreisen und Events *(Evelyn Jagnow und Helmut Wachowiak)* 108
Urlaub auf dem Land – das Beispiel der Weinanbaugebiete *(Michael Horn, Rainer Lukhaup, Christophe Neff)* 112

Regionalwirtschaftliche Bedeutung des Tourismus *(Mathias Feige, Thomas Feil, Bernhard Harrer)* 116
Tourismusförderung als Aufgabe der Raumentwicklung *(Hans Hopfinger)* 118
Organisationsstrukturen im deutschen Tourismus *(Christoph Becker und Martin L. Fontanari)* 120
Reisemittler und Reiseveranstalter *(Claudia Kaiser)* 124
Aus-, Fort- und Weiterbildung im Tourismus *(Kristiane Klemm)* 128

Problemfelder

Soziokulturelle Belastungen durch den Fremdenverkehr *(Heiko Faust und Werner Kreisel)* 130
Landschaftszerschneidung durch Infrastrukturtrassen *(Ulrich Schumacher und Ulrich Walz)* 132
Luftschadstoffe und Erholung *(Thomas Littmann)* 136
Umweltgütesiegel und Produktkennzeichnung im Tourismus *(Eric Losang)* 140

Anhang

Ein Nationalatlas für Deutschland *(Konzeptkommission)* 146
Thematische Karten – ihre Gestaltung und Benutzung *(Konrad Großer und Birgit Hantzsch)* 148
Verzeichnis Geographischer Abkürzungen (Kreise und Länder) 152
Quellenverzeichnis – Autoren, kartographische Bearbeiter, Datenquellen, Literatur und Bildnachweis 154
Sachregister 165

Im Schuber finden Sie - für alle sechs Bände - Folienkarten zum Auflegen mit der administrativen Gliederung der Bundesrepublik Deutschland:
- *Kreisgrenzen und -namen in den Maßstäben 1:2,75 Mio. und 1:3,75 Mio.,*
- *Regierungsbezirke im Maßstab 1:5 Mio.,*
- *Länder im Maßstab 1:6 Mio.,*
- *Reisegebiete im Maßstab 1:2,75 Mio.,*
- *Raumordnungsregionen in den Maßstäben 1:5 Mio. und 1:6 Mio.*

Zudem gibt es eine herausnehmbare Legende für Stadtkarten (Band „Dörfer und Städte").

Vorwort des Herausgebers

Mit „Freizeit und Tourismus" wird der zweite Band des Nationalatlas vorgelegt. Das Projekt hat sich damit nach dem einführenden Band „Gesellschaft und Staat" einem der zehn thematischen Bände zugewandt. Die Koordinatoren des Bandes „Freizeit und Tourismus" – renommierte Forscher aus dem Bereich der Fremdenverkehrs- und Sozialgeographie – haben ein Konzept realisiert, das nicht nur Freizeit- und Reiseverhalten dokumentiert sowie die Einrichtungen dafür in ihrer räumlichen Verteilung darstellt, sie haben darüber hinaus die Aufmerksamkeit auf wichtige Verknüpfungen mit der Wirtschaft, der Ökologie, dem Verkehr und der Kultur gelenkt. Zur Erstellung der 44 Beiträge konnten sie rund 60 Autoren aus Wissenschaft, Planung und Praxis verpflichten, die unter verschiedensten Blickwinkeln und mit unterschiedlichen Ansätzen das Gesamtthema in informativer und anschaulicher Weise ausgefüllt haben. Ihnen allen sei hiermit für ihr Engagement gedankt.

Ein besonderer Dank gilt auch den Institutionen, die das Institut für Länderkunde im Laufe der Atlasarbeiten tatkräftig mit Daten unterstützen, allen voran das Bundesamt für Bauwesen und Raumordnung, das Bundesamt für Kartographie und Geodäsie sowie die Statistischen Ämter des Bundes und der Länder. Bei den vorbereitenden Arbeiten zu den Atlasbänden hat sich die Zusammenarbeit mit diesen und anderen bundesweiten Institutionen und Ämtern weit über den formalen, durch den Atlas-Beirat institutionalisierten Rahmen hinaus etabliert. Es hat sich ein reger Kontakt mit den Stellen ergeben, die in Deutschland zentral über Daten verfügen, sie erheben, sammeln, ordnen und aufbereiten. In Ländern wie den USA gilt amtliche Statistik als *public domain*, d.h. öffentliches Gut, das – da letztlich durch den Steuerzahler finanziert – auch jedem zugänglich ist. Dieser Sachverhalt wird durch den Gesetzgeber in Deutschland anders geregelt. Die Rechte für Statistik und Daten, wie z.B. auch die der Übersichtskarte 1 : 1 Million (DLM 1000), liegen bei den Ämtern, und ihre Nutzung muss jeweils individuell beantragt und bezahlt werden. Zunehmend sind die Ämter zudem gehalten, Einnahmen vorzuweisen, so dass es gar nicht in ihrem individuellen Ermessen liegt, Daten kostenlos zur Verfügung zu stellen, da ihr eigener Haushalt eng an das Vorweisen von Einnahmen gekoppelt ist. Umso mehr wissen wir die unkomplizierte Kooperationsfreudigkeit der entsprechenden Stellen zu schätzen.

Zu danken ist den Sponsoren, die das Projekt Nationalatlas finanziell ermöglichen. Der vorliegende Band wurde wiederum vom Sächsischen Staatsministerium für Wissenschaft und Kunst gefördert, das als einer seiner beiden Zuwendungsgeber das Institut für Länderkunde auch in anderen Situationen und Bereichen immer tatkräftig unterstützt hat.

Dieser Atlasband wird ebenfalls in einer CD-ROM-Version vorgelegt, da das gesamte Werk neben der gedruckten auch in einer elektronischen Ausgabe erscheint. Neben der vollständigen Übernahme aller Karten, Grafiken, Fotos und Texte bietet diese Ausgabe – den Möglichkeiten des elektronischen Mediums entsprechend – weitere Funktionen an. So können kartographische Analysen durchgeführt und Karten gestaltet werden. Des Weiteren gibt es ein Glossar, und das Stichwortverzeichnis ist unmittelbar mit den thematischen Beiträgen verknüpft. Auch das „Blättern" zu anderen Beiträgen und die kumulative Vernetzung des Gesamtwerkes ist in der elektronischen Ausgabe erleichtert.

Lassen Sie uns an dieser Stelle auf einige Konstanten in den Bänden des Nationalatlas hinweisen. Diejenigen, die nicht alle Bände abonniert haben, finden in jedem Band einführend eine Kurzinformation über „Deutschland auf einen Blick" mit den Übersichtskarten zu den wichtigsten geographischen Grundzügen des Landes und zur Bevölkerungsdichte. Im Anhang werden jeweils das Gesamtkonzept aller zwölf Bände (▶▶ Beitrag Konzeptkommission) und die Prinzipien der thematischen Kartographie, die in dem Atlaswerk zur Anwendung kommen (▶▶ Beitrag Großer/Hantzsch), erläutert.

Das Institut für Länderkunde hat sich über die positive Aufnahme des Nationalatlas in Öffentlichkeit und Presse sowie bei Fachleuten und Politikern gefreut. Wir hoffen, dass auch der Band „Freizeit und Tourismus" auf Interesse und Anklang stößt.

Leipzig, im April 2000

Für das Institut für Länderkunde

Alois Mayr
  (Projektleitung)
Sabine Tzschaschel
  (Projektleitung und Gesamtredaktion)
Konrad Großer
  (Kartenredaktion)
Christian Lambrecht
  (elektronische Ausgabe)

Deutschland auf einen Blick

Dirk Hänsgen, Birgit Hantzsch, Uwe Hein

Deutschland liegt in Mitteleuropa, hat ein kompakt geformtes Territorium mit einer Fläche von 357.022 km² und grenzt an neun andere Staaten.

- **Gemeinsame Grenzen mit anderen Ländern:** Dänemark (67 km), Niederlande (567 km), Belgien (156 km), Luxemburg (135 km), Frankreich (448 km), Schweiz (316 km), Österreich (816 km), Tschechische Republik (811 km), Polen (442 km),
- **Äußerste Grenzpunkte (Gemeinden):** List (SH) 55°03'33"N / 8°24'44"E, Oberstdorf (BY) 47°16'15"N / 10°10'46"E, Selfkant (NW) 51°03'09"N / 5°52'01"E, Deschka (SN) 51°16'22"N / 15°02'37"E,
- **N-S-Linie der Grenzpunkte:** 876 km,
- **W-O-Linie der Grenzpunkte:** 640 km.

Gliederung des Staatsgebiets

Das Bundesgebiet gliedert sich in verschiedene Gebietskörperschaften. Die föderative Struktur der 16 Bundesländer trägt den regionalen Besonderheiten Deutschlands Rechnung. Die 323 Landkreise/Kreise, 117 kreisfreien Städte/Stadtkreise und 14.197 Gemeinden bilden die Basis der verwaltungsräumlichen Gliederung (Stand 1997).

Landesnatur

Die landschaftliche Großgliederung ❷ Deutschlands ordnet sich in die für Mitteleuropa typischen Großlandschaften: Tiefland, Mittel- und Hochgebirge. Im Norden befindet sich das *Norddeutsche Tiefland*. Eine besondere Differenzierung erfährt die Mittelgebirgslandschaft durch das *Südwestdeutsche Schichtstufenland* und den *Oberrheingraben*. Im Süden stellt das *Süddeutsche Alpenvorland* den Übergang zu der Hochgebirgsregion der *deutschen Alpen* dar.

- **Höchste Erhebungen:** Zugspitze (2.962 m), Hochwanner (2.746 m), Höllentalspitze (2.745m), Watzmann (2.713 m)
- **Längste Flussabschnitte:** Rhein (865 km), Elbe (700 km), Donau (647 km), Main (524 km), Weser (440 km), Saale (427 km)
- **Größte Seen:** Bodensee (571,5 km²), Müritz (110,3 km²), Chiemsee (79,9 km²), Schweriner See (60,6 km²)
- **Größte Inseln:** Rügen (930 km²), Usedom (373 km²), Fehmarn (185,4 km²), Sylt (99,2 km²)

Bevölkerung, Siedlung, Flächennutzung

Auf der Fläche Deutschlands leben im Jahr 2000 rund 82 Mio. Menschen, bei einer mittleren Bevölkerungsdichte von 230 Ew./km². Die reale Verteilung ❶ weist ein ausgeprägtes West-Ost-Gefälle auf. Die Siedlungs- und Verkehrsfläche beansprucht 12% des Territoriums. Die größten Flächenanteile entfallen auf die Landwirtschaftsfläche (54%) und die Waldfläche (29%).

- **Höchste und niedrigste Bevölkerungsdichte (Kreise):** kreisfreie Stadt München (3917 Ew./km²), Landkreis Müritz (41 Ew./km²),
- **Größte Städte:** Berlin (3,4 Mio. Ew.), Hamburg (1,7 Mio. Ew.), München (1,2 Mio. Ew.), Köln (1 Mio. Ew.)

Freizeit und Tourismus in Deutschland – eine Einführung

Christoph Becker

"Urlaubsgeld erschließt die Welt", Plakat des DGB 1956

Entwicklung von Arbeitszeit, Freizeit und Urlaub – ein dynamischer Prozess

Zwischen der Freizeit und der Arbeitszeit besteht ein sehr enger Zusammenhang. Als in der Frühphase der Industrialisierung eine 70-Stunden-Woche herrschte, gewährte nur der Sonntag ein Minimum an Freizeit ❶. Bereits die 48-Stunden-Woche in den 1950er Jahren war ein gewisser Fortschritt, doch liegt es auf der Hand, dass die heutige Arbeitswoche mit 37,5 Stunden in den alten Ländern ungleich mehr Freizeit bietet. Inzwischen steht der deutschen Bevölkerung, ohne den Urlaub zu zählen, im Durchschnitt bereits deutlich mehr Freizeit zur Verfügung, als Zeit auf die Erwerbstätigkeit verwendet werden muss ❸. Allerdings kommt der Rückgang der Arbeitszeit nicht voll der Freizeit zugute, da für Bildung, Kontakte und handwerkliche Tätigkeiten heute mehr Zeit als früher aufzuwenden ist.

Neben der Arbeitszeitverkürzung trägt auch die Anzahl der bezahlten Urlaubstage nicht unerheblich zur Jahres-Freizeit bei ❷. Diese hat sich von 12 Urlaubstagen im Jahr 1950 beständig erhöht. 1997 waren es im Durchschnitt 29,5 Tage. Begünstigt durch bedeutende Steigerungen der Realeinkommen, wurden verstärkt Urlaubsreisen unternommen. Während im Jahr 1954 erst knapp ein Viertel der Bevölkerung den Urlaub für eine Erholungsreise nutzte, stieg die ▶ Reiseintensität in den 1990er Jahren auf über 75% ❹. Über 18% der Bevölkerung führten neben der Hauptur-laubsreise noch weitere Urlaubsreisen durch. Darüber hinaus unternahmen 23% der Bevölkerung eine zusätzliche Kurzurlaubsreise und weitere 21% mehrere Kurzurlaubsreisen mit einer Dauer von 2 bis 4 Tagen. Mit dieser hohen Reiseintensität liegt Deutschland nahe an der Sättigungsgrenze bei Urlaubsreisen.

Wertewandel

Mit dem Rückgang der Arbeitszeit und dem Ansteigen des Einkommens in den 1970er Jahren konnten Freizeit und Urlaub in Westdeutschland einen immer größeren Raum im Leben der Gesellschaft einnehmen (OPASCHOWSKI 1997, S. 29 ff.). Es kann von einem Wandel der gesellschaftlichen Werte gesprochen werden, der die traditionellen Arbeitstugenden wie auch das Entstehen von neuen Freizeitwerten betraf ❺. Während der Urlaub bis in die 1970er Jahre vor allem als Gegenpol zum Arbeitsleben und als Regeneration für die Arbeit diente, rückte er in den 1990er Jahren in den Mittelpunkt des Freizeitlebens. Die „neuen" Urlauber zeigen mit mehr Zeit, Bildung und Wohlstand vielseitige

Interessen; es wird immer häufiger, weiter und kürzer verreist, wobei der „hybride", d.h. mehrfach orientierte Urlauber bei seinen verschiedenen Reisen die unterschiedlichsten Angebote wahrnimmt; der Urlaub soll vor allem erlebnisreich sein.

Im Freizeitsektor der 1990er Jahre lassen sich insbesondere die folgenden Wandlungen beobachten:
- ein wachsendes Interesse am individuell betriebenen Freizeitsport,
- ein Trend zu ganzjährig nutzbaren Freizeitangeboten in Hallen und zu Aktivitäten mit moderner, hochtechnisierter Ausrüstung in der freien Natur;
- aufwendige Freizeitanlagen werden zunehmend von privaten Unternehmen angeboten.

> **Freizeit** ist das durch gesellschaftliche Übereinkunft ermöglichte Zeitquantum außerhalb der Arbeitszeit, über das der Einzelne selbst (frei) entscheiden kann, um es für sein Wohlbefinden zu verwenden (DGF 1993, S. 9).
>
> Unter **Tourismus** verstehen wir die Gesamtheit der Beziehungen und Erscheinungen, die sich aus der Ortsveränderung und dem Aufenthalt von Personen ergeben, für die der Aufenthaltsort weder hauptsächlicher und dauernder Wohn- noch Arbeitsort ist (KASPAR 1996, S. 16).
>
> **Fremdenverkehr** im geographischen Sinn ist die lokale oder gebietliche Häufung von Fremden mit einem jeweils vorübergehenden Aufenthalt, der die Summe von Wechselwirkungen zwischen den Fremden einerseits und der ortsansässigen Bevölkerung, dem Orte und der Landschaft andererseits zum Inhalt hat (POSER 1939, S. 170).
>
> Mit **Reiseintensität** bezeichnet man den Prozentsatz der Bevölkerung über 14 Jahre, der in einem Jahr eine Urlaubsreise von mindestens 5 Tagen Dauer unternommen hat.
>
> Mit **Incoming-Tourismus** wird der Bereich des Fremdenverkehrs bezeichnet, der auf Gästen aus dem Ausland beruht, die das Land zu überwiegend touristischen Zielen und für die Dauer von nicht mehr als einem Jahr besuchen.

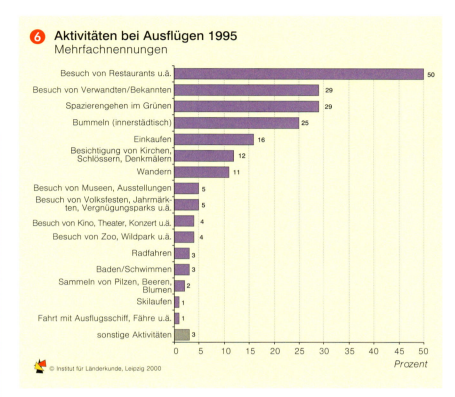

6 Aktivitäten bei Ausflügen 1995 Mehrfachnennungen

Wandern in den Weinbergen am Rhein

Freizeit- und Urlaubsaktivitäten

Bei den Freizeitaktivitäten der Bevölkerung zeigt sich über die Jahre hin ein recht stabiles Bild **7**. Das Fernsehen hat sich an die Spitze aller Freizeitaktivitäten gesetzt. Die Beschäftigung mit dem Computer hat noch einen geringen Umfang, zeigt aber eine Aufwärtstendenz. Was sich vor allem verändert hat, ist die Vielfalt der Tätigkeiten und die Vielzahl von verschiedenartigen äußeren Bedingungen für Freizeittätigkeiten von der Infrastruktur bis zu High-Tech-Geräten.

Die Übersicht über die häufiger ausgeübten Freizeitaktivitäten gibt bereits einen Eindruck davon, dass nach wie vor rd. 70% zu Hause ausgeübt werden, nur 30% außerhalb des Hauses. Das große Gewicht der Mediennutzung ist allerdings zu relativieren, da insbesondere das Radio Hören, aber zunehmend auch das Fernsehen nur einen Hintergrund für die Ausübung anderer Aktivitäten bilden.

Unter den außerhäuslichen Aktivitäten ragen aus räumlicher Perspektive die Ausflüge besonders heraus. Nach Angaben des DWIF unternimmt jeder Bundesbürger im Durchschnitt 26,2 Ausflüge pro Jahr – also praktisch alle 14 Tage einen Ausflug (DWIF 1995, S. 24). Die Ausflugsziele sind durchschnittlich 70 km entfernt; sie werden meistens mit dem Pkw angesteuert (78%) (▶▶ Beitrag Demhardt). Während der Ausflüge dominieren – neben Restaurantbesuchen – bewegungsorientierte Aktivitäten **6**.

Im Grenzbereich zwischen Freizeitverkehr und Fremdenverkehr stehen die Kurzreisen mit 1–4 Übernachtungen **8**. Im Hinblick auf die ausgeübten →

7 Freizeitaktivitätenspektrum 1992 und 1996

Das Begriffsfeld "Freizeit"

Zahlreiche Autoren haben sich bemüht, den Begriff der Freizeit zu definieren - doch keine Definition kann befriedigen. Wir wollen dem Gedanken von LARRABEE und MEYERSOHN (1960) folgen: „Freizeit ist die Zeit, in der man machen kann, was einem gefällt." Die Stärke dieser Definition ist, dass sie auf die psychologische Einstellung des Einzelnen Bezug nimmt und einfach formuliert ist. Allerdings ist sie massenstatistisch schwer umzusetzen, und es bleibt die Frage offen, wie z.B. Arbeit zu bewerten ist, die dem Einzelnen Freude macht.

Umfang und Art der Freizeit waren in den vergangenen Jahrhunderten starken Wandlungen unterworfen. Im Mittelalter hatte die Freizeit einen ähnlichen Umfang wie heute, geprägt durch kirchliche Feiertage, Zunftregeln und das ländliche Jahr. Mit dem Beginn der Industrialisierung litt insbesondere die Masse der Industriearbeiter unter unmenschlichen Arbeitsbedingungen: Außer am Sonntag blieb keine freie Zeit übrig.

Seit 150 Jahren ist die Arbeitszeit ständig zurückgegangen, doch ist damit die Freizeit im oben definierten Sinne nicht ebenso mitgewachsen. Die Obligationszeit, die zur Lebensführung notwendig ist, hat nämlich ebenfalls deutlich zugenommen. Wenn heute bei vielen Menschen der subjektive Eindruck besteht, immer weniger Zeit zu haben, ist das auf die gestiegenen Erwartungen an das Freizeitleben und individuell empfundene innere Verpflichtungen zurückzuführen.

Während sich die Freizeit am Feierabend und am Wochenende seit 1850 ständig erhöht hat, stellt der bezahlte Urlaub mit durchschnittlich 29,5 Arbeitstagen pro Jahr eine echte Neuerung dar – die entscheidende Basis für den Tourismus. Daneben hat sich die Lebens-Freizeit im letzten Jahrhundert durch die längere Ausbildungszeit und vor allem durch den längeren Ruhestand bedeutend erhöht. Dazu hat nicht nur der häufiger gewährte Vorruhestand geführt, sondern vor allem die deutlich gewachsene Lebenserwartung.

Theoretisch können Arbeitslose über besonders viel Freizeit verfügen. Doch fehlen ihnen nicht nur weitgehend die finanziellen Möglichkeiten zur Freizeitgestaltung, so wie sie sich das wünschen, sondern es fehlt ihnen auch häufig in dieser Zwangsfreizeit die Einstellung, die Freizeit – im Gegensatz zur Arbeit – zu genießen. Hier zeigt sich die gesellschaftliche Bedeutung der Teilzeit-Arbeit, indem sie mehr Personen in den Arbeitsprozess einbezieht und den zuvor Arbeitslosen neben einem gewissen Einkommen das richtige Gefühl für den Genuss der – reichlich vorhandenen – Freizeit gewährt.

8 Ordnungsschema der Typen von Freizeit- und Fremdenverkehr

9 Die beliebtesten Reiseziele im In- und Ausland 1998

10 Aktivitäten während der Urlaubsreisen 1998
ausgeübte Aktivitäten während aller Urlaubsreisen (ab 5 Tage) 1998

11 In- und Auslandsreiseanteile der Haupturlaubsreisen der Deutschen 1954-1998

Freizeitaktivitäten ähneln sie den Urlaubsreisen, erfolgen allerdings mit großer Intensität und unter relativ hohem Aufwand.

Bei den Urlaubsreisen interessiert neben dem distanziellen Aspekt (s.u.) vor allem, welche Arten von Aktivitäten während des Urlaubs ausgeübt werden. Besonders bei Reisen innerhalb Deutschlands, aber auch im Ausland dominieren bei den deutschen Urlaubern das Spazierengehen und Wandern. Es folgen Besichtigungen und Ausflüge. Zum Baden und Sonnen zieht es die Urlauber vor allem ins Ausland, doch immerhin mehr als ein Drittel der Urlauber in Deutschland nutzt auch die hiesigen Angebote am Meer, an Seen oder in Schwimmbädern. Auch Urlauber, die Attraktionen besuchen, feiern oder Sport treiben wollen, also erlebnisreiche Aktivitäten bevorzugen, fahren eher ins Ausland, als dass sie diese während eines Inlandurlaubs ausüben.

Die Ostdeutschen sind während ihres Urlaubs deutlich aktiver als die Westdeutschen. Sie unternehmen mehr Besichtigungen und Ausflüge und wandern mehr; auch besuchen sie häufiger Attraktionen, treiben jedoch weniger häufig Sport im Urlaub.

Aktuelle Trends in Freizeit und Tourismus

In der Freizeit und im Tourismus können verschiedene aktuelle Trends beobachtet werden, von denen die wichtigsten und raumbedeutsamen kurz skizziert werden. Diese Trends beziehen sich meistens sowohl auf den Freizeit- als auch auf den Tourismussektor, teilweise aber auch auf einen der beiden Bereiche allein. Oft stehen sie im Widerspruch zueinander – nicht nur weil der Einzelne jeweils einem bestimmten Trend folgt, sondern weil die Bundesbürger zunehmend eine Mehrfachorientierung zeigen.

Trend: Vielfalt

Der Trend zur Vielfalt in Freizeit und Tourismus lässt sich in den verschiedensten Bereichen beobachten. Hier einige Beispiele:
- Während sich die Sportvereine in den 1950er und 1960er Jahren noch auf Fußball und Turnen konzentrierten, bieten sie heute in der Regel eine Fülle an sportlichen Aktivitäten; zudem haben sich zahlreiche Vereinigungen gebildet, die spezifische Sportarten fördern (Tennis-, Golf-, Aero-Clubs) (▶▶ Beiträge Lambrecht und Mursch) (OPASCHOWSKI 1997, S. 104ff.).
- Das Spektrum an Sportarten wird ständig erweitert, wobei neben den Trendsportarten vor allem Extremsport populär geworden ist. Zu den Trendsportarten gehören u.a. Inline-Skating, Streetball oder -soccer sowie Beach-Volleyball, auch in Hallen. Zu den Extremsportarten zählen Bungee-Jumping, Freeclimbing (▶▶ Beitrag Job/Metzler), River-Rafting, Eisklettern und Canyoning (OPASCHOWSKI 1997, S. 113ff.).
- In den 1970er Jahren und bis in die 1980er Jahre war das Kinoprogramm in den Städten durch die Anzahl der vorhandenen Kinos eng begrenzt. Der Boom der Multiplex-Kinos, die über bis zu 19 Leinwände (Cinemax Berlin-Potsdamer Platz) verfügen, sorgt für ein wesentlich breiteres Programm mit mehr Komfort (▶▶ Beitrag Ulbert).
- Gedruckte Reise- und Wanderführer, die sich zunehmend auf spezifische Interessengruppen konzentrieren, erleben einen wahren Boom.
- Die Feriendörfer der 1950er und 1960er Jahre sowie die Ferienzentren vom Beginn der 1970er Jahre werden

Im Spreewald

heute abgelöst bzw. ergänzt durch Clubanlagen, Luxusresidenzen, exklusive Sporthotels, Ferienparks mit „subtropischem Badeparadies" und einer Fülle an Freizeitangeboten oder von Großhotels, die in Freizeitparks integriert sind (▶▶ Beitrag C. Bekker).

- Die Reiseveranstalter bieten inzwischen über ihre „Warmwasserangebote" hinaus eine Fülle an Natur-, Kultur-, Sport-, Abenteuer- und Unterhaltungsangeboten, die einen erlebnisreichen Urlaub versprechen (▶▶ Beitrag Kaiser).
- Neben vielfältigen Reiseformen hält auch der Trend zum Zweitwohnsitz an. Dabei kann es sich um Häuser oder Wohnungen bzw. die ostdeutsche Variante der „Datsche" handeln wie auch um Campingwagen auf Dauerstellplätzen (▶▶ Beitrag Newig).

Der Trend in die Ferne

Im Jahre 1955 lässt sich Walter Christaller von den damals gerade erst möglichen Urlaubsreisen nach Sizilien zu seiner „Theorie der wachsenden Erschließung der Ferne" inspirieren – eine gewisse Analogie zu seiner „Theorie der zentralen Orte". Inzwischen ist kein Land zu fern, um nicht von deutschen Urlaubern aufgesucht zu werden. Nur noch knapp 30% der Urlauber bleiben bei ihrer Haupturlaubsreise im Inland ⓫. Hauptziel ist nach wie vor das Mittelmeer ➒; die Fernreisen haben allerdings von 1985 bis 1998 von 4,8% auf 13,4% zugenommen. Insofern ist Christallers Theorie noch heute gültig. Neben den zwar sinkenden, aber immer noch erheblichen Flugkosten bilden die Flugdauer und die damit verbundenen körperlichen Belastungen eine gewisse Barriere gegenüber einem allzu starken Ansteigen der Zahl von Flugreisen. Angesichts des exzessiven Energieverbrauchs bei Fernreisen ⓬ und der damit verbundenen Umweltbelastung ist die Wirkung dieser Begrenzungsfaktoren zu begrüßen.

Trend: Heimat und regionale Identität

In einem gewissen Widerspruch zum Trend in die Ferne steht das neuere Heimat- und Regionalbewusstsein. Es äußert sich in einem starken Interesse an Regionalgeschichte sowie an der Entwicklung des Natur- und Kulturraumes, an alten Handwerks-, Wirtschafts- und Lebensweisen. Die Einheimischen sind offen für Informationen aller Art über ihren eigenen Lebensraum; Feste und Jubiläumsfeiern werden zu größeren kommunikativen Ereignissen; Produkte aus der eigenen Region werden beim Einkauf bevorzugt.

Dieses Interesse wird häufig auch auf andere Gebiete übertragen, vor allem wenn diese eine sehr spezifische natürliche oder kulturelle Prägung erfahren haben. So suchen Ausflügler und Urlauber gerne herausragende Naturdenkmäler wie z.B. die Bastei in der Sächsischen Schweiz oder besondere Kulturlandschaften wie z.B. den Naturschutzpark Lüneburger Heide (▶▶ Beitrag Job) auf. Durch besondere kulturelle Entwicklungen geprägte Gebiete sind bevorzugte Ziele des Kulturtourismus ⓭. Freilichtmuseen, die die regionale ländliche Baukultur bewahren und komprimiert präsentieren, sind vielbesuchte Ausflugsziele (▶▶ Beitrag Schenk). Schließlich ist der Weintourismus ein Beispiel dafür, wie eine agrarische Sonderkultur und die von ihr geprägte Landschaft ein spezifisches Ausflugs- und Urlauberlebnis bieten, das durch Weinkonsum noch gesteigert wird und zum Weinkauf verleitet (▶▶ Beitrag Horn u.a.).

Trend: Aktivität

Hinter dem Trend zu mehr Aktivität steht das Streben nach Bewegung, Abwechslung und Erlebnis – nicht zuletzt als ein Ausgleich gegenüber monotonen Schreibtischtätigkeiten ➓. Die Freude an der eigenen körperlichen Bewegung drückt sich am deutlichsten beim Boom des Fahrradfahrens in der Freizeit aus. Nachdem das Fahrrad in den 1960er und 1970er Jahren zu einem wenig beachteten Verkehrsmittel geworden war, erlebte es danach eine neue Blüte. Die Industrie produzierte anstelle der früheren Touren- und Rennräder nun City-Bikes, Mountain-Bikes, Snow-Bikes (▶▶ Beitrag Bader-Nia), Trekking- und Liegeräder sowie Rennmaschinen. Das Land wurde mit einem dichten Netz von Fahrradwegen überzogen (▶▶ Beitrag P. Becker); Fahrradkarten und -führer erfreuen sich großer Popularität. Vielleicht bedeutet der Fahrradboom auch eine gewisse Emanzipation vom Auto, wofür ebenfalls die Renaissance des Wanderns spricht. Aber auch die Ausübung zahlreicher neuer Sportarten und die Beteiligung an den vielen lokalen und regionalen Festen (▶▶ Beitrag Agricola) spricht für ein größeres Bedürfnis nach Aktivität während der Freizeit. Schließlich zeigt sich bei den Badeurlaubern immer stärker der Wunsch nach mehr als Sonne, Strand und Meer.

Trend: Künstliche Welten

Gerade im Kulturtourismus ist die Suche nach dem Echten und Authentischen weit verbreitet. Rekonstruktionen und Duplikate – erst recht wenn sie in einem anderen Kulturraum errichtet werden – sind bei Kennern verpönt. Dennoch haben die Schäden durch die Besucher schon häufiger zum Bau →

⓬ Reisen und Energieverbrauch deutscher Urlauber 1994

Im Wattenmeer an der Nordseeküste

Freizeit und Tourismus in Deutschland – eine Einführung

⑬ Gliederung des Kulturtourismus

Reise- bzw. Ausflugsmotiv	Art des Kulturtourismus	Untergruppe der Motive (normalerweise kombiniert)	Unterarten des Kulturtourismus
Einzel-Kulturobjekte im weitesten Sinne	Objekt-Kulturtourismus	Kirchen Schlösser Galerien Museen Ausstellungen	Kunst-Tourismus Kunst-Tourismus Kunst-Tourismus Kunst- oder Museums-Tourismus
		Burgen und Festungen	Burgen-Tourismus
		historische Stätten	Geschichts-Tourismus
		Literaturstätten	Literatur-Tourismus
		archäologische Stätten	Vorgeschichts-Tourismus
		technische Sehenswürdigkeiten und Industrie	Industrie-Tourismus
Kulturobjekt-Häufung	Gebiets-Kulturtourismus	kulturlandschaftliche Sehenswürdigkeiten (Weinbau-Landschaften u.a.)	Kulturlandschafts-Tourismus
		Schlosshäufungen "Straßen", kulturelle Objekte	Kulturgebiets-Tourismus
Kultur-Ensembles	Ensemble-Kulturtourismus	Dorf-Ensembles städtische Ensembles	Dorf-Tourismus Stadt-Tourismus
Kulturelle Ereignisse im weitesten Sinne	Ereignis-Kulturtourismus	Festspiele, folkloristische Veranstaltungen von Musik u.a.	Festspiel-Tourismus Veranstaltungs-tourismus
		Kurse in Kunst, Musik, Volksmusik, Volkstanz, Volkskunst (Töpfern, Weben, Schnitzen u.a.), Sprachen	Kurs-Tourismus
Gastronomische Kultur Wein, Spezialitäten	Gastronomischer Kulturtourismus	Weinleseteilnahme u.a. Weinproben und -einkauf gut essen	Erlebnis-Kulturtourismus Wein-Tourismus Schlemmer-Tourismus
andere Kulturen	Fern-Kulturtourismus	naturnahe Kulturen, spezifisch ländliche und spezifisch städtische Kulturen	Ethno-Kulturtourismus Sozio-Kulturtourismus

© Institut für Länderkunde, Leipzig 2000

⑮ Besuch von Großveranstaltungen 1997
Mehrfachnennungen

57% der Befragten haben in den letzten 12 Monaten keine Großveranstaltung besucht.

© Institut für Länderkunde, Leipzig 2000

von Duplikaten geführt, z.B. bei den Höhlen von Lascaux, Goethes Gartenhaus oder ägyptischen Grabkammern. Alle vom Menschen errichteten Bauten sind künstliche Gebilde, die echt werden, wenn sie alt genug sind! Was spricht gegen Inszenierungen? Ist nicht das museale Erhalten von Umwelten ebenso künstlich? Kann nicht eine künstliche Umwelt zu einer neuen Realität werden? (STEINECKE/TREINEN 1997).

Ein Blick auf die virtuellen Freizeitmöglichkeiten ⑭ zeigt, dass uns verschiedene Angebote altvertraut sind – sie wurden lediglich durch neue Techniken oder spezifisches Design deutlich erweitert. Dabei taucht immer wieder die Frage auf, ob die virtuellen Erlebnisse nicht das Reisen – wenigstens zum Teil – ersetzen können, aber dies wird wohl die Ausnahme bleiben. Es wird eher durch die geschönte Darstellung der Realität in anderen Regionen Lust zum Reisen erzeugt – und praktische Informationen werden gleich mitgeliefert.

Der Trend zur Größe

Bereits zu Beginn der 1970er Jahre gab es einen ersten Trend zur Größe, als Ferienzentren bis dahin ungeahnte Dimensionen erreichten. Seit den 1990er Jahren hat der Trend zur Größe einen neuen Schub erhalten (FRANCK/PETZOLD/WENZEL 1997, S. 174ff.):

- Bei den Ferienzentren häufen sich mit den Ferienparks der zweiten Generation ausgesprochene Großprojekte, da nur eine vielfältige, attraktive Ausstattung mit „subtropischem Badeparadies", Shopping-Mall und überdachten Freizeiteinrichtungen ermöglichen (▶▶ Beitrag C. Becker).
- Die Durchschnittsgröße der Hotels in Deutschland hat sich von 1987 bis 1998 von 46 auf 67 Betten erhöht, vor allem durch zahlreiche neue, große Stadthotels. Diese gehören in der Regel zu Hotelketten, die durch ihre Größe den Markt maßgeblich beeinflussen (▶▶ Beitrag Becker/Fontanari).
- Mega-Events wie z.B. die Love-Parade in Berlin mit ca. 1,2 Mio. Teilnehmern ziehen kurzfristig ungeahnte Besuchermassen an.
- Die Multiplex-Kinos erobern den städtischen Kinomarkt (▶▶ Beitrag Ulbert).
- In den Großstädten werden Urban Entertainment Center und Großarenen als Veranstaltungszentren errichtet.

Trend: Events

Was früher Veranstaltung genannt wurde, wird heute zum Event hochstilisiert (▶▶ Beitrag Jagnow/Wachowiak) und zielgerichtet vermarktet (FREYER 1997, S. 604ff.). Das Event ist ein schillernder Begriff: Events im engeren Sinne sind Veranstaltungen, die einmalig sind wie die Reichstagsverhüllung oder die 1000-Jahr-Feier einer Stadt. Doch gibt es auch *Annual*-Events, die sich jedes Jahr wiederholen, wie die Volksfeste (▶▶ Beitrag Agricola), der Karneval (▶▶ Beitrag Widmann) oder Fußball-Endspiele. Auch kommerzielle Musicalveranstaltungen werden als Events eingestuft, obwohl sie täglich – teilweise über Jahre hin – gespielt werden; aber sie werden so vermarktet, dass sie sich für den Besucher als ein Event darstellen.

Im Einzelnen werden die folgenden Arten von Events unterschieden:

- kulturelle Events wie religiöse, wissenschaftliche, Musik-, Kunst-, Traditions- und Medienveranstaltungen (▶▶ Beiträge Rinschede, Albers/Quack und Brittner),
- natürliche Events wie Flora- und Fauna-Events, Gartenschauen und vor allem Naturkatastrophen-Events,
- Sport-Events von den Olympiaden bis zu den regelmäßigen Sportveranstaltungen und Volksläufen (▶▶ Beitrag Lambrecht),
- wirtschaftliche Events in Gestalt von Messen und Kongressen,
- gesellschaftliche Events wie Weltausstellungen, Opernbälle, Prominentenhochzeiten oder die Love-Parade,

⑭ Virtuelle Freizeitmöglichkeiten

Virtual Reality
Fernsehen
Computerspiele
Internetsurfen
Mind Machines
Light- und Akkustik-Shows
Groß-Video
Rund-um-Kino (MAX)
Multimedia-Shows
Simulationen, Cyberspace

Anlagen
Museen, Großmuseen
Technik- / Medienausstellungen; Messen
Themenparks und -welten, Technikparks
Medienkombi- und -großanlagen, Mediaparks, Filmparks
Themengastronomie, Cybercafé
Family Entertainment Parcs, Laserdroms

© Institut für Länderkunde, Leipzig 2000

- politische Events wie Gipfeltreffen, Parteitage, Besuche von Staatsmännern und Paraden.

Hinsichtlich der Größe werden Mega-, Medium- und Mini-Events unterschieden, je nach Besucherzahl und Reichweite. Das schließt nicht aus, dass mancher Landbewohner das jährliche Volksfest als Mega-Event empfindet. Die Gesellschaft für Freizeitforschung hat 1998 ermittelt, dass 43% der von ihr Befragten im Laufe des letzten Jahres mindestens eine Großveranstaltung besucht hatten ⑮.

Die Angebotselemente in Tourismus und Freizeit

Der Tourismus und insbesondere der Urlaubsreiseverkehr haben sich traditionell vor allem dort entwickelt, wo attraktive Landschaften vorhanden waren. Zur Attraktivität einer Landschaft tragen insbesondere die folgenden Elemente bei, die einen Kontrast zu den städtischen Wohngebieten bilden (▶▶ Beitrag Chen):

- reizstarkes Bioklima an Nord- und Ostsee sowie in den Höhenlagen der Mittelgebirge und Alpen (▶▶ Beitrag Fuchs),
- Gewässerränder, die dem Landschaftsbild einen besonderen Reiz verleihen und verschiedene Freizeitaktivitäten ermöglichen,
- Wälder und speziell Waldränder, die zum Wandern und Spazierengehen einladen,
- hohe Reliefenergie, die das Landschaftsbild abwechslungsreich gestaltet,
- eine kleinstrukturierte landwirtschaftliche Nutzfläche,
- Besiedlung und ihre Einbindung in die Landschaft.

Diese Elemente bilden die Ausgangsbasis für die touristische Entwicklung in

Appartementbauten auf Sylt

⓰ Gastronomisches Angebot in Deutschland 1993

Restaurants
Schankwirtschaften
Imbisshallen
Hotels
Gasthöfe
Cafés
Bars, Diskotheken u.ä.
Eisdielen
Trinkhallen

Anzahl in Tausend

© Institut für Länderkunde, Leipzig 2000

Deutschland. Verschiedene Landschaftsbewertungsverfahren, die Ende der 1960er Jahre und in den 1970er Jahren entwickelt wurden, beziehen sich insbesondere auf diese Elemente und demonstrieren im Modell, wo noch günstige Bedingungen zur weiteren Entwicklung von Fremdenverkehrsgebieten bestehen (BONERTZ 1981).

Neben diesen Basiselementen spielen auch örtlich gebundene natürliche Bedingungen eine Rolle. Mineral- und Moorbäder stützen sich auf Mineral- und/oder Thermalquellen, natürliche Heilgase und Peloide (Torf, Schlämme, Heilerden) (▶▶ Beitrag Brittner). Des Weiteren üben Baudenkmäler eine bedeutende Anziehungskraft auf den Tourismus aus. Zahlreiche Städte ziehen mehr Kulturtouristen als Geschäftsreisende an (▶▶ Beitrag Brenner).

Die Gunstfaktoren werden allerdings häufig stark beeinträchtigt von Störungen des Landschaftsbildes durch Gewerbebetriebe, verdichtete Wohnsiedlungen, Hochspannungsleitungen, militärische Übungsgelände, Verkehrs- und Industrielärm oder durch Gerüche von Industrie- und Landwirtschaftsbetrieben. Einzelne Störfaktoren können eine touristische Entwicklung verhindern, doch ist es durch gute Planung möglich, den Tourismus von den Störquellen zu trennen.

Dem ursprünglichen Angebot steht das abgeleitete Angebot gegenüber (GEIGANT 1962). Es umfasst:
- das Beherbergungsangebot mit über 54.000 Betrieben (mit mehr als acht Betten) in Deutschland, die 2,4 Mio. Gästebetten anbieten, (▶▶ Beitrag Spörel),
- das gastronomische Angebot, das freilich auch von der einheimischen Bevölkerung mitgenutzt wird ⓰,
- eine Vielzahl unterschiedlicher Freizeiteinrichtungen und Unterhaltungsangebote, die ebenfalls teilweise, z.T. sogar ausschließlich von den Einheimischen genutzt werden ⓱,
- die allgemeine Infrastruktur, die u.a. auch die Verkehrsanbindung sicherstellt.

In der historischen Entwicklung hat das ursprüngliche Angebot das abgeleitete Angebot nach sich gezogen. Im Grundsatz gilt, dass dort, wo das ursprüngliche Angebot wenig bietet, besonders viel in das abgeleitete Angebot investiert werden muss. Dennoch waren die Ferienparks der zweiten Generation in Deutschland bemüht, ihre Anlagen in oder am Rande von existenten Fremdenverkehrsgebieten zu errichten, um bei der Vermarktung zusätzlich von diesen zu profitieren.

Für Ausflüge gelten im Grundsatz dieselben Elemente wie für den Tourismus – mit Ausnahme des Beherbergungsangebotes. Allerdings verliert das ursprüngliche Angebot an Gewicht gegenüber dem abgeleiteten Angebot. Die Distanz vom Wohnort zu den Ausflugszielen spielt eine nicht unerhebliche Rolle: Weitere Fahrten werden nur dann unternommen, wenn dadurch besonders attraktive Ziele erreicht werden können. Je nach Größe der einzelnen Städte und der Attraktivität ihres nahen und fernen Umlandes ergeben sich unterschiedliche Durchschnittsdistanzen (▶▶ Beitrag Potthoff/Schnell).

Bei der täglichen Erholung im Wohnumfeld tritt dagegen das ursprüngliche Angebot meist stark zurück und wird z.T. ersetzt durch gestaltetes Grün und den eigenen Garten (▶▶ Beitrag Wollkopf). Stattdessen werden die vorhandenen Freizeiteinrichtungen stärker genutzt.

Wirtschaftliche Bedeutung und staatlicher Einfluss

Freizeit und Tourismus in der Bundesrepublik Deutschland sind ein vielfach unterschätzter Wirtschaftszweig, der rd. 8% zum Bruttoinlandsprodukt beiträgt. Bei dieser Berechnung spielen Ausflüge und Reisen eine dominierende Rolle, wobei Tagesausflüge und Tagesgeschäftsreisen gegenüber dem Übernachtungsverkehr in einer Relation von 57:43 zueinander stehen. Vom Umsatz her rangiert der Tourismus an zweiter Stelle hinter der Automobilindustrie ⓳; mit der Zahl der Beschäftigten liegt er weitaus höher, da im Tourismus der Anteil an Teilzeit- und Saisonarbeitern →

⓱ Touristische Infrastruktur in Deutschland

Wanderwege	170000 km
Radwege	38000 km
Wasserstraßen	6000 km
Naturparke	78
Nationalparke	13
Biosphärenreservate	13
Hütten (bewirtschaftet)	804
Museen	4 113
öffentliche/private Theater	345
Tennisplätze	50000 auf 18000 Anlagen
öffentliche Sauna-Anlagen	6000
öffentliche Bäder	6075
Freizeit- und Spaßbäder	175
Freizeit-Erlebnisbäder	220
Reitsportanlagen	8000
Golfplätze	550

© Institut für Länderkunde, Leipzig 2000

⓲ Regionaler touristischer Multiplikator-Effekt

© Institut für Länderkunde, Leipzig 2000

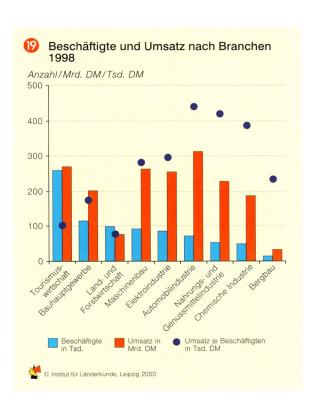

⓳ Beschäftigte und Umsatz nach Branchen 1998

Anzahl / Mrd. DM / Tsd. DM

Tourismuswirtschaft, Bauhauptgewerbe, Land- und Forstwirtschaft, Maschinenbau, Elektroindustrie, Automobilindustrie, Nahrungs- und Genussmittelindustrie, Chemische Industrie, Bergbau

■ Beschäftigte in Tsd.   ■ Umsatz in Mrd. DM   ● Umsatz je Beschäftigten in Tsd. DM

© Institut für Länderkunde, Leipzig 2000

Freizeit und Tourismus in Deutschland – eine Einführung

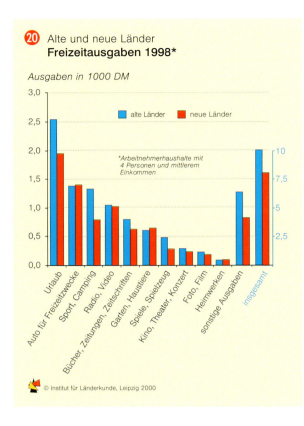

20 Alte und neue Länder
Freizeitausgaben 1998*

Ausgaben in 1000 DM

*Arbeitnehmerhaushalte mit 4 Personen und mittlerem Einkommen

© Institut für Länderkunde, Leipzig 2000

hoch ist, wobei die Entlohnung eher unterdurchschnittlich ist.

In diese Berechnungen ist auch der Multiplikatoreffekt miteingeflossen, der im Tourismus einen Wert von 1,3 erreicht. Damit werden vorgelagerte (z.B. Einzelhandel, Verkehrsmittel) und nachgelagerte Bereiche mit ihren durch den Tourismus induzierten Ausgaben mit berücksichtigt **18**.

Die wirtschaftliche Bedeutung des Tourismus in Deutschland wäre noch größer, wenn nicht 70% der Urlaubsreisen ins Ausland führten **11**. So stehen in der nationalen Reiseverkehrsbilanz Ausgaben von 76 Mrd. DM Einnahmen von lediglich 25 Mrd. DM (1997) gegenüber (▶▶ Beitrag Vorlaufer).

Neben dem gesamtwirtschaftlichen Stellenwert besitzt der Tourismus eine besondere regionalwirtschaftliche Bedeutung, weil er in landschaftlich attraktiven Gebieten teilweise mit hoher Konzentration auftritt (▶▶ Beitrag Feige u.a.); da diese in der Regel wirtschaftsschwache Gebiete sind, bildet er oft eine der wenigen möglichen Erwerbsgrundlagen für die Bevölkerung.

Die Ausgaben der Deutschen für Bildung, Unterhaltung und Freizeit werden für 1996 mit 191 Mrd. DM beziffert (DGF 1998). Legt man auch diesem Wert einen Multiplikatoreffekt von 1,3 zugrunde, ergeben sich für Freizeit und für Tourismus jeweils etwa gleich hohe Ausgaben. Diese Relation bestätigt sich auch, wenn die Ausgabenstruktur eines Vier-Personen-Haushaltes mit mittlerem Einkommen analysiert wird, der rd. 14% seines verfügbaren Einkommens für Freizeit und Urlaub ausgibt **20**. Wird berücksichtigt, dass ein Teil dieser Ausgaben für Urlaub ins Ausland abfließt, aber Teile der Ausgaben für das Auto, für Sport und Camping, für Foto und Film sowie für „sonstige Ausgaben" dem Tourismus zuzurechnen sind, entfallen auf Freizeit und Tourismus in Deutschland jeweils etwa die Hälfte der Ausgaben. Im Gegensatz zum Tourismus konzentrieren sich die Freizeitumsätze aber auf die Städte, da dort vor allem die kostenintensiven Anlagen ihren Standort haben.

Tourismuspolitik

Der Tourismus bildet eine Querschnittsaufgabe, für die das Bundesministerium für Wirtschaft die Federführung übernommen hat. Auch zahlreiche weitere Ministerien befassen sich damit. Das Referat für Tourismus innerhalb der Abteilung Mittelstandsförderung im Wirtschaftsministerium ist mit rd. einem Dutzend Mitarbeitern besetzt, was der Bedeutung dieses Wirtschaftszweiges in keiner Weise entspricht. Ein erst spät gegründeter Bundestagsausschuss vertritt den Tourismus auf der parlamentarischen Ebene. Insgesamt hat der Tourismus auf der Bundesebene nur einen geringen Stellenwert – er ist ein Selbstläufer, was nicht unbedingt als Nachteil einzuschätzen ist (EGGERT 2000).

Dennoch ist der Tourismus nicht unabhängig von der Politik, wie die Krise

Auf dem Großen Zernsee (Havel)

des Kurverkehrs von 1997/98 gezeigt hat. Hier hat die Gesundheitsreform zu starken Einbrüchen bei der Verordnung von Kuren geführt. Auch kommen dem Tourismus gewisse, eng begrenzte Fördermittel aus dem Bundeshaushalt zugute. Zum einen wird die „Deutsche Zentrale für Tourismus" – insbesondere für die Auslandswerbung – maßgeblich mit Bundesmitteln unterstützt; zum anderen fließen etwa 10% der Fördermittel im Rahmen der Gemeinschaftsaufgabe "Verbesserung der regionalen Wirtschaftsstruktur" in Tourismusprojekte in den wirtschaftsschwachen Gebieten (▶▶ Beitrag Hopfinger).

Auch auf der Länderebene bleibt der politische Stellenwert des Tourismus gering. Landesmittel zur Förderung des Tourismus fließen in die Gemeinschaftsaufgabe „Verbesserung der regionalen Wirtschaftsstruktur", in Programme zur Mittelstandsförderung und an die Fremdenverkehrsverbände der Länder, die die Werbung für das jeweilige Land und seine Fremdenverkehrsregionen betreuen. Die Landesplanung erarbeitet räumliche Entwicklungskonzeptionen für den Tourismus.

Tourismuspolitik wird vor allem auf kommunaler Ebene betrieben. Allein 4200 der rd. 14.600 deutschen Gemeinden sind in Fremdenverkehrsverbänden organisiert. Bei den Gemeinden (oder ihren privatisierten Tourismusorganisationen) muss teilweise viel Personal in den Verkehrsämtern eingesetzt werden wie auch bei Fremdenverkehrseinrichtungen und Unterhaltungsangeboten eingesetzt werden. Für die Errichtung und Unterhaltung dieser Einrichtungen müssen die Gemeinden erhebliche Mittel aufwenden, die nur zum kleinen Teil durch Kurtaxe und Fremdenverkehrsbeiträge abgedeckt werden.

Freizeitpolitik

Auch die Freizeitpolitik ist eine breit gestreute Querschnittsaufgabe, die aber meist wenig koordiniert von den einzelnen Ressorts durchgeführt wird. Lediglich dort, wo in den Ballungsgebieten Umland- und Zweckverbände bestehen, findet eine Koordinierung der Freizeitprojekte in der Landschaft statt. Beispiele für solche Verbände sind der Zweckverband Großraum Hannover, der Kommunalverband Ruhrgebiet, der Umlandverband Frankfurt oder der Verein zur Sicherstellung überörtlicher Erholungsgebiete in den Landkreisen um München e.V. Trotz der starken Zunahme der Freizeit haben Freizeitpolitik und Freizeitplanung einen äußerst geringen politischen Stellenwert. Angesichts der Mittelknappheit bei den öffentlichen Kassen werden attraktive neue Freizeitanlagen wie →

Die statistische Datenbasis

Die Statistik der Beherbergung im Reiseverkehr ist derzeit die wichtigste amtliche Datenquelle, die Aussagen über die Entwicklung des Tourismus in Deutschland liefert. Monatlich werden in allen Beherbergungsstätten ab neun Betten die Gäste- und Übernachtungszahlen – gegliedert nach In- und Ausländern – erhoben und in der Regel sogar gemeindeweise veröffentlicht. Damit bietet die Statistik eine objektive Erfolgskontrolle für die Verkehrsämter der Gemeinden und die regionalen Fremdenverkehrsverbände, auch wenn manche Verbesserungswünsche bestehen (STBA 1991). Zusätzlich zur gemeindeweisen Statistik weisen die Länder in Abstimmung mit den Kommunen und den Verbänden Reisegebiete aus **21**, die landschaftlich und touristisch einheitliche Räume zusammenfassen, in den Ländern allerdings unterschiedliche Größenordnungen haben. Zudem bleiben in einigen Regionen Restkategorien, die von keinem Reisegebiet abgedeckt sind.

Die Anzahl der Beherbergungsstätten mit ihrem Bettenangebot wird alle sechs Jahre – zuletzt am 1.1.1999 – erhoben; dabei werden diese nach Art und Ausstattung differenziert. Auch zum Urlaubscamping wird die Anzahl der Stellplätze und Übernachtungen ermittelt.

Diese Daten werden seit Ende der 1940er Jahre erfasst, allerdings mit gelegentlichen Änderungen in der Systematik. Daneben sammelt die amtliche Statistik auch Daten u.a. über die Nutzung der Verkehrsmittel, die Umsätze im Gastgewerbe und die Ausgabenstruktur von bestimmten Haushaltstypen, die jedoch in der Tourismusforschung allenfalls randlich verwendet werden (STBA 1999).

Aus der DDR liegen keine vergleichbaren Daten vor, nicht einmal Gesamtdaten der Gäste- und Übernachtungszahlen oder für die Beherbergungskapazität.

Um Informationen über das allgemeine Urlaubs-Reiseverhalten der deutschen Bevölkerung zu gewinnen, führen mehrere Institute jährlich oder mit noch kürzeren Intervallen Repräsentativbefragungen durch. Am häufigsten werden die Ergebnisse der ‚Reiseanalyse' verwendet (FUR 1999).

Zum Freizeitsektor werden von amtlicher wie von privater Seite keine regelmäßigen statistischen Erhebungen durchgeführt. Immerhin hat das DWIF im Jahr 1993 Basisdaten zum Ausflugsverhalten der deutschen Bevölkerung im Auftrag des Bundeswirtschaftsministeriums erhoben (DWIF 1995).

Die wichtigsten **Verbände der Interessenvertretung** von einzelnen Tourismussektoren:

- Der Deutsche Tourismusverband (DTV) vertritt die Interessen der regionalen Fremdenverkehrsverbände und der Fremdenverkehrsgemeinden.
- Der Deutsche Heilbäderverband (DHV) tritt für die Interessen der Kurorte ein.
- Der Deutsche Hotel- und Gaststättenverband (DEHOGA) vertritt das Gastgewerbe.
- Der Deutsche Reisebüroverband (DRV) ist für die Reisebüros und Reiseveranstalter zuständig.
- Der Bundesverband der Tourismus-Wirtschaft (BTW) vertritt Unternehmen der Tourismuswirtschaft.

Schlittenhunderennen im Vogtland

Golfplätze, Tennishallen oder Freizeitbäder zunehmend von privaten Unternehmen errichtet.

Die herausragende Verbandsvertretung im Freizeitbereich ist der Deutsche Sportbund. Auch die meisten öffentlichen Fördermittel für Freizeiteinrichtungen werden für Sportanlagen aufgebracht (▶▶ Beitrag Schnitzler).

Räumliche Entwicklungstrends

Angesichts des starken Trends der Deutschen zu Auslandsreisen ist es überraschend, dass das deutsche Beherbergungsgewerbe immer noch – mit gelegentlichen Unterbrechungen – kleine Wachstumsraten verzeichnen kann ㉓. Dazu tragen einerseits der Wiederaufbau des Beherbergungsangebotes in Ostdeutschland sowie der ▶ Incoming-Tourismus aus dem Ausland (▶▶ Beitrag Horn/Lukhaup) bei. Andererseits konnten in Westdeutschland der Küstenraum und der Städtetourismus in den beiden letzten Jahrzehnten beachtliche Wachstumsraten verzeichnen. Demgegenüber haben vor allem das Mittelgebirge, aber auch der Alpenraum deutlich Marktanteile verloren ㉒ ㉕ (▶▶ Beitrag Flohr).

㉔ Verkehrsmittel bei Ausflügen und für den Urlaub 1995

Der Küstenraum als größter Gewinner profitiert offensichtlich von einem wachsenden Gesundheitsbewusstsein. Das Reizklima an der See und die pollenfreie, salzhaltige Luft haben zu einer starken Aufwertung der Vor- und Nachsaison geführt, so dass die einstige starke saisonale Konzentration der Gäste auf wenige Sommermonate deutlich abgebaut und die Bettenauslastung verbessert werden konnte.

Der Tourismus in den (Groß-)Städten (▶▶ Beitrag Jagnow/Wachowiak) profitiert von einer allgemeinen Zunahme des Geschäftsreiseverkehrs, vor allem aber von einem starken Wachstum des Kulturtourismus (▶▶ Beitrag Brenner). Museen, Ausstellungen, Musicals (▶▶ Beitrag Brittner) und die verschiedensten Events, aber auch die restaurierten Innenstädte ziehen privat motivierte Reisende an.

In den Mittelgebirgen ist der Besucheranteil der traditionellen Stammgäste stark zurückgegangen; sie werden überwiegend für Kurzreisen aufgesucht. Daneben haben der Kurverkehr, einzelne Feriengroßprojekte, Urlaub auf dem Bauernhof und regional der Weintourismus (▶▶ Beitrag Horn u.a.) zu einer gewissen Stabilisierung beigetragen.

Der Alpenraum wird nach wie vor intensiv durch den Tourismus genutzt, doch ist das Angebot – ähnlich wie in den Mittelgebirgen – teilweise veraltet.

Innovationen im Tourismusbereich

Innovationen im Bereich von Freizeit und Tourismus sind eher rar. Im Freizeitsektor stechen vor allem privatwirtschaftliche Großanlagen wie Urban Entertainment Center, Mehrzweckhallen, Multiplex-Kinos (▶▶ Beitrag Ulbert), Freizeitbäder (▶▶ Beitrag Schramm) und Freizeitparks (▶▶ Beitrag Fichtner) ins Auge. Daneben ist auch die Anlage eines beachtlichen Radwegenetzes (▶▶ Beitrag P. Becker) sowie neuerdings die Errichtung von Regionalparks (wie im Rhein-Main-Gebiet) in Gang gekommen (▶▶ Beitrag Siebert/Steingrube). Im Tourismusbereich treten – neben manchen modernen Elementen bei den Hotels – vor allem die vielfältigen Feriengroßprojekte der letzten Jahre hervor (▶▶ Beitrag C. Becker), auch wenn sie immer noch ein Stück davon entfernt sind, mit qualitätsvoller Architektur eine perfekte Urlaubssituation zu bieten (Romeiss-Stracke 1998).

Nicht zuletzt aufgrund dieser gewissen Innovationsschwäche gilt Urlaub in Deutschland in breiten Kreisen als langweilig, als in der Qualität ungesichert, schwer buchbar und teuer. Zudem werden mit ihm schlechtes Wetter und ein schlechter Service assoziiert. Auch wenn diese Kritik übertrieben ist, steckt hinter jedem Punkt ein wahrer Kern, der Anlass zu Verbesserungen bietet. Ein wesentlicher Grund für das eher schlechte Image von Deutschland als Reiseland bei den Deutschen beruht darauf, dass bis 1997 zwar die einzelnen Bundesländer für einen Urlaub im jeweiligen Land warben, eine Image-Werbung für das Reiseziel Deutschland je-

㉓ Alte und neue Länder Übernachtungen 1985 - 1998

doch fehlte. Inzwischen hat die Deutsche Zentrale für Tourismus diese Aufgabe übernommen, und es ist zu hoffen, dass mit den begrenzten Mitteln eine Imageverbesserung erzielt werden kann. Gleichzeitig wird auch an zentralen Informations- und Reservierungssystemen, verstärkten lokalen und regionalen Kooperationen, der Entwicklung von gemeinsamen Markenzeichen (Dachmarken) und erlebnisreichen Pauschalreisen gearbeitet.

Belastungen der Umwelt und Lösungsansätze

Dass der Tourismus, aber auch viele außer Haus betriebene Freizeitaktivitäten auf eine attraktive, möglichst störungsfreie Umwelt angewiesen sind, wurde bereits herausgestellt. Auf der anderen Seite haben aber Freizeit und Tourismus zu teilweise gravierenden Beeinträchtigungen der Umwelt geführt. Damit haben sie vielfach die eigenen Grundlagen mehr oder weniger stark zerstört.

Inzwischen herrscht Übereinstimmung darüber, dass die stärksten Umweltbelastungen durch Freizeit und Tourismus von dem induzierten Verkehr ausgehen. 54% der zurückgelegten Wegstrecken im Personenverkehr gehen auf Freizeit und Tourismus zurück (DIW 1997). Da-

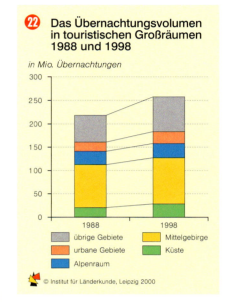

㉒ Das Übernachtungsvolumen in touristischen Großräumen 1988 und 1998

bei wird vor allem der Pkw, im Tourismus auch zunehmend das Flugzeug genutzt ㉔. Für diesen Verkehr werden erhebliche Mengen an nicht erneuerbarer Energie verbraucht und das Klima durch Schadstoffe beeinträchtigt, was Ausflügler und Urlauber kaum wahrnehmen (▶▶ Beitrag Littmann). Sehr wohl bemerken sie aber die Luftverschmutzung, den Lärm, die Landschaftszerschneidung (▶▶ Beitrag Schumacher/Walz) und die Parkplätze, die vom Verkehr ausgehen bzw. ihm dienen, und fühlen sich mehr oder weniger belästigt.

Auch in den folgenden, hier nur summarisch genannten Feldern treten teil-

㉕ Verteilung des Übernachtungsvolumens auf touristische Großräume 1998

weise einschneidende Umweltschäden durch Freizeitaktivitäten und Tourismus auf (Becker/Job/Witzel 1996, S. 22ff.):

- Die Landschaft wird durch Fremdenverkehrsbetriebe und Freizeiteinrich-

26 Hartes und sanftes Reisen nach R. Jungk

Hartes Reisen	Sanftes Reisen
Massentourismus	Einzel-, Familien- und Freundesreisen
wenig Zeit	viel Zeit
schnelle Verkehrsmittel	angemessene (auch langsame) Verkehrsmittel
festes Programm	spontane Entscheidung
außengelenkt	innengelenkt
importierter Lebensstil	landesüblicher Lebensstil
"Sehenswürdigkeiten"	Erlebnisse
bequem und passiv	anstrengend und aktiv
wenig oder keine geistige Vorbereitung	vorhergehende Beschäftigung mit dem Besuchsland
keine Fremdsprache	Sprachen lernen
Überlegenheitsgefühl	Lernfreude
Einkaufen ("Shopping")	Geschenke bringen
Souvenirs	Erinnerungen, Aufzeichnungen, neue Erkenntnisse
Knipsen und Ansichtskarten	Fotografieren, Zeichnen, Malen
Neugier	Takt
laut	leise

© Institut für Länderkunde, Leipzig 2000

tungen in ihrer Attraktivität beeinträchtigt.
- In sensiblen Landschaften werden Pflanzen und Tiere durch die verschiedenen Freizeitaktivitäten gestört (▶▶ Beitrag Losang).
- Durch Gebäude, Straßen, Parkplätze und Wege wird Boden versiegelt.
- Bauwerke und darin enthaltene Kunstwerke leiden unter starkem Besuch.
- Die einheimische Bevölkerung wird durch Besuchermassen oder laute Gruppen gestört (▶▶ Beitrag Faust/Kreisel).

Zu diesen möglichen Umweltbelastungen kommen in den Erholungsgebieten noch allgemeine Belastungen durch den Energie- und Wasserverbrauch sowie durch die Abwasser- und Abfallentsorgung hinzu, die jedoch größtenteils nur eine Verlagerung von den Wohn- in die Erholungsgebiete darstellen.

Die Ausflügler und Urlauber reagieren auf störende Belastungen, indem sie irgendwann auf andere, weniger belastete Ziele ausweichen. Diesen drohen dann ähnliche Probleme. Belastete Ziele werden mit der Zeit immer kürzer besucht, wodurch der Belastungsgrad weiter steigt.

Ansätze zur Reduktion von Umweltbelastungen

Um diese negativ rückgekoppelte Spirale zu beenden und die Umweltbelastungen auf das unvermeidbare Maß zu beschränken – denn die Freizeit- und Erholungsbedürfnisse werden nicht infrage gestellt –, wurden verschiedene Konzeptionen und Ansätze entwickelt.

KRIPPENDORF (1975) hat mit seinem Buch „Die Landschaftsfresser" erstmals nachdrücklich auf die vom Tourismus verursachten Umweltbelastungen hingewiesen. Als Vater der Konzeption des „Sanften Tourismus" gilt ROBERT JUNGK, der 1980 dem leider auch missverständlichen Begriff zum Durchbruch verhalf 26, denn jedes Reisen ist mit bestimmten Umweltbelastungen verbunden. Im Rahmen der Konzeption des sanften Tourismus wurden an verschiedenen Orten zielgerichtet Maßnahmen realisiert, um die Umweltbelastungen zu reduzieren. Vielzitierter Beispielort ist Hindelang im Allgäu, wo vor allem Landwirtschaft und Tourismus vorbildlich zusammenarbeiten. Geradezu berühmt ist das Öko-Hotel Ucliva in Waltensburg in Graubünden. Insgesamt ist die Freizeit- und Tourismusplanung – wie auch die allgemeine Raumplanung – in den beiden letzten Jahrzehnten deutlich umweltbewusster und -schonender geworden.

In den 1990er Jahren wurde auch im Tourismus die Konzeption der Nachhaltigkeit aufgegriffen, die im Brundtland-Bericht 1987 präsentiert worden war. Ihre Stärke ist, dass die drei Dimensionen der Ökologie, der Ökonomie und des Sozialen gleichrangig berücksichtigt werden 27, und die ausgesprochen langfristige Perspektive. Damit wird die im Zusammenhang mit der Diskussion um sanften Tourismus auftretende Dominanz der Ökologie zugunsten der angemessenen Berücksichtigung auch ökonomischer Aspekte verschoben. Die Thematik wird zunehmend auch in der Ausbildung für tourismusbezogene Berufsfelder berücksichtigt (▶▶ Beitrag Klemm).

In Deutschland hat sich vor allem der „Arbeitskreis Freizeit- und Fremdenverkehrsgeographie" mit dem Konzept der Nachhaltigkeit befasst und nicht nur einen Strategierahmen entwickelt, sondern auch eine Reihe von Grundlagenuntersuchungen durchgeführt (BECKER 1995, 1997, 1999). Spektakuläre Beispiele für die Umsetzung dieses Konzepts fehlen jedoch. Einerseits wird häufig an Projekte des sanften Tourismus angeknüpft, andererseits kann das Konzept der Nachhaltigkeit, das als Prozess zu sehen ist, nur längerfristig durchgesetzt werden (▶▶ Beitrag Losang).

Es bestehen verschiedene Ansätze, die Freizeit und den Tourismus umweltschonender zu gestalten (BECKER/JOB/WITZEL 1996, S. 84ff.):
- die Ausweisung von Schutzgebieten
- die Verbesserung des ÖPNV mit abgestimmten Angeboten
- Verkehrsberuhigung
- Festlegen von Kapazitätsgrenzen
- Anbieten und Nutzen regionaler Produkte
- verbesserte Informations- und Öffentlichkeitsarbeit

Gerade letztere nimmt eine Schlüsselposition ein, da wirkliche Verbesserungen der Umweltsituation nur durch die Forderungen der Nutzer und ein verändertes Verhalten der Einwohner, Ausflügler und Urlauber erreicht werden

28 Daseinsgrundfunktionen

© Institut für Länderkunde, Leipzig 2000

können. Zwar ist in Deutschland schon ein hohes Umweltbewusstsein erreicht, doch besteht – auch gerade bei der Freizeit- und Urlaubsgestaltung – noch eine gravierende Diskrepanz zwischen Wissen und Handeln, die es abzubauen gilt.

Im Rahmen der Informations- und Öffentlichkeitsarbeit spielen Umweltgütesiegel als Scharnier zwischen Betrieben und Gemeinden einerseits und den Nutzern andererseits eine wichtige Rolle. Bei den Beherbergungsbetrieben hat sich das Gütesiegel des DEHOGA durchgesetzt, zumal es teils zu Einsparungen, teils zu nur geringen zusätzlichen Kosten führt. Auf kommunaler Ebene gibt es mehrere regionale Gütesiegel, wie die Blaue Europaflagge, die Silberdistel oder die Schwalbe. Die Einführung eines bundesweiten Gütesiegels, das politisch sehr erwünscht wäre,

27 Konzept der Nachhaltigkeit

Nachhaltige Entwicklung ist Entwicklung, die die Bedürfnisse der Gegenwart befriedigt, ohne zu riskieren, dass künftige Generationen ihre eigenen Bedürfnisse nicht befriedigen können.

© Institut für Länderkunde, Leipzig 2000

wird dadurch behindert, dass allzu viele, oft schwer messbare Kriterien in dieses Modell einfließen müssten.

Einen besonderen Rang unter den Gütesiegeln nimmt der „Reisestern" ein (JOB 1996, S. 112 ff.) (▶▶ Beitrag Losang). Er soll in den Prospekten der Reiseveranstalter dargestellt werden und die einzelnen Reiseziele bewerten. Dabei zeichnet er sich durch seinen beachtlichen Informationsgehalt aus, indem er u.a. auch die An- und Abreise berücksichtigt.

Gliederung der Atlasbeiträge

Die folgenden Beiträge sind thematisch geordnet. Nach einem kurzen historischen Rückblick (▶▶ Beiträge Bode und Spode) wird relativ ausführlich das **Angebotspotenzial** für Freizeit und Tourismus dargestellt. Es folgen verschiedene Analysen zu den **Nachfrage- und Organisationsstrukturen**. Dabei sind einzelne Aspekte von Freizeit und Tourismus exemplarisch herausgegriffen, andere dagegen mussten unberücksichtigt bleiben. Zum Abschluss werden einige ausgesprochene **Problemfelder** behandelt.

Nicht nur bei den Problemfeldern, sondern auch in zahlreichen anderen Beiträgen wird die enge Verknüpfung von Freizeit und Tourismus mit anderen Lebensbereichen deutlich, wie es auch die Stellung der Funktion „Erholung" in der klassischen Darstellung der Daseinsgrundfunktionen zum Ausdruck bringt 28. Freizeit und Tourismus sind Lebensbereiche, die in engem Zusammenhang mit anderen Lebensbereichen zu sehen sind – sie bedeuten Querschnittsaufgaben, die interdisziplinär zu bearbeiten sind.◆

Freizeit und Tourismus in Deutschland – eine Einführung

Fremdenverkehr vor dem Zweiten Weltkrieg

Oliver Kersten und Hasso Spode

Familienurlaub auf Rügen 1911

Tourismus – die scheinbar zweckfreie Vergnügungsreise – ist ein historisch recht junges Phänomen. In ihn flossen sowohl ältere Reiseformen, wie die Pilger- oder Bäderreise, als auch der universelle Kontrast von Fest und Alltag ein. Doch bildet er eine Struktur eigenen Rechts. Seine Ursprünge sind in der Verzeitlichung des Denkens und Fühlens im 18. Jh. zu suchen, in grundlegenden Veränderungen und Ambivalenzen der Auffassung von Natur und Geschichte, die mit der Herausbildung der Moderne im Zusammenhang stehen: Während die Aufklärung den Fortschritt als das Ende der Unmündigkeit feierte, sahen andere, wie Rousseau, hierin im Gegenteil einen Verlust an Natur und Freiheit. Die frühromantische Zivilisationskritik entwickelte einen „touristischen Blick" auf vermeintlich authentische Landschaften und Kulturen, der bis heute Motivation und Verhalten der Touristen mit prägt. Zunächst auf kleine, adelig-bildungsbürgerliche Eliten beschränkt, wurde die touristische Reise schließlich zu einem festen Bestandteil der Lebensgestaltung in den Industrieländern.

Phasen des Reisens

In dem sozialen und räumlichen Ausbreitungs- und zugleich Wandlungsprozess von Reisegewohnheiten lassen sich grob folgende Phasen unterscheiden:

In der ins 19. Jh. reichenden *Entstehungsphase* stellt die touristische Reise eine durch Vermögen finanzierte, im Lebenslauf seltene und entsprechend herausgehobene Unternehmung dar. Die Quote der Auslandsreisen war hoch, ihre absolute Zahl, wie die aller touristischen Reisen, gering. In der langen, noch weiter unterteilbaren *Ausbreitungs- und Formierungsphase* bis zur Mitte des 20. Jhs. wird Reisen zu einem in den Jahresturnus eingebetteten Freizeitverhalten. Die soziale Exklusivität lockert sich schrittweise, touristische Institutionen und Infrastrukturen wie Verkehrsvereine, Reisebüros, Hotellerie, Verkehrswege etc. werden auf- und ausgebaut, und ein Set touristischer Praktiken verfestigt sich. Der Urlaubsreise werden dabei nun zweckrationale Begründungen zugewiesen: so diene sie der Erholung, auch der Bildung und Völkerverständigung. Die jährliche Reise wird im Bürgertum zur Selbstverständlichkeit. Überwiegend, zumal nach dem Ersten Weltkrieg, liegen die Destinationen im Inland: im Alpenraum, in den Mittelgebirgen, an Nord- und Ostsee sowie in Städten.

In die zweite Hälfte des 20. Jhs. fällt schließlich die *Durchsetzungs- und Konsolidierungsphase*: Die bereits zuvor wirtschaftlich, technisch und dann auch politisch eingeleitete Entprivilegisierung des Reisens wird mit dem Durchbruch des Massentourismus in den 1960er Jahren weitgehend Wirklichkeit. Zugleich hat sich die Quote der Auslandsreisen stark erhöht.

Fremdenverkehr vor dem Zweiten Weltkrieg

Die Karte ❷ zeigt die wichtigsten Fremdenverkehrsorte in Deutschland kurz vor dem Zweiten Weltkrieg. Erfasst sind alle Orte, die mindestens 100.000 Übernachtungen gemeldet hatten. Die Masse des touristischen Reiseverkehrs entfiel dabei auf die See- und Kurbäder (durchschnittliche Aufenthaltsdauer 13 bzw. 9 Tage), wobei die ersteren überwiegend Touristen i.e.S. beherbergten, während letztere häufig aus medizinischen Gründen aufgesucht wurden. Die oft fließenden Grenzen zwischen Vergnügungs- und Heilaufenthalt sind statistisch nicht erfassbar. In der Gruppe der Klein- und Mittelstädte sowie der Großstädte (durchschnittliche Aufenthaltsdauer jeweils 3 Tage) überwog der Geschäftsreiseverkehr, doch waren etliche dieser Städte, wie Heidelberg, ganz auf Besichtigungstourismus eingestellt. Dieser spielte auch in einigen Großstädten eine wichtige Rolle, wie in Berlin – mit 2,1 Mio. Gästen und 4,9 Mio. Übernachtungen der Spitzenreiter.

Die Reichsstatistik, auf der die Karte basiert, registrierte für 1938/39 insgesamt 29 Mio. Anmeldungen und 118 Mio. Übernachtungen, darunter 2,2 bzw. 7,5 Mio. Auslandsgäste (einschl. Ostmark und Sudetengau). Von den Übernachtungen entfielen auf die 125 erfassten Seebäder 14%, auf die 768 Heilbäder und Kurorte 51%, auf die 356 Klein- und Mittelstädte 12% und auf die 57 Großstädte 23%. Auf der Karte nicht enthalten sind die kleineren Fremdenverkehrsorte und Sommerfrischen. Mit Ausnahme einiger Seebäder fehlen somit auch jene Orte, die zu diesem Zeitpunkt zumeist von der NS-Freizeitorganisation „Kraft durch Freude" (KdF) beschickt wurden. Zum einen bevorzugte KdF touristisch unerschlossene Gebiete, zum anderen das gerade „heim ins Reich" geholte Österreich. KdF war der größte Reiseveranstalter der Welt; zwischen 1934 und 1939 wurden 7,4 Mio. Urlaubs- und 38 Mio. Kurzreisen verkauft. Hauptmotiv des NS-Regimes war hierbei die Gewinnung der Loyalität der Arbeiterschaft. Die verkündete „Brechung des bürgerlichen Reiseprivilegs" blieb zwar im Ansatz stecken, doch immerhin erreichte KdF eine Quote von einem Zehntel am Gesamttourismus und machte in der, vom Tourismus sonst weithin ausgeschlossenen Schichten die Idee des Reisens nachhaltig populär. Generell förderte das NS-Regime den Tourismus stärker als seine Vorgänger.

60 Jahre später liegt der Reiseverkehr zahlenmäßig auf einem deutlich höheren Niveau, obwohl auffällt, dass die meisten 1938/39 populären Ferienorte auch heute noch viel frequentiert werden. In Südwestfalen, Rheinland-Pfalz oder Ostbayern sowie im Umkreis von Ballungsgebieten sind zahlreiche Orte hinzugekommen, die den Wert von 100.000 Übernachtungen übersteigen. Dabei ist zu berücksichtigen, dass heute etwa zwei Drittel aller Urlaubsreisen ins Ausland führen.◆

❶ Gründungsjahre deutscher Seebäder*

Urlaub in der DDR

Volker Bode

Eine der obersten Prämissen der DDR war es, allen Werktätigen – unabhängig vom Einkommen – preiswerte Urlaubsreisen zu ermöglichen. In der Verfassung hieß es u.a. dazu: „Das Recht auf Freizeit und Erholung wird gewährleistet … durch einen vollbezahlten Jahresurlaub und durch den planmäßigen Ausbau des Netzes volkseigener und anderer gesellschaftlicher Erholungs- und Urlaubszentren" (Art. 34 Abs. 2 Verf. d. DDR). Dementsprechend flossen hohe staatliche Subventionen sowie umfangreiche Mittel des Feriendienstes des Freien Deutschen Gewerkschaftsbundes (FDGB) in diesen Bereich.

Urlaub innerhalb der DDR

Die Vermittlung von Urlaubsreisen innerhalb der DDR war vor allem die Aufgabe des Staates, des FDGB-Feriendienstes, der bereits 1947 gegründet wurde, sowie der Betriebe. Der kommerzielle Fremdenverkehr war von untergeordneter Bedeutung.

Für eine gewünschte Reise beantragten die Werktätigen für sich und ihre Familienangehörigen beim FDGB oder beim Betrieb einen Ferienscheck. Dieser Anrechtsschein, der nach bestimmten Auswahlkriterien vergeben wurde, fixierte den Urlaubsort, die Unterbringung und den Zeitpunkt der Reise. Üblicherweise waren diese Urlaubsreisen 13-tägig. Da der Organisationsgrad der Bevölkerung im FDGB sehr hoch war (1988: 9,6 Mio. Mitglieder), konnten viele Personen eine entsprechende Reise beantragen. 1989 vergab der FDGB rd. 1,8 Mio. Urlaubsreisen. Aufgrund der Kostenbeteiligung von Seiten des FDGB und zusätzlicher staatlicher Subventionen mussten die Urlauber lediglich etwa ein Drittel der tatsächlichen Kosten zahlen (SELBACH 1996).

Da der FDGB der steigenden Nachfrage bereits in den 1960er Jahren nicht mehr gerecht werden konnte, wurde das betriebliche Erholungswesen stark ausgebaut. Waren es 1965 noch ca. 650 Tsd. Personen, die in die Erholungseinrichtungen der Betriebe reisten, so waren es 1989 ca. 3,3 Mio. Urlauber. Besonders privilegiert waren die Beschäftigten, deren Betriebe eigene Erholungsheime, Schulungsheime, Bungalows oder Wohnwagen besaßen. Damit den Beschäftigten verschiedene Ziele angeboten werden konnten, tauschten die Betriebe ihre Plätze untereinander. Besonders nachgefragte Reisegebiete waren im Sommer die Ostseeküste und der Thüringer Wald, der Harz und das Erzgebirge während des Winters ❹.

Neben dem Betriebserholungswesen und dem Urlaub in FDGB-Ferieneinrichtungen spielten Campingreisen eine erhebliche Rolle. So stieg die Zahl der Campingreisenden von rd. 1,5 Mio. zu Anfang der 1970er Jahre auf rd. 3 Mio. im Jahre 1989. Besonders beliebt waren die Ostseeküste und die Mecklenburgische Seenplatte. Die Ursachen für den Anstieg lagen einerseits darin, dass es aufgrund der hohen Nachfrage schwierig war, einen Ferienplatz über den FDGB oder den Betrieb zu erhalten, und dass es keine freien Hotelkapazitäten gab. Andererseits belegen die steigenden Zahlen im Campingtourismus

und die große Anzahl von Wochenendhäuschen (Datschen), dass viele Bürger und Bürgerinnen der DDR ihren Urlaub lieber individuell gestalten wollten.

Von besonderer Bedeutung war auch die organisierte Ferienplanung für Kinder und Jugendliche. Der Staat proklamierte in diesem Zusammenhang: „Die sozialistische Gesellschaft ermöglicht der Jugend die erlebnisreiche und sinnvolle Gestaltung der Ferien, des Urlaubs und der Touristik. Anliegen der Jugend ist es, sich bei vielfältiger kultureller, sportlicher und touristischer Betätigung zu erholen und zu bilden, ihrer Lebensfreude Ausdruck zu geben und ihre Leistungsfähigkeit zu erhöhen" (3. Jugendgesetz der DDR; GBl. I, 1974, S. 45).

Montagsdemonstration am 23. Oktober 1989 in Leipzig

Dementsprechend fuhren die meisten Kinder und Jugendlichen während der Schulferien rd. 3 Wochen in die Betriebsferienlager (SELBACH 1996). Darüber hinaus wurden rd. 110 Tsd. Kinder während der Sommerferien in zentralen Pionierlagern betreut ❸.

Urlaub im Ausland

Für die Bevölkerung der DDR waren Auslandsurlaubsreisen grundsätzlich nur ins sozialistische Ausland möglich. Urlaubsreisen ins westliche Ausland wurden von Seiten des Staates unterbunden – die innerdeutsche Grenze und die Mauer in Berlin waren unübersehbare Zeugnisse dieser Politik. In den Genuss von Reisen ins westliche Ausland kamen – außer Rentnern und Rentnerinnen – nur sehr wenige (Reisen von Einzelpersonen in dringenden Familienangelegenheiten, Kongress- und Tagungsreisen von Reisekadern).

Haupttreiseveranstalter für Auslandsreisen waren das Reisebüro der DDR mit jährlich etwa 500.000 Reisen sowie das Jugendreisebüro der DDR „Jugendtourist". Auf der Basis bilateraler Verträge der DDR mit den Zielländern wurden die jährlichen Devisenbudgets und Reisezahlen festgelegt. Die Devisenknappheit der DDR wirkte sich besonders bei kurzfristigen Preiserhöhungen in den Zielländern negativ aus. Eine 14-tägige Pauschalreise des Reisebüros kostete etwa 2 bis 3 durchschnittliche Monatsgehälter. Aufgrund der hohen Preise, des durchorganisierten Gemeinschaftsprogramms und der Verpflegung reisten die meisten DDR-Bürger und Bürgerinnen lieber individuell mit der Bahn oder dem PKW in die RGW-Länder. In der zweiten Hälfte der 1980er Jahre waren dies jährlich über 8 Mio. Reisen, einschließlich der Kurzreisen und Fahrten im Rahmen des kleinen Grenzverkehrs (GROSSMANN 1996). Besonders attraktive Reiseziele waren die tschechoslowakische Tatra als Hochgebirgslandschaft, die Krim in der sowjetischen Republik Ukraine, die bulgarische Schwarzmeerküste und der Balaton (Plattensee) in Ungarn, wo das Klima und ein westliches Flair lockten (GROSSMANN 1996). Die mit Abstand meisten Urlaubsreisen wurden in die Tschechoslowakei gemacht ❷.

Mit dem Beginn des Abbaus der Grenzbefestigungen von Seiten Ungarns an der Grenze zu Österreich am 2. Mai 1989 wurde der Prozess der Öffnung Osteuropas eingeleitet. Ein halbes Jahr später demonstrierten am 4. September nach dem Friedensgebet vor der Nikolaikirche in Leipzig Hunderte von Menschen für mehr Reisefreiheit. Mit der anschließenden friedlichen Revolution erstritten sich die DDR-Bürger und Bürgerinnen am 9. November 1989 die Öffnung der Grenzen zur Bundesrepublik und zu West-Berlin und damit auch die Freiheit, überall hinzufahren. ◆

❹ Fremdenverkehrsgebiete in der DDR 1989

Fremdenverkehrsgebiete und naturräumliche Ausstattung

Yin-Lin Chen, Jörg Maier, Nadine Menchen, Thomas Sieker, Michael Stoiber

Trotz der zunehmenden Bedeutung von virtuellen Räumen und künstlichen Welten für die Freizeitbeschäftigung, ist nach wie vor die Landschaft ein wichtiger Bestandteil von Freizeit, Naherholung und Tourismus. Sie wird von den Besuchern zum einen als Kulisse geschätzt, d.h. ihre ästhetischen Qualitäten werden zum Hintergrund einer Beschäftigung. Darüber hinaus sind viele Formen der Freizeitbeschäftigung eng mit dem Landschaftspotenzial bzw. mit der Ausstattung einer Landschaft verknüpft, z.B. das Ski- oder Kanufahren, das Bergwandern oder das Angeln.

Wissenschaft und Fremdenverkehrsplanung beschäftigen sich seit längerem damit, die Eignung von Landschaften für die Freizeitnutzung erfassbar zu machen und Faktoren herauszuarbeiten, die entscheidend dafür sind, ob eine Landschaft von den Besuchern als attraktiv empfunden und als für ihre Ansprüche geeignet eingestuft wird.

Faktoren des landschaftlichen Freizeitpotenzials

Grundsätzlich lassen sich zwei Gruppen von Einflüssen auf das Freizeitpotenzial von Landschaften unterscheiden, die natürlichen und die kulturellen Faktorengruppen. Die Faktoren werden entsprechend den Wünschen und Vorstellungen der nachfragenden Personen subjektiv verschiedenartig bewertet. Während die naturbezogenen Faktoren und ihre jeweilige Eignung für eine mögliche Freizeitnutzung besonders in neu zu erschließenden Freizeitgebieten eine große Rolle spielen, sind es in bereits entwickelten Freizeiträumen vor allem die kulturellen Faktoren. Dazu zählen neben der ▶ freizeitrelevanten Infrastruktur auch ▶ freizeitrelevante soziale Faktoren sowie regional- und kommunalpolitische Vorstellungen. Ebenso spielen das Image eines Ortes oder Gebietes und sein Prestigewert eine Rolle.

Für eine Differenzierung der Methoden zur Bewertung der landschaftlichen Attraktivität ist es wichtig, wer die Beurteilung vornimmt, so dass zwischen
• Bewertungen von Planern oder empirischen Analytikern (Eignungsanalysen eines Raumes für Freizeit) und
• Bewertungen von Gästen (Nutzungs- und Wahrnehmungsanalysen)
zu trennen ist.

Landschaftliche Attraktivität und Fremdenverkehr

Ausgehend von der These, dass ein enger Zusammenhang zwischen landschaftlicher Attraktivität und touristischer Nachfrage vorhanden sein müsste, zeigt Karte ❹ eine bundesweite Beurteilung der landschaftlichen Qualitäten auf Landkreisebene nach den folgenden gleichgewichteten Faktoren:
• ▶ Zerschneidungsgrad,
• Beurteilung des Bewaldungsgrades,
• ▶ Reliefenergie und
• Wasserflächen sowie Küsten.
Zudem werden Gemeinden mit mehr als 200.000 Gästeübernachtungen und Kurorte nach ihrer ▶ Prädikatisierung dar-

Zerschneidungsgrad
Das Ausmaß, in dem eine Landschaft von linienhaften Strukturen wie Verkehrsstrassen oder Energieleitungen zerschnitten wird.

Reliefenergie
Maß des relativen Höhenunterschieds zwischen dem höchsten und niedrigsten Punkt innerhalb eines gegebenen Gebietes; dient zur geomorphologischen Charakterisierung eines Raumes.

Prädikatisierung
Produkte, wozu im weitesten Sinne auch Fremdenverkehrsorte gezählt werden können, werden von zentralen staatlichen oder privaten Stellen nach einem definierten Kriterienkatalog überprüft und eingestuft, d.h. **prädikatisiert** (▶▶ Beitrag Losang).

Semantisches Differenzial
Probates Verfahren der empirischen Sozialforschung, nach der komplexe Gegenstände durch die Probanden auf einer 5- 7-stufigen Skala zwischen einem Gegensatzpaar zu verorten sind.

Infrastruktur
bezeichnet ganz allgemein die Vorleistungen, die nötig sind, um den normalen Ablauf von Leben und Wirtschaft zu gewährleisten. Man unterscheidet:
• personelle Infrastruktur
• institutionelle Infrastruktur
• materielle Infrastruktur

Als **freizeitrelevante Infrastruktur** bezeichnet man sowohl die institutionellen Strukturen wie Fremdenverkehrsorganisationen, Gastronomie und Hotellerie, Museen, Veranstaltungen und das entsprechend qualifizierte Personal wie auch die notwendigen Verkehrslinien und -flächen, Sport- und Freizeitanlagen, Wanderwege etc.

Als **freizeitrelevante soziale Faktoren** werden all die Eigenschaften eines Zielgebietes bezeichnet, die die Wahrnehmung eines Besuchers und sein Wohlbefinden beeinflussen. Dazu zählen:
• **soziokulturelle Faktoren**, wie die ethnische und religiöse Zugehörigkeit der Einwohner,
• **sozioökonomische Faktoren**, wie Kaufkraft und Preise, Armut oder Wohlstand eines Gebietes,
• **sozialpsychologische Faktoren**, wie die soziale Distanz der Einwohner zu den Besuchern.

gestellt. Kleinräumige Unterschiede können nicht berücksichtigt werden, da jeweils die Durchschnittswerte für die genannten Faktoren herangezogen und auf den räumlichen Mittelpunkt des jeweiligen Kreises übertragen werden. Es bleibt dabei zunächst einmal dahingestellt, inwieweit das verwendete großräumige Bewertungsverfahren die tatsächliche Freizeit- und Tourismuseignung eines Raumes realistisch wiedergibt. →

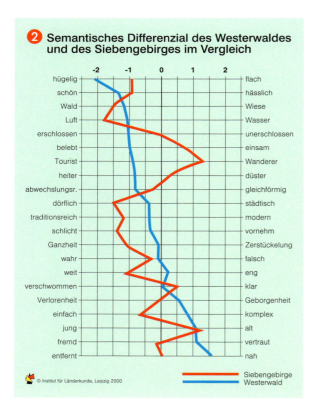

❶ Bewertung von Tourismusorten

❷ Semantisches Differenzial des Westerwaldes und des Siebengebirges im Vergleich

❸ Imagevergleich zwischen der Märkischen Schweiz und dem Spreewald

Sieht man einmal von den großen Städten und damit dem Geschäfts- und Dienstreiseverkehr ab, so gibt es zwar Gebiete mit einer hohen Übereinstimmung zwischen objektiver landschaftlicher Attraktivität und touristischer Nachfrage, wie etwa die Nordseeküste oder den Alpenraum, andererseits zeigen die Beispiele der Mecklenburgischen Seenplatte, der Schwäbischen Alb oder des Odenwaldes, dass eine hohe landschaftliche Attraktivität keineswegs zwingend entsprechende Übernachtungszahlen zur Folge haben muss. Andere Faktoren wie die Entfernung vom Wohnort prägen die subjektive Einschätzung in zahlreichen Fällen weit stärker, so dass landschaftliche Attraktivität eher als Grundvoraussetzung denn als allein ausreichende Bedingung für den Fremdenverkehr angesehen werden muss.

Ergänzend zeigt Karte ❻ dieselben Fremdenverkehrsorte in Abhängigkeit von der räumlichen Ausstattung. Als Indikatoren werden dargestellt:
- die Ausstattung mit Wald und Gewässern,
- die Höhenlage und somit die Eignung zum Wintersport,
- die Großschutzgebiete,
- die Lage zu Verdichtungsräumen,
- die verkehrsmäßige Anbindung an das Bundesfernstraßennetz.

Dabei ergeben sich folgende Tendenzen: Die touristische Nachfrage jenseits des Geschäfts- und Dienstreiseverkehrs konzentriert sich auf wenige landschaftliche Attraktivitätsräume. Außerhalb dieser Gebiete sind es vor allem prädikatisierte Kurorte, die erhebliche Übernachtungszahlen aufweisen (▶▶ Beitrag Brittner). Der Einfluss der Bundesfernstraßen kann allein durch diese Darstellung nicht geklärt werden. Eventuell kann die schlechte Verkehrserschließung von großen Teilen Ostdeutschlands die dortige geringe Tourismusnachfrage teilweise erklären. Andererseits wirkt ein zu dichtes Netz von Bundesfernstraßen wegen der starken Landschaftszerschneidung negativ (▶▶ Beitrag Schumacher/Walz).

Ästhetische Landschaftsbewertung

In touristisch bislang wenig entwickelten Gebieten werden zur Bewertung der Entwicklungschancen von Naherholung und Tourismus Eignungsanalysen durchgeführt. Am Beispiel eines Teilausschnittes der Fränkischen Schweiz wurde im Zusammenhang mit der Planung eines Erlebnisbades in Obernsees eine Landschaftsbewertung vorgenommen. Dabei ging man davon aus, dass eine Landschaft um so attraktiver für den Besucher erscheint, je mehr sie sich durch Vielfältigkeit auszeichnet. Die Kartenserie ❺ zeigt die Analyse der Gewässervorkommen, des Bewaldungsgrades, des Reliefs und schließlich der Vielfältigkeit der Landschaft als Ausdruck ihrer Attraktivität. Der hier betrachtete Raum erweist sich überwiegend als landschaftlich geeignet für eine touristische Entwicklung. Lediglich im östlichen Teilbereich befindet sich eine waldfreie, landwirtschaftlich geprägte Fläche mit geringerer Attraktivität.

Die Sicht der Touristen

Gegenüber den Eignungsanalysen von Planern bei touristisch noch nicht entwickelten Gebieten spielt der subjektive Eindruck der Reisenden letztlich die entscheidende Rolle für die effektive Nachfrage. Von den vielfältigen Verfahren zur Wahrnehmungsanalyse werden einige Beispiele gezeigt:

Als Beispiel für eine Imageanalyse kann der Vergleich der Märkischen Schweiz mit dem Spreewald als Zielgebiete des Berliner Ausflugsverkehrs dienen ❸. Der Bilderserientest aus der Umweltumfrage des Eidgenössischen Amtes für Verkehr aus dem Jahr 1976/77 in Bern ❶ ist immer noch ein hervorragendes Beispiel für das Phänomen der kognitiven Dissonanz, d.h. für das Auseinanderklaffen zwischen geäußerter Einstellung und Handeln. Rund zwei Drittel der befragten schweizerischen Haushalte würden gerne einen Ferienaufenthalt in eher harmonisch traditionellen Siedlungsformen verbringen, jedoch die effektive Nachfrage sieht deutlich anders aus.

Einen weiteren Weg zur Erfassung subjektiver Einschätzungen einer Fremdenverkehrslandschaft bietet die Ermittlung eines ▶ semantischen Differenzials ❷. Die subjektive Einordnung eines Freizeitraumes zwischen Extrembegriffen ergibt zwar keine absolut verwendbaren Beurteilungswerte, vermag jedoch durchaus aussagekräftige Tendenzen zu vermitteln. Bei dem Vergleich der zwei im Beispiel abgefragten Bonner Naherholungsgebiete wird deutlich, dass der Westerwald von den Befragten als einsames, naturnahes Wandergebiet geschätzt wird, während die Vorzüge des Siebengebirges in seiner Nähe und Vertrautheit gesehen werden.◆

❺ **Mittelmaßstäbige Landschaftsbewertung für den Tourismus 1997** Gebiet Obernsees (Oberfranken)

- **Gewässervorkommen**

Art des Oberflächenwasservorkommens im Quadranten
- Fluß
- Bach, kleine Gewässer
- ohne Gewässer

- **Grad der Bewaldung**

Waldanteil in % der Fläche des Quadranten
- 75 bis 100
- 50 bis 75
- 25 bis 50
- 1 bis 25
- ohne Wald

- **Relief - Höhenlage**

Mittlere Höhenlage des Quadranten in m
- 540 bis 600
- 500 bis 540
- 460 bis 500
- 420 bis 460
- 380 bis 420
- 340 bis 380
- 300 bis 340

- **Landschaftsvielfalt**

Landschaftsvielfalt im Quadranten
- sehr hoch
- hoch
- feststellbar
- gering

© Institut für Länderkunde, Leipzig 2000

Autorin: N. Menchen

1 Quadrant entspricht 500 m × 500 m = 25 ha

Maßstab 1 : 250000

Bioklimatische Eignung und Fremdenverkehr

Hans-Joachim Fuchs und Heinz-Dieter May

Informationen über Klima, Witterung und Wetter haben in jüngster Zeit einen sehr hohen Stellenwert in der Gesellschaft und der Öffentlichkeit erlangt. Von allen Geofaktoren gehört das Klima zu denen, die den Menschen am stärksten unmittelbar beeinflussen. Im Zuge der immer weiter zunehmenden Umweltbelastungen und -verschmutzungen durch Industrialisierung und Urbanisierung mit deren negativen Auswirkungen auf die unterste Schicht der Atmosphäre gewinnt das Bioklima bei der Wahl des Urlaubsortes oder des Wo-

neurotroph – wetterfühlig

orographisch – der Oberflächenform nach

Amplitude – Spannweite zwischen Maximal- und Minimalwert

Eine **Inversionswetterlage** herrscht, wenn schwere kalte Luft in Talsenken unter wärmeren Luftschichten liegt und nicht abfließen kann.

Der **Föhn** ist ein warmer Fallwind, der an Gebirgsrändern auftritt, wenn es durch das Nebeneinander von Tief- und Hochdruckgebieten zu einem Austausch von Luft kommt, die sich mit sinkender Höhe erwärmt.

Bioklimafaktoren

Schonfaktoren: geringe Tages- und Jahresamplitude der Temperatur, schwache Windbewegung, keine übermäßige Globalstrahlung, Luftreinheit, Allergiefreiheit (häufig in Mittelgebirgen).

Reizfaktoren: deutliche Tages- und Jahresamplitude der Temperatur, Kältereize, böiger Wind, hohe Strahlungsintensität, verringerter Sauerstoff-Partialdruck, Luftreinheit, Luftbeimengungen wie Salz, Jod und Reinluft-Ozon am Boden (häufig an Küsten, in Höhenlagen der Mittelgebirge und in Hochgebirgen).

Belastungsfaktoren: Wärmebelastung, Kältebelastung, geringe nächtliche Abkühlung, Schwüle, Mangel an direkter Sonneneinstrahlung, häufige Inversionswetterlagen mit Nebel, Nasskälte, Luftverschmutzung (häufig in topographischen Senken, Tallandschaften, Niederungen und in Kessellagen; verstärkt in Großstadtgebieten).

❸ Grenzwerte für Bioklimastufen (nach BECKER 1972)

Umweltfaktoren	belastend	schonend	reizmild	reizmäßig	reizstark
Windstärke (m/s)	< 1,5	1,6 - 3,0	3,1 - 3,5	3,6 - 4,0	> 4,0
Temp. Juli (°C)	> 17,4	bis 16,7	bis 15,3	bis 14,4	< 14,5
Temp. Mai/Juni (°C)	> 15,4	bis 14,8	bis 13,4	bis 12,4	< 12,4
Tage mit 10° C	> 157	bis 153	bis 135	bis 127	< 127
Dampfdruck (hPa)	> 14,1	bis 13,9	bis 13,1	bis 12,5	< 12,5
Abkühlungsgröße (M·J / cm²·sec)	< 41,9	bis 79,5	bis 121,4	bis 146,5	> 146,5

chenendreiseziels an Bedeutung und wird zu einem wichtigen Entscheidungskriterium. Somit stehen Bioklima und Erholung in Zusammenhang. Aus räumlich unterschiedlich ausgeprägten Klimaelementen wie Luftdruck, Temperatur, Luftfeuchtigkeit und Strahlung resultieren verschiedenartige bioklimatische Wirkungskomplexe (luftchemische, thermische, strahlungsbedingte und ▶ neurotrophe), die das Wohlbefinden des Menschen beeinflussen und je nach geographischer Ausstattung eines Ortes eine hohe Veränderlichkeit besitzen (BECKER 1972; JENDRITZKY 1990).

Bioklimatypen

Mit Hilfe von drei ▶ Bioklimafaktoren wird in Schon-, Reiz- und Belastungsklima unterschieden, das mit Grenzwerten in fünf Bioklimastufen ❸ eingeteilt werden kann. Bei der räumlichen Verteilung der einzelnen Bioklimastufen treten neben den ▶ orographischen Verhältnissen auch die Verdichtungsräume hervor ❶. Die Bioklimastufe reizmild hat mit 34% den größten Flächenanteil, wogegen nur 5% durch reizstarkes Klima gekennzeichnet sind.

Bioklima und Fremdenverkehr

Die Datengrundlage für die kombinierte Darstellung von Bioklima und Fremdenverkehr ❶ bildet die amtliche Beherbergungsstatistik (STATISTISCHES BUNDESAMT) der geöffneten Betriebe in den insgesamt 440 kreisfreien Städten und Landkreisen von 1997. Anhand der Zahl der Übernachtungen und der Ankünfte wurde die durchschnittliche Aufenthaltsdauer ermittelt. Von den in Deutschland im Jahre 1997 insgesamt 53.850 geöffneten Beherbergungsbetriebe wurden 93.310.160 Ankünfte bei 290.293.051 Übernachtungen registriert, was einer durchschnittlichen Aufenthaltsdauer von 3,11 Tagen entspricht.

Bei einer Flächenanalyse der Anzahl der jährlichen Übernachtungen in den jeweiligen Bioklimastufen ergibt sich ein vergleichbar höherer Anteil in Regionen mit reizstarkem und reizmäßigem Klima ❷. Auffallend ist der mit 26% sehr hohe Anteil in der Bioklimastufe belastend, was auf den starken Geschäftsreiseverkehr in Verdichtungsräumen zurückzuführen ist, aber auch eine Reihe von Heilbädern sind betroffen.

Bei der räumlichen Verteilung der Anzahl der Übernachtungen dominieren die Nord- und Ostseeküste, der Schwarzwald, der Bayerische Wald, die Bayerischen und Allgäuer Alpen sowie das Sauerland, der Harz und das Moseltal ❶. Mit Ausnahme des Moseltals sind alle genannten Regionen überwiegend durch ein Reizklima gekennzeichnet. Zusätzlich sorgt der ▶ Föhn in großen Teilen des Alpenraumes für unangenehme witterungsbedingte Wirkungen. Er führt besonders im Oktober/November und im März/April zu depressiven Verstimmungen, Gereiztheit und Apathie.

Die stark besuchten Verdichtungsräume befinden sich überwiegend im Belastungsklima mit ganzjährig hohen Emissionen sowie mit sommerlicher Überwärmung und Schwüle sowie mit zahlreichen herbstlichen Nebeltagen aufgrund von ▶ Inversionswetterlagen in Becken und Niederungen, wodurch mancherorts smogähnliche Zustände auftreten. Die Besucher in den Verdichtungsräumen übernachten durchschnittlich nur zweimal, verweilen also maximal ca. 3 Tage ❺. Die Urlaubsregionen mit mehr als fünf Übernachtungen pro Besucher befinden sich dagegen überwiegend an der Küste sowie in Mittel- und Hochgebirgslagen.

Alle 79 Landkreise und kreisfreien Städte mit mehr als 1 Mio. Übernachtungen pro Jahr werden auf Abbildung ❹ einer detaillierten Betrachtung unterzogen. Dargestellt sind die prozentualen Flächenanteile der im Kreis vorkommenden Bioklimastufen. Die Reihenfolge beginnt mit der höchsten durchschnittlichen Aufenthaltsdauer, unabhängig von der Gesamtzahl der Übernachtungen. Es zeigt sich, dass mit abnehmender Aufenthaltsdauer auch die Flächenanteile mit reizstarken und reizmäßigen Bioklimastufen in den entsprechenden Fremdenverkehrsregionen sinken. Je höher in einer Region der Anteil am Belastungsklima wird, desto geringer ist die Aufenthaltsdauer. Der Städtetourismus als besondere Form des Kurzurlaubs orientiert sich also am wenigsten an der bioklimatischen Ausstattung des Raumes.◆

❺ Aufenthaltsdauer von Besuchern 1997 nach Kreisen

Gebiete extremen Bioklimas: Bioklimastufen "reizstark" und "reizmäßig"; Verdichtungsraum

Mittlere Anzahl von Übernachtungen pro Besucher 1997: mehr als 5 Nächte / 4 bis < 5 Nächte / 3 bis < 4 Nächte / 1 bis < 3 Nächte

Maßstab 1 : 6 000 000

Autor: H.-J. Fuchs
© Institut für Länderkunde, Leipzig 2000

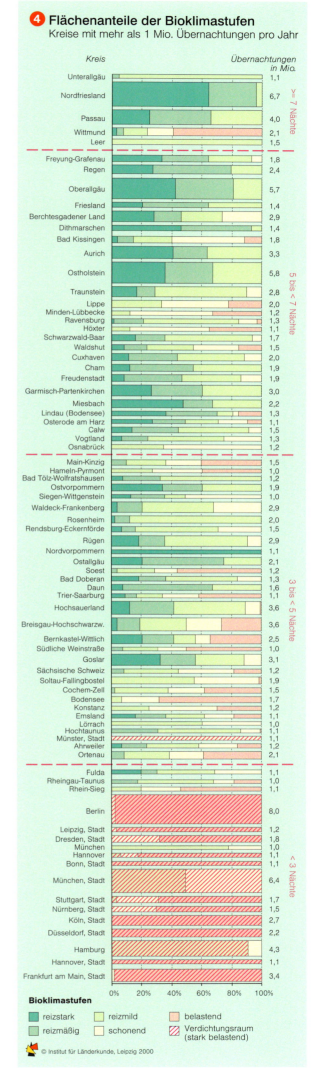

❹ Flächenanteile der Bioklimastufen
Kreise mit mehr als 1 Mio. Übernachtungen pro Jahr

Bioklimastufen: reizstark / reizmäßig / reizmild / schonend / belastend / Verdichtungsraum (stark belastend)

© Institut für Länderkunde, Leipzig 2000

Bioklimatische Eignung und Fremdenverkehr

Kurverkehr

Anja Brittner

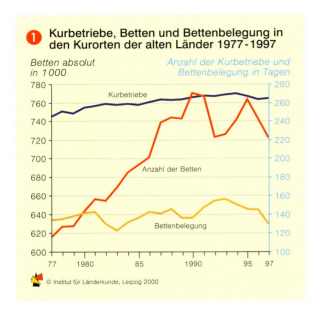

1 Kurbetriebe, Betten und Bettenbelegung in den Kurorten der alten Länder 1977-1997

2 Übernachtungen und Kurmittelabgaben 1977-1999

Die herausragende Bedeutung der 304 staatlich anerkannten Heilbäder und Kurorte in Deutschland wird dadurch unterstrichen, dass sie knapp 30% aller Gästeübernachtungen der mehr als 2500 Fremdenverkehrsgemeinden auf sich vereinen. Seit Beginn der Gesundheitsreform 1989 hat sich die Situation in den deutschen Heilbädern und Kurorten jedoch verschlechtert. Die aus der Reform folgenden gesetzgeberischen Maßnahmen haben massive Einbrüche bei den Übernachtungszahlen bewirkt, was zu Auslastungsproblemen in den Kliniken und Beherbergungsbetrieben geführt hat.

Heilbäder und Kurorte sind in der Regel als Behandlungszentren dort entstanden, wo ihre naturgegebenen Voraussetzungen vorhanden waren und der Mensch deren Nutzen erkannt hat. Die Kursiedlungen haben sich somit im Laufe von Jahrhunderten in Abhängigkeit vom Erforschungsgrad eines Raumes, von den technischen Möglichkeiten der Förderung und von balneologischen Bedürfnissen entwickelt. Die Standorte der Heilbäder sind naturgemäß eng an das Vorkommen von Heilquellen bzw. anderer benutzter Heilmittel gebunden. Oft kommt es zu einer Reihung von Heilbädern **3**, denn sie befinden sich in der Regel in tektonischen Störungslinien bzw. an den Hauptverwerfungslinien (z. B. Oberrheingraben).

Historische Entwicklung des Kurwesens

Während der römischen Kaiserzeit entstanden die ersten deutschen Kurorte wie z.B. Badenweiler, Baden-Baden, Wiesbaden, Ems oder Aachen. Nach Beendigung der Kreuzzüge wurden öffentliche Badeanstalten eingerichtet; seit Beginn des 14. Jahrhunderts sind Besuche fremder Badegäste nachweisbar. Zu Beginn des 18. Jahrhunderts wurden Badefahrten oft zu Vergnügungsfahrten, doch versuchte man noch während dieser Zeit, den ausgelassenen Charakter mit Badeverordnungen und -regeln zu dämpfen.

Im 19. Jahrhundert prägte das Bürgertum die Badereise. Vinzenz Priesnitz und Sebastian Kneipp ergänzten die Bade- und Trinkkuren um die Kaltwasserbewegung. Die wissenschaftliche Lehre der Bäderkunde nahm ihren Anfang.

Bis weit in das 20. Jahrhundert hinein blieben Heilbäder und Kurorte elitäre Einrichtungen für ein privilegiertes Publikum, was heute noch an der üppigen Bäderarchitektur zu sehen ist. Während der beiden Weltkriege leisteten viele Heilbäder einen wichtigen Beitrag zur Versorgung von verwundeten Soldaten. Damit setzte eine Popularisierung des Kurtourismus ein: Die Kur fand als Regelbehandlung Eingang in die Leistungskataloge aller Sozialversicherungszweige.

Die Große Rentenreform der Bundesrepublik von 1957 erteilte den Rentenversicherungsträgern einen umfassenden Auftrag zur Rehabilitation und Prävention. Diese Entwicklung bewirkte einen sprunghaften Anstieg der Gästezahlen von Heilbädern; die Träger richteten eigene Sanatorien in Kurorten ein oder belegen Betten in Privathäusern.

Die Bäderkrise

Viele Heilbäder und Kurorte haben auf ständig weiter steigende Kurmaßnahmen vertraut und ihre Infrastruktur über Jahre hinweg ausgebaut, obwohl sich eine Diskrepanz zwischen Angebot und Nachfrage abzeichnete. Gesetzliche Sparmaßnahmen aufgrund explosionsartig gestiegener Kosten leiteten Ende der 1970er Jahre die sogenannte Bäderkrise ein. Diese verstärkte sich mit Beginn der Gesundheitsreform 1989. Die Auswirkungen im längerfristigen Vergleich können derzeit nur für die alten Länder aufgezeigt werden:

- sinkende Bettenzahlen und rückläufige Investitionen in den 1990er Jahren **1**,
- sinkende durchschnittliche Aufenthaltsdauer,
- sinkende durchschnittliche Bettenauslastung,
- sinkende Übernachtungszahlen, seit 1998 wieder mit leichtem Aufwärtstrend **2**,
- sinkende durchschnittliche Kurmittelabgabe.

Moritzquelle in Bad Elster

In Ermangelung von Vergleichszahlen aus früheren Jahren, aber auch infolge der teilweise noch rechtlich ungesicherten Zuordnung zu den staatlich anerkannten Heilbädern und Kurorten können die neuen Länder an dieser Stelle nicht berücksichtigt werden.

Die Bäderstatistik erfasst Gäste mit mehr als vier Übernachtungen in allen Betrieben der Heilbäder und Kurorte, die amtliche Statistik alle Übernachtungen in Betrieben mit mehr als acht Betten. Diese Unterscheidung führt dazu, dass die amtliche Statistik zwar eine höhere Gästezahl registriert, jedoch deutlich weniger Übernachtungen **2**. ◆

Das Prädikat „Kur"

Um klare Ordnungsgrundlagen und zugleich Klassifizierungsmerkmale zu schaffen, veröffentlichte der Deutsche Bäderverband e.V. 1951 erstmals Richtlinien und Begriffsbestimmungen für die Anerkennung von Heilbädern und Kurorten. Sie enthalten u.a. Mindestanforderungen an Infrastruktur, Grenzwerte für Luftbelastung, Bedingungen für die Verabreichung der ortsgebundenen Heilmittel und ihrer Qualität.

Heilbäder und Kurorte werden in Deutschland durch die Verleihung des Prädikates „Bad" oder die Bezeichnung „Kurort" staatlich anerkannt und nach Bädersparten klassifiziert, wobei manche Orte auch in zwei Bädersparten vertreten sind.

Die vier Bädersparten

Mineral- und Moorheilbäder verfügen über ortsgebundene Heilmittel des Bodens wie z.B. Heilwässer, Minerale, Moor und Gase. Diese finden Anwendung als Trinkkuren, Wannenbäder, Packungen, Inhalationen etc. Mit einer Zahl von 159 Mineral- und Moorheilbädern bildet diese Bädersparte die größte Gruppe der Heilbäder und Kurorte.

Bei den 67 **Kneippheilbädern und -kurorten** stehen im Unterschied zu den anderen Bädersparten keine ortsgebundenen Heilmittel im Vordergrund. Hier werden nach dem ganzheitlichen, kurtherapeutischen Behandlungskonzept von Sebastian Kneipp (1821-1897) neben den medizinisch anerkannten Wasserheilverfahren unter anderem Bewegungs- und Ernährungstherapien angewendet.

Heilklimatische Kurorte bieten eine ständig kontrollierte, sehr hohe Luftqualität. Das Klima wirkt durch Reize auf den Organismus des Kurgastes. Mit 52 Heilklimatischen Kurorten bilden sie die drittgrößte Gruppe.

Seeheilbäder und Seebäder nutzen die Heilmittel des Meeres und liegen entweder an der Meeresküste oder in deren direkter Nähe. Einen wichtigen Faktor stellen auch die klimatischen Verhältnisse dar, häufig auch als 'Seeklima' bezeichnet. Sie bilden mit 48 anerkannten Orten die kleinste Gruppe.

Naturparke – Erholungsvorsorge und Naturschutz

Hubert Job

Vom Biber gefällte Weide im Naturpark Altmühltal

Naturparke haben in den letzten 50 Jahren eine wahre Erfolgsgeschichte hinter sich gebracht. Mit 78 rechtlich festgesetzten und etwa 20 in Planung befindlichen Gebieten steht das Überschreiten der „Schallmauer" von 100 Naturparken kurz bevor. Angesichts ihrer großen Popularität scheint es angebracht, sich mit den inhaltlichen Zielsetzungen und gesellschaftlichen sowie raumstrukturellen Rahmenbedingungen ihrer Ausweisung zu befassen.

❶ Synoptischer Überblick: Kategorien von Großschutzgebieten

	Nationalparke	Biosphärenreservate	Naturparke
Herkunft und Zeitpunkt der Idee	USA: Gründung des Yellowstone Parks 1872	UNESCO-„Der Mensch und die Biosphäre" (MAB)-Programm 1970/1976	Verein Naturschutzpark 1909 und Naturparkprogramm 1956
Erste offizielle Definition der Ziele und Aufgaben	1969 in Neu Delhi, 10. Vollversammlung der IUCN	1970 in Paris, 16. Generalkonferenz der UNESCO	1976 Bundesnaturschutzgesetz
Internationale Anerkennung	durch die IUCN (Weltnaturschutz-Union) als Kategorie II*	durch die UNESCO	durch die IUCN als Kategorie V
Kriterien für Ausweisung	nicht oder wenig beeinflusster Zustand; großräumig und von besonderer Eigenart (§14 BNatSchG); Schutz von Ökosystemen (genetische Vielfalt); Tourismus und Erholung sowie Erhalt der Wohlfahrtswirkungen der Umwelt (nach IUCN)	biogeographische Aspekte, Repräsentativität im globalen Maßstab, Übertragbarkeit von Forschungsergebnissen; Nachhaltigkeitsgedanke; großräumig und für bestimmte Landschaftstypen charakteristisch (§14a BNatSchG)	großräumige, für die Erholung wegen ihrer landschaftlichen Voraussetzungen besonders geeignete und raumordnerisch entsprechend geplante Gebiete (§16 BNatSchG)
Zuständigkeit für die Ausweisung	Bundesland, im Benehmen mit den für Naturschutz und Raumordnung zuständigen Bundesministerien	Bundesland; UNESCO zusammen mit dem nationalen MAB-Komitee	Bundesland
Administrative Anbindung / Verwaltung	in Deutschland Länderministerien, z.T. auch Bezirksregierungs- und Kreisebene; oberste zuständige Staatsbehörde oder auch ein Gremium von Vertretern der einheimischen Bevölkerung (nach IUCN)	UNESCO: keine zwingenden Vorgaben; in Deutschland Länderministerien, z.T. auch Bezirksregierungs- und Kreisebene, Vereine	Vereine, Zweckverbände und z.T. Kreise, Forstdirektionen, Länderministerien
Rechtliche Absicherung	Schutzkategorie mit strenger Verordnung	Schutzkategorie und internationale Auszeichnung durch die UN	i.d.R. weniger verbindliche Schutzkategorie (eher mit Planungscharakter)
Schutzstatus	wie bei Naturschutzgebieten	wie bei Naturschutzgebieten oder Landschaftsschutzgebieten	überwiegend Landschaftsschutzgebiete oder (kleiner Anteil) Naturschutzgebiete, z.T. fehlen noch Verordnungen
Zonierung	möglich, aber nicht notwendig	erforderlich, gliedert sich abgestuft nach dem Einfluss menschlicher Tätigkeit	möglich, wird von verschiedenen Naturparken unterschiedlich konsequent angewandt
Art der Zonierung	I. Kernzone ohne permanente Siedlungen (laut IUCN > 75%) II. Pflege- oder Entwicklungszone III. Puffer- oder Erholungszone	I. Kernzone (mind. 3%) II. Pufferzone (mind. 10%) III. Übergangszone IV. z.T. Regenerationszone (Zone I und II zus. mind. 20%)	I. Kern- oder Ruhezone II. Rand- oder Aktivzone (die eine extensive und eine intensive Nutzungszone umfassen kann)
Einordnung der Bedeutung	national bedeutsame naturnahe Landschaften	international bedeutsame Kulturlandschaften	landesweit bzw. regional bedeutsame Kulturlandschaften
Hauptziele	ungestörter Ablauf von Naturvorgängen	Erhaltung der Biodiversität, Forschung/Monitoring, auch nachhaltige Regionalentwicklung	Erholung (zunehmend "sanft") und Landschaftspflege (gelenkter Naturschutz)
Anzahl und Flächenanteil in Deutschland (31.12.1998)	13 (2 davon international anerkannt) 2,0% inkl. Watt- und Meeresflächen	13 4,4% inkl. Watt- und Meeresflächen	78 18,7%

*nicht den internationalen Kriterien entsprechende Gebiete werden (wie Nationalparke) als Kategorie V eingestuft

Braucht Deutschland die Naturparke noch?

Mit dieser rhetorischen Frage lässt sich die Diskussion um Quantität und Qualität des deutschen Naturpark-Netzes überspitzt auf den Punkt bringen. Naturparke haben es nicht einfach: Die ihnen vom Gesetzgeber zugewiesene Doppelrolle einerseits als Erholungsgebiete und andererseits als ökologische Ausgleichsräume mit Naturschutzfunktion ist nicht leicht zu erfüllen. Diese wird übrigens in den Landesnaturschutzgesetzen und vielen gebietsspezifischen Naturparkverordnungen viel deutlicher formuliert als vom Bundesnaturschutzgesetz (BNatSchG), wobei in den neuen Ländern, insbesondere in Brandenburg und Mecklenburg-Vorpommern, der Schutzzweck eine deutliche Betonung erfährt (Job 1991, S.73). Vom Erfolg ihrer Naturschutzbestrebungen her gesehen sind Naturparke umstritten, da sie grundsätzlich lange Zeit als erholungsspezifische Planungskategorie behandelt und zur indirekten Tourismusförderung genutzt wurden (Job 1993, S. 127).

Geschichte

Auf Anregung der Gesellschaft der Naturfreunde „Kosmos" wurde 1909 der „Verein Naturschutzpark (VNP)" mit der Zielsetzung gegründet, je eine ursprüngliche und eindrucksvolle Landschaft mit den dazugehörigen Tier- und Pflanzengemeinschaften unter Schutz zu stellen, und zwar im Hoch- und Mittelgebirge sowie im Norddeutschen Tiefland. Die letztere betreffend entstand durch Flächenkäufe ab 1911 der erste deutsche „Naturschutzpark" in der Lüneburger Heide, der 1921 als →

Naturschutzgebiet rechtlich verankert wurde.

Dabei blieb es bis Mitte der 1950er Jahre. Erst die zunehmende Industrialisierung und die damit einhergehende Verschlechterung der Wohn- und Arbeitsbedingungen der Bevölkerung sowie die breitere Motorisierung im Einklang mit der wachsenden Freizeit brachten eine Wende. Am 06.06.1956 erhob Alfred Toepfer als Vorsitzender des VNP in der Bonner Universität die Forderung nach einem Naturparkprogramm.

Danach sollten in der Bundesrepublik 20 bis 25 „Oasen der Stille" entstehen. Alfred Toepfer, der heute zurecht als Vater der Naturparkidee bezeichnet wird, lenkte die Geschicke des VNP von 1954 bis 1985 und ermöglichte durch sein großzügiges Mäzenatentum und die mannigfache ideell-politische Starthilfe eine schnelle Verbreitung des Naturpark-Gedankens innerhalb der Bundesrepublik. Das vorläufige Endziel war bereits im Jahre 1964 mit der Errichtung des 25. Naturparks im Rothaargebirge erreicht.

Einen zweiten kräftigen Entwicklungsschub nach den 1960er und 1970er Jahren leitete das im Zuge der Wiedervereinigung Deutschlands aufgelegte DDR-Nationalparkprogramm ein ❼. In dessen Gefolge kam es im zurückliegenden Jahrzehnt zur Gründung von 14 Naturparken; weitere befinden sich zur Zeit noch in der Planungsphase.

Flächenbilanz und regionale Differenzierung

Ausgehend von der Flächenbilanz ❼ bilden die Naturparke den absoluten Schwerpunkt der deutschen Großschutzgebietspolitik. Das ist insofern leicht nachvollziehbar, als Naturparke zum Inhalt und zur Entwicklung von Kulturlandschaften beitragen sollen und Deutschland ein „Kulturland" ist, in welchem es keine unberührten Naturlandschaften mehr gibt (JOB/LAMBRECHT 1997, S. 38).

Im Jahr 2000 existieren in Deutschland 78 rechtlich festgesetzte Naturparke, die einem Anteil von etwa 19% des Staatsgebietes entsprechen. Dabei sind die Länder und deren Bevölkerung unterschiedlich gut mit der Erholung dienenden Naturparken versorgt: Besonders die Stadtstaaten, aber auch einzelne Flächenländer, wie zum Beispiel Baden-Württemberg, liegen weit hinter dem aktuellen Bundesdurchschnitt von ca. 800 m² Naturparkfläche je Einwohner zurück ❺.

Entsprechend der Verteilung im Raum können zwei Arten von Naturparken unterschieden werden: Naherholungs-Naturparke, die in der Nähe der Verdichtungsräume liegen und stärker von Besuchern frequentiert sind, und Ferienerholungs-Naturparke, die ähnlich wie Nationalparke in peripheren, dünnbesiedelten und damit ausgesprochen ländlichen Regionen liegen ❹. Die meisten Naturparke entfallen auf die waldreichen Mittelgebirgslagen, die Deutschland in einem SO-NW orientierten Band durchziehen. Diese und viele Naturparke im Norddeutschen Tiefland liegen in agrarischen Ungunsträumen (JOB/LAMBRECHT 1997, S. 36), die vielfach mit den strukturschwachen Regionen innerhalb Deutschlands übereinstimmen.

Unserer Kulturlandschaft steht durch den sich verstärkenden Flächennutzungsdruck im weiteren Umfeld der Agglomerationsräume einerseits und den Rückzug aus der Fläche verbunden mit Abwanderungstendenzen in der Periphe-

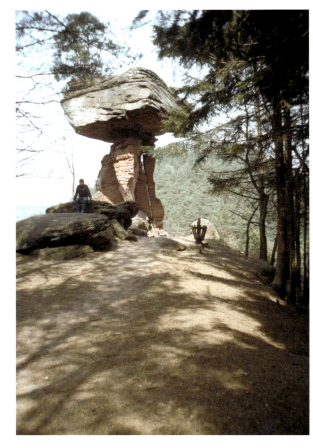

Teufelstisch im Buntsandstein des Naturpark Pfälzerwald (bei Hinterweidenthal)

Großschutzgebiete sind rechtlich festgesetzte und von einer Trägerorganisation gemanagte Flächen für Naturschutz und Landschaftspflege. Es sind großräumige Gebiete von mindestens 1000 ha, im Allgemeinen jedoch über 10.000 ha Größe. Es gibt drei Typen:

Nationalparke dienen der Erhaltung repräsentativer Naturlandschaften, d.h. dem Schutz der Artenvielfalt und insbesondere dem Zulassen anthropogen unbeeinflusster natürlicher Prozesse.

Biosphärenreservate verfolgen ein engeres Naturschutzziel und werden durch die Beobachtung von Langzeitveränderungen begleitet. Eine Nutzung durch den Menschen ist nicht ausgeschlossen, doch ist eine harmonische Kulturlandschaft angestrebt, in der die menschlichen Wirtschaftsweisen im Einklang mit der Natur stehen.

Naturparke sind wegen ihrer landschaftlichen Voraussetzungen für die Erholung besonders geeignet. Es sind meist vielfältige Kulturlandschaften von großem ästhetischen Reiz, die aus der Wechselwirkung zwischen Natur und menschlichem Tun entstanden sind. Sie haben mit der Sicherung der Erholungsvorsorgefunktion bei gleichzeitigem Schutz und Pflege von Natur und Landschaft eine doppelte Aufgabe zu erfüllen. Naturparke sollen entsprechend der rahmengebenden landesplanerischen Vorgaben einheitlich entwickelt und nach den Grundsätzen der Landespflege behandelt werden.

❹ **Naturparke und strukturschwache Gebiete**

Strukturschwache Gebiete und EU-Fördergebiete 2000 - 2006
- Region mit Entwicklungsrückstand
- Gebiet mit Strukturproblemen bei der wirtschaftlichen und sozialen Umstellung
- Fördergebiet der Gemeinschaftsaufgabe „Verbesserung der regionalen Wirtschaftsstruktur"
- Naturpark
- Autobahn und Europastraße

Maßstab 1 : 5 000 000

Autor: H. Job

© Institut für Länderkunde, Leipzig 2000

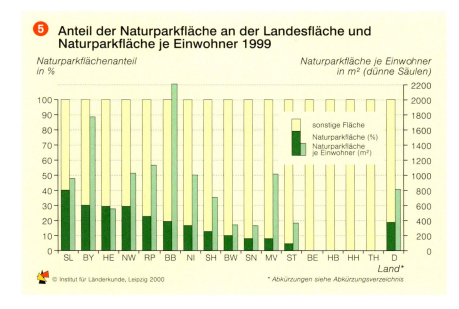

5 Anteil der Naturparkfläche an der Landesfläche und Naturparkfläche je Einwohner 1999

6 Naturschutz und Landschaftspflege in Naturparken

rie andererseits ein fundamentaler Wandel bevor. Die Naturparke sollten wie die Biosphärenreservate diese Entwicklung als Chance begreifen, ihre endogenen Potenziale nicht nur in ökologischer, sondern auch in landeskultureller Sicht besser in Wert zu setzen. Und das nicht nur im Hinblick auf die Angebote für Erholungsuchende. Um dem von Isbary (1959) zuerst formulierten Charakter von „Vorbildlandschaften" zu entsprechen, ist heute im Zeitalter der Globalisierung die Übernahme des Gedankengutes einer nachhaltigen Regionalentwicklung gerade im Ausblick auf die Schließung kleinräumiger Wirtschaftskreisläufe ein Muss.

Strukturen und Probleme

Die Durchschnittsgröße der bundesdeutschen Naturparke beträgt ca. 85.000 ha. Dabei reicht die Amplitude von 4.800 ha (Siebengebirge) bis 302.200 ha (Bayerischer Wald). Aus Sicht einer räumlich abgestuften Nutzungsintensität und eines dementsprechenden effizienten Parkmanagements ist der untere Extremwert viel zu klein bemessen, da keine praktikable Zonierung durchführbar ist. Der obere Wert dagegen ist zu groß, weil keine hinreichende Gebietsbetreuung möglich erscheint. Leiden doch die meisten Naturparke an Geld- und Personalmangel sowie unzureichenden Planungsgrundlagen und -autoritäten (Job 1993, S. 127).

In Ostdeutschland sowie in Bayern und Südhessen koinzidieren Naturparke häufig mit Landschaftspflegeverbänden ❻. Damit wird eine wichtige Rolle der Naturparke deutlich: Ohne den Erhalt der flächennutzungsdominanten Landwirtschaft, die knapp 50% unserer Staatsfläche einnimmt, und ihren indirekten Beitrag zur Kulturlandschaftspflege vermindert sich häufig auch die Attraktivität für Freizeit und Tourismus. Von den insgesamt 61 „schutzwürdigen Teilen von Natur und Landschaft mit gesamtstaatlich repräsentativer Bedeutung", den sogenannten Naturschutzgroßprojekten des Bundes, liegt ca. ein Drittel in Naturparken. Betrachtet man nur die zur Zeit laufenden Projekte, dann sind 43% ganz oder teilweise Bestandteil von Naturparken. Allerdings umfasst die betroffene Naturparkfläche zusammen genommen gerade einmal 100.000 ha und entspricht einem Projektflächenanteil von 7,6% (Steer 1997, S. 32).

Naturparke sind durch Straßen und andere Verkehrstrassen nicht nur von einer zusehends größer werdenden Fragmentierung betroffen (▶▶ Beitrag Schumacher/Walz); die verkehrliche Entwicklung bezieht auch den Luftraum mit ein, und die Emissionen des Luftverkehrs beeinträchtigen nicht nur die Tier- und Pflanzenwelt, sondern auch die Erholungsvorsorgefunktion von Naturparken ❷. Gerade in Norddeutschland überlagern militärische Tieffluggebiete Naturparkflächen. Einige Naturparke, besonders in den dichter besiedelten Teilen der alten Länder, werden auch von Kontrollräumen von Flugplätzen tangiert. Als Fazit kann man formulieren: Ja, Deutschland braucht Naturparke, aber weniger ist oft mehr! Um die Glaubwürdigkeit des Prädikats „Naturpark" zu gewährleisten, ist deshalb in Zukunft eine stärkere Kontrolle von Kriterien und eine restriktive Ausweisungspolitik von Naturparken wünschenswert.◆

7 Entwicklung der Großschutzgebiete 1950–1999

Freilichtmuseen – Besuchermagneten im Kulturtourismus

Winfried Schenk

Volkskundemuseum Konvent Oberschönenfeld

Die Kulturlandschaften Mitteleuropas verändern gegenwärtig mit ungeahnter Dynamik ihr Aussehen und ihre ökologische Struktur grundlegend und vielfach irreversibel. Dabei wird kulturgeschichtliche Substanz in großem Umfang zerstört, und regionale Eigenarten gehen verloren. In ▶ Freilichtmuseen werden Kulturzeugnisse vergangener Zeiten, vor allem Bauernhäuser mit ihrer originalen Ausstattung, für zukünftige Generationen erhalten und zugleich einer breiten Bevölkerungsschicht zugänglich gemacht. Allein 1998 besuchten mehr als 5,6 Mio. Menschen ❶ deutsche Freilichtmuseen. Diese Zahl dokumentiert das Interesse an historischen Lebens- und Arbeitsformen in ihrer landschaftlichen Gebundenheit.

Historische Hauslandschaften

Historische Bauernhäuser und Siedlungsformen sind prägende Bestandteile traditioneller Kulturlandschaften im ländlichen Raum und ein Spiegel der Auseinandersetzung des Menschen mit dem Natur- und Kulturraum. Sie entstanden aus der Anpassung an die jeweils herrschenden naturräumlichen, sozio-ökonomischen und kulturellen Bedingungen. So bildeten sich unterschiedliche Hauslandschaften heraus. Man musste mit dem auskommen, was die Region an natürlichen Ressourcen bot. Dabei blieb aber ein erheblicher Spielraum bei der Ausgestaltung der Haus- und Hofanlagen im Rahmen regionaler Vorschriften und Traditionen. Abbildung ❷ zeigt eine Auswahl von Einflussfaktoren, die einst auf die Gestaltung von Haus und Hof einwirkten.

Einzugsbereiche, thematische Schwerpunkte und Besucherzahlen ❸

Nach dem Einzugsgebiet der Gebäude und Ausstellungsobjekte lassen sich lokale, regionale und zentrale Freilichtmuseen unterscheiden. Die lokalen werden meist von einer Gemeinde getragen und umfassen selten mehr als einen Hof oder ein technisch-handwerkliches Kulturzeugnis, meist am Originalstandort (z.B. Husum/Ostenfelder Bauernhaus). Regionale Freilichtmuseen dokumentieren durch beispielhafte Exponate eine oder mehrere Hauslandschaften (z.B. Thüringer Freilichtmuseum Hohenfelden). Die Gebäude sind überwiegend als Hofanlagen oder in Dorfform angeordnet. Überregionale Freilichtmuseen wirken als Sammelstätten für ein ganzes Bundesland oder einen größeren Teilbereich desselben (z.B. Schleswig-Holsteinisches Freilichtmuseum Molfsee). Bei den beiden letztgenannten Typen werden die Häuser in der Regel in die Museen überführt.

Die meisten deutschen Freilichtmuseen widmen sich der ländlich-bäuerlichen Alltagswelt vergangener Zeiten. Hierzu gehören neben den Wohn- und Wirtschaftsgebäuden, Haushalts- und Arbeitsgeräten immer auch technische Kulturzeugnisse der agrarisch-vorindustriellen Gesellschaft, soweit sie in das bäuerliche Leben und Arbeiten integriert waren (z.B. Mühlen oder Werkstätten von Handwerkern). Mit dem Anbau regionstypischer Nutzpflanzen und der Haltung alter Haustierrassen werden Bezüge zur historischen Kulturlandschaft hergestellt. Städtisch-bürgerliche Kulturzeugnisse finden sich seltener in den Museen. Einige wenige haben sich auf die Präsentation ländlicher Technik spezialisiert (z.B. Westfälisches Freilichtmuseum Hagen), andere beschäftigen sich mit der Zeit der Industrialisierung und ihren Hinterlassenschaften in der Kulturlandschaft (z.B. Museumspark Baustoffindustrie Rüders-

---

Freilichtmuseen werden eingerichtet, um Baudenkmäler vor der Zerstörung zu bewahren und der Nachwelt zu erhalten. Unter musealen Schutz gestellt und der Öffentlichkeit zugänglich gemacht werden Baudenkmäler
- aus dem ländlichen oder städtischen Bereich,
- profaner, religiöser, privater oder öffentlicher Art,
- aus dem agrarischen (vorindustriellen) oder industriellen Zeitalter.

Sie werden mit der zugehörigen Einrichtung (Mobiliar, Geräte, Maschinen usw.) ausgestattet, so dass jedes Gebäude den Mikrokosmos der von ihm repräsentierten Lebens- und Wirtschaftseinheit widerspiegelt. Alles steht an seinem Platz und damit in seinem ursprünglichen Zusammenhang. Die umgebende Kultur- und Naturlandschaft wird einbezogen.

Das **erste Freilichtmuseum** wurde 1891 auf Skansen bei Stockholm gegründet. Der neue Museumstyp breitete sich zunächst in Nordeuropa aus. Das erste Museum dieser Art in Deutschland war das Freilichtmuseum „Ostenfelder Bauernhaus" in Husum (1899). Das erste regional orientierte Freilichtmuseum entstand im Jahre 1909 in Königsberg, das erste zentrale Museum 1934 in Cloppenburg.

Bis zum Zweiten Weltkrieg kamen vornehmlich im norddeutschen Raum meist kleine „Bauernhausmuseen" hinzu. Ab den sechziger Jahren wurden auch in Süddeutschland in größerer Zahl Freilichtmuseen gegründet, die noch überwiegend dem Konzept der Umsetzung von Gebäuden verpflichtet waren (z.B. Oberpfälzer Freilandmuseum Neusath-Perschen 1961, Schwarzwälder Freilichtmuseum Vogtsbauernhof 1963 und Freilichtmuseum Kürnbach bei Bad Schussenried 1968). In den letzten Jahren tritt die Idee des „Landschaftsmuseums" in den Vordergrund. Die baulichen Kulturzeugnisse werden an ihrem originalen Standort im Kontext der umgebenden Landschaft präsentiert (z.B. Landschaftsmuseum Angeln in Unewatt).

dorf). In den archäologischen Freilichtmuseen werden den Besuchern Ausgrabungen und Exponate aus vor- und frühgeschichtlicher Zeit zugänglich gemacht und z.T. durch Rekonstruktionen veranschaulicht (z.B. Römisches Freilichtmuseum Hechingen).

In den hohen Besuchszahlen spiegelt sich die lebhafte Nachfrage nach dem kulturtouristischen Angebot von Freilichtmuseen wider. Da diese meist in strukturschwachen ländlichen Räumen liegen, sind sie von besonderer Bedeutung für den Tourismus der jeweiligen Region. Sie sind regelrechte Besuchermagneten mit zahlreichen Impulsen für die regionale Wirtschaft und werden daher zu Recht als wirkungsvolle Instrumente der Regionalpolitik gesehen.

Museale Nutzung einer historischen Klosterlandschaft

Das Schwäbische Volkskundemuseum Oberschönenfeld (▶ Foto) liegt im Naturpark „Augsburg – Westliche Wälder". Es wurde in einer Zisterzienserinnenabtei eingerichtet. Ein Konvent mit Nonnen lebt dort noch immer. Ein Teil der Wirtschaftsbauten wurde einer neuen musealen Funktion zugeführt und so vor dem Verfall bewahrt. Das Besondere ist, dass versucht wurde, die charakteristischen Merkmale einer Klosterlandschaft zu erhalten, ein buntes Mosaik aus Wiesen, Feldern, alten Wirtschaftswegen und Wallfahrtspfaden, Feldkreuzen und Bildstöcken, Bäumen und Gärten, Fischteichen und Ackerterrassen. Dazu pachtete der Bezirk Schwaben als Museumsträger die gesamten Agrarflächen des Klostergutes und gab sie an Landwirte aus der Umgebung mit Auflagen für die Nutzung weiter. Die Anlage von Hecken und einer Streuobstwiese mit alten Obstsorten trug dazu bei, die frühere ökologische Vielfalt wiederherzustellen. Nach historischem Vorbild wurde ein Klostergarten mit Nutz-, Heil- und Zierpflanzen gestaltet. Auf einigen Flächen werden alte Nutzpflanzen wie Dinkel oder Flachs angebaut. Die Parzellengliederung zeichnet das traditionelle System der Dreifelderwirtschaft nach. Die landwirtschaftlichen Erzeugnisse (Kartoffeln, Gemüse und Fleischprodukte) und Veredelungsprodukte (Wurst, Teigwaren, Backwaren) werden auf einem Bauernmarkt und in einem Ökoladen auf dem Museumsgelände direkt vermarktet.

Im angeschlossenen Naturparkhaus verdeutlicht eine Ausstellung die geschichtliche Entwicklung der Kulturlandschaft, zeigt die bestehende Vielfalt, aber auch die vorhandenen Gefahren und Probleme ihrer Erhaltung und Weiterentwicklung. Damit werden den Besuchern in einer umfassenden Weise die Zusammenhänge zwischen der Landschaftsgestaltung und den natürlichen Ressourcen und kulturellen Bedingtheiten aufgezeigt. 60.000 Besucher pro Jahr zeigen, dass das Angebot von der Bevölkerung angenommen wird und welche Bedeutung ein landschaftsbezogenes Museum für einen strukturschwachen ländlichen Raum haben kann.♦

Freilichtmuseen – Besuchermagneten im Kulturtourismus

Inszenierte Natur

Julia Siebert und Wilhelm Steingrube

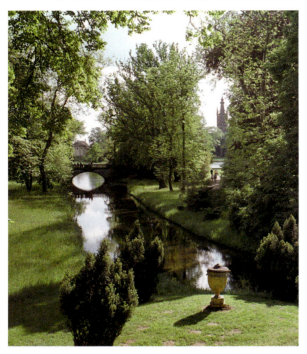

Wörlitzer Park: Sichtachsen von der Goldenen Urne aus

Garten – Park – Regionalpark

Die Mehrzahl der heutigen Grünanlagen ist in den vergangenen Jahrhunderten zunächst als **Garten** angelegt worden, das bedeutet als kleinräumige Fläche, die einem Gebäude zugeordnet ist und auf Dauer – zum Teil sehr intensiv – gepflegt wird.

Unter einem **Park** versteht man in aller Regel eine Anlage, die großflächiger ausgelegt und teilweise auch durch offene Wiesenflächen und Gehölzpflanzungen charakterisiert ist. Dennoch assoziierte man bis in die Gegenwart ebenso wie beim Garten auch eine gewisse Abgeschlossenheit mit dem Parkbegriff, denn dadurch hob sich ein Park deutlich von der offenen Landschaft ab.

In den vergangenen Jahren ist der Parkbegriff zunehmend auch auf offene Anlagen übertragen worden. Unter einem **Regionalpark** versteht man nicht mehr eine einzelne Grünanlage, sondern die Vernetzung von zahlreichen kleineren Anlagen. Durch die räumliche Verknüpfung über Wege bilden sie ein System aus vielen, z.T. sehr unterschiedlich gestalteten und verschieden nutzbaren Parkbereichen, die in ihrer Gesamtheit eine ganze Region erschließen und verbinden können.

Natur im eng gefassten Sinne als Gesamtheit aller Gesteine, Böden und Gewässer sowie Pflanzen und Tiere in ihrem unverfälschten, d.h. nicht vom Menschen beeinflussten Zustand gibt es in Deutschland schon lange nicht mehr. Mitteleuropa ist im Laufe der Jahrtausende flächendeckend zu einer Kulturlandschaft geworden. Demzufolge wird der Begriff „Natur" üblicherweise in einem sehr allgemeinen Sinne eingesetzt und bezeichnet jene Gebiete, in denen die anthropogenen Eingriffe nicht oder nur für Fachleute erkennbar sind.

Die Bandbreite der Nutzung von Flächen in Deutschland kann man ganz grob in drei Kategorien gliedern:
- Auf der einen Seite stehen jene Gebiete, in denen versucht wird, einen ursprünglichen, quasi natürlichen Zustand zu bewahren bzw. wiederherzustellen. Durch gesetzlich festgeschriebene Schutzkategorien – wie etwa Naturschutzgebiet oder Nationalpark – sollen diese Flächen den Interessen und dem Zugriff des wirtschaftenden Menschen weitgehend entzogen werden (▶▶ Beitrag Job).
- Auf der anderen Seite gibt es anthropogen überformte Flächen, die einer intensiven, deutlich sichtbaren wirtschaftlichen Nutzung unterliegen wie beispielsweise die Siedlungs-, Verkehrs- und Gewerbeflächen sowie auch die land- oder forstwirtschaftlich genutzten Flächen.
- Der Übergangsbereich zwischen diesen beiden extremen Landnutzungsformen bildet die dritte Kategorie. Zur Benennung werden die Begriffe „Grünanlagen" oder „Grün- und Freiflächen" verwendet.

Konzeptionen zur Gestaltung von Grün- und Freiflächen

Die Mehrzahl der heutigen Grünanlagen wurde in den vergangenen Jahrhunderten als – in der Regel nicht öffentlich zugänglicher – Gärten oder Parks angelegt. Diese verkörperten in ihrer Entstehung zunächst die gesellschaftlichen Verhältnisse ihrer Epochen. In den Stilformen kam das jeweilige Verhältnis von Mensch, Bauwerk und Natur zum Ausdruck. So hat sich im Laufe der Zeit eine Vielzahl sehr unterschiedlich gestalteter Grünflächen herausgebildet.

Im Zuge der raschen Verstädterung als unmittelbare Folge der Industrialisierung im 19. Jahrhundert rückte die durch bäuerliche Nutzung geprägte, offene Landschaft für die städtische Bevölkerung in immer größere Entfernung. Auf Veranlassung liberal eingestellter Adliger und durch die Initiative einzelner Bürger entstanden daraufhin in den Städten und z.T. auch im Umfeld herrschaftlicher Residenzen die ersten öffentlich zugänglichen Gärten und Parkanlagen. Diese bereiteten allerdings zunächst vor allem ästhetisches Vergnügen: Park, das war „Einklang von Kultur und Natur", die „gestaltete Utopie des Gleichgewichts".

Die Idee der symbolhaltigen Abbildung von Landschaft motivierte zahlreiche Architekten, analog zur klassischen Landschaftsmalerei idealisierte Landschaftsgärten für ihre jeweiligen Auftraggeber zu schaffen. Vorbild war dabei stets der englische Landschaftsgarten, der die damalige Kulturlandschaft Englands – eine zwar waldarme, aber baum-, busch- und heckenreiche Weidelandschaft von parkähnlichem Charakter – widerspiegeln sollte.

In Deutschland wurde der erste Landschaftspark durch Fürst Franz von Anhalt-Dessau (1740-1817) in Wörlitz bei Dessau geschaffen. Es folgten der Englische Garten in München und der Park an der Ilm in Weimar. In Brandenburg, in Mecklenburg und in Berlin war es in erster Linie Peter Joseph →

Die Vielzahl von **Parks und Gärten** in den Städten Deutschlands macht es unmöglich, sie alle darzustellen. Auf Karte ❶ sind die wichtigsten Parks von mehr als 10 ha Größe dargestellt.

Barockgarten
Barockgärten dienten der Repräsentation, der Demonstration von Macht. Im Mittelpunkt der Anlage liegt in aller Regel ein Schloss. Die Hauptachse verläuft geradlinig darauf zu. Der Barockgarten ist deutlich von der natürlichen Umgebung getrennt. Wesentliche Gestaltelemente sind streng beschnittene Bäume und Hecken, Kies- und Steinornamente, Bildwerke, Orangerien sowie Rasenflächen. Fontänen, Brunnen, Kaskaden und andere Wasserspiele bilden Blickpunkte (z.B. Potsdam-Sanssouci, München-Nymphenburg oder Hannover-Herrenhausen).

Landschaftspark
Mit Beginn der Aufklärung Ende des 17. Jhs. wurde in England der Landschaftsgarten geprägt. Die Anpassung an die Natur und die unauffällige Gestaltung bildeten die Grundlage der Gartenkunst. Es wurde zunehmend das Vorhandene als Gestaltungsmittel verwendet, gestaltete Natur und natürlicher Wuchs gingen ineinander über. In Deutschland übernahmen Adelige wie Fürst Pückler-Muskau (1785-1871) die Idee des Landschaftsgartens.

Schloss- und Gutspark
Grünanlagen dieser Art sind von ihrer Entstehung her stets herrschaftlichen Residenzen angegliedert gewesen, deren Gebäude auch heute noch oftmals den Mittel- oder Bezugspunkt bilden. Die Gestaltung variiert allerdings sehr stark, der Landschaftspark und beliebige Mischformen überwiegen dabei.

Stadt- und Volkspark
Seit Mitte des 19. Jahrhunderts fand der Stadtpark weite Verbreitung. Dieser löste sich zunächst von starren architektonischen Vorgaben. Die Anlage von Parks zu Erholungszwecken der arbeitenden Bevölkerung rückte mit dem Volkspark (auch Bürgerpark) in den Vordergrund. Die aktive Nutzung der Grünanlagen bestimmte die Gestaltung. In der DDR erhielten *Kulturparks* mit zahlreichen Freizeit- und Kultureinrichtungen, die zu Sport und Bildung anregen (Bühnen, Bibliotheken u.a.m.), eine besondere Bedeutung.

Tierpark, Zoologischer Garten
Im 18. und 19. Jh. meist zu wissenschaftlichen Zwecken angelegte zoologische Gärten wurden zunehmend auch zur Belehrung eines breiten Publikums geöffnet. Der erste Tierpark Europas entstand 1752 in Wien. Im 20. Jh. wandelte sich das Konzept der Tierhaltung, und die Familien-Freizeitnutzung gewann an Bedeutung. Unter diesem Gesichtspunkt entstanden auch zahlreiche Wildparks u.ä. In Karte ❶ dargestellt sind nur die im Verband Deutscher Zoodirektoren organisierten Tierparks.

Botanischer Garten
Als Nachfolger mittelalterlicher Klostergärten entstanden seit dem 16. Jh. botanische Gärten, die wissenschaftlichen und besonders medizinischen Einrichtungen nachgeordnet waren. Saisonal genutzte Orangerien der Barockgärten wurden Vorbilder für Gewächshäuser für tropische und subtropische Pflanzen. Erst im letzten Jahrhundert wurden die Gärten aufgrund des ästhetischen Reizes von Blütenpflanzen auch bei einem breiteren Publikum beliebt. Die Karte stellt die wichtigsten der Öffentlichkeit zugänglichen Botanischen Gärten dar.

② Gebiet der IBA Emscher Park und ausgewählte Projektstandorte

Auswahl von Einrichtungen des IBA Emscher Parks
(Parks und Landschaftsgestaltung)

Duisburg
Landschaftspark Duisburg Nord
Grüner Pfad (nach Oberhausen)

Oberhausen
Technologiezentrum Umweltschutz
Gasometer Oberhausen
Ökologischer Gehölzgarten Ripshorst
Garten Osterfeld/Landesgartenschau 1999
Volksgolfplatz Jacobi

Bottrop
Gesundheitspark Quellenbusch
Haldenereignis Emscherblick
Malakoff-Turm Prosper II und Stadtteil Prosper III

Essen
Sport- und Gesundheitszentrum Zeche Helene
Landschaftspark Mechtenberg
Handwerkspark Zollverein

Bochum
Stadtpark West
Gewerbe- und Wohnpark Zeche Holland

Mülheim an der Ruhr
Alte Reithalle

Gelsenkirchen
Wissenschaftspark Rheinelbe

Recklinghausen
Stadtteilpark Recklinghausen II

Herne
Ausbildungshotel Wasserschloss Crange
Landschaftspark Bladenhorst

Castrop-Rauxel
Kultur-Café und Amphitheater Zeche Ickern
Parkbad Süd

Waltrop
Schleusenpark Waltrop

Lünen
Landesgartenschau Lünen 1996

Bergkamen
Ökologiestation Schulze Heil
Gesunde Landschaft, gesunde Nahrungsmittel im Seseke

Linné (1789-1866), der seine Ideen der Landschaftsverschönerung in die Tat umzusetzen vermochte. Im 19. Jahrhundert verloren die architektonischen Regeln und Elemente immer mehr an Bedeutung, öffentliche Interessen gewannen zunehmend die Oberhand. In den neuen Bürger- und Volksparks bestimmte die Nutzung die Gestaltung.

Die derzeitigen Parkkonzeptionen brechen aus dem engen Stadtgefüge aus und dringen in das Umland vor. Suburbanisierungsprozesse haben die Grün- und Freiflächen auch im Umland der großen Verdichtungsräume knapp werden lassen. Ein Lösungsansatz wird in der Vernetzung gesehen: Die verbliebenen, isoliert gelegenen Flächen sollen durch ein Wegesystem miteinander verbunden werden. In großem Maßstab wurde diese Idee zunächst im Rahmen der Internationalen Bauausstellung mit dem Emscher Park begonnen ②. Dass man auch mit deutlich geringeren finanziellen Ressourcen ein solches Konzept realisieren kann, zeigen die Beispiele im Rhein-Main-Gebiet ③ und im Rhein-Neckar-Raum. Im Berliner Umland werden die „Regionalparke Berlin" ① zusammengefasst: In einem 15 km breiten Streifen um Berlin sind sieben Entwicklungsräume für jeweils einen Regionalpark vorgesehen. Komplettiert wird dieser Ring im Norden durch den bewaldeten Naturpark Barnim.

Kurparkanlagen

In Deutschland führen derzeit 304 Orte das Prädikat eines Heilbades oder Kurortes. Ein wesentliches Ausstattungsmerkmal ist dabei das Vorhandensein eines Kurparks oder ausgedehnter Park- und Waldanlagen. Die meisten dieser Grünanlagen sind aufgrund ihrer geringen Größe und Funktion als grüne Umrahmung der Kurmittelzentren als lokale Gartenanlage einzustufen. Aber 103 Orte werben offensiv mit gerade diesem Ausstattungsmerkmal um die Gunst der Gäste. Darunter befinden sich einige Barockgärten, z.B. in Bad Pyrmont, in der Mehrzahl aber präsentieren sie sich als nutzungsorientierte, oftmals noch mit zahlreichen Blumenarrangements ausgestattete Gartenanlagen. Durch die Einbeziehung großer Waldgebiete sind mittlerweile auch etliche Kurparke als Landschaftsgärten einzustufen.

Bundesweite Übersicht

Die meisten Parkanlagen wurden im Laufe der Zeit vielfach umgestaltet, so dass heute nur noch wenige in ihrem ursprünglichen Charakter erhalten sind. Karte ① zeigt die wichtigsten und größten Grünanlagen Deutschlands, differenziert nach den dominierenden Nutzungsformen (Typ) und ggfs. noch vorhandenen Gestaltungselementen (Stil). Unter den Typen ist der Schlosspark einschließlich der Gutsparkanlagen am häufigsten anzutreffen. Als reine Volks- und Stadtparke lassen sich schon deutlich weniger Anlagen eindeutig identifizieren. Die ehemals so zahlreichen Stile sind fast überall in Richtung auf den Landschaftspark überformt. Wenn heute dennoch einige, allerdings meist kleine Anlagen den alten Gestaltungskonzepten verhaftet bleiben und nach wie vor regen Zuspruch finden, so ist es gerade die Inszenierung einer anderen Zeit, wodurch die Bevölkerung angezogen wird.

Aus dem Rokoko- oder Renaissancezeitalter konnten sich meist nur einzelne Gestaltungselemente erhalten, die die heutigen Parkanlagen ergänzen, ihnen aber keinen prägenden Charakter verleihen. Einzig der Barock hat sich

Grabpyramide des Fürsten August Heinrich von Pückler-Muskau im Park von Schloss Branitz, Cottbus

und es ging nicht mehr nur um die Darstellung von Gartenprodukten, sondern um das gesamte Gelände, das als künstlerisches Gesamtbild präsentiert wurde. Damit war der Schritt zum sommerlangen Gartenfest heutiger Prägung vollzogen. In der Folgezeit kam es zu einer Flut von gärtnerischen Ausstellungen ohne zeitliche und räumliche Regelhaftigkeit.

Seit 1951 fanden in Westdeutschland in einem konsequenten 2-jährigen Turnus Bundesgartenschauen (BUGA) mit wechselnden Veranstaltungsorten statt. Durch eine internationale Beteiligung werden diese alle 10 Jahre zur Internationalen Gartenschau (IGA) ausgeweitet. In der DDR gab es ab 1961 in unregelmäßigen Abständen IGAs auf einem speziell dafür angelegten Gelände in Erfurt. BUGAs und IGAs waren immer ein Spiegelbild ihrer Zeit und unterlagen somit auch den Strömungen des jeweiligen Zeitgeistes sowie kritischen Diskussionen über ihre Konzeptionen: Bei den ersten Gartenschauen stand die Beseitigung von Kriegsschäden im Vordergrund. In den 1960er und 70er Jahren wurden zunehmend Aspekte der Grünpolitik betont, um für die Bevölkerung nutzbare Grünflächen in den Städten zu schaffen. Danach kam es infolge der wachsenden Umweltsensibilisierung zu einer stärkeren Ausrichtung auf ökologische Themen, zur Berücksichtigung lokaler Gegebenheiten und einer intensiveren Bürgerbeteiligung.

BUGAs sind somit komplexe Gebilde aus Ideen, Vorstellungen und Erwartungen der verschiedensten Interessengruppen: Eine BUGA ist nicht mehr nur ein Leistungswettbewerb der gärtnerischen Berufe, sondern auch Instrument zur Verbesserung der Lebensqualität für die Bürger, zur Imageverbesserung nach innen ebenso wie nach außen sowie ein Impulsgeber für zahlreiche Rahmenmaßnahmen, die auf eine Belebung der Wirtschaft der veranstaltenden Stadt abzielen.◆

> Der **Park an der Ilm** in Weimar entstand 1778 unter starker Einflussnahme durch J. W. v. Goethe in mehreren Etappen. Seitdem 1780 die umgebenden Mauern und Zäune entfernt wurden, ist der Landschaftspark allen Bürgern der Stadt zugänglich. Er spiegelt Goethes Vorstellung einer Parklandschaft deutlich wider: ein harmonisches Miteinander von Wiesenflächen, Baum- und Sträuchergruppen, Pfaden und Wegen, die dem Flussverlauf angepasst sind, sowie von architektonischen Elementen wie Grotten, Brücken und Denkmälern.
>
> Heute bildet der 60 ha große Park gemeinsam mit weiteren Landschaftsparks und dem Stadtwald eine 7 Kilometer lange Grünanlage, die vom Schloss bis in die städtische Randzone und damit in die freie Landschaft führt.

Oben: Park an der Ilm, Weimar 1999
Unten: Park an der Ilm, Weimar 1808

noch in zahlreichen Parks oder Gärten als dominierende Stilrichtung behaupten können. Demgegenüber folgt mehr als die Hälfte der Grünanlagen in ihrer Gestaltung überwiegend der Konzeption eines Landschaftsgartens.

Gartenschauen

Der Ursprung von Gartenschauen reicht bis in das späte 18. Jh. zurück. Das Zeitalter der Aufklärung war u.a. geprägt durch ein verstärktes Interesse nach Informationen über fremde Kulturen, Tiere und Pflanzen. Deshalb wurden oftmals private Sammlungen in Gärten und Glashäusern jeweils kurzfristig für die staunende Bevölkerung als Pflanzenschauen geöffnet.

Der starke Besucherandrang führte dazu, dass die Dimensionen der Gartenschauen immer mehr anwuchsen. 1869 wurde in Hamburg die erste Internationale Gartenbauausstellung auf deutschem Boden mit Teilnehmern aus ganz Europa und Übersee veranstaltet. Die nächste fand ebenfalls in Hamburg (1897) statt; sie dauerte fünf Monate,

Inszenierte Natur | 43

Kleingärten – Freizeiträume und grüne Lungen der Städte

Meike Wollkopf

Die Entwicklung des Kleingartengedankens ist eng mit der im 19. Jahrhundert einsetzenden Industrialisierung verbunden. Die rasch an Zahl zunehmende Arbeiterschaft war in den anwachsenden Städten völlig unzureichenden Lebensbedingungen ausgesetzt: Wohnungsknappheit, fehlende Spielmöglichkeiten für Kinder, ungenügende Schulbildung, Unterernährung und Vitaminmangel wie auch ein Defizit an Sonne und frischer Luft. Dies führte zu einer Verelendung breiter Bevölkerungsschichten und verschiedenen sozialen Gegenbewegungen.

Der Kleingarten als Programm

Für die Entstehung des Kleingartenwesens in Deutschland gibt es mehrere Wurzeln. Nutzgärten sollten in erster Linie die ökonomische Situation von bedürftigen Familien verbessern. So entstanden die ersten sogenannten Armengärten bereits 1806 in Schleswig-Holstein. In Sachsen war der Anlass die Verbesserung der Spielmöglichkeiten und der gymnastischen Erziehung von Kindern, worum sich der Orthopäde Dr. M. Schreber (1808-1861) sehr bemühte. Jahre später griff der Schuldirektor E. I. Hauschild dieses Anliegen auf und gründete 1864 in Leipzig den „Schreberverein" mit einem zentralen Spielplatz und Kinderbeeten, die bald zu Familienanlagen wurden. Schließlich wurden Kleingärten durch die ebenfalls in Sachsen beheimatete Bewegung der Naturheilkunde gefördert.

Heute sind die meisten Kleingärtner über ihre Vereine im Bundesverband Deutscher Gartenfreunde e.V. organisiert, nämlich rd. 1,05 Mio. Weitere 67.000 gehören der Vereinigung der Bahn-Landwirte an, die Kleingärten auf Reserveflächen der Deutsche Bahn AG unterhält. Rund 170.000 Gärtner sind anderweitig oder gar nicht organisiert, so dass sich eine Gesamtzahl von etwa 1,3 Mio. Kleingärten in Deutschland ergibt (BMRBS 1998).

Wie die Verbandsstatistik zeigt ❶, ist in den alten Ländern zwischen 1981 und 2000 ein Rückgang des Bestandes zu verzeichnen. Allein in den dargestellten Städten belief er sich in diesem Zeitabschnitt auf ca. 75.000 Parzellen. Ursache ist in erster Linie der in den 1970er und 80er Jahren forcierte strukturelle und funktionale Umbau der Städte zu Dienstleistungszentren mit ausgeprägtem stadtnahem Wohnungsbau sowie die deutliche Ausweitung der Verkehrsflächen. Dafür wurden oft Kleingartenflächen in Anspruch genommen, ohne dass entsprechende Ersatzflächen zur Verfügung gestellt wurden. In den neuen Ländern war zuerst ein starker Rückgang zu verzeichnen, da im DDR-Verband im Durchschnitt 1,5 Mitglieder je Kleingarten registriert waren und dieser Wert sich dem westdeutschen mit 1 Mitglied/Parzelle anpasste. Zudem traten die einzelnen Vereine erst mit Verzögerung dem Dachverband bei.

Die traditionelle räumliche Differenzierung der Kleingartendichte hat sich seit Beginn des vorigen Jahrhunderts erhalten. Das Interesse an Kleingärten konzentriert sich naturgemäß auf die Städte, so dass die auf der Karte ❸ dargestellten kreisfreien Städte zwar nur etwa ein Drittel der deutschen Bevölkerung repräsentieren, aber gut zwei Drittel aller Kleingärten.

Regional weisen die Gebiete Süddeutschlands mit hohem Eigenheimanteil die geringste Kleingartendichte auf, während die gewerblichen Zentren Mitteldeutschlands und Berlin noch heute die Hochburgen bilden. Zudem hat sich aus der DDR-Tradition die deutlich höhere Dichte aller neuen Länder gegenüber den alten erhalten. Die Zahl der Parzellen beträgt beispielsweise in Leipzig rund 39.000, so dass fast jeder fünfte Haushalt einen Kleingarten unterhält.

Der soziale Stellenwert

In Deutschland entfällt etwa auf jeden 20. Haushalt ein Kleingarten. Die wichtigste Funktion für ihre Pächter ist – nach Wegfallen der Notwendigkeit zur Selbstversorgung mit Obst, Gemüse und Blumen – heute eindeutig die Freizeitnutzung. Die Wohnfläche der Haushalte, die einen Kleingarten haben, ist im gesamten Bundesgebiet geringer als im Durchschnitt – eine Zahl, die jedoch auch vor dem Hintergrund der insgesamt kleineren Wohnflächen je Haushalt in den neuen Ländern gesehen werden muss. Die Gärten dienen vielfach als Platz für das Zusammenkommen mehrerer Generationen und für gesellliges Beisammensein. Sie bieten nicht zuletzt Arbeitslosen und Rentnern Beschäftigung. Auch das Vereinsleben, für das in vielen der Anlagen ein Vereinsheim oder sogar ein bewirtschaftetes Lokal zur Verfügung steht, ist für die Gemeinschaft der Kleingärtner wichtig, auch wenn auf der anderen Seite von

❶ Alte Länder und DDR/neue Länder
Mitglieder in Kleingartenverbänden 1978-2000

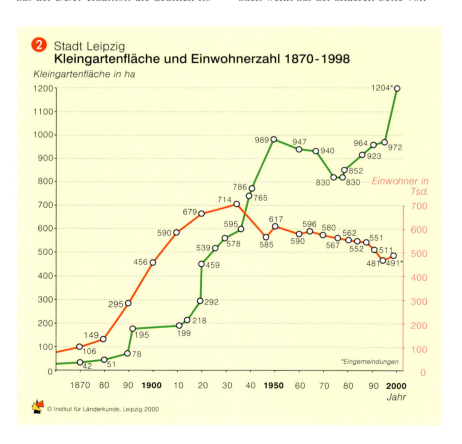

❷ Stadt Leipzig
Kleingartenfläche und Einwohnerzahl 1870-1998

einigen Nutzern die hohe soziale Kontrolle beklagt wird.

Der soziale Stellenwert des Kleingartens hat sich besonders auf dem Gebiet der neuen Länder verändert. Für die DDR-Führung bedeuteten diese Gärten nicht nur, dass die Bevölkerung eine sinnvolle, produktive, in die Gemeinschaft eingebundene und gesundheitsfördernde Freizeitbetätigung hatte, sondern es wurde auch auf die volkswirtschaftlich wirksame Produktion über

> **Bundeskleingartengesetz (BkleingG) von 1983, § 1**
>
> Ein Kleingarten ist ein Garten, der
> 1. dem Nutzer (Kleingärtner) zur nichterwerbsmäßigen gärtnerischen Nutzung, insbesondere zur Gewinnung von Gartenbauerzeugnissen für den Eigenbedarf, und zur Erholung dient (...) und
> 2. in einer Anlage liegt, in der mehrere Einzelgärten mit gemeinschaftlichen Einrichtungen, z.B. Wegen, Spielflächen und Vereinshäusern zusammengefasst sind (Kleingartenanlage).

den Eigenbedarf hinaus gedrungen. Rund 30% von Obst und Gemüse gingen in den Verkauf (HENTSCHEL 1990, S. 60).

Auffallend ist das Durchschnittsalter der Pächter. Fast 50% sind zwischen 55 und 65 Jahre alt. Sie gehören überwiegend einkommensschwachen Haushalten an, da es auch diese sind, die kein Eigentum bzw. keine Häuser mit Garten haben. Dementsprechend wichtig ist die Höhe des Pachtzinses, der nach der Wende besonders für die ostdeutschen Gärten drastisch angestiegen ist. Bei einem Großteil der Anlagen bewegt sich die jährliche Pacht zwischen 0,10 und 0,40 DM je m².

Seit Ende der 1990er Jahre findet in ganz Deutschland eine moderate Wiederinwertsetzung des Kleingartens statt, der sich besonders zur Wochenendgestaltung großer Beliebtheit erfreut. Bei 67% der Vereine in den alten und bei 58% in den neuen Ländern bestehen wieder Bewerber-Wartelisten (BMRBS 1998).

Die städtebauliche Bedeutung

Die Bedeutung der Kleingärten für die Stadtökologie wurde lange Zeit unterbewertet. Inzwischen werden sie in die Planung von Grünzonen und Frischluftschneisen einbezogen, ihre Gemeinflächen zu den Erholungsflächen von Stadtvierteln hinzugezählt und ihre Wege in Spazier- und Wanderwegekonzepte integriert. Auch die in Anspruch genommenen Flächenpotenziale sind eine wichtige stadtgestalterische Kalkulationseinheit. Bei Durchschnittsgartengrößen von 350 m² (alte Länder) und 305 m² (neue Länder) sowie einem Anteil von 15% (alte Länder) bzw. 11% (neue Länder) an Gemeinflächen je Anlage ergeben sich rein rechnerisch rund 500 km² Kleingartenfläche in Deutschland, wobei sich in Süddeutschland zwischen 20 und 40% dieser Flächen und in Westdeutschland zwischen 80 und 100% in Gemeindebesitz befinden.

Das Beispiel der Stadt Leipzig ❷ zeigt nach dem Zweiten Weltkrieg und noch einmal nach der Wiedervereinigung trotz sinkender Bevölkerungszahlen ansteigende Kleingartenflächen, was nicht nur auf mehr, sondern auch auf größere Kleingärten zurückzuführen ist.

Immer öfter werden die Kleingärten jedoch als Reserveflächen für städtebauliche Entwicklungen verwendet. Dadurch werden die Gartenanlagen an den Stadtrand verdrängt, in meist deutlich wohnungsfernere Lagen. Die Konsequenz ist auf der einen Seite ein erhöhtes Verkehrsaufkommen, auf der anderen Seite ein steigender Bedarf an Infrastruktur in den Gärten, da mit wachsender Entfernung vom Wohnstandort der Übernachtungswunsch und damit auch die Anforderungen an die Lauben steigen. ◆

❸ Kleingärten 1981* und 2000

Naherholung

Kim E. Potthoff und Peter Schnell

Auf der 100-Schlösser-Route im Münsterland

Die Bedeutung der Naherholung zeigt sich daran, dass im Jahre 1993 von 85,7% der deutschen Bevölkerung 2,1 Mrd. Tagesausflüge unternommen worden sind, von denen wiederum rund 55% als Naherholungsausflüge bezeichnet werden (HARRER u.a. 1995, S. 80). Entscheidend für das Naherholungsverhalten sind die Erreichbarkeit sowie die landschaftliche Attraktivität der Naherholungsgebiete, da landschafts- und wasserorientierte Aktivitäten wie Spazierengehen, Wandern, Baden u.ä. an der Spitze der Beliebtheit liegen. Die private Motorisierung war und ist eine der wesentlichen Grundlagen für die Naherholung, wenngleich die Pkw-Nutzung in den letzten Jahren aufgrund der wachsenden Anteile anderer Verkehrsmittel, vor allem des Fahrrades, leicht rückläufig ist. Die durchschnittliche Ausflugsdistanz der Bewohner von Großstädten mit mehr als 100.000 Einwohnern liegt bei 68 km pro Richtung; Bewohner kleinerer Gemeinden legen geringfügig längere Wege zurück (71 km) (HARRER u.a. 1995).

Naherholungsgebiete in Deutschland

Daten über die aktuellen Naherholungsgebiete Deutschlands existieren zwar, wurden für eine kartographische Bearbeitung jedoch nicht zur Verfügung gestellt. Zur Darstellung der Naherholungsräume der Städte mit 100.000 und mehr Einwohnern und der Verdichtungsräume wurde ein theoretisch-konstruktiver Ansatz benutzt (Durchschnittsradius von 70 km abzügl. Umwegfaktor 1,25), so dass in Karte ❶ die potenziellen Naherholungsräume dieser Quellgebiete dargestellt sind. Die realen Naherholungsräume zeigen meist eine asymmetrisch ausgebildete Abgrenzung, die sich aus der Lage der landschaftlich attraktiven Zielräume sowie durch unterschiedliche Erreichbarkeiten ergibt. Bevorzugt aufgesucht werden vor allem Waldgebiete, Wasserflächen und Flussläufe sowie stärker reliefiertes Gelände, das Aussichtsmöglichkeiten bietet. Für die Naherholung spielen auch Naturparke, Nationalparke und Biosphärenreservate eine große Rolle (▶▶ Beitrag Job). Dabei sind die touristische Infrastruktur sowie die äußere und innere Erschließung wichtig, d.h. die verkehrsmäßige Anbindung an die Bedarfsräume sowie das Straßen- und Wegenetz innerhalb der Naherholungsgebiete.

Die Karte lässt erkennen, dass ein großer Teil der Bundesrepublik im potenziellen Naherholungsbereich der Großstädte und Verdichtungsräume liegt; nimmt man die Zielgebiete von Mittel- und Kleinstädten hinzu, verdichtet sich dieses Bild weiter. Außerdem ist zu berücksichtigen, dass die landschaftliche Attraktivität eine distanzerweiternde Rolle spielt, so dass Zielgebiete wie z.B. der Bodensee, die Mecklenburgische Seenplatte oder die Rhön durchaus als Naherholungsräume genutzt werden, aufgrund des Darstellungsansatzes in der Karte jedoch nicht als potenzielle Naherholungsräume ausgewiesen sind.

Das Beispiel Brandenburg ❷

Charakteristisch für das Landschaftsbild des Naherholungsraumes westlich von Berlin sind die großen Waldflächen, die von zahlreichen Seen, Flüssen und Kanälen durchsetzt sind (rund 2500 Seen und 32.000 km Fließgewässer, davon über 6000 km befahrbar, insgesamt ca. 750 km²). Ein Großteil der Brandenburger Wald- und Wasserflächen ist Bestandteil von Großschutzgebieten, die aus einem Nationalpark, zwei Biosphärenreservaten und sieben Naturparken bestehen. Zu den bevorzugten Ausflugszielen der Berliner Bevölkerung gehören

Landschaftspark Duisburg-Nord

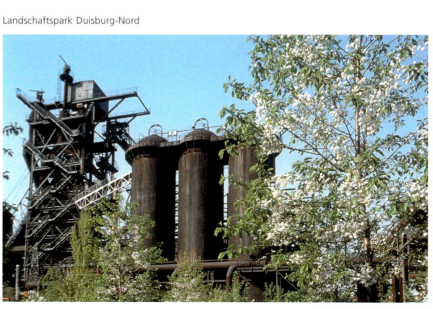

auch kulturhistorische und baulich-architektonische Sehenswürdigkeiten, an erster Stelle Potsdam, das 1998 63% der Berliner Haushalte besucht haben (IfT der FU Berlin1999). Insgesamt werden in Berlin/Brandenburg 60 Naherholungsräume unterschieden, die rund ein Drittel der Gesamtfläche ausmachen (BTE/FUB 1997). Seit 1990 haben sich die Angebotsstrukturen kontinuierlich verdichtet.

Das Beispiel Münsterland

Das Image des Münsterlandes basiert auf der durch die Landwirtschaft geprägten aber naturnahen Landschaft und dem Fahrradfahren (SCHNELL 1999). Mit ca. 45 Mio. Tagesbesuchern spielte die Naherholung im Jahr 1996 eine erheblich größere Rolle als der Reiseverkehr mit ca. 12 Mio. Übernachtungen (LANDGREBE 1998). 60% der Tagestouristen kommen aus dem Münsterland, 27% von außerhalb, und 13% sind Übernachtungsgäste (SCHNELL/POTTHOFF 1999). Der Schwerpunkt der Aktivitäten liegt auf dem Radfahren, das im Münsterland bereits in den 1950er Jahren in Form von „Pättkesfahrten" beliebt war und für das ein Radwegenetz von insgesamt rund 10.000 km Länge zur Verfügung steht. Das Markenzeichen des Münsterland-Tourismus bildet die 1988 eröffnete 100-Schlösser-Route, eine kulturtouristische thematische Radwanderroute von rund 2000 km Länge, die rund 150 Wasserburgen, Schlösser und Herrensitze verbindet.

Das Beispiel Ruhrgebiet

Der von der Montanindustrie geprägte altindustrielle Verdichtungsraum des Ruhrgebietes stellt einen Typus von Naherholungslandschaft dar, der gleichzeitig Quell- und Zielgebiet ist. Eine Angebotskomponente bilden die sieben regionalen Grünzüge, die den Raum von Norden nach Süden durchziehen, eine weitere die seit Ende der 60er Jahre eingerichteten fünf Revierparks. Hauptausflugsziele sind der nördlich des Ruhrgebietes gelegene Naturpark Hohe Mark, gefolgt vom Sauerland, dem Münsterland, dem Niederrhein und dem Bergischen Land.

Das Image des Ruhrgebietes wird aus Sicht der Bevölkerung durch den Strukturwandel und die Industriekultur geprägt. Im Rahmen der Internationalen Bauausstellung (IBA) Emscher Park verknüpft ein 400 km langer Rundkurs – die Route der Industriekultur – 19 sogenannte Ankerpunkte mit markanten Bauwerken aus 150 Jahren Industriegeschichte. Durch den rund 60 km langen und 300 km² großen neuen Ost-West-Grünzug des „neuen Emschertales" führt der 130 km lange Emscher Park Radweg. Weitere Naherholungsziele, die im Zuge des Strukturwandels entwickelt worden sind, bilden „Urban Entertainment Center" wie das CentrO in Oberhausen, Musical-Standorte in Bochum und Essen oder Multiplex-Kinos.◆

Kulturtourismus und historische Baudenkmäler

Ludger Brenner

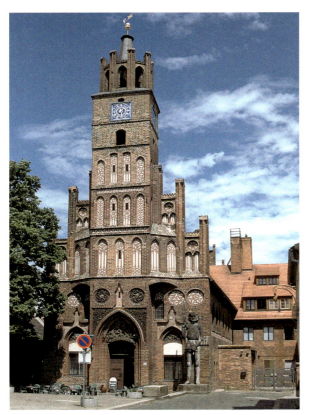

Gotisches Rathaus in Brandenburg

Die Vielfalt des über 2000-jährigen deutschen Kulturerbes spiegelt sich in der großen Anzahl historischer Baudenkmäler aus sehr unterschiedlichen Epochen wider, die ein touristisches Potenzial ersten Ranges darstellen. Insgesamt 26 Bauwerke und Ensembles wurden wegen ihrer Einzigartigkeit sogar in die Liste des Weltkulturerbes der UNESCO aufgenommen. Aufgrund der Vielzahl sind auf der Karte ❷ nur die Bauwerke berücksichtigt, denen in namhaften Reiseführern eine besondere kunstgeschichtliche Bedeutung beigemessen wird und die damit besondere Aufmerksamkeit von Kulturtouristen des In- und Auslands auf sich ziehen.

Ihre räumliche Verteilung ist sowohl durch die geschichtliche Entwicklung der politisch-wirtschaftlichen Raumeinheiten als auch durch naturräumliche Gunstfaktoren bedingt, wobei zwischen beiden Größen nicht selten ein enger Zusammenhang besteht: Die meisten bedeutenden Bauwerke befinden sich an verkehrsmäßig wichtigen Flussläufen und in ertragreichen Agrargebieten, wo sich bedeutende Wirtschafts- und Verwaltungszentren entwickeln konnten. In Süddeutschland konzentriert sich das bauliche Erbe vor allem in den ehemaligen Residenz- und Handelsstädten. Berlin mit der angrenzenden Residenzstadt Potsdam nimmt als Metropole Preußens und des späteren Deutschen Reiches eine Sonderrolle ein. In den Seehäfen des Ostseeraums und an der Unterelbe bezeugen die zahlreichen Baudenkmäler der Hansestädte die Bedeutung des mittelalterlichen Wirtschaftsverbundes.

Römische und mittelalterliche Bauwerke

Die ältesten erhaltenen Baudenkmäler auf heutigem deutschen Staatsgebiet stammen aus der Römerzeit. Teilweise gut rekonstruierte Bauten wie Befestigungsanlagen, Amphitheater, Aquädukte und Thermen befinden sich vor allem in den aus Verwaltungszentren und Militärlagern entstandenen Städten an Mosel und Rhein.

Nach dem Niedergang der römischen Zivilisation wurden bis zur Stabilisierung des Abendlandes unter Karl dem Großen (742-814) keine größeren Bauten errichtet. Erst während der Blüte des Karolingerreiches entstanden nach spätantiken Vorbildern in den Verwaltungssitzen, den Pfalzen, beachtliche, überwiegend sakrale Bauten. Seit Mitte des 10. Jhs. fanden zunächst im südlichen Deutschland Stilelemente aus dem romanischen Mittelmeerraum Eingang in die mitteleuropäische Architektur. Die zwischen dem 11. und frühen 13. Jh. aufblühende Stilepoche der Romanik hinterließ vor allem in den Zentren der kaiserlichen Macht am Oberrhein wie auch in Köln deutliche Spuren.

Die von der Ile de France um 1200 ausgehende Gotik sollte sich zu dem am weitesten verbreiteten sakralen Baustil in Deutschland entwickeln. In prosperierenden Städten entstanden vom 13. bis 15. Jh. bedeutende Kathedralen. Aus gotischer Zeit sind auch weltliche Bauwerke, insbesondere Rathäuser, erhalten.

Das Erbe des 16., 17. und 18. Jhs.

Im Zuge der von Italien ausgehenden, sich den antiken Vorbildern zuwendenden Architektur der Renaissance verlagerte sich der Schwerpunkt von den sakralen zu den profanen Bauwerken. Seit etwa 1530 übernahmen vor allem die wohlhabenden süddeutschen und norddeutschen Handelsstädte den Renaissancestil.

Im Zuge der Gegenreformation erlangte im 17. Jh. der geistig-emotionale Barock im katholischen Süddeutschland an Bedeutung. Im darauf folgenden Rokoko, wurde ornamentalen Elementen besondere Aufmerksamkeit gewidmet. Die Residenzen der zahlreichen deutschen Fürstentümer wurden als Zeichen der absolutistischen Machtverherrlichung in den Phasen des Barock und Rokoko prachtvoll ausgestattet.

Zeugnisse jüngerer Baukunst

Mit dem Ausklingen des Rokoko wandte man sich ab etwa 1770 wieder den antiken Vorbildern der griechischen Klassik zu. Vor allem in Preußen und Bayern entstanden Gebäude, die stark an die Tempelbauten des hellenistisch beeinflussten Mittelmeerraumes erinnern.

Ab Mitte des 19. Jahrhunderts entwickelte sich – begünstigt durch das Aufkommen des deutschen Nationalbewusstseins – der Stil des romantisierenden Historismus, der vor allem mittelalterliche, teilweise auch frühneuzeitliche Vorbilder nachahmte.

Der um die Jahrhundertwende aufkeimende Jugendstil setzte bis zum Ersten Weltkrieg der zunehmenden Schmucküberladung einfachere, naturorientierte Formen entgegen, die bei Wohn- und Industriegebäuden Anwendung fanden. Nach dem Ersten Weltkrieg gewann mit dem Funktionalismus die Zweckmäßigkeit auch als ästhetisches Ideal an Bedeutung. Die neuen technischen Möglichkeiten brachten einige bemerkenswerte, bislang noch wenig beachtete bauliche Ensembles hervor.

Die Folgen des Tourismus

Die Folgen der touristischen Nutzung des baulichen Kulturerbes sind sehr umstritten: Die Kritiker führen an, dass eine hohe Frequentierung Beschädigungen, Überlastungen und eine kulturelle Sinnentleerung zur Folge habe; die Befürworter argumentieren hingegen, dass ohne die direkten und indirekten Einnahmen aus dem Fremdenverkehr eine sachgemäße Erhaltung kaum möglich sei.

Der Andrang ist im Allgemeinen nicht so sehr auf den internationalen und überregionalen, sondern überwiegend auf den Tagesausflugsverkehr zurückzuführen: Eine Umfrage im bekannten Kloster Maulbronn ❶ (UNESCO-Weltkulturerbe) ergab, dass fast die Hälfte (46%) der Besucher aus nahe gelegenen Orten desselben Bundeslandes stammen, ein weiteres knappes Drittel (31%) aus benachbarten oder relativ nahe gelegenen Bundesländern und nur 18% aus dem übrigen Bundesgebiet sowie 5,5% aus dem Ausland. ◆

❶ Herkunft der Besucher des Klosters Maulbronn 1998

Wallfahrtsorte und Pilgertourismus

Gisbert Rinschede

Altötting

Historische Entstehung und Entwicklung

Christliche ▶ Wallfahrtsstätten sind überwiegend aus dem Wunsch von Gläubigen entstanden, einer als heilig erachteten Person nahe zu sein, vor allem wenn Reliquien an diesem Ort vorhanden waren.

Einige der heutigen Wallfahrtsorte wurden an vorchristlichen Kultstätten errichtet, obwohl die Kirche in Deutschland es ablehnte – ganz im Gegensatz zu Irland –, Naturheiligtümer der Kelten und Germanen als heilig zu achten. Trotzdem entstanden einige christliche Stätten in der Nähe von heiligen Quellen, Bäumen, Höhlen und Steinen/Felsen, die heidnische und christliche Ideale gleichermaßen beinhalten.

Im Frühmittelalter standen ▶ Wallfahrten zu den Kathedralen der Bistümer im Vordergrund. Im Hochmittelalter entstanden zahlreiche Marienwallfahrten, anknüpfend an Pilgerreisen ins Heilige Land.

Bezüglich der Entstehungsperioden der heutigen Wallfahrtsstätten ergeben sich einige regionale Unterschiede zwischen Nord- und Süddeutschland: Die Schwerpunkte der Entstehung in Süddeutschland liegen im 17. Jh. nach Beendigung des 30-jährigen Krieges. Von Italien (Loreto-Kult) und Passau (Maria-Hilf-Kult) gingen zur Zeit der Gegenreformation viele Impulse aus, die zur Bildung von Wallfahrtsorten in Süddeutschland führten. Das 16. Jh. stellt wegen der religiösen Konflikte einen Tiefpunkt in der Entwicklung der Pilgerbewegung dar.

In Norddeutschland sind die Wallfahrtsstätten aus der Zeit des Hochmittelalters (14. Jh.) und der heutigen Zeit (2. Hälfte des 20. Jh.) überproportional stark vertreten, da in den ehemals überwiegend protestantischen Stadtregionen Norddeutschlands Vertriebene und Flüchtlinge nach dem 2. Weltkrieg diese Stätten wiederbelebt oder neu gebildet haben.

Heutige Verbreitung

In der Bundesrepublik Deutschland gibt es 861 katholische Wallfahrtsstätten ❻, die alljährlich von einer unterschiedlich großen Anzahl vor allem religiös motivierter Menschen aufgesucht werden (eigene Erhebungen 1999). Während die Pilgerstätten in den überwiegend katholischen Ländern Europas (z.B. Frankreich, Italien, Spanien) relativ gleichmäßig verteilt sind, ergeben sich in Deutschland, ebenso wie in der Schweiz und den Niederlanden, große regionale Unterschiede. Das Verteilungsmuster entspricht der Konzentration von Katholiken und Protestanten ❶. Die höchsten Katholikenanteile haben die Bistümer Süddeutschlands, wie z.B. Passau (93%), Regensburg (84%),

---

Eine **Wallfahrt** ist der Besuch einer außerhalb des Heimatortes gelegenen heiligen Stätte (**Wallfahrtsort/-stätte**) aus religiösen Motiven, meist zu bestimmten Feiertagen, Namenstagen von Heiligen usw.

Religionstourismus bezeichnet eine Tourismusart, bei der die Teilnehmer auf ihrer Reise und während ihres Aufenthaltes am Zielort ausschließlich oder stark religiös motiviert sind. Neben Wall- und Pilgerfahrten schließt er den Besuch religiöser Feste und Tagungen ein.

Der **Wallfahrts-/Pilgertourismus** ist eine spezielle Form des Tourismus mit überwiegend religiöser Motivation. Er zählt zu den ältesten Formen des Tourismus überhaupt. Ziele der Wall- und Pilgerfahrten sind Wallfahrts-/Pilgerorte, die durch den religiös motivierten Besucherstrom entsprechend seiner Intensität geprägt werden.

Eine **Wallfahrt** bzw. **Pilgerfahrt /-reise** bezeichnet das im Leben eines Gläubigen aus religiösen Motiven einmalige oder häufigere Aufsuchen eines größeren religiösen Zentrums (Pilgerort/-stätte).

Religiöse Zentren sind Orte, denen Religionsgemeinschaften eine zentrale Bedeutung beimessen. Es gibt Pilgerzentren und religiöse Verwaltungszentren, die sich in Orte mit regionaler (Bischofsstadt), nationaler (Sitz des Oberhauptes einer Nationalkirche) und internationaler (Rom) Bedeutung einteilen lassen.

---

❶ Katholiken 1999 nach Bistümern

② Funktionale Gliederung des Wallfahrtsortes Altötting 1999

- Kirche und Kapelle
- Kloster und sonstige religiöse Einrichtung
- Devotionalienladen
- touristische Einrichtung (Museum, Information...)
- Hotel, Gasthaus
- Restaurant, Café, sonstige Verpflegungseinrichtung
- sonstiges Gebäude
- P Parkplatz und Tiefgarage

ca. 1 : 5500

© Institut für Länderkunde, Leipzig 2000

Augsburg (70%) und Würzburg (68%) und Westdeutschlands, wie z.B. Trier (70%). Die Bistümer in der östlichen Mitte und im Norden Deutschlands, wie z.B. die Dresden-Meißen (4%), Görlitz (5%), Magdeburg (6%), Berlin (7%), Hamburg (7%) und Erfurt-Meiningen (7,5%) weisen dagegen die geringsten Anteile von Katholiken an der Gesamtbevölkerung auf, was in Ostdeutschland auch durch die kirchenfeindliche Politik der DDR-Führung zu erklären ist.

In den Kirchenprovinzen Süd- und Westdeutschlands liegen die Regionen mit den höchsten Anteilen an Wallfahrtsstätten:

- München und Freising mit den Bistümern München und Freising, Regensburg, Passau und Augsburg vereinen 37% aller deutschen Wallfahrtsorte auf sich,
- Freiburg im Breisgau mit den Bistümern Freiburg im Breisgau, Rottenburg-Stuttgart und Mainz (20%),
- Köln mit den Bistümern Köln, Trier, Aachen, Münster, Limburg und Essen (20%) und
- Bamberg mit den Bistümern Bamberg, Würzburg, Eichstätt und Speyer (14%).

In den Kirchenprovinzen Nord- und Ostdeutschlands befinden sich insgesamt nur 9% der 861 Wallfahrtsstätten Deutschlands:

- Paderborn mit den Bistümern Paderborn, Fulda, Erfurt-Meiningen und Magdeburg (6,7%),
- Hamburg mit den Bistümern Hamburg, Hildesheim und Osnabrück (1,5%),
- Berlin mit den Bistümern Berlin, Dresden-Meißen und Görlitz (0,8%).

Klassifikation der Wallfahrtsorte

Nach Art der Verehrung ④

Wie im gesamten Europa gelten die meisten Wallfahrtsstätten in Deutschland der Marienverehrung (55%). Weitere 32% dienen der Verehrung verschiedener Heiliger, Seliger u.ä. Christus- und Dreifaltigkeitsstätten stellen eine Minderheit dar (13%). Ähnlich wie in Europa ergibt sich auch in Deutschland ein Süd-Nord-Gefälle in der Marienverehrung: Die Anteile der Marienwallfahrtsorte liegen in Italien, Frankreich und Spanien über 75%, in Irland und Großbritannien unter 40%. In zahlreichen Bistümern Süddeutschlands betragen sie ebenfalls 50-70%, in den nördlicher gelegenen Bistümern Bamberg, Köln und Limburg dagegen unter 40%. In den Bistümern mit geringen Anteilen an Katholiken und an Wallfahrtsstätten zeigt sich, dass die Marienwallfahrtsstätten die einzigen vorhandenen Wallfahrtsziele darstellen.

Nach der Motivation

Die Motive für eine Wallfahrt sind sehr unterschiedlich: Erfüllung eines Gelübdes, Buße, Bittgesuche und Danksagung sowie Verehrung und Hoffnung auf religiöse Erleuchtung. Verbunden mit diesen religiösen Anlässen ist vor allem auf Gruppenwallfahrten das Motiv des Gemeinschaftserlebnisses, gerade auch bei Wallfahrten, die von einzelnen Volksgruppen organisiert werden. Unter den Besuchern historisch und architektonisch herausragender Kirchen und Klöster befinden sich unterschiedliche Anteile von Kulturtouristen, die u.U. die größte Gruppe ausmachen (Besuch des Kölner oder Trierer Doms). Eine ähnliche Attraktion stellt der Wallfahrtsort Andechs im Bistum Augsburg dar, dessen Besucher z.T. religiös motiviert sind, zu einem beträchtlichen Teil aber auch aus kulturellen und freizeitlichen Motiven (Andechser Klosterbier) diese Stätte aufsuchen.

Nach der Größe

Der überwiegende Anteil (85%) der deutschen Wallfahrtsorte (733 von insgesamt 861) wird alljährlich von weniger als 10 Tsd. Wallfahrern aufgesucht. 98 Wallfahrtsorte (11%) empfangen zwischen 10 und 50 Tsd. Besucher und jeweils 14 Wallfahrtsorte (je 1,6%) zwischen 50 und 100 Tsd. bzw. 100 bis 500 Tsd. Besucher. Nur in den drei Orten (0,4%) Altötting, Kevelaer und Steingaden (Wallfahrtskirche in der Wies, Wieskirche) trifft mehr als eine halbe Mio. Besucher pro Jahr ein. →

③ Bedeutende Pilgerzentren in Europa 1999

Maßstab 1 : 30 000 000

© Institut für Länderkunde, Leipzig 2000 Autor: G. Rinschede

Wallfahrtsorte und Pilgertourismus

Fátima, Portugal

den, auch wenn eine Stätte ganzjährig aufgesucht werden kann. Wichtige Einflussfaktoren sind hier zunächst die religiösen Fest- und Gedenktage, aber auch die klimatische Situation des Ortes und das Arbeits- und Freizeitverhalten der Bevölkerung. Die Marienwallfahrtsorte haben ihre Höhepunkte zu Ostern, im Marienmonat Mai, im August (15. August: Mariä Himmelfahrt) und im September (3 Marienfesttage). Einige Wallfahrten, wie z.B. die Trierer Heilig-Rock-Wallfahrt, finden in unregelmäßigem Abstand statt.

Die Pilger erreichen die heiligen Stätten zu Fuß, mit Regel- und Sonderzügen (2-3%), mit Bussen (20-30%), mit Pkws (60-70%) oder mit dem Fahrrad. Die Fußwallfahrten machen heute nur noch weniger als 10% aus, wie z.B. in Kevelaer und Altötting, obwohl hier in den letzten Jahrzehnten ihr Anteil wieder zugenommen hat.

Auswirkungen auf die Wallfahrsorte

Der Pilgerstrom hat Einfluss auf die Bevölkerungsentwicklung der Wallfahrtsorte, vor allem aber auf die Siedlungs- und Wirtschaftsentwicklung ❷. Es findet sich meist ein religiöses Zentrum (Kirche, Kapelle, Gedenkstätte etc.) mit einem freien Platz, wie in Altötting, der zur Versammlung der Pilgergruppen benötigt wird. Diesen inneren Bezirk umgeben sekundäre religiöse Einrichtungen, wie z.B. Klöster, Versorgungseinrichtungen (Devotionalienläden, Gasthäuser und Beherbergungsstätten) und vielerlei Betriebe und Läden mit Angeboten für den kirchlichen Bedarf.

Zukünftige Entwicklung

Während die lokalen und regionalen Wallfahrtsstätten in Deutschland zunehmend an Bedeutung verlieren, steigt die Anzahl der Wallfahrer in überregionalen Stätten seit den letzten Jahrzehnten weiter an. Gründe sind die größere Mobilität aufgrund der modernen Verkehrsentwicklung, politische Veränderungen im östlichen Mitteleuropa und Pilgerreisen von bestimmten ethnischen Gruppen (Sinti und Roma, Kroaten usw.), die bevorzugt größere Zentren aufsuchen.

Pilgerzentren in Europa ❸

Während die überregionalen und internationalen Pilgerzentren in Deutschland (Kevelaer und Altötting) bis zu einer Millionen Besucher pro Jahr erhalten, übertrifft der Pilgerstrom der großen Zentren in europäischen Nachbarländern die Millionengrenze (Rom, Lourdes u. Fátima über 4 Mio.; Santiago de Compostela, Padua u.a. 1 - 4 Mio.). Vor allem die internationalen Zentren haben einen ständigen Zuwachs an Pilgern zu verzeichnen. In zahlreichen dieser Städte (Rom, Assisi, Paris) überwiegt jedoch der Anteil der nicht religiös, sondern eher kulturell motivierten Touristen.

Andere ▶ religiöse Zentren in Deutschland

Auch außerhalb der katholischen Wallfahrtsorte gibt es in Deutschland religiös motivierten Tourismus. Er ist gekennzeichnet durch den Besuch religiöser Feste an einem festen Standort (Diözesanfeste) und durch die Teilnahme an Tagungen mit wechselnden Standorten (Deutsche Katholikentage, Evangelische Kirchentage), bei denen bis zu 100.000 Besucher zu verzeichnen sind. Unter den protestantischen Stätten ist insbesondere die Lutherstadt Wittenberg in Sachsen-Anhalt zu nennen. Zentrale religiöse Funktionen für die Mormonen (Latter-Days-Saints-Kirche) haben die Tempel in Friedrichsdorf/Taunus und Freiberg/Sachsen, zu denen im Jahr über 10.000 Pilger kommen. Die Weltreligion der Baha'i, die in Deutschland allerdings nur etwas über 10.000 Anhänger hat, verfügt über einen zentralen Tempel in Hofheim am Taunus.◆

❹ **Anzahl der Wallfahrtsstätten** nach Art der Verehrung

- Jesus- und Dreifaltigkeits-Wallfahrtsstätten: 112
- Marien-Wallfahrtsstätten: 491
- Heiligen-, Seligen- und sonstige Wallfahrtsstätten: 286

© Institut für Länderkunde, Leipzig 2000

❺ **Wallfahrtsstätten 1999** nach Bistümern

Autor: G. Rinschede

Typ der Wallfahrtsstätte
- Jesus- oder Dreifaltigkeitswallfahrtsstätte
- Marienwallfahrtsstätte
- Heiligen-, Seligen-, sonst. Wallfahrtsstätte

Anzahl der Wallfahrtsstätten
- 127 (Bistum Regensburg)
- 100
- 50
- 25
- 1 (Bistum Görlitz)

— Bistumsgrenze
--- Ländergrenze

2 mm² = 1 Wallfahrtsstätte

Maßstab 1 : 6000000

© Institut für Länderkunde, Leipzig 2000

Freilichtbühnen

Aline Albers und Heinz-Dieter Quack

Freilichttheater zeichnen sich in Deutschland durch eine rund einhundertjährige Tradition aus. Sie erweisen sich als beliebte kulturelle Anziehungspunkte in Feriengebieten und ländlichen Räumen und bilden ein willkommenes Ergänzungsprogramm zu den etablierten Bühnen in festen Bauten.

Gemeinsame Merkmale von Freilichtbühnen sind
- das Aufführen von Theaterstücken, Singspielen und Konzerten unter freiem Himmel,
- die Verwendung der unmittelbaren landschaftlichen Umgebung als Teil der Kulisse (Naturbühnen) oder das Bespielen von historischen Orten (z.B. Burgruinen, historische Innenhöfe),
- die Beschränkung der Spielzeit auf bestimmte Jahreszeiten oder Termine,
- der nicht gewinnorientierte Betrieb durch einen i.d.R. ehrenamtlich geführten Trägerverein.

Karl-May-Festspiele in Bad Segeberg

Knapp 3,4 Millionen Besucher sehen jährlich in Deutschland weit über 5000 Aufführungen unter freiem Himmel. Die rund 200 Freilichtbühnen Deutschlands stellen mit durchschnittlich 26 Aufführungen pro Bühne und Jahr ein bedeutendes Angebot dar. Da sie sich zudem häufig im ländlich geprägten Raum befinden, erfüllen sie als Ergänzung zu großstädtischen Theatern auch wichtige kultur- und gesellschaftspolitische Funktionen. Zudem weisen sie mit durchschnittlich knapp 60% eine Auslastung auf, die von professionellen Theaterbetrieben nicht immer erreicht wird.

Die regionale Verteilung

Freilichtbühnen sind in den alten Ländern signifikant häufiger zu finden als in den neuen ①. Dieser Umstand resultiert aus dem nichtprofessionellen Status der Betreiber von Freilichtbühnen: In der DDR wurden Freilichtbühnen entweder durch professionelle Ensembles bespielt oder fielen brach. Die entsprechenden Strukturen sind daher in den neuen Ländern noch im Aufbau begriffen.

In den alten Ländern finden sich Freilichtbühnen auffällig häufig in Mittelgebirgszonen (naturräumliche Gunstfaktoren) und dort, wo historisch eher kleinteilige Siedlungsstrukturen vorherrschten (kulturräumliche Gunstfaktoren). Gerade die früher dominanten kleinstaatlichen Strukturen im Gebiet der Länder Hessen und Baden-Württemberg haben zahlreiche Burgen und Schlösser hervorgebracht, die heute häufig als Kulisse für Freilichtbühnen dienen.

Angebot und Nachfrage

Die einzelnen Freilichtbühnen schwanken in ihrem Angebot stark: Die Anzahl der Aufführungen streut zwischen zwei und einigen hundert pro Bühne und Jahr. Sowohl Angebot als auch Nachfrage sind in den Ländern Schleswig-Holstein und Mecklenburg-Vorpommern trotz geringer Anzahl an Bühnenstandorten relativ am größten, während beispielsweise Nordrhein-Westfalen als das bevölkerungsreichste Land nur durchschnittliche Werte erreicht. In diesen Gebieten tragen offensichtlich die hohen Zahlen von Urlaubern zur Auslastung der Bühnen bei.

Es sind teilweise erhebliche Unterschiede zwischen den einzelnen Bühnen bzw. den Trägervereinen zu verzeichnen ②. Dies betrifft die Anzahl der Aufführungen, die Anzahl der gespielten Stücke und insbesondere den Anteil der Eigenproduktionen der Bühnen. Nach einer Phase rückläufiger Nachfrage Mitte der 1980er Jahre sind die Besucherzahlen in den vergangenen Jahren wieder leicht angestiegen. Besonders erfolgreich sind diejenigen Bühnen, die sich in ihrem Programm klar von dem Angebot professioneller Bühnen absetzen und eine Mischung aus bekannten Stücken wie Musicals, Eigenproduktionen mit klarem Regional- oder Lokalbezug und Kindertheater bieten. Gerade angesichts der zunehmenden Hinterfragung öffentlicher Kulturförderung steigt die Bedeutung ehrenamtlich geleiteter kultureller Angebote, nicht zuletzt auch hinsichtlich ihrer identitätsstiftenden Wirkung auf lokaler und regionaler Ebene.♦

Musikfestivals und Musicals

Anja Brittner

Sommerfestival in Schloss Rheinsberg

① Gründungshäufigkeit von Musikfestivals 1845 - 1999

Der Kulturtourismus hat in den letzten Jahren durch eine zunehmende Aufmerksamkeit und die Wertschätzung von Kulturgütern sowie ihrer steigenden Kommerzialisierung und Vermarktung – nicht nur in Deutschland – einen dynamischen Aufschwung erfahren. Festspiele und Theateraufführungen unterschiedlichster Art, darunter insbesondere Musikfestivals und Musicals, bilden einen wesentlichen Bestandteil des kulturellen Angebots. Die Zunahme von Musikfestivals kann als ein Indikator für den viel zitierten „kulturellen Boom" gesehen werden, der sich nicht nur in hohen Besucherzahlen der Touristen ausdrückt, sondern auch in dem starken Interesse der einheimischen Bevölkerung an kulturellen Veranstaltungen. Besonders die räumliche Verteilung kultureller Veranstaltungen ist für den Tourismus von großer Bedeutung.

Entwicklung und regionale Verteilung

Erste Gründungen von ▶ Musikfestivals ① erfolgten in der Mitte des 19. Jahrhunderts. Sie widmeten sich dem Werk einzelner Komponisten, z.B. die Internationalen Beethovenfeste in Bonn (1845) oder die Wagner-Festspiele in Bayreuth (1876). Weitere folgten in größeren Städten wie München, Wiesbaden, Leipzig, Göttingen, Halle/Saale und Würzburg mit meist klassischen Schwerpunkten. In den zwanziger und dreißiger Jahren entstanden Festivals der Neuen Musik (die Donaueschinger Musiktage, 1922) oder der Alten Musik (das Internationale Heinrich-Schütz-Fest, 1930, mit Sitz in Kassel).

Erst nach dem Zweiten Weltkrieg schlossen sich weitere Festivalgründungen an ③, überwiegend eingebunden in das kulturelle Angebot größerer Städte. Mitte der siebziger Jahre zeigte sich eine erste Tendenz, in ländlich geprägten Räumen Musikfestivals auszurichten, die in mehreren Spielorten →

② Musikfestivals in Berlin 1998

① Bach-Tage Berlin/Biennale (1970)
② Inventionen - Festival Neuer Musik Berlin (1982)
③ Berliner Festwochen (1951)
④ Jazz Fest Berlin (1964)
⑤ Festtage der Staatsoper unter den Linden (1996)
⑥ Musik-Biennale (1967)
✕ Mozart Fest Berlin (1999), keine Angaben

Stilepochen-Schwerpunkte von Musikfestivals

Alte Musik (bis 1730)

Der Begriff bezieht sich auf die Musik aller Kulturen, die vor Beginn des 18. Jahrhunderts verschiedene Arten von Musik hervorgebracht haben. Das **Mittelalter** war überwiegend von geistlicher Musik geprägt, wie Gesängen der römisch-katholischen und der griechisch-orthodoxen Kirche sowie geistlicher Oster-, Weihnachts- u. Passionsspiele und von Kompositionen zu Anlässen wie Hochzeiten, Thronbesteigungen und zur Umrahmung von Theateraufführungen. Während der **Renaissance und** des **Barock** gab es – neben der geistlichen Musik – bereits offizielle politische Festakte, Hofzeremonien, Hochzeitsfeiern fürstlicher Persönlichkeiten mit musikalischer Gestaltung. Die Aufführungen von Barockopern können als eine erste Art von Festspielen angesehen werden.

Klassik (1730-1828)

In der Klassik hatten Feste erstmals die Musik zum zentralen Inhalt, und diese diente nicht mehr ausschließlich zur Umrahmung von Feierlichkeiten. Die Kernzeit der Klassik von 1750 bis 1828 wird als **Wiener Klassik** bezeichnet. Die Zeit der **Romantik** (1800-1900) wurde wesentlich von der Klassik geprägt. Vielfach schwärmerische Ausdrucksweisen und die Entdeckerfreude an Klangfarben kennzeichnen diese Epoche.

Seit Beginn des 20. Jahrhunderts bestimmt ein Neben- und Gegeneinander der Stile das Musikleben. Zwei bedeutende Richtungen spiegeln sich auch in den gegenwärtigen Musikfestivals wider: Neue Musik und Jazz.

Neue Musik (1905-1960)

Neue Musik kennzeichnet die Periode der jüngsten Musikgeschichte, die von etwa 1905 bis 1960 währte. Neue Musik bezeichnet nicht alle Musik dieser Zeitspanne. Dieser Begriff ist nicht als Gegenbegriff zu „alter Musik" entstanden, sondern zu dem der Musik schlechthin: Neue Musik galt als Experiment mit bis dahin unmöglich erscheinenden Tonverbindungen.

Jazz (seit Ende des 19. Jahrhunderts)

Aus der Begegnung zwischen europäischer und afrikanischer Volksmusik entstand gegen Ende des 19. Jahrhunderts im Süden der USA eine neue Musik mit eigenen Maßstäben: der Jazz. Die Herkunft des Wortes Jazz ist nicht eindeutig zu klären, da jedoch die bekanntesten Jazzmusiker Kreolen waren, stammt der Begriff wahrscheinlich von dem französischen Wort „chasser" (hetzen, jagen). *Von der Betrachtung und der Darstellung auf Karte ③ ausgenommen wurden Rockmusik- und Popmusikfestivals, die in der Regel auch keine langjährigen Traditionen aufbauen.*

Das Phantom der Oper

Ein **Festspiel** oder **Festival** ist zunächst eine festliche Begebenheit, eine Gesamtheit künstlerischer Darbietungen, die sich über das Niveau der täglichen Programme erhebt, um als außerordentliche Feierlichkeit an einem dazu auserwählten Ort stattzufinden. Meist handelt es sich um einmalige oder periodisch wiederkehrende öffentliche, kulturelle Großveranstaltungen, die sich über mehrere Tage, Wochen oder Monate erstrecken.

Musikfestspiele oder **-festivals** finden in Form von Aufführungen von Konzerten oder Werken des Musiktheaters mit der Absicht statt, sich durch mehrere Faktoren aus dem Rahmen des Alltäglichen hervorzuheben. Diese Besonderheit muss nicht nur durch ein Festival nicht nur durch die hohe Qualität der dargebotenen Werke und dem Streben nach Vollkommenheit in ihrer Ausführung verliehen werden, sondern auch durch den Einklang mit der Umgebung, in der sie stattfinden, wobei auf diese Art eine besondere Atmosphäre geschaffen wird, zu welcher die Landschaft, der Geist einer Stadt, das Gesamtinteresse ihrer Einwohner und die kulturelle Tradition eines ganzen Gebietes beitragen können.

Zusätzlich zu den zahlreichen lokalen und regionalen Musikfestivals, die auf Karte ❸ dargestellt sind, gibt es zwei Festivals, deren Spielstätten sich über ganz Deutschland erstrecken. Dies sind:
- Das **Internationale Heinrich-Schütz-Fest** mit Sitz in Kassel, 1930 gegründet, in zweijährigem Turnus, zuletzt mit 8 Veranstaltungen und dem Schwerpunkt auf alter Musik.
- Das **Bachfest der Neuen Bachgesellschaft** mit Sitz in Leipzig, 1904 gegründet, in jährlichem Turnus, zuletzt mit 35 Veranstaltungen und dem Schwerpunkt auf alter Musik und Klassik.

Im neuen Sprachgebrauch werden größere Festivals auch als **Events** bezeichnet, die üblicherweise speziell inszenierte oder herausgestellte Ereignisse oder Veranstaltungen von begrenzter Dauer mit touristischer Ausstrahlung sind (▶▶ Beitrag Jagnow/Wachowiak).

innerhalb einer Region stattfinden. Insbesondere seit den achtziger Jahren werden Jahr für Jahr neue Musikfestivals gegründet. Im letzten Jahrzehnt zeigte sich in den alten Ländern eine rückläufige Tendenz bei Neugründungen, in den neuen Ländern hingegen klettert die Zahl stetig nach oben – auf regionaler Ebene besonders im sächsisch-böhmischen Grenzgebiet.

Bei Betrachtung der geographischen Verteilung in Deutschland ❸ korreliert die quantitative Verbreitung der Musikfestivals mit der Bevölkerungsdichte.

❹ Herkunft der Besucher der Mosel Festwochen 1998

Die große Zahl von Musikfestivals im Ruhrgebiet, im Rhein-Main-Gebiet und in den Agglomerationsräumen Berlin ❷ und München ragt deutlich heraus. Lediglich Hamburg zeigt eine geringe Anzahl an Veranstaltungen wie auch die benachbarten Länder Niedersachsen, Schleswig-Holstein und Mecklenburg-Vorpommern. In peripheren Räumen herrscht eine aufgelockerte Streuung der Veranstaltungen, wobei sich ein leichtes Gefälle von Süd- nach Norddeutschland abzeichnet.

Fast die Hälfte der untersuchten Festivals legt den Schwerpunkt auf keine einzelne ▶ Stilepoche, sondern wechselt die Themenstellungen und widmet sich z.B. der Musik anderer Kulturen oder einem Spektrum von der Renaissance bis zur Gegenwart. Hierbei handelt es sich überwiegend um jüngere Gründungen. Die Festivals mit dem Schwerpunkt auf ▶ klassischer Musik stellen etwa ein Viertel der Veranstaltungen, daran schließen sich ▶ Neue Musik, ▶ Jazz und ▶ Alte Musik an.

Besucheraufkommen

Die Größe der untersuchten Festivals reicht von 150 Besuchern bei drei Veranstaltungen (z.B. die Tage Neuer Kammermusik in Braunschweig) bis hin zu großen Events mit mehr als 100.000 Besuchern bei 140 Veranstaltungen (z.B. das Schleswig-Holstein Musik Festival oder das Rheingau Musik Festival). Bei manchen Veranstaltungen, besonders bei kostenlosen oder auf regionaler bis bundesweiter Ebene stattfindenden, kann das Besucheraufkommen lediglich geschätzt werden.

Je nach Bekanntheitsgrad und Alter der Musikfestivals zeigen sich hinsichtlich der Herkunft der Besucher starke Unterschiede. Festivals wie die Mosel Festwochen, die Kasseler Musiktage, die Wetzlarer Festspiele oder die Internationalen Musiktage Alsfeld haben meist Gäste, die aus dem Ort selbst oder dem näheren lokalen Umfeld stammen (70-90%). Traditionelle Festivals mit einem höheren Bekanntheitsgrad wie die Bayreuther Festspiele, die Göttinger Händel-Festspiele oder die Maifestspiele Wiesbaden hingegen weisen eine deutliche Fernwirkung und damit eine überregionale Bedeutung auf. Eine Untersuchung der Mosel Festwochen gibt Aufschluss über die Herkunft der Besucher ❹. Insgesamt wurden 2515 Gäste

schriftlich befragt; das entspricht 19% der Gesamtbesucherzahl. Der hohe Anteil von 74,2% rheinland-pfälzischen Gästen verdeutlicht die Bedeutung des regionalen Einzugsbereiches.

Kommerzielle Musicaltheater in Deutschland

Mitte des 20. Jahrhunderts ist das Musical am New Yorker Broadway als eine Mischung aus Operette, Vaudeville, Burleske und Revue entstanden, welche jeweils die Elemente Musik, Text und Darstellung miteinander kombinieren. Dort erlebte das neue Genre mit Aufführungen wie „My Fair Lady" (1956) oder „West Side Story" (1957) seine er-

Maskenball im "Phantom der Oper"

ste Blüte. Diese erfolgreichen Musicalproduktionen wurden nach US-amerikanischem Vorbild von privaten Investoren mit kommerzieller Zielsetzung seit den 1960er Jahren und verstärkt in den 1980er Jahren auch nach Deutschland geholt. 1986 hatte „Cats" als erstes Musical in einem eigenen Operettenhaus in Hamburg Premiere, zahlreiche weitere folgten an anderen Orten. Inzwischen steht Deutschland mit jährlich rund 20 Uraufführungen und 150 Neuinszenierungen nach den USA und Großbritannien auf Platz drei der Weltrangliste von Musicalproduktionen.

Standortfaktoren

Ende der 1980er Jahre und Anfang der 1990er Jahre begann die Errichtung neuer Musicaltheater. Voraussetzungen für die Standortwahl sind eine hohe Bevölkerungsdichte innerhalb eines Einzugsgebietes von 200 Kilometern. Eine überregionale Verkehrsanbindung soll einen Einzugsbereich von 20 bis 25 Millionen Menschen ermöglichen. Eine niedrigere Bevölkerungszahl im Umland kann durch eine hohe touristische Anziehungskraft des Standortes ausgeglichen werden (z.B. in Verbindung mit einer Kurzstädtereise). Diese Kriterien erfüllen dicht besiedelte Räume wie Hamburg, Berlin, Rhein-Ruhr, Rhein-Main, Rhein-Neckar und München, welche – bis auf München – alle bereits kommerzielle Musicaltheater besitzen ❺. Auf Mikroebene zählen bei der Standortwahl Kriterien wie Grundstücksgrößen sowie geklärte Eigentumsverhältnisse.

Wirtschaftlichkeit eines Musicalbetriebes

Die durchschnittlichen Baukosten für ein Theater mit 1600 bis 1800 Sitzplätzen lagen in den 1990er Jahren bei 50 bis 60 Millionen DM. Zur wirtschaftlichen Rentabilität ist eine Auslastung von durchschnittlich 80-90% nötig, d.h. in der Regel erfolgen die Aufführungen an sieben Tagen in der Woche, die Eintrittspreise liegen zwischen 70 und 180 DM. Die Stella AG, größter Betreiber von kommerziellen Musicaltheatern in Deutschland, beschäftigt derzeit ca. 5000 Mitarbeiter. Die Hochphase im deutschen Musicalmarkt gilt mittlerweile als überschritten – einige Spielstätten der 1990er Jahre mussten aufgrund mangelnder Auslastungen bereits Konkurs anmelden.

Von ursprünglich 19 Aufführungen in Musicaltheatern bestanden mit Ablauf des Jahres 1999 noch neun. Die anderen Musicals mussten entweder aufgrund wirtschaftlicher Verluste eingestellt werden oder die Bühnen erhielten nach abgelaufener Spielzeit eine neue Musicalproduktion. Im ländlich geprägten Alpenvorland mit hoher touristischer Attraktivität bei Schloss Neuschwanstein wurde im Frühjahr 2000 ein Musicaltheater neu eröffnet. Zwei weitere sind im Rhein-Main-Gebiet mit hoher Siedlungsdichte sowie in der Großstadt Leipzig geplant, wobei die Aufführungen von Musicals in den neuen Ländern bislang vielfach von den Musiktheatern der öffentlichen Häuser übernommen wurden ❺.

Nach dem regelrechten Musicalboom Anfang der 1990er Jahre zeigt sich gegenwärtig der Trend, dass kaum noch Musicaltheater errichtet werden, stattdessen eher Gastspiele in bestehenden Theaterhäusern stattfinden, die sich je nach Saisonverlauf individuell verlängern lassen.♦

❺ Kommerzielle Musicaltheater 1986-2001
sowie öffentliche Operetten- und Revuetheater 1997

Fasnet – Fasching – Karneval

Torsten Widmann

Dienstagsumzug in Villingen-Schwenningen

Das jährlich wiederkehrende Brauchtumsphänomen der Fastnacht hat viele verschiedene regionale und lokale Ausprägungen. Gemeinsam ist allen die Faszination, die jährlich Millionen Zuschauer und Aktive in ihrer Freizeit zu den Veranstaltungen lockt und somit einen nicht zu unterschätzenden Wirtschaftsfaktor darstellt.

Karneval: *Carnelevamem* (kirchenlateinische Bezeichnung für die Fastenzeit) wurde scherzhaft zum italienischen „*carne vale*" umgedeutet („Fleisch, leb wohl!").

Fasching: Aus dem Mittelhochdeutschen „vast schang", das Ausschenken des Fastentrunks, entstanden.

Fasnet: Aus der Dialektbezeichnung „*Fastnaht*" für Nacht vor Beginn der Fastenzeit abgeleitet.

Zeitraum: Der Karneval beginnt bereits am 11.11. Dies hängt mit der alten Fastenzeit vor Weihnachten und der Zahl 11 als Symbol für Unvollkommenheit zusammen. Ansonsten beginnt die Fastnacht mit Umzügen und Saalveranstaltungen am Dreikönigstag, dem 6. Januar.

Die hohen Tage: Die kurze Zeit der Straßenfastnacht. Sie beginnt am Donnerstag vor Aschermittwoch, der in Anlehnung an das Aufbrauchen der tierischen Fettbestände „fetter" oder „schmotziger" Donnerstag genannt wird. Die Bezeichnung **„Weiberfastnacht"** geht auf einen alten Brauch zurück, der Frauen an diesem Tag besondere Rechte einräumte.

Der Fastnachtsmontag hat sich als **Rosenmontag** in nahezu allen Fastnachtsregionen durchgesetzt. Von der Kölner Rosensonntagsgesellschaft, welche am Rosensonntag 1824 (4. Fastensonntag) erstmals zusammentraf, um den Montagsumzug im darauf folgenden Jahr zu organisieren, bekam er seinen Namen.

Das närrische Treiben endet in der Nacht vom Dienstag auf **Aschermittwoch**, der eigentlichen Fastnacht, um 24.00 Uhr. Die Fastnacht wird verbrannt, symbolische Rathausschlüssel werden zurückgegeben, und im schwäbischen Rottweil beklagen sich die Narren: „O jerum, o jerum, die Fasnet hot a Loch...".

Geschichte

Der Ursprung der Fastnacht liegt im frühen Mittelalter und nicht, wie hartnäckig behauptet, in der grauen Vorzeit unserer germanischen Vorfahren. Die christliche Liturgie gibt dem Brauchtum seinen Namen, denn ebenso wie die Weihnacht der Abend vor Christi Geburt ist, bezeichnet die Fastnacht ursprünglich den Abend vor Beginn der Fastenzeit, also den Fastnachtsdienstag.

Während des Mittelalters brachte die 40-tägige vorösterliche Fastenzeit einen radikalen Einschnitt in die Lebensgewohnheiten des übrigen Jahres mit sich. Neben dem Genuss von Alkohol und dem Verzehr von Lebensmitteln, die von warmblütigen Tieren stammen, war auch alles „Fleischliche" während der Fastenzeit verboten.

Die christliche Kirche nahm die kurze Zeitspanne der Ausgelassenheit vor der Fastenzeit zum Anlass, um den Menschen ihre Sündhaftigkeit vorzuhalten und die Fastenzeit als Chance zur inneren Umkehr darzustellen. Sinnbildlich für das Lasterhafte, Sündhafte und Schwache im Menschen steht der Narr. Er hat einen entscheidenden Einfluss auf die heutige Ausprägung der Fastnacht, denn er erlaubt es, für kurze Zeit in eine verkehrte Welt zu entschwinden und wieder zurückzukehren. Durch ihn wurde die Fastnacht seit dem späten Mittelalter zunehmend zu einem Fest der Komik und des Klamauks.

Unter dem Einfluss der Reformation ging das Gespür für den ursprünglichen Bezugsrahmen allmählich verloren. Dies hatte zur Folge, dass vielerorts Fastnachtsverbote ausgesprochen wurden. Außerdem war die Fastnacht zu diesem Zeitpunkt kein Massenphänomen mehr, sondern wurde hauptsächlich von den städtischen Handwerkerständen als Form der Selbstdarstellung gepflegt.

Das Zeitalter der Romantik schließlich brachte einen gewaltigen Aufschwung, der mit einigen Unterbrechungen bis heute anhält. In dieser Zeit war der gepflegte Frohsinn des rheinischen Karnevals mit seinen Salonveranstaltungen, Bällen und Umzügen mit romantischen Motivwagen die populärste Form des Fastnachtsbrauchs in ganz Deutschland.

Zu Beginn des 20. Jahrhunderts wurden in Südwestdeutschland die vorkarnevalesken Fastnachtsfeierlichkeiten wiederbelebt. Man besann sich auf die Wurzeln des Fastnachtstreibens und schuf zahlreiche neue Fastnachtsfiguren in Anlehnung an die wenigen alten Masken und Kostüme, welche die Jahrhunderte überdauert hatten.

Funktion

Bis heute entwickelte sich die Fastnacht zu einem Massen-Event, dessen Faszination durch seine Ausprägung als soziales Rollenexperiment erklärt werden kann: In der kurzen, intensiven Zeit der Kostümierung scheinen soziale Schranken und zwischenmenschliche Distanzen leicht aufgehoben werden zu können, denn Gestik, Sprache und Kleidung sind nicht als Ausdruck sozialer Herkunft oder Intelligenz zu erkennen. Hinter der Maske und von der Bütt herab darf scherzhaft, aber doch treffend, jedem die Meinung gesagt werden. Es herrscht Narrenfreiheit. Konflikte und Sorgen des Alltags werden außen vor gelassen, andererseits wird erhofft, ein wenig aus der Fastnacht mit in den Alltag nehmen zu können.

Auch spielt das Motiv der Traditionspflege gerade in Zeiten der weltweiten Angleichung von Kulturen eine wichtige Rolle für den Erhalt des Fastnachtsspiels, denn es wirkt als ein Ausdruck lokaler und regionaler Kultur identitätsstiftend für den jeweiligen Raum.

Gerade dieser Aspekt wird von der organisierten Brauchtumspflege immer wieder stark in den Vordergrund gerückt. Sie schreibt dort, wo das Brauchtum einen hohen Organisationsgrad vorweist, die Kostümierungen und Brauchabläufe bindend fest und ist daher verantwortlich für den Erhalt der teils stark von einander abweichenden Feierformen in ganz Deutschland.

Regionale Unterschiede

Die Karte ❷ zeigt anhand der in den Regionen Deutschlands unterschiedlichen Namensgebungen die einzelnen Ausprägungen der Fastnacht. Es gibt praktisch keine Region, in der nicht zumindest kleinere Veranstaltungen während der närrischen Zeit stattfinden. Da jedoch nur bestimmte Gebiete als Fastnachtshochburgen zu bezeichnen sind, dient die Anzahl der Fastnachtsumzüge pro Kreis als Indikator für die Fastnachtsbegeisterung einer Region. Dabei wird die sehr unterschiedliche Größe der Umzüge ❶ allerdings nicht berücksichtigt.

Für die Erstellung dieser Karte wurden rund 1500 lokal bedeutsame Fastnachtsumzüge recherchiert. Die Massierung dieser Veranstaltungen in Rheinland-Pfalz, Nordrhein-Westfalen und in Baden-Württemberg zeigt, dass sich hier die Hochburgen der Fastnachtsfeierlichkeiten befinden.

In ihrer Ausprägung sehr ähnlich sind sich Fastnacht und Fasnacht in Rheinland-Pfalz. Sie bezeichnen zusammen mit dem Karneval die rheinländische Brauchtumskultur. Erwartungsgemäß ist die Anzahl der Umzüge im ursprünglichen Einzugsbereich dieses Brauchtumskomplexes am höchsten. Auch lassen sich hier die bedeutendsten Einzelveranstaltungen lokalisieren.

Aufgrund seiner Massenwirkung und Verbreitung in den Medien wurde der Karneval in Gebieten, denen es an eigener kontinuierlicher Fastnachtstradition mangelt, einfach adaptiert. Dies gilt auch für den Fasching in Ostdeutschland.

In den Karnevals- und Faschingsgebieten kombinieren die Karnevalisten bestimmte Merkmale des Narren, wie etwa die Narrenkappe und die Marotte, oder sie verkleiden sich individuell, während in Süddeutschland die traditionelle Ganzkörpervermummung mit Holzmaske starken Zulauf erfährt. Auch hat im Karneval und im Fasching das Spiel mit der militärischen Uniformie-

❶ Die bekanntesten Rosenmontagsumzüge

Ort	Köln	Mainz	Düsseldorf	Aachen
Länge des Zuges	ca. 6 km	ca. 6,5 km	2,5 km	3,5 km
Länge des Zugweges	6,5 km	ca. 7 km	6,5 km	4,5 km
Vorbeimarschzeit	3–3,5 h	3–4 h	ca. 3 h	3,5–4 h
Wagen	95	150	65	85
Fußgruppen	51	k. A.	100	90
Teilnehmer	ca. 10000	ca. 9200	6500	3500
Zuschauer	1 – 2 Mio.	ca. 450000	ca. 1,5 Mio	300000

rung eine größere Bedeutung als im Südwesten.

Das Gebiet der schwäbisch-alemannischen Fasnet mit ihren urtümlichen Feierformen, welche einst nur im äußersten Südwesten der Republik beheimatet waren, scheint sich im Vergleich zu älteren Darstellungen weiter nach Norden auszudehnen und nimmt nun fast das gesamte Baden-Württemberg ein. Die Vielzahl der Umzüge in den Regionen Oberrhein, Schwarzwald, Baarhochfläche und Unterlauf des Neckars deuten auf den Ursprung in dieser Region hin.

Wichtigste Feierformen

Als Hauptformen der Fastnachtsfeierlichkeiten lassen sich das spontane Feiern in den Straßen, organisierte Umzüge und Abendveranstaltungen in Sälen ausmachen. Maskenbälle, Kappensitzungen und andere fastnächtliche Saalveranstaltungen sind wichtige Komponenten des Brauchkomplexes. Bemerkenswert ist die große Aufmerksamkeit, die verschiedene Sitzungen vorwiegend des rheinischen Karnevals durch das Medium Fernsehen erfahren. Allein der Westdeutsche Rundfunk sendete während der Karnevalssaison 2000 rund 200 Stunden lang von den Sitzungen und Umzügen. Die Popularität der Übertragungen ist darauf zurückzuführen, dass im Karneval mit Vorliebe gesellschafts-, welt- und nationalpolitische Themen satirisch behandelt werden. Bei der schwäbisch-alemannischen Fasnet werden hingegen eher die lokal bedeutsamen Ereignisse des Jahres karikiert.

Während im Karneval und bei der Fasnet die Umzüge eine sehr wichtige Rolle spielen, ist dieses Element im Fasching geringer ausgeprägt. Überhaupt spielt beim Fasching das wenig organisierte, spontane Feiern auf den Straßen und in den Gasthäusern eine größere Rolle.

Auch die Form der Umzüge ist von Region zu Region unterschiedlich. Während im rheinischen Karneval prunkvolle Motivwagen das Bild beherrschen, sind es in der schwäbisch-alemannischen Fasnet vorwiegend Fußgruppen, welche die Zuschauer mit ihren Späßen begeistern. Gemeinsam ist den Umzügen, dass hierbei der Heischebrauch gepflegt wird, bei dem der Narr auf wechselseitiges Zurufen närrischer Parolen, wie z. B. *Kölle-Alaaf* oder *Narri-Narro* kleine Gaben in das Publikum wirft. Eine weitere Gemeinsamkeit der Umzüge ist die Mitwirkung verschiedener Musikkapellen, welche durch flotte Marschrhythmen für die musikalische Untermalung sorgen.

Die Durchführung der Umzüge erfordert hohe organisatorische und finanzielle Anstrengungen. Von nicht zu unterschätzender Bedeutung für die Durchführung von Fastnachtsveranstaltungen ist das Sponsoring durch lokale gewerbliche Betriebe. Neben finanziellen Beihilfen werden technische Geräte wie z.B. Zugmaschinen für die Umzugswagen bereitgestellt, Hallen zum Bau der Wagen vorgehalten oder Wurfmaterial zur Verfügung gestellt.

Wirtschaftsfaktor Fastnacht

Die wirtschaftliche Bedeutung der Fastnacht rückte nach dem golfkriegsbedingten Ausfall 1991 in das Bewusstsein der Öffentlichkeit. Nach einer Schätzung des Bundes Deutscher Karneval sorgt die Fastnacht jährlich für Milliardenumsätze. Das Marktvolumen für die Karnevalsausstattung sowie die zusätzlichen Einnahmen von Dienstleistern und Unternehmen belaufen sich auf etwa 4,5 bis 5 Milliarden DM pro Jahr. Außerdem sichert der Karneval rund 50.000 Vollzeitarbeitsplätze bei Orden- und Kostümherstellern sowie im Dienstleistungsbereich. Für die Fastnachtshochburgen bedeutet das närrische Treiben eine touristische Attraktion.♦

Volksfeste

Sigurd Agricola

Volksfeste sind die ältesten noch bestehenden Freizeiteinrichtungen in Deutschland. An ihnen kann jedermann teilnehmen. In bestimmter Weise sind die traditionellen wie auch die neueren Volksfeste mit Brauchtum verbunden, sie stehen sogar für Brauchtum sowie für Volks- und Festkultur. Besonders die Kirchweih war stets Sammelpunkt für Volksmusik, Tanz und besondere Bräuche. So spricht man gerade im Zusammenhang mit Volksfesten von Sommerbrauchtum (Schützenfeste, Kirmes) und Winterbrauchtum (Karneval). Volksfeste haben meistens einen religiösen Anlass: Fastnacht, Kirchweih, Weihnachtsmärkte. Auf vorchristliche Riten werden Feste im Zusammenhang mit jahreszeitlicher Bindung – z.B. Winteraustreiben, Sonnenwende – zurückgeführt. Ein anderer Ursprung ist der Handel: Jahrmärkte, Messen. Es gibt für das jeweilige Gemeinwesen wichtige Vereinigungen, die Volksfeste auslösen: Schützenfeste, Reiterfeste, Trachtenfeste und -umzüge, Karnevalstreiben (▶▶ Beitrag Widmann), Weinfeste und wichtige Anlässe, z.B. Gründungsjubiläen und andere Gedenktage. Etwa ein Drittel der Volksfeste ist mindestens 200 Jahre alt, manche sind schon über 1000 Jahre alt ❶.

In mindestens jeder zweiten Gemeinde in Deutschland gibt es jährlich ein Volksfest. Die Feste stellen im Jahresverlauf gewisse Höhepunkte dar und gehören zu den „*annual events*". Besonders in den größeren Städten finden meistens auch mehrere Volksfeste pro Jahr statt; aber nicht alle Großstädte haben dabei ein herausragendes Volksfest wie München mit seinem Oktoberfest oder Stuttgart mit dem Cannstatter Wasen. In Berlin, Köln und Dortmund verteilen sich die Volksfeste jeweils auf mehrere Veranstaltungen, deren jeweilige Besucherzahl jedoch deutlich unter der Millionengrenze bleibt ❷. Besonders die großen Volksfeste ziehen Touristen aus dem In- und Ausland an. Die deutschen Volksfeste sind in aller Welt ein Synonym für deutsche Gemütlichkeit und deutsche Gesellligkeit.

Auch wenn die Volksfeste allgemein weit verbreitet sind, so häufen sich die mittelgroßen und großen Volksfeste auffällig im Westen Deutschlands ❸. Auf der einen Seite korrelieren die Größe und Dichte der Volksfeste mit der Bevölkerungsdichte, auf der anderen Seite treten auch deutliche Ballungen auf. So besitzt Nordrhein-Westfalen erstaunlich viele und beachtlich große Volksfeste, ähnlich wie der Raum zwischen Frankfurt, Karlsruhe und Stuttgart. Dagegen finden in Bayern, Schleswig-Holstein und Niedersachsen – mit Ausnahme von Ostfriesland – nicht allzu viele größere Volksfeste statt. Auch in Ostdeutschland hält sich die Zahl der größeren Volksfeste in engen Grenzen, wobei allein Thüringen eine beachtliche Zahl an mittelgroßen Volksfesten verzeichnet.

Das Prinzip der in bestimmtem Turnus wiederkehrenden Feste wird in zunehmendem Maß auf kommerzielle und kulturelle Ereignisse angewandt: Messen und Verkaufsausstellungen, Festspiele und Festivals, Stadtfeste und touristische Events. In den letzten Jahren nahmen die Orte, die Vielgestaltigkeit und die Zahl dieser unterhaltsamen Veranstaltungen stetig zu. Inhaltlich fußen auch die kommerziellen Freizeit- und Erlebnisparks auf dem Prinzip der Kirmes, das sie als stationäre Einrichtungen übernommen haben und entsprechend weiter entwickelt haben.

Nach Angaben des Deutschen Schaustellerbundes gibt es in Deutschland jährlich mindestens 10.000 Volksfeste und volksfestähnliche Veranstaltungen mit über 200 Mio. Besuchern.◆

❶ Die ältesten Volksfeste in Deutschland

Ort	Name des Festes	Entstehungsjahr
Bad Hersfeld	Lukullusfest	852
Bad Wimpfen	Talmarkt	965
Kaiserslautern	Oktobermarkt	985
Verden	Domweih	985
Herford	Vision	1011
Donauwörth	Mai-Markt	1030
Würzburg	Kiliani-Volksfest	1030
Bremen	Freimarkt	1035
Passau	Herbstdult	1164
Schwäbisch Hall	Jakobimarkt	1180
Fürth	Michaelis-Kirchweih	12. Jh.

❷ Die größten Volksfeste in Deutschland

Ort	Name des Festes	Dauer in Tagen	Besucherzahl (Schätzung) in Mio.
München	Oktoberfest	16	6,5
Stuttgart	Cannstatter Wasen	16	5,0
Düsseldorf	Schützenfest	9	4,0
Herne	Cranger Kirmes	10	4,0
Bremen	Freimarkt	16	3,5
Hamburg	Hamburger Winter	31	3,0
Hamburg	Hamburger Sommer	31	2,8
Hamburg	Frühlingsfest	30	2,8
Frankfurt/M.	Dippemess	24	2,0
Nürnberg	Frühlingsfest	16	2,0
Nürnberg	Herbstvolksfest	17	2,0
Neuss	Bürger Schützenfest	3	2,0
Hannover	Schützenfest	10	2,0
Oldenburg	Kramermarkt	10	1,5
Hannover	Frühlingsfest	22	1,2

Oktoberfest in München

Verkehrslinien als touristische Attraktionen

Imre Josef Demhardt

Ausflugsdampfer, Potsdam

Das Angebot für Naherholung und Tourismus wird zunehmend auch auf die Reisewege und -mittel ausgedehnt, die für sich bereits als Erholung oder Erlebnis gelten. Neben den touristischen Straßen gewinnen auch historische Bahnen und Schifffahrtslinien auf Flüssen und Seen an Popularität.

Touristische Straßen

Seit Gründung der Deutschen Alpenstraße 1927 wurden bis heute über 160 touristische Straßen als Instrumente des Regionalmarketings in Deutschland ausgewiesen ❷. Bis auf fünf entstanden alle erst nach 1950 mit der einsetzenden Massenmotorisierung, vor allem in zwei Gründungswellen in den 1970er und 1990er Jahren (9 von 10 aller touristischen Straßen).

Das Fehlen verbindlicher Ausweisungskriterien führte zu einer uneinheitlichen Struktur hinsichtlich Trägerschaft, Thematik, Länge und Vermarktung. Lediglich eine Richtlinie des Deutschen Fremdenverkehrsverbands von 1981 legt zehn Merkmale bei der Verbindung von regionaltypischen Besonderheiten in Form von „Ferienstraßen" zugrunde:

1. landschaftlich oder kulturell sinnvolle leitthematische Benennung
2. Dauerhaftigkeit in Ausweisung und Vermarktung
3. Eindeutigkeit in Streckenführung ohne Benutzung der Autobahn
4. Verzeichnis besichtigenswerter Objekte entlang der Strecke
5. Einrichtung einer zentralen Informationsstelle
6. möglichst mehrsprachiges Informationsmaterial (Prospekte, Karten, etc.)
7. vollständige Beschilderung (seit etwa 1960 üblich)
8. Verwendung von Logos (Bildzeichen) und Slogans
9. eindeutig verantwortliche Trägerschaft mit satzungsmäßig festgelegten Zielen und Aufgaben
10. Bemühen um staatliche Anerkennung in Form von Mittelzuweisungen bzw. Unterstützung.

Ergänzend hierzu gibt es in der Regel zielgruppenspezifische Verpflegungs-, Übernachtungs- und Erholungsangebote. Kaum eine touristische Straße erfüllt alle Merkmale, einige jedoch nur so wenige, dass Praxis und Forschung deutlich zweifeln, ob sie überhaupt noch dem Regionalmarketing dienen.

Touristische Straßen sind grundsätzlich auf den motorisierten Individualverkehr ausgerichtet. Angesichts des ökologischen Bewusstseinswandels will man in Zukunft jedoch nicht mehr nur reine Automobilisten ansprechen, sondern auch Radfahrer und Wanderer.

Nach der Wiedervereinigung wurden in den neuen Bundesländern rasch zahlreiche touristische Straßen im Rahmen der regionalen Wirtschaftsförderung unter Federführung der Wirtschaftsministerien gegründet. Die zuletzt inflationäre Neuausweisung birgt die Gefahr einer Entwertung dieses Instruments der regionalen Wirtschaftsförderung.

Touristische Straßen stellen Leistungsbündel überörtlicher Marketingziele von Städte- und Gebietsgemeinschaften dar. Dabei geht es um die Sicherung von Marktanteilen, Gewinnung bzw. Bindung bestimmter Zielgruppen, bessere infrastrukturelle Auslastung in touristischen Nebenzeiten sowie den Aufbau eines nationalen und internationalen Images. Vorbildlich verbindet diese Ziele die Romantische Straße. Durch Verzweigung des Verkehrs auf Nebenstraßen sollen überdies ökonomisch-infrastrukturelle Wachstumseffekte und im nicht-kommerziellen Bereich Ziele wie Kultur- und Traditionspflege, Denkmalschutz und Naturschutz erreicht werden. Die Leitthemen lassen sich ausnahmslos den Kategorien Landschaft, Kultur und Gastronomie zuordnen, wobei letztere etwa in 15 Wein- und 4 Bierstraßen sowie einer Apfelweinstraße auftritt.

Aufgrund ihres Einsatzes im Regionalmarketing beschränken sich etwa drei Viertel der touristischen Straßen auf ein einziges Bundesland ❶. Nur vier durchqueren vier oder mehr Bundesländer, und nur elf führen grenzüberschreitend ins benachbarte Ausland.

Die sehr unterschiedlichen Streckenlängen lassen sich zumeist an einem Tag bewältigen, wobei sie zu etwa gleichen Teilen bis 50, 51-100, 101-150 und 150-200 und mehr als 200 km Länge erreichen. Nur sechs sind länger als 500 km, wobei die Deutsche Ferienroute Alpen-Ostsee (1785 km) und die im Aufbau befindliche Deutsche Alleenstraße (ca. 1600 km) herausragen. Aber auch auf kurzen Distanzen lassen sich eine Reihe von Zielen realisieren. Kaum eine touristische Straße erreicht dabei allerdings eine Verknüpfung so vieler Attraktionen des Leitthemas wie die Westerwälder Kannenbäckerstraße, welche auf 36 km etwa ebenso viele zu besichtigende Töpfereien miteinander verbindet.

Die Streckenführung ist bei etwa der Hälfte der touristischen Straßen linienförmig, folgt bei einem weiteren Viertel einem Rundkurs und ist bei dem Rest netzartig verzweigt und besteht zum Teil aus unverbundenen Abschnitten.

Kennzeichen von Strecken nationaler Bedeutung sind allgemein eine überregional interessierende Thematik und eine mittlere Streckenlänge (ca. 100-300 km). Um internationale Bedeutung zu erlangen, sollten touristische Straßen eine die weite Anreise lohnende Länge besitzen und konzentriert eine landschaftliche oder thematische Imagecharakteristik von Deutschland bedienen, wie z.B. die Romantische Straße von Würzburg nach Füssen. Den Witterungsverhältnissen der deutschen Jahreszeiten entsprechend, fällt die Hauptreisezeit zwischen März und November, mit einer Hochsaison von Juni bis einschließlich Oktober, wenn die Weinstraßen ihre beste Zeit haben, und einem Vierteljahr geringer Nachfrage von Dezember bis Februar.

Touristik-Eisenbahnen

Der Eisenbahnbau konzentrierte sich in seiner Frühzeit auf die Verknüpfung der Wirtschaftszentren. Erst seit Ende des 19. Jahrhunderts wurden reizvolle Randlandschaften durch kostensparend trassierte Nebenbahnen (1914 ca. 20.000 km Lokal- und Kleinbahnen) erschlossen. Infolge der allgemeinen Motorisierung begann in Westdeutschland ab ca. 1960 eine zunehmende Nebenstreckenstilllegung bei gleichzeitiger Ausmusterung der Dampflokomotiven bis 1977. Angesichts des bahnamtlichen Desinteresses an Traditionspflege bildeten sich 1966 der Deutsche Kleinbahnverein und in der Folge eine heute unüberschaubare Zahl von Museumsbahnvereinigungen ❸ ❺. Diese haben Erhalt und Fortbetrieb aufgegebener Bahnanlagen sowie alten Rollmaterials (Wagen und Lokomotiven) zur Zielsetzung. Die DDR unterhielt dagegen schon vor der Wende sieben Schmalspurbahnen im Traditionsbetrieb. Erst seit 1985 führt die Deutsche Bahn AG mit eigenem historischen Rollmaterial wieder Fahrten im Regelnetz durch und lässt Vereine und Firmen mit deren Gespannen zu.

Im Jahre 1998 wurden in Deutschland auf 54 Normalspurstrecken (1435 mm) mit einer Gesamtlänge von ca. 1390 km und auf 17 Schmalspurstrecken (1000, 900 oder 750 mm) mit insgesamt ca. 340 km Länge historische Züge auf auch im Regelverkehr genutzten Strecken eingesetzt. Außerdem gibt es 26 Museumsbahnen im engeren Sinne einschließlich Straßen- und Feldbahnen (z.T. 600 mm) mit einer Streckenlänge von mindestens 1 km und sechs planmäßigen Fahrtagen pro Jahr. Diese verkehren auf rein musealen Strecken, 10 davon auf Normalspurstrecken (insgesamt ca. 200 km) und 16 auf Schmalspurstrecken (insgesamt ca. 80 km). Nicht selten übertrifft die Zahl der Charter- diejenige der Planfahrten. Die mehrheitlich im Verband deutscher Museums- und Touristikbahnen organisierten Bahnen besaßen 1995 rund 900 betriebsfähige Fahrzeuge und setzten bei 614.000 Fahrgästen bzw. Besuchern einschließlich der 14 angeschlossenen Museen rund 20 Mio. DM um.

Die Finanzierung des trotz durchgehender Ehrenamtlichkeit →

❸ Anzahl und Streckenlängen schienengebundener Touristikbahnen 1997/98

853 Fahrgastschiffe mit einer Kapazität von 219.000 Passagieren. Die Betreiber sind 314 (Kleinst-)Unternehmen, die zumeist nur im Sommer einen Linien- und Ausflugsdienst aufrechterhalten, dazu 18 Hotelschiffe mit 2342 Gästebetten. Aufgrund eines geringen Organisationsgrades in einer zersplitterten Verbandsstruktur sowie einer kaum entwickelten Statistik lässt sich jedoch nur schwer ein Gesamtbild der Personenbinnenschifffahrt zeichnen.

Eindeutiger Schwerpunkt des Linien- und Ausflugsdienstes auf den rund 7400 km Bundeswasserstraßen sind der Mittelrhein (Mainz – Köln mit ca. 40 Anlegeorten) ❹ und die Mosel (ca. 35 Anlegeorte). Unter zahlreichen Kleinst- und nur einer Handvoll mittelständischer Reedereien dominiert als weitaus größte deutsche Fahrgastreederei die 1826 gegründete Köln-Düsseldorfer Deutsche Rheinschifffahrt AG. Dank eigener Vertriebsorganisation wurden von ihr 1997 auf 19 Tagesausflugsschiffen mit einer Gesamtkapazität von 15.600 Plätzen insgesamt 1,3 Mio. Passagiere auf dem Rhein und seinen Zuflüssen befördert und rund 40 Mio. DM umgesetzt. Wirtschaftlich noch interessanter ist das Marktsegment der (grenzüberschreitenden) Hotelschifffahrt oder Flusskreuzfahrt, in dem mit 10 Schiffen mit zusammen 1554 Betten bei ca. 50.000 Passagieren und 230.000 Übernachtungen rund 60 Mio. DM umgesetzt wurden.

Daneben sind nur noch der Bodensee mit alleine 28 Anlegestellen auf deutscher Seite, die oberbayerischen Binnenseen, die Berliner Gewässer und die Oberelbe sowie die Fährschifffahrt auf Nord- und Ostsee von größerer Bedeutung. So werden etwa auf Havel (Oranienburg – Brandenburg), Spree (Spandau – Müggelsee), Landwehr- und Teltowkanal über 60 Anlegestellen von zwei Dutzend Reedereien mit rund 50 Einheiten und einer Gesamtkapazität von über 10.000 Passagieren z.T. ganzjährig im Linien- und Ausflugsdienst angelaufen. Die Oberelbeschifffahrt wird von der 1836 gegründeten Sächsischen Dampfschifffahrt mit ihrer weltweit ältesten und größten Flotte aus acht Raddampfern (Baujahr 1879-1929) bedient, die mit vier weiteren Schiffen zwischen Seußlitz und Tetschen (Böhmen) Liniendienste sowie Rundfahrten ab Dresden durchführen. ◆

aufwendigen Fahrbetriebs und der Instandhaltungsarbeiten erfolgt etwa zu drei Vierteln aus Fahrteinnahmen, oft ergänzt durch Zuschüsse von Gebietskörperschaften. Die (zu) geringen Umsätze von 50 bis 500.000 DM lassen wegen regionaler Zersplitterung und "Vereinsmeierei" mittelfristig eine Ausdünnung erwarten. Aus diesem Muster fällt die 1993 gegründete Harzer Schmalspurbahnen GmbH heraus. Mit 131 km verfügt sie über das längste deutsche Schmalspurbahnnetz mit historischem Bahnbetrieb, darunter die 19 km lange Brocken-Bahn mit alleine 742.000 Fahrgästen, die bei großem Pendleraufkommen 1997 rund 15 Mio. DM erwirtschaftete.

Sonderrollen spielen die stark frequentierten 15 schienengebundenen Zahnrad- und Standseil-Bergbahnen sowie zwei Schwebebahnen als überwiegend fahrplanmäßige Touristikbahnen zur oft musealen Erschließung bedeutender Attraktionspunkte. Schließlich entstanden seit den 50er Jahren in der DDR neun sogenannte Pionier-Eisenbahnen (600mm und kleiner), die zusammen mit vier westdeutschen Anlagen heute als Parkeisenbahnen zur städtischen Naherholung ihre kurzen (Rund-)Strecken befahren.

Fahrgastbinnenschifffahrt

Die moderne Personenflussschifffahrt begann 1816/17 mit den ersten Schaufelraddampfern auf Rhein, Weser und Elbe. Dem Wirkungsbereich waren infolge des benötigten Tiefgangs bis zum Ausbau der Flüsse und der Regulierung der Wasserführung bis ins 20. Jahrhundert enge räumliche und saisonale Grenzen gesetzt. So ist etwa noch heute auf der Donau oberhalb von Kelheim sowie auf den Zuflüssen Iller, Lech, Isar und Inn infolge der alpinen Geschiebefracht nur Gelegenheitsflößerei möglich. Die Nutzung von Wasserwegen ist jedoch in einer zunehmend technisierten Lebenswelt als erholsames Naturerlebnis aus ungewohnter Perspektive, häufig in Verbindung mit nostalgisch verklärter Schiffsromantik, für den Tourismus sehr populär.

Die deutsche Binnenschifffahrtsflotte umfasste 1998 2945 Einheiten, davon

❹ Erschließung von Attraktionsräumen durch touristische Verkehrslinien beiderseits von Mittel- und Oberrhein

Autor: I.J. Demhardt

Maßstab 1 : 1 000 000

Nationalatlas Bundesrepublik Deutschland – Freizeit und Tourismus

Freizeitwohnen mobil und stationär

Jürgen Newig

Dauercamping

In der Freizeit in den eigenen vier Wänden wohnen – ein typisches Bedürfnis unserer Tage? Nicht unbedingt, denn schon in der Antike gab es Vorläufer des Freizeitwohnens, man denke nur an die Villen der Römer auf dem Lande.

Freizeitwohnen ist das Verbringen von Freizeit außerhalb des gewöhnlichen Wohnsitzes in einem Eigentums- oder Dauermietverhältnis. Es gibt stationäre, teilmobile oder mobile Wohnformen ③. Demnach gehören das touristische Camping sowie das vorübergehende Mieten eines Zimmers, eines Appartements, einer Hotelsuite etc. nicht zum Freizeitwohnen.

Den verschiedenen Formen des Freizeitwohnens ist gemeinsam, dass ein länger währendes Bindungsverhältnis an den Freizeitraum existiert, das letztlich der Territorialität des Menschen im Sinne des Geographen Dietrich Bartels entspringt. Damit verbunden ist auch der Wunsch, sich mit einem überschaubaren Raum zu identifizieren, in dem man Sicherheit und zugleich stimulierende Impulse genießt.

Das Dauercamping

Mit dem Automobil als Transportmittel kam nach dem Zweiten Weltkrieg das Dauercamping auf, das heute eine der bedeutendsten Formen des Freizeitwohnens darstellt, das keinesfalls auf untere Einkommensgruppen beschränkt ist.

Das Dauercamping ist eine im allgemeinen Bewusstsein unterschätzte teilmobile Form des Freizeitwohnens, auf die rund drei Viertel aller Camping-Übernachtungen entfallen ❶. Nach den internationalen Tourismusrichtlinien ist das Dauercamping an eine Mindestvertragszeit von einem Jahr gebunden. In der Praxis sind vieljährige Verträge die Regel, was häufig auch durch eine individuelle Grundstücksgestaltung zum Ausdruck kommt. Das Dauercamping unterscheidet sich nicht nur durch die langjährige Bindung der Camper an einen Platz vom Urlaubscamping: Aufgrund der vorherrschenden Wochenendnutzung streuen die Aufenthalte über das Jahr. Dazu trägt bei, dass in den vergangenen Jahren der Wohncomfort beim Dauercamping deutlich zugenommen hat, so dass auch bei bis zu -20° C die Freizeit auf dem Stellplatz verbracht werden kann. Die meisten der Campingplätze in Deutschland werden sowohl von Dauercampern als auch von touristischen Campern genutzt ❷.

In der Anfangszeit des Camping, das in seiner modernen Form um 1880 in Amerika entstand, dominierte das Wohnzelt. Nach und nach wurde es weitgehend durch den Wohnanhänger oder Caravan verdrängt. Auch das Wohnmobil, ein an sich typisches Transportmittel für das Urlaubscamping, steht nicht selten auf dem Dauercampingplatz und wird nur für die Urlaubsreise mobilisiert.

In der räumlichen Verteilung ❹ fällt der Gegensatz zwischen der großstadtnahen Lage im Naherholungsraum einerseits und der Lage im Ferien- oder Urlaubsraum andererseits auf. Der bundesweit größte Schwerpunkt für das Dauercamping liegt an der Ostseeküste Schleswig-Holsteins. Zum Einzugsgebiet gehören vor allem Hamburg, aber in beachtlichem Maße auch Nordrhein-Westfalen. Demgegenüber bildet die Ostseeküste von Mecklenburg-Vorpommern einen Schwerpunkt des touristischen Campings. In der Gesamtzahl aller Stellplätze pro Bundesland dominiert Nordrhein-Westfalen mit 57.450 Stellplätzen für das Dauercamping (1.1.1999).

Freizeitwohnen auf Booten

Nach Schätzungen des Bundesverbandes Wassersportwirtschaft in Köln kann man von ungefähr 250.000 privaten Wasserfahrzeugen in der Bundesrepublik ausgehen, die über 7,5 m Länge messen und damit prinzipiell zum Übernachten geeignet sind. Davon sind ca. 55% Segelboote und 45% Motorboote. Rund 80.000 Liegeplätze stehen in Marinas (Sportboothäfen) zur Verfügung, weitere 40.000 kommen an anderen Plätzen hinzu. Außerdem gibt es weitere private Liegeplätze.

Freizeitwohnen in fester Bausubstanz

Seit dem Mittelalter verlebten Könige und der Adel ihre Freizeit oft in Lustschlössern in landschaftlich reizvoller Lage. Später konnte der Traum vom Freizeitwohnsitz auch in der ökonomischen Oberschicht, vor allem in der Kaufmannschaft und den freien Berufen, verwirklicht werden. Am Ende des 18. Jhs. lockten die zuvor als unwirtlich empfundenen Extremlandschaften der Meeresküste und des Hochgebirges mit ihrer frischen Luft die Städter aus den Ballungsgebieten der Frühindustrialisierung an. Vorreiter waren die Künstler, die schon immer die Freizeit mit der Zeit der schöpferischen Tätigkeit zu verbinden wussten. Ihre Produkte, vor allem die Bilder und Romane, weckten die Sehnsucht nach unberührten Naturlandschaften. Die Künstler ließen sich oft in alten Bauernhäusern nieder oder errichteten Künstlerkolonien in einem der Landschaft angepassten Stil.

Im Laufe des 19. Jhs. vergrößerte sich die Zahl der Freizeitwohnsitze sehr stark durch den neuen „Geldadel": Die Fabrikanten lebten zumeist in der Nähe der Produktionsstätte, d.h. inmitten verschmutzter Luft und in Hörweite des Lärms der Betriebe. Ein elementares Bedürfnis nach möglichst naturnaher Landschaft realisierte man durch bevorzugt schön gelegene Häuser. →

Stellplätze für Touristik- und Dauercamping 1999

Appartementhaus am Starnberger See

sten. Eine stärkere räumliche Diversifizierung ließ sich beobachten. War man während der Eisenbahnzeit noch auf die Bahnstationen und ihre nächste Umgebung angewiesen, so erlaubte jetzt das Automobil eine flächenhafte Erschließung. Den Höhepunkt der Entwicklung brachten die Jahre zwischen 1969 und 1987, als in den alten Ländern mehr Freizeitwohnsitze entstanden sind als aus allen anderen Zeitphasen erhalten sind. In derselben Zeit entstanden in der DDR ungezählte und teils illegale Bungalowsiedlungen mit sog. Datschen, die dort ergänzend zu den Kleingärten die Funktion des Freizeitwohnens erfüllten.

Die Zahl der vor 1900 errichteten Freizeitwohnsitze zeigt ❻, dass das Freizeitwohnen damals schon weit verbreitet war. Der Anteil wäre noch viel höher, wenn nicht – vor allem durch die Kriegsereignisse – zahlreiche ehemalige Freizeitwohnsitze zu gewöhnlichen Wohnungen umgewidmet worden wären.

Zwischen 1900 und 1948 zeigt lediglich Berlin bemerkenswerte Zuwächse, die sich zunächst auf die Stadt selbst beziehen und sich nach 1919 dann vor allem auf die landschaftlich schönen Gebiete Brandenburgs, z.B. den Spreewald, ausdehnten. Hierin zeigt sich die Sonderstellung der Hauptstadt dort in einer wirtschaftlich im übrigen Deutschland schwierigen Zeit.

Nach dem Zweiten Weltkrieg setzte der Drang zum Freizeitwohnsitz mit einer Verzögerung von rund 15 Jahren ein, aber mit großer Vehemenz. Durch die Lohn- und Freizeitentwicklung konnten sich jetzt auch Angehörige des Mittelstandes, wie Beamte und leitende Angestellte, einen Freizeitwohnsitz leis-

Gestaltung und räumliche Verteilung

Freistehende Freizeitwohnhäuser mit ein oder zwei Wohnungen ❼, die oft einzeln in landschaftlich reizvoller Lage errichtet werden, sind zumeist landschaftsangepasst gestaltet. Damit möchten die Eigentümer ihre Verbundenheit mit der von ihnen bevorzugten Erholungslandschaft zum Ausdruck bringen. Freistehende Freizeitwohnhäuser befinden sich auch heute noch zumeist in den Händen der besser verdienenden Schichten, da ihr Kauf oder Bau bzw. ihr Unterhalt sehr kostenträchtig sind. Dies gilt besonders dort, wo schon allein aufgrund baurechtlicher Bestimmungen die Grundstücke sehr groß ausfallen müssen, z.B. in Kampen oder Keitum auf Sylt. Dort verlangt die Reetdachbauweise der alten Friesenhäuser und ihrer modernen Imitate aus feuerrechtlichen Gründen einen Gebäude-Abstand von 25 m. Freizeitwohnsitze dieser Art enthalten zumeist kostbare Ausstattungen und werden nur selten weitervermietet.

Räumlich sind die Freizeitwohnsitze oft an besonders bekannte Fremdenverkehrsorte mit zugleich hohem Erholungswert und Sozialprestige gebunden, mit einer Bevorzugung der Meeresküste und der Alpen ❾. Die drei Gemeinden mit dem größten Angebot an Freizeitwohnungen überhaupt in Deutschland, Westerland an der Nordsee, Timmendorfer Strand an der Ostsee, Oberstdorf im Allgäu, bilden auch touristische Schwerpunkte.

Sogenannte Appartementhäuser, also Freizeitwohnanlagen in großen mehrgeschossigen Baukörpern, lassen sich oft physiognomisch nicht von einem Hotel oder einer Pension unterscheiden. Sie können auch Teil eines Ferienzentrums sein, das überwiegend der gewerblichen Vermietung dient. Dafür gibt es viele Beispiele (▶▶ Beitrag C. Becker). Die Nachteile einer Großanlage, z. B. Geräuschbelästigung durch Nachbarn, fehlende Einflussmöglichkeiten auf die Gestaltung des Grund- und Aufrisses, kein

❺ Übernachtungen im Freizeitwohnen 1995/99

❼ Freizeitwohnsitze 1987/95* nach Ländern

❽ Baustile stationärer Freizeitwohnsitze

❻ Bauphasen der Freizeitwohnsitze 1987/1995* nach Ländern

Autor: J. Newig

individuelles Freigelände, werden wettgemacht durch Preisgunst, durch Aufteilung der laufenden Kosten und durch einen verbesserten Schutz des Eigentums aufgrund der Anwesenheit von zahlreichen Menschen. Appartements in großen mehrgeschossigen Baukörpern, aber auch in Reihen- und Kettenhäusern gehören oft der gehobenen Mittelschicht und werden meist gemischt genutzt, d.h. man vermietet sie während der Hauptsaison an Fremde und nutzt sie in der Nebensaison als Freizeitwohnsitz.

Für und wider Freizeitwohnsitze

Über Nutzen und Schaden von Freizeitwohnsitzen gehen die Auffassungen weit auseinander. In ökologischer Hinsicht werden Freizeitwohnsitze im Allgemeinen als negativ bewertet, weil sie eine Auslegung der Infrastruktur auf das saisonale Maximum erzwingen. Das gilt für die Kapazitäten der Kläranlagen ebenso wie für die Querschnitte der Elektrokabel oder die Versiegelung von

Verkehrsflächen sowie ihre Entwässerung. Allerdings ist zu bedenken, dass auch die touristische Nutzung anderer Wohnformen die Umwelt am Fremdenverkehrsort zusätzlich belastet.

Große mehrgeschossige Appartementhäuser verschandeln oftmals das Ortsbild, zumal, wenn es sich um reine Zweckbauten handelt. Der Landschaftsverbrauch durch Freizeitwohnsitze ist teilweise beträchtlich. Nicht selten wird hingegen alte landschaftstypische Bausubstanz durch Umwidmung erhalten und renoviert, die sonst der Spitzhacke zum Opfer fallen würde ❽.

Größere Probleme gibt es vor allem in soziodemographischer Hinsicht (▶▶ Beitrag Faust/Kreisel). Wenn, wie in Westerland oder anderen Orten auf Sylt, die Zahl der Wohnungen in Freizeitwohnsitzen auswärtiger Eigentümer größer ist als diejenige für die Einheimischen, so hat das unmittelbare Auswirkungen auf die Wohndichte der Ansässigen, die so gering werden kann, dass schulpflichtige Kinder oft in einem Radius von 100 Metern keine gleichaltrigen Spielkameraden mehr finden. Die Grundstückspreise haben zu Mieten geführt, die für viele auf Sylt Arbeitende nicht mehr bezahlbar sind.

Es soll aber nicht übersehen werden, dass Freizeitwohnsitze sichere Arbeitsplätze in peripheren Regionen mit sich bringen, vor allem im Handwerk und in weiteren mittelständischen Betrieben sowie in den freien Berufen, die in ihrer Vielfalt auch der ortsansässigen Bevölkerung zugute kommen. Genannt sei nur eine überdurchschnittlich gute Versorgung mit Ärzten, Rechtsanwälten, Architekten, Maklern. Nicht zuletzt ist das ungewöhnlich große Angebot im Einzelhandel anzuführen. Alle diese Faktoren tragen zu einer Aufwertung der zumeist peripher gelegenen Fremdenverkehrsräume bei.◆

Feriengroßprojekte

Christoph Becker

Ferienpark Damp (Ostsee)

Feriengroßprojekte sind ein Ergebnis des Massentourismus. Sie werden nicht wegen ihrer Größe aufgesucht, diese wird eher in Kauf genommen. Sie sind aber in der Lage, auf begrenztem Raum eine große Zahl an Urlaubern zu beherbergen, in der Regel mit wenig Personal und relativ preisgünstig. Durch die meist vorgesehene Selbstversorgung der Gäste genießen diese viel Freizügigkeit und haben auch mehr Wohnraum als im traditionellen Hotel- oder Pensionszimmer. Die Anlagen bieten zunehmend eine breite Palette von oft wetterunabhängigen Freizeiteinrichtungen an, so dass sie nicht auf die veralteten öffentlichen Fremdenverkehrseinrichtungen angewiesen sind.

Als ▶ Feriengroßprojekte werden hier ❷ Beherbergungsbetriebe mit über 400 Betten betrachtet, die primär Urlauber als Gäste aufnehmen. Es sind auch Projekte dargestellt, die nach einer gewissen Zeitspanne als private Ferienwohnungen oder anderweitig – ganz oder teilweise – genutzt wurden. Das Bettenangebot in den 109 Feriengroßprojekten entspricht 4% der deutschen Beherbergungskapazität.

Entwicklung der Feriengroßprojekte in Deutschland ❶

Bei der Entwicklung der Feriengroßprojekte lassen sich in Westdeutschland sehr klar vier Phasen unterscheiden; auf die Entwicklung in Ostdeutschland ist gesondert einzugehen.

Die ersten Feriengroßprojekte in Deutschland waren Feriendörfer, die ab Beginn der 1950er Jahre in größerer Zahl errichtet wurden und meist unter der Schwelle von 400 Betten blieben, so dass auf der Karte auch nur sechs davon erscheinen, sowie ein älteres Hotel am Tegernsee.

In der Boomphase von 1969-1973 wurden 32 oft besonders große Projekte errichtet, die als Ferienparks oder Appartementanlagen einzustufen sind. Allein 22 davon haben über 1000 Betten, die Anlagen in Heiligenhafen und Damp sogar 5400 bzw. 5900 Betten.

Die großen Anlagen besaßen auch schon damals in der Regel ein Hallenbad und wenigstens ein Restaurant, doch waren sie weitgehend auf die Nutzung der öffentlichen Infrastruktur und der natürlichen Umwelt ausgerichtet. Um die großen Baumassen unterzubringen, wurden verbreitet Hochhäuser mit bis zu 35 Stockwerken (Maritim-Hotel Travemünde) errichtet.

Räumlich konzentrieren sich die großen Ferienanlagen der Boomphase vor allem auf das einstige Zonenrandgebiet. Die dort möglichen hohen Sonderabschreibungen und Verlustzuweisungen machten es den Bauträgern leicht, gut verdienende Kapitalanleger zu gewinnen. Zugleich herrschte in jener Zeit mit hohen Inflationsraten ein ausgesprochener Immobilienboom, der durch das Prestigedenken einzelner Kommunalpolitiker und eine gewisse Gigantomanie befördert wurde. Die GmbH & Co. KG als Rechtsform ermöglichte es Bauträgern, bei minimalem Eigenkapital und Risiko riesige Bauten zu erstellen.

Als Überkapazitäten und Landschaftsschäden nicht mehr zu übersehen waren, wurden die Förderbedingungen wieder geändert und damit der Boom beendet.

In den Jahren 1974-1989 wurden mit 36 Feriengroßprojekten kaum mehr Projekte errichtet als in den fünf Jahren der Boomphase. Es handelte sich überwiegend um Feriendörfer; nur jedes fünfte hatte über 1000 Betten. Bezeichnend ist die Standortwahl: An der Ostseeküste und im Harz entstand kein einziges Feriengroßprojekt mehr, und auch im übrigen Zonenrandgebiet nur sehr wenige; dafür streuen die Projekte weit über die übrige Bundesrepublik mit gewissen Schwerpunkten in der Eifel und in Nordhessen, während traditionelle Fremdenverkehrsgebiete wie die Nordseeküste, die Alpen und der Schwarzwald nahezu unberücksichtigt bleiben.

Gewiss wären in dieser Phase mehr Feriengroßprojekte entstanden, wenn nicht die regionalplanerischen Anforderungen deutlich gesteigert worden wären und Bürgerinitiativen Protest erhoben und vor Gericht geklagt hätten.

1990-92 wurde kein touristisches Großprojekt eröffnet, elf waren in der Planung und zwölf im Vorplanungsstadium, von denen die meisten später scheiterten. In den folgenden sechs Jahren wurden elf neue Feriengroßprojekte fertiggestellt, jedoch mit der Tendenz zu nunmehr wieder größeren Anlagen (zwei mit 3500 Betten, eine mit über 1600 Betten). Das Angebotsprofil änderte sich deutlich: Seit 1985 wurde kein einziges klassisches Feriendorf mehr gebaut. Stattdessen entstanden sehr vielfältige Projekte, wie eine *Time-sharing* Appartementanlage, Luxushotels oder Ferienparks der zweiten Generation mit „subtropischem Badeparadies" und *Shopping-Mall*. Diesem Trend folgend wurden auch fünf vorhandene Feriengroßprojekte (Damp, Weißhäuser Strand, Burgtiefe, Gunderath und Binz) zu Ferienparks ausgebaut.

Entwicklung in Ostdeutschland

In der DDR wurden zwischen 1969 und 1987 19 Feriengroßprojekte eröffnet. Es handelte sich um vielgeschossige Großhotels, die Vollpension, ein umfangreiches Unterhaltungsprogramm, verschiedene Freizeitaktivitäten und den Verleih von Sportgeräten boten. Durch den Verzicht auf Ferienwohnungen blieb die Wohnfläche eng begrenzt, während die eingeschlossene Vollpension die Planung erleichterte und der Ideologie entsprach. Nach der Wende wurde die Mehrzahl davon umgebaut oder renoviert, vier wurden stillgelegt. Lediglich zwei Luxushotels und ein Ferienpark entstanden in den neuen Ländern neu, was in einem engen Zusammenhang mit der Entwicklung der Einkommen in Ostdeutschland zu stehen scheint.

Aktuelle Trends

Feriengroßprojekte waren als augenfällige Beispiele für den Massentourismus immer Ziel der Tourismuskritik, was eine Begrenzung von Landschafts- und Umweltschäden begünstigte und die Unternehmen zur Ausrichtung an Bedürfnissen der Urlauber zwang.

Gerade weil die Entwicklung bei den Feriengroßprojekten in Deutschland der europäischen hinterherhinkt ❶, zeichnen sich für die Zukunft günstige Perspektiven ab, zumal mit einer weiteren Zunahme der Zweit- und Drittreisen wie auch der Kurzurlaube zu allen Jahreszeiten zu rechnen ist. Da die öffentliche Hand immer weniger in der Lage ist, die Fremdenverkehrsinfrastruktur zu modernisieren, gewinnen die großen Ferienanlagen mit ihrem vielfältigen, modernen Angebot an Freizeit- und Unterhaltungsmöglichkeiten zunehmend an Bedeutung. Die unterschiedlichen Feriengroßprojekte der 1990er Jahre dokumentieren eine Innovationskraft, die sonst im deutschen Fremdenverkehr kaum anzutreffen ist. ◆

Feriengroßprojekte

Feriendörfer bestehen ganz oder fast ausschließlich aus Einzel- und/oder Doppelbungalows.

Appartementanlagen bieten in größeren Baukörpern voll ausgestattete Wohneinheiten; dennoch ist meistens ein hotelmäßiger Service möglich, gelegentlich besteht ein kleinerer Hotelteil; sie verfügen über keine oder nur wenige Freizeiteinrichtungen.

Ferienparks setzen sich aus einem Hotel-, einem Appartementteil sowie Bungalowgruppen zusammen (wenigstens zwei dieser drei Teile) oder aus Ferienhausgruppen mit 3 – 12 Wohnungen; es gibt wenigstens ein Geschäft und ein Restaurant sowie ein größeres Angebot an Freizeit- und Unterhaltungsmöglichkeiten.

Ferienparks der 2. Generation entsprechen im Beherbergungsangebot Ferienparks der 1. Generation, verfügen jedoch über mindestens 1.800 Betten, ein "subtropisches Badeparadies" und eine Shopping-Mall mit mehreren Geschäften und Restaurants sowie vielfältige, auch überdachte Freizeit- und Unterhaltungseinrichtungen.

Touristische **Großhotels** werden ganz oder größtenteils als Hotel bewirtschaftet, sind überwiegend von Urlaubern genutzt und besitzen dafür auch verschiedene Freizeiteinrichtungen.

---

❶ Innovationen bei Feriengroßprojekten 1935-2000

Entwicklung des Beherbergungsangebots (1985 - 1998)

Ulrich Spörel

Skihütte am Brauneck

Das Beherbergungsangebot in den deutschen Fremdenverkehrsgemeinden und -gebieten stellt ein entscheidendes Basiselement im Tourismus dar. Der absolute oder relative, d.h. auf die Einwohner bezogene Wert des Bettenangebotes in Beherbergungsbetrieben gilt nach wie vor als der beste Indikator zur Erfassung der Angebotsseite des Fremdenverkehrs. Ohne Gästebetten ist kein Tourismus möglich, wenn einmal vom Camping abgesehen wird. Das Bettenangebot orientiert sich allerdings auch an der zu erwartenden Nachfrage, die stark von der natur- und kulturräumlichen Eignung, der Lage und – was den Geschäftsreiseverkehr betrifft – der Wirtschaftskraft abhängt.

Die Karte ❶ zeigt die Struktur des Beherbergungsangebots in den deutschen ▶ Reisegebieten in den Jahren 1985, 1992 und 1998. Die Daten dazu stammen aus der amtlichen Beherbergungsstatistik. Diese Statistik erfasst alle Beherbergungsbetriebe in Deutschland, die über neun oder mehr Betten verfügen.

Im Zeitraum von 1985 bis 1998 erhöhte sich die Bettenkapazität der in der amtlichen Beherbergungsstatistik erfassten Beherbergungsbetriebe in Deutschland von 1,77 Mio. Betten 1985 (nur die 11 Länder des früheren Bundesgebiets) auf 2,53 Mio. für Deutschland insgesamt. Diese Zunahme ist nicht nur auf das Hinzukommen der neuen Länder zurückzuführen, denn auch im früheren Bundesgebiet wurde die Bettenkapazität spürbar ausgeweitet. So erhöhte sich hier die Bettenzahl zwischen 1985 und 1992 um 5,6%, während sie im folgenden Sechs-Jahres-Zeitraum von 1992 bis 1998 sogar um 10,2% anstieg. Noch größer war der Ausbau der Übernachtungskapazitäten aber in den neuen Ländern und Berlin-Ost. Hier stieg die Zahl der Betten insgesamt von 1992 bis 1998 um 86%. In den Betrieben der Hotellerie hat sie sich sogar mehr als verdoppelt (+108%), in den Sanatorien fast verdreifacht (+172%). In diesem Zeitraum konnten die neuen Länder und Berlin-Ost ihren Anteil an den gesamten Übernachtungskapazitäten in Deutschland von 11,9% (1992) auf 18,6% steigern, einen Wert, der nun auch ihrem Bevölkerungsanteil entspricht.

Im Zuge dieses Kapazitätsausbaus haben sich die Strukturen des Beherbergungsgewerbes in den neuen und alten Ländern weitgehend angeglichen. Knapp zwei Drittel der Bettenkapazitäten in Deutschland (64,5%) befinden sich in den Betrieben der ▶ Hotellerie, ein gutes Viertel (28,1%) gehört zur ▶ Parahotellerie, während die ▶ Sanatorien über einen Anteil von 7,4% an der gesamten Bettenkapazität verfügen.

Demgegenüber war das Beherbergungsangebot in den neuen Ländern 1992 noch stärker geprägt durch die Strukturen des früheren DDR-Erholungswesens, bei dem den betrieblichen und gewerkschaftlichen Einrichtungen eine dominierende Rolle zukam (▶▶ Beitrag Bode). Dies drückte sich vor allem in einem weit überdurchschnittlichen Gewicht der Parahotellerie aus (1992: Anteil in den neuen Ländern und Berlin-Ost: 37,3%, Anteil im früheren Bundesgebiet: 27,2%). Innerhalb der Parahotellerie überwogen in der DDR allerdings die Erholungs- und Ferienheime mit Vollpension, während im früheren Bundesgebiet Ferienhäuser und -wohnungen mit Selbstversorgung eine größere Bedeutung hatten.

Ein Größenvergleich der Bettenkapazitäten in den einzelnen Reisegebieten ist sicherlich nur begrenzt aussagefähig, da diese nicht zuletzt von den sehr unterschiedlichen Größenabgrenzungen der Gebiete sowie von deren Siedlungsstruktur abhängen. Gewisse Schwerpunkte lassen sich aber skizzieren. Bedingt durch die geographische Struktur Deutschlands haben die Mittelgebirgsregionen ein relativ großes Gewicht an der gesamten Bettenkapazität. Hier sticht besonders der Schwarzwald heraus, auf dessen drei Reisegebiete eine Kapazität von knapp 150.000 Betten entfällt. Weitere Schwerpunkte sind der Bayerische Wald (67.000 Betten), der Teutoburger Wald (50.000 Betten), der Harz (die Teile von Niedersachsen und Sachsen-Anhalt zusammengenommen 50.000 Betten), das Sauerland (47.000 Betten), die Schwäbische Alb (34.000 Betten) und der Thüringer Wald (33.000 Betten).

Ein großes Gewicht haben auch die Reisegebiete der deutschen Küstenregionen mit einem hohen Anteil an Parahotellerie. Durch das Hinzukommen von Mecklenburg-Vorpommern hat sich der Anteil der an der Küste liegenden Reisegebiete an der gesamten Bettenkapazität in Deutschland deutlich erhöht. Zu nennen sind hier die beiden schleswig-holsteinischen Reisegebiete Ostsee (79.000 Betten) und Nordsee (64.000 Betten), in Mecklenburg-Vorpommern die drei Reisegebiete Vorpommern (42.000 Betten), Rügen/Hiddensee (35.000 Betten) und Mecklenburgische Ostseeküste (30.000 Betten) sowie in Niedersachsen die Ostfriesischen Inseln (43.000 Betten) und die Ostfriesische Küste (37.000 Betten).

Die Reisegebiete der Alpen und des Alpenvorlandes sind in ihren Abgrenzungen zumeist kleiner als die zuvor genannten. Insgesamt kann diese Region mit einer Bettenkapazität von gut 200.000 aber als ein weiterer Schwerpunkt des deutschen Beherbergungsgewerbes angesehen werden, obwohl die Entwicklung der Beherbergungskapazitäten hier eher stagniert.◆

Datenlage

Eine längerfristige Vergleichsstatistik für die Entwicklung des Beherbergungsangebots der heutigen Bundesrepublik Deutschland ist nur begrenzt verfügbar. Für das Berichtsjahr 1985 liegen Ergebnisse nur für die 11 Länder des früheren Bundesgebiets vor, da die Beherbergungsstatistik in den neuen Ländern erst in der Mitte des Jahres 1991 aufgenommen wurde. 1992 ist das erste Jahr, für das vollständige Ergebnisse aus der Beherbergungsstatistik für ganz Deutschland vorliegen.

Bei den in der Karte dargestellten **Reisegebieten** (▶▶ Beitrag Flohr) handelt es sich um nichtadministrative Raumeinheiten, die von den Statistischen Landesämtern in Zusammenarbeit mit den Wirtschaftsministerien und den Tourismusverbänden der Länder gebildet werden. Ihre Grenzen lehnen sich im Wesentlichen an die Zuständigkeitsbereiche der regionalen Fremdenverkehrsverbände sowie an naturräumliche Gegebenheiten an.

Die für die Bettenkapazitäten vorgenommene Untergliederung nach Betriebsarten folgt der offiziellen Klassifikation der Wirtschaftszweige in der amtlichen Statistik. Unter dem Begriff **Hotellerie** werden hier die Betriebsarten Hotels, Gasthöfe, Pensionen und Hotels garnis zusammengefasst. Diesen Betriebsarten ist gemeinsam, dass sie zur Übernachtung die hotelüblichen Dienstleistungen wie Reinigen und Aufräumen der Gästezimmer erbringen und dass sie in der Regel Speisen (zumindest Frühstück) und Getränke abgeben.

Der Bereich der **Parahotellerie** ist sehr viel heterogener zusammengesetzt. Hierzu zählen Erholungs-, Ferien-, Schulungsheime und Bildungszentren, Ferienzentren, Ferienhäuser und -wohnungen sowie Jugendherbergen und Hütten.

Die **Sanatorien** zählen nach der Klassifikation der Wirtschaftszweige zwar nicht zum eigentlichen Beherbergungsgewerbe, sie werden in der Beherbergungsstatistik aber dennoch mit erfasst, und zwar dann, wenn ihre Gäste überwiegend in der Lage sind, am Fremdenverkehrsgeschehen des Aufenthaltsortes teilzunehmen und die bestehenden Infrastruktureinrichtungen zu nutzen.

Freizeit- und Erlebnisbäder

Roman Schramm

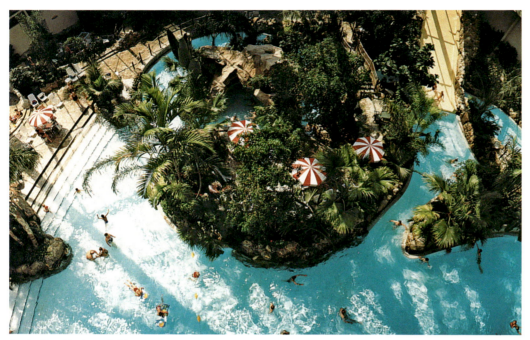

Center-Parc Bispinger Heide

In Nord- und Mitteleuropa existieren – bedingt durch die klimatischen Verhältnisse – fast ausschließlich sogenannte ▶ Indoor-Wasserparks. Zwar ist den meisten davon auch ein Außenbereich angegliedert, der größte Teil der Attraktionen liegt jedoch im Innenbereich. Diese Attraktionen sind aufgegliedert nach ihrer Art. Im Spaßbereich sind oftmals Rutschen, Crazy/lazy river und andere Wasserattraktionen vertreten. Für die Entspannung sind zumeist Saunabereiche mit verschiedenen Saunatypen vorhanden. Mittlerweile existieren – wegen des steigenden Interesses am Saunabaden – auch reine ▶ Großsaunaanlagen, wie z.B. die SCHWABEN QUELLEN in Stuttgart und die OASE am Weserpark in Bremen.

Im Süden Europas hingegen dominieren – ebenfalls klimatisch bedingt – die reinen Outdoor-Wasserparks, die ausschließlich auf unterschiedliche Rutsch- und andere Wasserattraktionen im Freibereich setzen.

Die Verbreitung der Freizeit- und Erlebnisbäder zeigt eine deutliche Abhängigkeit von der Bevölkerungsdichte: Sie häufen sich in den Großstädten und Verdichtungsräumen, während in den peripheren Räumen und insbesondere auch in Ostdeutschland die Freizeit- und Erlebnisbäder nur vereinzelt auftreten. Dabei überrascht, dass München kein solches Bad besitzt. In Ostdeutschland dominieren die Freizeit- und Erlebnisbäder gegenüber den ▶ freizeitorientierten Bädern, in Westdeutschland wurden dagegen häufiger ältere Hallenbäder zu freizeitorientierten Bädern umgebaut. Fünf der Freizeit- und Erlebnisbäder erzielen jährlich eine Besucherzahl von über einer halben Million: Die drei Berliner Bäder sowie das ARRIBA Erlebnisbad in Norderstedt bei Hamburg und das Kur- und Freizeitbad RIFF in Bad Lausick in der Nähe von Leipzig. Eine solche Besucherzahl bedeutet, dass diese Badeanlagen im Jahresdurchschnitt täglich von mindestens 1400 Gästen besucht werden, die dort teilweise den ganzen Tag verbringen.

Die Anfahrtswege zu den Bädern sind dabei teilweise recht beträchtlich. So stammen beim Freizeitbad SALÜ, der SALZTHERME LÜNEBURG, zwar 56% der Besucher unmittelbar aus Lüneburg und Umgebung mit einem Radius von 15 km, doch legten 18% der Besucher sogar mehr als 50 km Anfahrtsweg zurück (nach GRIMM u.a. 1994).

Umfragen in Deutschland und Österreich haben ergeben, dass eine Umsatzsteigerung und eine damit einhergehende Erhöhung der Besucherzahlen fast ausschließlich in denjenigen Freizeit- und Erlebnisbädern erreicht werden konnte, welche ihr Angebot erweitert oder umgestaltet haben. Vor allem in Gebieten mit einer hohen Dichte an Freizeit- und Erlebnisbädern wie z.B. in Nordrhein-Westfalen, sind die Betreiber gezwungen, jährlich nicht unerheblich in Neu- und Umgestaltungen zu investieren, um konkurrenzfähig zu bleiben.

Neben der Schaffung von neuen Attraktionen muss jedoch auch immer mehr in die Qualität der Freizeit- und Erlebnisbäder investiert werden: Aufgrund der gegebenen räumlichen Begrenzung der Indoor-Wasserparks ist die Möglichkeit des Baus immer neuer Attraktionen eingeschränkt. Um sich von anderen Anlagen abzuheben, wird daher zunehmend Wert auf Gestaltung und Dekoration der Bäderanlage gelegt. So ist bei den neu eröffneten oder noch zu eröffnenden Bädern in Europa eine starke Thematisierung festzustellen. Der WATERWORLD WATERPARK auf Zypern, errichtet 1996, ist beispielsweise völlig auf das Thema des antiken Griechenlands ausgerichtet; das im April 1999 eröffnete MAYA MARE in Halle ist durchgängig im mexikanischen Stil gestaltet.

Zusätzlich zum gepflegten Ambiente ist in Europa auch die Dienstleistung gefragt. Da die Erfahrung gezeigt hat, dass auch neue Wasserattraktionen wie z.B. Rutschen nur kurzzeitig neue Besucher anziehen, weil der Reiz des Neuen schnell verloren geht, ist eine langfristige Gästebindung allein durch guten Service zu erreichen. Nur das Freizeit- und Erlebnisbad, das sich durch gut geschulte, freundliche Mitarbeiter, ein hochwertiges Gastronomieangebot und vielfältige Animations- und Wellnessangebote auszeichnet, wird auf die Dauer seine Besucherzahlen halten bzw. steigern können.◆

Unter den Begriff der **Freizeit- und Erlebnisbäder** fallen alle Bäderanlagen, welche die nachfolgenden Kriterien erfüllen:

Wasserparks mit Thermalwasser
- mehrere Becken mit Thermalwasser und einer Gesamtbeckenfläche von mindestens 700 m²
- Beckenformen, die nicht an Sportbäder erinnern
- vielfältiges Saunaangebot mit mindestens 4 verschiedenen Saunen
- Hot-Whirl-Pools
- integrierte Gastronomie im Badebereich
- aufwendige Dekoration und eine architektonische Konzeption, welche sich von gesundheitstherapeutisch ausgerichteten Bädern im herkömmlichen Sinn maßgeblich unterscheidet
- mindestens 5 verschiedene Wasserattraktionen
- Solarien

Indoor-Wasserparks
- mindestens eine Rutsche von wenigstens 50 m Länge
- mindestens 5 verschiedene Wasserattraktionen
- Saunaanlagen
- mehrere Becken mit einer Gesamtfläche von mindestens 700 m²
- eine architektonische Konzeption, die sich sowohl in der Ausführung, den verwendeten Materialien als auch in ihrer Dekoration von den herkömmlichen Sportbädern wesentlich unterscheidet
- groß dimensionierte Aufenthalts- und Liegeflächen
- Gastronomieanlagen im Badebereich
- Wellenbad oder Wild River
- Außenschwimmbecken
- Solarien
- eine Wassertemperatur von mindestens 27° C

Großsaunaanlagen
- mindestens 7 verschiedene Saunaarten
- Dampfsauna
- ca. 3000 m² Gesamtfläche
- mehrere Becken
- Freianlage mit einer Grundfläche von mindestens 3000 m²
- großzügig dimensionierte und gestaltete Aufenthalts- und Liegefläche
- Gastronomieanlagen im Saunabereich
- Tauch- bzw. Schwimmbecken mit einer Mindestwasserfläche von 100 m²
- angegliederte medizinische bzw. sporttherapeutische Anlagen (Fitness-Studio, Massage)

Unter den Begriff der **freizeitorientierten Bäder** fallen alle Bäderanlagen, welche die vorgenannten Kriterien nicht erfüllen, sich aber dennoch von den herkömmlichen Sport- und Hallenbädern durch ihr Mehrangebot unterscheiden.

---

❶ Freizeit- und Erlebnisbäder 1999
nach siedlungsstrukturellen Kreistypen

(Kernstädte: 75; hochverdichtete Kreise: 41; verdichtete Kreise: 101; ländliche Kreise: 108)

© Institut für Länderkunde, Leipzig 2000

Multiplexkinos – moderne Freizeitgroßeinrichtungen

Hans-Jürgen Ulbert

Nachdem schon in der Achtzigerjahren von vielen Seiten der endgültige Niedergang der herkömmlichen Kinos prophezeit worden war, erlebt die Film- und Kinowirtschaft in den letzten zehn Jahren eine Renaissance. Der Besuch im Kino wurde besonders für die Jugend wieder zu einer der beliebtesten Freizeitaktivitäten.

Erlebnisort Multiplexkino

Wer heute in ein Kino geht, ist nicht nur an einem guten Spielfilm interessiert, sondern schätzt auch das moderne und großzügige Ambiente sowie die Möglichkeiten zur Unterhaltung – das gehört zum Freizeiterlebnis Kino. ▶ Multiplexkinos sind besonders beim jüngeren Publikum als Treffpunkte und Kommunikationsorte sehr beliebt. So sind über 60% der Kinobesucher unter 30 Jahre alt, und 50% gehören den Berufsgruppen der Schüler, Studenten oder Auszubildenden an ❶. Auf dem Weg in das neue Jahrtausend werden die Multiplexkinos die Unterhaltungs- und Freizeitlandschaft der Städte wesentlich prägen.

Entwicklungen, Marktanteile und räumliche Strukturen

Nachdem das erste deutsche Multiplexkino 1990 in Hürth bei Köln in einem Einkaufszentrum eröffnete, stieg die Anzahl in Deutschland bis Ende 1998 auf 92 bestehende Gebäudekomplexe einschließlich Miniplexe. 66 Multiplexkinos sind 1999 nachrichtlich in Bau und 39 in Planung ❷. In den Statistiken der Filmförderungsanstalt von 1998 werden 77 Multiplexe mit insgesamt 729 Leinwänden und über 180.000 Sitzplätzen als Bestand aufgeführt. Die Multiplexkinos erreichen einen Marktanteil von über 30% am gesamten Kinomarkt. Das entspricht 45,1 Mio. verkauften Eintrittskarten und 537,6 Mio. DM Umsatzvolumen ❸. Der Anteil der Multiplexsäle/-leinwände liegt bei 19% der insgesamt verfügbaren Kinosäle und differiert zwischen den dicht besiedelten Stadtstaaten (über 30%) und den Flächenländern mit geringerer Einwohnerdichte (teilweise unter 10%) erheblich ❹. Dieser Strukturwandel hat die deutsche Kinolandschaft grundlegend verändert.

Zu den bevorzugten Multiplexstandorten zählen vorrangig Städte mit über 200.000 Einwohnern. Aber auch Mittelstädte mit unter 100.000 Einwohnern, deren Umland bzw. Einzugsbereiche über ein entsprechendes Bevölkerungspotenzial verfügen, werden zunehmend in die Investitionsstrategien einbezogen. Inzwischen ist festzustellen, dass an vielen Multiplexstandorten mit mehr als 250.000 Einwohnern weitere Objekte als Konkurrenzunternehmen gebaut oder geplant werden ❺.

Durch diese Gesamtentwicklung steigt das Risiko des so genannten „Overscreaning", d.h. durch den Verdrängungswettbewerb entstehen immer mehr Multiplexleinwände und -sitzplätze in einer Agglomeration. Hinsichtlich der marktverträglichen Kapazitäten lassen sich aus kinowirtschaftlichen Marktanalysen folgende Rentabilitätsschwellen ableiten:

- Versorgungsgrad von 500 bis 700 Sitzplätzen je 100.000 Einwohner
- 240 Sitzplätze pro Leinwand als Mittelwert (Bandbreite von 200 bis 270)
- Einzugsbereich mit 30-km-Radius als Mittelwert (für Innenstadtlagen ca. 20 km, für Stadtrandlagen ca. 30 km und für konkurrenzlose Standorte bis zu 60 km) bei einer Wohnbevölkerung von 200.000 bis 300.000 Menschen. Wenn alle Multiplexkinos, die sich derzeit in Bau oder in Planung befinden, tatsächlich eröffnen sollten, muss in einigen Ländern mit einem Überangebot gerechnet werden. In diesem Fall könnte der Versorgungsgrad in den Stadtstaaten Berlin, Bremen und Hamburg von derzeit ca. 600 auf über 1000 Multiplexsitzplätze je 100.000 Einwohner ansteigen ❺.

Anhand der Einzugsbereiche zeigt sich außerdem, dass im Wesentlichen die dicht besiedelten Regionen und Großräume durch die Multiplexkinos er-

> **Multiplexkinos**
> Eine einheitliche Definition der Kinoform „Multiplexkino" als Freizeitgroßeinrichtung hat sich bisher noch nicht durchgesetzt. In Anlehnung an die Filmförderungsanstalt (FFA) lassen sich Multiplexkinos wie folgt bestimmen:
> - mindestens 7 Leinwände (Säle)
> - mindestens 1500 Sitzplätze mit Komfort-/Amphitheaterbestuhlung (Reihenabstand mindestens 1,10 m)
> - mindestens 100 Sitzplätze pro Saal
> - moderne Tonwiedergabesysteme
> - Reservierungsmöglichkeiten, Internet-Angebot
> - weitläufiges Foyer
> - Gastronomie (Restaurant, Bar, Bistro), Shops und weitere erlebnisorientierte Freizeitangebote
> - Parkhaus/-plätze, Anbindung an ÖPNV
>
> Neben den Multiplexen werden auch **Mega-** oder **Gigaplexe** (Großkinos mit einer hohen Sitzplatzkapazität) sowie Miniplexe (kleinere Multiplexe mit bis zu 7 Leinwänden und unter 1500 Plätzen) unterschieden.

schlossen sind bzw. werden ❺. Es treten bereits Überschneidungen der Einzugsbereiche auf. Unerschlossene Bereiche liegen zumeist im ländlichen Raum, wo die zu geringe Bevölkerungsdichte einen Multiplexbetrieb nicht rentabel erscheinen lässt.

Auswirkungen auf das Umfeld

Aus Sicht der Städte sollen sich die Multiplexkinos in das jeweilige Stadtbild einfügen und auch zum vielfältigen kulturellen Leben einer Stadt beitragen. Am richtigen Standort sind sie eine hervorragende Investition (Investitionsvolumen bis über 100 Mio. DM), um die Attraktivität der innenstädtischen Bereiche – häufig die Bahnhofsnähe – oder anderer Stadtteile zu erhalten und zu verbessern.

Durch das Verlagern der Kinostandorte an die Stadtperipherie oder auf die Grüne Wiese können jedoch traditionelle Funktionen der städtischen Zentren beeinträchtigt werden, verbunden mit möglichen Auswirkungen

- auf die Siedlungsstruktur (z.B. Zersiedelung)
- auf den Verkehr (z.B. zusätzliches Verkehrsaufkommen durch den Individualverkehr)
- auf die Umwelt (u.a. Bodenverbrauch mit bis zu 5 ha pro Einrichtung, Flächenversiegelung, Lärm- und Abgasbelastungen) und
- auf die Wirtschaft (z.B. Veränderungen der bestehenden Kinostruktur und des Arbeitsmarktes).

Das Netz der Multiplexstandorte wird immer engmaschiger. Deshalb suchen die Investoren und Kommunen nach geeigneten Steuerungsmechanismen, um

daraus zukunftsorientierte Strategien für die Planungsverfahren und die Wettbewerbsperspektiven der Multiplexkinos abzuleiten.◆

Freizeit- und Erlebnisparks

Uwe Fichtner

Wer an einem Sommerwochenende seine vier Wände verlassen möchte, um etwas zu unternehmen, wird unweigerlich auf das Angebot der zahlreichen Freizeit- und Erlebnisparks in Deutschland stoßen. Mancher mag den Gedanken an einen Besuch sogleich wieder verwerfen, weil diese Art von Ausflugsziel weniger seinen Vorstellungen entspricht. Da Freizeitparks aber der ganzen Familie etwas bieten möchten, können sie mit ihrer spezifischen Infrastruktur unterschiedliche Ansprüche von Jung und Alt zufrieden stellen. Ihre Bandbreite reicht vom kleinen Märchengarten, angegliedert an eine Ausflugsgaststätte, bis zur Großanlage mit mehreren Millionen Besuchen im Jahr.

Freizeit- und Erlebnisparks sind kommerzielle private Unternehmen, die Gewinne erwirtschaften müssen. Auf einem abgegrenzten Areal mit überwiegend fest installierten Einrichtungen offerieren sie ihrer Kundschaft gegen Entgelt Unterhaltung, Entspannung und Information. Da sie keine öffentlichen Subventionen erhalten, stehen sie auf dem Markt der Freizeitangebote im Wettbewerb mit vielfältigen anderen Aktivitäten und Zielen.

Weltweit weisen sie ein ähnliches, teilweise standardisiertes Angebot aus folgenden Elementen auf: Vielfältige technische Fahrgeschäfte und Spielgeräte, wie z.B. Achterbahnen, Wasserrutschen, Simulatoren, Karussells etc., erzeugen die unterschiedlichsten motorischen, akustischen und optischen Reize bei Nutzern und Zuschauern. Sie werden durch Multimedia-Shows, Events, 3-D-Kinos oder andere Präsentationen ergänzt. Diese sogenannten Attraktionen sind meist in Park- oder Grünanlagen eingebettet, um Natur, Technik und Kultur zu inszenieren – je nach Gusto des Parkbetreibers. Von Volksfesten und vom Zirkus (LANQUAR 1991, S. 19) haben Freizeitparks die Rezeptur für die Inszenierung von Fahrgeschäften und sensationellen Darbietungen übernommen. Landschaftsgärten und Filmarchitektur liefern Vorbilder für die Gestaltung von Geländen und Gebäuden.

Strukturen eines marktorientierten Freizeitangebotes

Zwar stehen die großen Vorbilder für die Erlebnisparks in den USA, ihre Wurzeln liegen aber durchaus in Europa (MICHNA 1985). Im Gegensatz zu den amerikanischen sind die deutschen Unternehmen kleine bis mittelständische Familienbetriebe, die oft aus dem Kreis des Schaustellergewerbes stammen oder Erfahrung in verwandten Branchen wie dem Showgeschäft oder den Medien gesammelt haben. Der Europa-Park im badischen Rust verzeichnet als Marktführer in Deutschland über 3 Mio. Eintritte pro Jahr. Dagegen zählte der Disney Konzern 1998 in Anaheim in Kalifornien 13,7 Mio. Besuche und meldete von seinem Flaggschiff MAGIC KINGDOM aus Florida mit 15,6 Mio. Eintritten einen Spitzenwert, der auch den besucherstärksten Park in Europa, DISNEYLAND PARIS mit 12,5 Mio., deutlich in den Schatten stellt.

Während Schausteller, Beschicker von Volksfesten, Messen, Wanderzirkusse u.ä. mit ihren mobilen Attraktionen von Ort zu Ort der dort konzentrierten Nachfrage hinterherziehen, reist bei den Freizeitparks die Kundschaft zum Angebotsstandort an, und es entfallen die mit Transport, Auf- und Abbau verbundenen Kosten sowie Ausfallzeiten ohne Einnahmen. Da zwischen 70% bis 80% des Publikums mit dem eigenen Kraftfahrzeug kommen, bilden eine gute Verkehrsanbindung und eine ausreichende Anzahl an Parkplätzen unerlässliche Voraussetzungen. Etwa 7% bis 8% der Bevölkerung Deutschlands besuchen mehr oder weniger regelmäßig im Jahr Freizeitparks (OPASCHOWSKI 1995, S. 7). Aufgrund ihrer Genese als Ausflugsziele haben die meisten Freizeit- und Erlebnisparks in Deutschland nur über die Sommermonate geöffnet, und ihre Hauptsaison ist identisch mit der Zeit der Schulferien.

Junges Publikum mit familiären Besuchergruppen

Unter bestimmten Rahmenbedingungen steigt die Wahrscheinlichkeit für die Wahl eines Freizeitparks als Ausflugsziel an. Im Vordergrund steht beim Besuch das gemeinsame Erlebnis von miteinander bekannten oder verwandten Personen. Einzelbesucher sind unter dem Publikum von Freizeitparks so gut wie nicht zu finden (unter 1%). Junge Menschen und Familien mit Kindern bilden daher wichtige Zielgruppen für das Marketing. Entsprechend beträgt der Anteil der Kinder unter den Gästen ein Drittel und mehr, während ältere Menschen weniger vertreten sind. Dadurch ist der Altersdurchschnitt der Gäste deutlich niedriger als in der Bevölkerung des jeweiligen Einzugsgebietes. Abgesehen vom statistisch signifi-

Zur Besuchsstatistik

Die Summe aller Eintritte bildet das **Besuchsvolumen** einer Freizeiteinrichtung, das immer auf eine bestimmte Zeitdauer bezogen ist. Es kann als tägliches, saisonales oder jährliches Besuchsaufkommen ausgedrückt werden.

Unter **Besuchsfrequenz** ist die Anzahl der **Besuche** ein und derselben Person pro Zeiteinheit zu verstehen. Während man ein Museum meist nur einmal innerhalb von Jahren aufsucht und mit wachsenden Besuchsintervallen die Besuchsfrequenz absinkt, werden Schwimmbäder von denselben Personen oft mehrmals in kurzen Abständen besucht. Das Produkt aus durchschnittlicher Besuchsfrequenz und Anzahl der Besucher pro Zeiteinheit ergibt wiederum das Besuchsvolumen einer Einrichtung.

Die **Ausschöpfungsquote** bezeichnet den Prozentsatz der Bevölkerung eines Gebietes, der durch eine Einrichtung oder Veranstaltung erreicht wird, d.h. diese z.B. einmal im Jahr besucht.

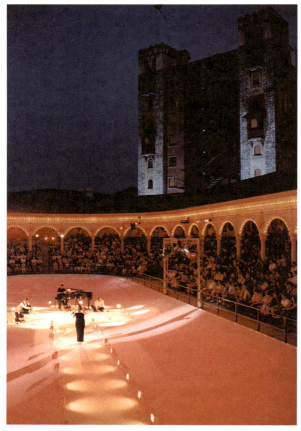

Musicalnacht in der spanischen Arena des EUROPA-PARK, Rust

HANSA-PARK, Sierksdorf, Ostsee

② HANSA-PARK 1998
Einzugsgebiet und Marktausschöpfung

③ Legoland Deutschland
Prognose/Einzugsgebiet und Marktausschöpfung

kanten Unterschied in der Alterszusammensetzung bestehen jedoch kaum weitere wesentliche Unterschiede zum Bevölkerungsquerschnitt. Dem hohen Anteil von Familien unter den Besuchern entsprechend, sind Besucherinnen gegenüber Besuchern gelegentlich etwas in der Überzahl.

Attraktivität und Erlebniswert

Wie lässt sich die Attraktivität von Ausflugszielen, Freizeitparks und anderen Einrichtungen oder Events bestimmen? Bei mehreren Untersuchungen hat sich eine Methode bewährt, die in Deutschland zuerst von der „Forschungsgruppe Wahlen" für die Sympathiemessung von politischen Persönlichkeiten eingesetzt worden ist. Im Rahmen von mündlichen Interviews legt man den mit Hilfe einer Zufallsstichprobe repräsentativ ausgewählten erwachsenen Probanden die Frage vor, wie ihnen der Besuch gefallen habe ①, und bittet um eine Einstufung auf einer bipolaren Skala von -5 (sehr schlecht) bis +5 (sehr gut). Auf diese Weise können die Erlebniswerte verschiedener Attraktionen miteinander verglichen werden.

Hoher Grad an Zufriedenheit bei den Gästen

Bei einer solchen Evaluation zeigt sich, dass die führenden Freizeit- und Erlebnisparks eine hohe Attraktivität bei ihrem Publikum besitzen. Bereits vor den Toren findet eine Selektion statt, mit der Konsequenz, dass jene Menschen, die Freizeitparks eher ablehnen, sie erst gar nicht betreten. Wer dagegen einen Besuch in einem Freizeitpark unternommen hat, gibt überwiegend gute bis sehr gute Noten für das angetroffene Angebot. Nur wenige der Gäste äußern sich unzufrieden.

Auch im Vergleich zu Bewertungen von Museen, Zoos und Tierparks oder anderen Freizeitzielen durch ihre eigenen Besucher können sich die führenden Freizeit- und Erlebnisparks in Deutschland durchaus sehen lassen, und bei wiederholt durchgeführten Evaluationen der STIFTUNG WARENTEST (1996) erzielten sie ebenfalls Bestnoten ④.

Das mit Hilfe einer Befragung auf direktem Weg gewonnene Ergebnis wird durch indirekte Hinweise, wie die Aufenthaltsdauer oder eine starke Kundenbindung, die sich in einer hohen Wiederkehrbereitschaft und einem großen Anteil an Wiederholungsbesuchern ausdrückt, bestätigt. Kein Wunder also, wenn Freizeit- und Erlebnisparks entgegen der Einschätzung von Skeptikern ein Stammpublikum ausbilden. Bei schon seit längerer Zeit existierenden Anlagen können bis zu 80% aller Besuche auf Wiederholer entfallen ⑤.

Rekord bei der Verweildauer

Freizeitziele lassen sich je nach der Dauer des Aufenthalts ihrer Gäste in Halbtages-, Ganztages- und Mehrtagesziele unterscheiden. Während in Naturschutzgebieten eine durchschnittliche Aufenthaltsdauer von einer halben Stunde gemessen wurde, ein Kinobesuch rund zwei Stunden in Anspruch nimmt und Spaßbäder auf rund →

④ Erlebniswert von Freizeitzielen in den Augen des Publikums

Freizeit- und Erlebnisparks 81

drei Stunden kommen, halten sich die Gäste in den großen Freizeitparks durchschnittlich zwischen fünf bis sechs Stunden auf. Den Rekord unter den Tagesausflugszielen kann mit großem Abstand der EUROPA-PARK verbuchen: Im Mittel verbringen die Gäste mehr als 8 Stunden pro Tag in der Anlage ❻, wie in repräsentativen Erhebungen wiederholt festgestellt werden konnte. Mit dem weiteren Ausbau wandelt sich der Park allmählich von einem Eintages- zum Mehrtagesziel. Er erzeugt auf direktem Weg derzeit rund 300.000 Übernachtungen in den umliegenden Gemeinden und trägt in indirekter Weise zu weiteren 400.000 Kurzreisen in Schwarzwald und Vogesen bei.

Freizeitparks in der Kritik

Freizeit- und Erlebnisparks zählen zu jenen Anlagen, an denen sich die Geister in besonderem Maß reiben und scheiden: Dem meist sehr positiven, teils überschwänglichen Urteil des Publikums stehen Skepsis und Vorurteile vor allem aus Reihen der Intellektuellen gegenüber, die sie als Konsumtempel verdammen. Dabei beruht z.B. der Vorwurf, in den Anlagen werde das Publikum gezielt passiv gehalten und es gäbe für Kinder zu wenig Möglichkeiten für eine aktive Betätigung, auf Unkenntnis, denn in den meisten Anlagen stehen Abenteuerspielplätze u.ä. zur Verfügung. In vielen Freizeitparks animieren Gaukler und andere Kleinkünstler das Publikum und regen zum Mitmachen an.

Unter den Kritikpunkten werden von Umweltschützern auch immer wieder die angeblich negativen ökologischen Folgen als Argumente ins Feld geführt. Dagegen bemühen sich manche Unternehmen schon recht lange um eine Berücksichtigung von Umweltbelangen oder leisten über die an jedem Standort bestehenden planungsrechtlichen Auflagen hinaus freiwillige Beiträge aus eigener Einsicht. Beispiele für einen sparsamen Umgang mit den Ressourcen sind die Nutzung von alternativen Energien, wie Windenergie, Wasserkraft, Solarstrom oder spezielle Schaltungen zum Stromsparen beim Betrieb der Großattraktionen, der Verzicht auf Plastikgeschirr und eine detaillierte Mülltrennung. Viele fördern die Nutzung umweltfreundlicher Verkehrsmittel durch kombinierte Fahr- und Eintrittskarten.

Das Beispiel HANSA-PARK

Der an der Ostseeküste in der Lübecker Bucht liegende HANSA-PARK hat ein Einzugsgebiet, das sich sowohl aus längerfristigem Fremdenverkehr als auch aus kurzfristigem Naherholungsverkehr großer Ballungsräume speist. Der Park besitzt eine maximale Reichweite von 4,5 Stunden Anfahrtsdauer, und sein Einzugsgebiet reicht vom Standort in Sierksdorf bis in den Raum Berlin ❷. Derart lange Anfahrtszeiten nehmen aber nur verhältnismäßig wenige Gäste auf sich. Der Schwerpunkt der Anreisedauer liegt zwischen einer und zwei Stunden, und in seiner unmittelbaren Nachbarschaft kann der Park eine jährliche Ausschöpfungsquote erzielen, die etwa der Hälfte der dort vorhandenen Wohnbevölkerung entspricht.

Standorte und Nutzungskonflikte

Aufgrund der hohen Kosten für die erforderlichen Flächen liegen die Freizeitparks meist in randlicher Lage von Ballungsgebieten und nehmen bevorzugt Standorte ein, für die zunächst keine andere wirtschaftliche Nutzung gefunden wurde, wie z.B. ehemalige Tagebaugebiete (PHANTASIALAND Brühl), aufgegebene militärische Anlagen (geplantes LEGOLAND Günzburg), Industriebrachen, ehemalige Schlossanlagen (z.B. EUROPA-PARK in Rust), aufgelassene Hofgüter (BERGWILDPARK STEINWASEN im Südschwarzwald) etc.

In allen Ländern der Bundesrepublik erzwingen rechtliche Vorgaben der Landesentwicklungspläne und die bei Neuansiedlungen vorgeschriebenen Raumordnungsverfahren derartige Standorte. Abgelegene und wirtschaftlich ungenutzte größere Areale sind aber häufig auch aus Gründen des Naturschutzes von Interesse, so dass notwendigerweise Nutzungskonflikte entstehen. Sie zu lösen, ist Aufgabe einer klugen und vorausschauenden Raumordnung.

Prognose zum Einzugsgebiet von LEGOLAND

Im bayerischen Günzburg wird in wenigen Jahren ein deutsches LEGOLAND seine Tore öffnen. Mit Hilfe von Modellen zur Marktausschöpfung, abgeleitet aus umfangreichen Erhebungen, kann man eine Prognose über die voraussichtliche Ausdehnung seines Einzugsgebietes abgeben ❸. Es wird sich über ganz Süddeutschland mit den Verdichtungsräumen München, Stuttgart und Nürnberg erstrecken und darüber hinaus im Süden bis in die benachbarte Schweiz sowie nach Österreich reichen, im Norden bis nach Thüringen und Sachsen, im Westen bis ins Elsass und im Osten bis an die Grenze nach Tschechien.

Räumliche Verteilung

Die Freizeit- und Erlebnisparks sind sehr ungleichmäßig über Deutschland verteilt ❼. In den alten Ländern haben sich seit der Gründerwelle in den 1970er Jahren ein hierarchisches System mit Anlagen von lokaler, regionaler und nationaler Bedeutung herausgebildet.

In der DDR stellte die zentralistische Planung zwar städtische Naherholungsgebiete mit Ausflugsgaststätten und kleineren Freizeiteinrichtungen für Kinder bereit, der Errichtung kommerzieller, privatwirtschaftlich betriebener Großanlagen waren aber systembedingt Grenzen gesetzt, was sich in den neuen Ländern bis heute niederschlägt. Vor allem um die Bundeshauptstadt Berlin, im mitteldeutschen Raum, entlang des thüringisch-sächsischen Städtebands und in der Leipziger Tieflandsbucht bestehen zur Zeit noch größere Lücken. Abgesehen von mehreren Parks lokaler Bedeutung, befindet sich bei Leipzig ein größeres Projekt (EVENT-PARK) in der Umsetzung. Seit der deutschen Wiedervereinigung gab es zwar zahlreiche unverbindliche Anfragen, Vorplanungen und Absichtserklärungen, die aber bereits im Vorfeld stecken blieben.

Ebenso fehlte in Südbayern und Schwaben bislang eine überregional bedeutsame Großanlage. Zwar gab es in der Vergangenheit zahlreiche Versuche, einen derartigen Park in diesem Raum zu positionieren, aber die zur Verfügung stehenden Standorte konnten den hohen Anforderungen des Umweltschutzes meist nicht gerecht werden. Die vorhandene Lücke füllen drei neue bzw. geplante Anlagen: das Ravensburger SPIELELAND, der Allgäu SKYLINE-PARK und besonders die geplante deutsche Niederlassung von LEGOLAND.♦

❺ Zeitraum der Besuchswiederholung im EUROPA-PARK, Saison 1998

❻ Aufenthaltsdauer im EUROPA-PARK, Saison 1998, alle Besucher

Sportstätten im Trendsport-Zeitalter

Thomas Schnitzler

Sportverhalten im Wandel

Durch die zunehmende Freizeit seit den 1970er Jahren hat sich das Sportverhalten der Bevölkerung deutlich verändert. Zu beobachten sind u.a.:
- die Zunahme von freizeit- gegenüber wettkampforientierten Sportaktivitäten,
- die Zunahme der informellen, d.h. der außerhalb von organisierten Vereinen und Verbänden stattfindenden Sportbetätigungen,
- die verstärkte Nutzung kommerzieller Freizeitsportangebote,
- eine Verschiebung vom gruppenorientierten Gemeinschaftserlebnis zur individualistischen Selbstverwirklichung,
- der wachsende Zuspruch erlebnisbetonter Fun-Sporte wie Bungee-Jumping oder Paragliding wie auch des Fitness- und Wellness-Sports sowie
- die fortschreitende Vermarktung des Zuschauer-Sports zum globalen Tele-Sport.

Der in regionalen Vergleichsstudien seit Anfang der 1990er Jahre festgestellte Rückgang der Wettkampf- und Leistungssportaktivitäten tritt im städtischen Siedlungsraum weitaus stärker als in ländlichen Regionen auf. In den Städten existieren deutlich mehr informelle als organisierte Sportler, die z.B. 1991 in Neuss nur noch 10% aller aktiven Sportler ausmachten. Dabei gilt: „das Erlebnis ist wichtiger als das Ergebnis" (OPASCHOWSKI 1997). Federball spielende Familien auf dem Abstandsgrün von Wohnanlagen, jugendliche BMX-Fahrer auf den Brachflächen am Ortsrand, Inline- und Rollerskater in den Fußgängerzonen und auf Radwegen, Jogger und Boccia-Spieler in Parkanlagen oder Eishockey spielende Kinder und Schlittschuhläufer auf zugefrorenen Seen gehören inzwischen überall zum Stadtbild. Freizeitforscher prognostizieren zudem den immer zahlreicheren und ausgefalleneren Abenteuer- und Natursportaktivitäten einen anhaltenden Boom, als dessen wichtigste Trendsportarten genannt werden: Moutainbiking/Radfahren, Free Climbing/Bergsteigen, Trekking/Wandern, Bowling/Kegeln, Fitness-Training/Wellness, In-Line-Skating, Schießsport, Snowboard, Tauchen, Wildwasserfahren, Fallschirmspringen und (Beach-)Volleyball. Zugleich wird eine deutliche Zunahme der passiven Sportbegeisterung erwartet, eine Folge der kommerziellen Entwicklung des Zuschauersports – besonders Tennis und Fußball – zum Medienspektakel.

Die Sportstätten des „Goldenen Planes"

Noch bis in die achtziger Jahre befolgte die westdeutsche Sportstättenbaupolitik die von Carl Diem (1882-1962) seit 1911 für ein Reichsspielplatzgesetz entwickelte Konzeption, 1960 im ▶ Goldenen Plan veröffentlicht. Die 1989 für die insgesamt 150.000 Sportanlagen in den alten Ländern errechnete nutzbare Sportfläche von 32.000 ha umfasste fast 3% der gesamten Siedlungsfläche bzw. 0,35% der Gesamtfläche der Bundesrepublik (HAHN 1989). Der in den neuen

Der Goldene Plan

Empfehlungen für Richtwerte pro Einwohner bzgl. durchschnittlicher Nutzungsflächen:
- 5 m² Sportplatz (für Fußballplatz, Spiele und Leichtathletik)
- 0,1 m² Turnhalle
- 0,025-0,1 m² Wasserfläche im Hallenbad
- 0,05-0,15 m² Wasserfläche im Freibad.

(Deutsche Olympische Gesellschaft 1960)

Sportstättenbestand in den alten Ländern 1989 (32.000 ha = 100%)

- 25.000 Sporthallen = 7688 ha (24%)
- 40.000 Sportplätze = 3600 ha (11,3%)
- 8300 Tennisanlagen = 3600 ha (11,3%)
- 4000 Hallenbäder = 90 ha
- 2800 Freibäder mit Wasserflächen von je ca. 3500 m².

(nach SCHEMEL/ERBGUTH 1992)

Ländern als Langzeitfolge der sozialistischen Körperkultur 1992 ermittelte Fehlbedarf betraf hauptsächlich Hallenbäder (69% unter dem Empfehlungswert des Goldenen Plans), Sporthallen (58%) und Sportplätze (23%), wobei der Mangel an Spezialanlagen für den vernachlässigten Individualsport wie Tennis, Kegeln oder Golf besonders auffällt (DEUTSCHER SPORTBUND 1992).

Im Hinblick auf den prognostizierten Zuwachs des Zuschauersports fehlen in den neuen Ländern große Stadien für mehr als 10.000 Zuschauer und Sporthallen für mehr als 3000 Zuschauer ❹. In den alten Ländern gibt es allein 14 Stadien mit 40.000 bis 70.000 Plätzen, bei denen auch Rockkonzerte schon lange zum Veranstaltungsprogramm gehören. Die neue Köln-Arena (18.000 Sitzplätze) und die in Gelsenkirchen für 62.000 Zuschauer geplante „Arena Auf Schalke" (Eröffnung 2001) folgen in ihrer kommerziellen Multifunktionalität dem Vorbild der amerikanischen *Superdomes*.

Sportgelegenheiten und Planung für die Zukunft

Seit den achtziger Jahren wurden neue Leitaspekte für die Sportstättenplanung entwickelt. Auf der Suche nach einer bedarfsgerechten Raumsicherung für den Sport, die sich auch langfristig den unterschiedlichen sozioökonomischen und kommunalen Situationen anpassen kann, diskutiert die Forschung seit einigen Jahren den Begriff der „Sportgelegenheiten". Dabei handelt es sich um Flächen oder Räume, deren primäre Zweckzuweisung keine Sportnutzung vorsieht, jedoch eine Sekundärnutzung in Form von informellem Sport zulässt, wie zum Beispiel öffentliche Grünflächen, Freiplätze, Schulhöfe, Parkanlagen oder leer stehende ehemalige Geschäftsräume und Fabrikgebäude. Für eine dauerhafte Nutzungsregelung bedürfen solche Sportgelegenheiten zu ihrer räumlichen Erschließung besonderer vertragsrechtlicher Vereinbarungen, wenn keine stillschweigende Zulassung ihrer sekundären Benutzung für den Sport besteht (BACH 1991). Die von süddeutschen Gemeinden vorliegenden ersten Erfahrungswerte wurden bereits bei einigen Pilotprojekten wie dem Sportstättenleitplan Weimar (1995) umgesetzt.

Der vom Bundesinstitut für Sportwissenschaft publizierte „Leitfaden für die künftige Sportstättenentwicklungskonzeption" beinhaltet das Ergebnis der 1986 aufgenommenen Auftragsstudie „Sportstättenentwicklungsplanung" (BfS 2000). Er berücksichtigt stärker als bisher den Sportanlagenbedarf der Kommunen bis in die einzelnen Stadtteile. Der zunehmende Nutzungsbedarf an Naturräumen, u.a. für die große Gruppe der Trekking-, Wasser- und Wintersportler, wird unter Einhaltung der gesetzlichen Umweltschutzvorschriften ein vorrangiges Problem der künftigen Sportstättenplanung darstellen. Wegen ihrer beschränkten Mittel für den Sport sollten die Kommunen in ihrer Sportstättenplanung anstelle kostspieliger Neubauten eine größere Auslastung ihrer vorhandenen Sportanlagen anstreben und mit der innovativen Erschließung von sekundären Nutzungsmöglichkeiten für den Sport beginnen.

Ein Beispiel für eine auf dem sekundären Planungswege entstandene Sportfreianlage stellt die 1989 auf einem ehemaligen Schlachthofgelände in Bremen eröffnete Skateanlage an der Bürgerweide dar. Auf 250 m² bietet diese Mehrzweckanlage für Jugendliche ideale Möglichkeiten zum Skateboarding, Inline-Skating, BMX-, Roller- und Dreiradfahren und sogar Sprühflächen für Graffitikünstler. Das 180.000 DM teure Projekt steht im Einklang mit der langfristigen Sanierung des Stadtzentrums, aus dem die Stadt Bremen den Schlachthofbetrieb ausgelagert hat und das Gebäude unter Wahrung denkmalpflegerischer Interessen zum „Kulturzentrum Schlachthof" umgebaut hat.◆

Sportstadien und Sporthallen 1997

Fußball — Volkssport und Zuschauermagnet

Christian Lambrecht

❶ Mitgliederentwicklung des Deutschen Fußball-Bundes (DFB) 1950 bis 1999

Als Freizeitbeschäftigung oder Sport hat der Fußball seine Wurzeln in England und etablierte sich Ende des 19. Jhs. auch in Deutschland. Es kam zur Bildung bzw. Gründung von Fußballvereinen und Fußballabteilungen in den Turn- und Sportvereinen. Am 28. Januar 1900 wurde in Leipzig mit dem Deutschen Fußball-Bund (DFB) ein Dachverband gegründet, der für die Gesamtorganisation, die Fußballgerichtsbarkeit und auch für die internationale Vertretung zuständig ist. Der Beitritt zur Fédération Internationale de Football Association (FIFA) erfolgte noch am Tag von dessen Gründung am 21. Mai

Münchner Olympiastadion – Spiel des FC Bayern München

❷ Fußballverbände im Amateurbereich 1999

❸ Potenzielle Spielklassengebiete eines Fußballvereins am Beispiel von Eime

1904. Zu diesem Zeitpunkt gab es in Deutschland 86 Vereine. 1999 gibt es 6.310.948 aktive und passive Mitglieder im Amateur- und Profifußball, die in 26.848 Vereinen mit 173.411 Mannschaften organisiert sind ❶.

Regionalisierung und Mannschaftsarten im Amateurfußball

Während im Profifußball bundesweit gespielt wird und der DFB direkt für die Organisation des Spielbetriebes verantwortlich ist, ist der Amateurbereich in fünf Regionalverbänden mit insgesamt 21 Landesverbänden organisiert ❷, die sich wiederum in Bezirke und Kreise untergliedern. Diese vertikale Gliederung führt im Amateurbereich je nach Landesverband zu einer unterschiedlichen Anzahl von Spielklassen. Die Spielklassen, hier am Beispiel der Herrenmannschaften in Niedersachsen aufgezeigt, ergänzen sich kumulativ von den Kreisklassen über die Kreisliga, die Bezirksklasse, die Bezirksliga, die Landesliga, die Verbandsliga (hier Niedersachsenliga) und die Oberliga bis zur Regionalliga ❸. Eine Besonderheit ist, dass der Westdeutsche Fußballverband und der Fußballregionalverband Südwest zusammen die Regionalliga West/Südwest bilden. Mit der Saison 2000/01 wird die Zahl auf zwei Regionalligen (Nord und Süd) reduziert. Innerhalb dieser vertikalen Regionalisierung sind die Kreis- bzw. Bezirks-, Landes- und Regionalverbände für die Organisation des Spielbetriebes zuständig.

Fußball wird geschlechts- und altersspezifisch differenziert gespielt. Die stärkste Unterteilung findet mit sechs Mannschaftsarten von den F- bis zu den A-Junioren sowie vier Mannschaftsarten von den E- bis zu den B-Juniorinnen im Jugendbereich statt. Insgesamt gibt es bei den Männern neun Mannschaftsarten und bei den Frauen fünf. Für eine gute Nachwuchsarbeit sollte ein Verein im Herrenfußball sechs bis sieben Mannschaften haben ❷. Unter der Annahme, dass eine Mannschaft durchschnittlich aus 16 Spielern besteht, spielen rund 2,8 von den 6,3 Mio. Vereinsmitgliedern aktiv Fußball, davon sind 1,8 Mio. Jugendliche. Rund 875 Tsd. Mitglieder des DFB sind Frauen, die sich erst seit 30 Jahren wieder im DFB organisieren können, nachdem dieser von 1955 bis 1970 ein Verbot des Frauenfußballs ausgesprochen hatte.

Profifußball und Zuschauer

In den beiden Profiligen spielen jeweils 18 Vereine ❹. Seit der Vereinigung der Ost- und Westdeutschen Verbände, die im Fußball mit der Saison 1991/92 stattfand, haben insgesamt 57 Vereine in beiden Ligen gespielt. Mit der Saison 1999/2000 kommen mit Alemannia Aachen und Kickers Offenbach zwei weitere dazu. Immer mehr Zuschauer drängen in die Stadien, um sich die Spiele vor Ort anzusehen. Die Bundesliga boomt! Während in den 1980er Jahren 5 – 6 Mio. Besucher zu den Spielen der 1. Liga kamen, sind es seit der Saison 1997/98 rund 9,5 Mio. Dagegen hängt die Zuschauerresonanz in der 2. Liga stark von der Attraktivität der Vereine ab und schwankt um einen Wert von gut 2 Mio. (▸▸ Beitrag Schnitzler). Die höchste Attraktivität in der 1. Liga besitzt der FC Bayern München, der die meisten Zuschauer bei Auswärtsspielen anzieht. Aber auch bei seinen Heimspielen gibt es ein großes Interesse, und der durchschnittliche Anfahrtsweg der Besucher liegt bei 260 km. Innerhalb eines solchen Radius liegen beim FC Hansa Rostock schon 99% der Wohnorte der Dauerkarteninhaber, deren durchschnittliche Anreise je Heimspiel lediglich bei ca. 35 km liegt ❹.

Die Zuschauerzahl aller Fußballspiele des DFB dürfte pro Saison mindestens im dreistelligen Millionenbereich liegen. Die Spiele der höheren Ligen werden im Rundfunk, Fernsehen und Internet übertragen. Die Hauptsendung zur 1. Bundesliga wird am Samstagabend von durchschnittlich 5,5 Mio. Fernsehzuschauern gesehen.♦

Zuschauerresonanz der 1. und 2. Fußballbundesliga
Saison 1998/99

Unterwegs in der Landschaft – Wandern, Radfahren und Reiten

Petra Becker

① **Beliebtheit von Freizeittätigkeiten 1997**

② **Urlaubsaktivitäten 1996-1998**

Der Wunsch, Natur zu erleben, zählt heutzutage zu den wichtigsten Reisemotiven. Eine Wanderung, eine Fahrradtour oder ein Geländeritt ermöglichen ein intensives Naturerleben. Gleichzeitig kommt die sportliche Betätigung der Gesundheit und Fitness zugute. Sowohl das Wandern und Radfahren als auch das Wanderreiten, die im Folgenden betrachtete Form des Freizeitreitens, zeichnen sich außerdem durch ein hohes Maß an Umweltverträglichkeit aus, sofern sie verantwortungsbewusst ausgeübt werden.

Wandern, Radfahren und Reiten immer populärer!

Radfahren und Wandern erfreuen sich als Freizeittätigkeiten großer Beliebtheit. Unter den landschaftsorientierten Aktivitäten nehmen sie sogar Spitzenpositionen ein ①. Im Urlaub ② ist in den letzten Jahren nahezu jeder zweite deutsche Reisende „häufig" oder „sehr häufig" gewandert und fast jeder fünfte ebenso oft Fahrrad gefahren. Besonders hoch war der Anteil der Wanderer und Fahrradnutzer unter den Inlandsreisenden. Vergleichsweise gering ist demgegenüber die Zahl der Freizeitreiter ①, die ihren Sport auch nur zum Teil in der Landschaft ausüben.

Insbesondere das Radfahren konnte seine Beliebtheit als Freizeitsportart in den letzten 20 Jahren erheblich steigern. Belegt wird diese Entwicklung u.a. durch die stark gestiegene Zahl der Fahrräder in deutschen Haushalten: Der Bestand wuchs von rund 54 Mio. im Jahr 1990 auf 73 Mio. im Jahr 1997 an (Pkw-Bestand 1997: 41 Mio.). Einen ausgesprochenen Wachstumsmarkt stellt der Fahrradtourismus dar, das „Reisen per Rad" konnte sich als eigenständige Urlaubsform etablieren. 8,5% aller deutschen Urlauber haben bereits eine ausgedehnte Radreise mit wechselnden Übernachtungsstandorten unternommen (ADFC 1999).

Das Wandern erfährt eine seit Jahren gleichbleibend hohe Popularität, wobei der Anteil der Wanderliebhaber unter den älteren Jahrgängen besonders hoch ist. Das Durchschnittsalter der Wanderer weist allerdings seit Beginn der 90er Jahre einen sinkenden Trend auf, während ihr durchschnittliches Einkommen steigt. Besonders geschätzt wird von Urlaubern die Form der Halbtageswanderung von einem festen Quartier aus; unbefestigten Wegen wird gegenüber asphaltierten oder betonierten Wegen klar der Vorzug gegeben (BRÄMER 1998b).

Das Wanderreiten – zu verstehen als Wandern zu Pferd durch die Landschaft über mehrere Tage hinweg – erfährt in Deutschland erst seit Anfang der 1980er Jahre größeren Zulauf. Da zur Durchführung eines Wanderritts ein gewisses reiterliches Können erforderlich ist, handelt es sich bei Wanderreitern überwiegend um relativ erfahrene Reiter.

Allen drei Aktivitäten ist gemeinsam, dass ihre Ausübung das Vorhandensein eines Wegenetzes voraussetzt – einer linienhaften Infrastruktur, deren höchste Ebene zumindest für das Radfahren und Wandern auch in einer Atlaskarte deutschlandweit darstellbar ist. Trotz einer Vielzahl von Pauschalangeboten führt die große Mehrheit der Wanderer und Radfahrer ihre Wander- und Radtouren bzw. -reisen auf eigene Faust durch, was die Bedeutung markierter Wanderwege und beschilderter Radrouten unterstreicht.

Fern- und Hauptwanderwege

Markierte Wanderwege erschließen dem Wanderer die Landschaft und stellen gleichzeitig ein Instrument der Nutzungslenkung und -beschränkung dar. Einerseits wird dem Wanderer der Zugang zu den Schönheiten der Natur ermöglicht, andererseits kann eine Störung ökologisch bedeutsamer Bereiche durch eine entsprechende Wegeführung vermieden oder eingeschränkt werden.

Die Bundesrepublik Deutschland verfügt über ein im internationalen Vergleich ausgesprochen dichtes und gepflegtes Netz markierter Wanderwege. Die im „Verband Deutscher Gebirgs- und Wandervereine" (VDGW) zusammengeschlossenen Wandervereine betreuen nach eigenen Angaben ein Wegenetz von 190.000 km Länge (zum Vergleich: das überörtliche Straßennetz weist die Länge von 230.700 km auf). Wanderwege werden außerdem von verbandsungebundenen Vereinen und Initiativen, Gemeinden, Kreisen, örtlichen oder regionalen Touristinformationsbüros, Fremdenverkehrsverbänden und Naturparken unterhalten. Diese dürften noch einmal für eine ähnliche Größenordnung verantwortlich zeichnen (BRÄMER 1998a).

An der Spitze der Wegehierarchie stehen die ▶ Europäischen Fernwanderwege, gefolgt von Internationalen Wanderwegen und Weitwanderwegen sowie einer deutlich größeren Zahl von ▶ Hauptwanderwegen ③. Eine besonders hohe Netzdichte weisen insbesondere die Mittelgebirge als traditionelle Wanderregionen auf, während das Wegenetz im Norddeutschen Tiefland weitmaschiger ist. Einen Sonderfall stellen die neuen Länder dar, in denen zu DDR-Zeiten viel gewandert wurde und ein ausgedehntes Wanderwegenetz bestand. Die alten Organisationsstrukturen haben sich nach der Wende aufgelöst, und eine Betreuung der Wanderwege wurde nicht überall fortgeführt; andererseits kamen in den letzten Jahren auch einige Wege neu hinzu.

Während Wanderwege der bisher betrachteten Kategorien in den alten Ländern überwiegend von Gebirgs- und Wandervereinen betreut werden, wird die Unterhaltung dieser Wege in den neuen Ländern zum Teil auch von Gemeinden und Kreisen übernommen. In den Alpen betreut der ▶ Deutsche Alpenverein ein dichtes Netz attraktiver Wanderwege, die jedoch keinen überregionalen Charakter besitzen.

Wanderwege von regionaler bis lokaler Bedeutung werden in der Bundes →

Von den elf **Europäischen Fernwanderwegen**, die ganz Europa durchziehen und eine Gesamtlänge von 30.000 km aufweisen, verlaufen neun durch Deutschland.

Die wichtigsten und längsten der von einem Gebirgs- oder Wanderverein unterhaltenen Wege werden als **Hauptwanderwege** bezeichnet; in den neuen Ländern liegt die Betreuung dieser Wege zum Teil auch in kommunaler Hand.

Bei **Radfernwegen** handelt es sich um überregionale, beschilderte Radrouten, die überwiegend dem touristischen Radverkehr dienen.

Wanderreitstationen bieten Wanderreitern und ihren Pferden eine Übernachtungsmöglichkeit.

Der **Deutsche Alpenverein** wurde 1869 gegründet und hat heute rund 475.000 Mitglieder.

Ausschnitt aus Wanderkarte "Freiburg und Umgebung"

republik sowohl von Wandervereinen aller Art als auch von den übrigen oben genannten Institutionen unterhalten, häufig handelt es sich bei diesen Wegen um Rundwanderwege. Am stärksten vertreten sind sowohl hinsichtlich ihrer Anzahl als auch hinsichtlich der Gesamtlänge Wanderwege. Das gesamte Wanderwegenetz einzelner Regionen ❹ hat eine außerordentlich hohe Dichte erreicht, was insbesondere bei mangelnder Transparenz des Markierungssystems beim Wanderer auch zu Verwirrung führen kann.

Wanderwege erschließen in der Regel landschaftlich attraktive Gebiete, wobei insbesondere ein kleinräumiger Wechsel von Wald und Feld, ein bewegtes Relief und natürliche Gewässer als ästhetisch ansprechend empfunden werden. Naturkundliche und kulturelle Sehenswürdigkeiten werden nach Möglichkeit in die Wegstrecke einbezogen. Besonderer Beliebtheit erfreuen sich Wege, die geographischen Leitlinien, etwa einem Bergzug, oder bestimmten Themen, z.B. dem Pilgerweg eines Heiligen, folgen. Als besonders prominente und dementsprechend stark frequentierte Hauptwanderwege sind der Rennsteig in Thüringen, der Westweg im Schwarzwald und der Rothaarsteig im Siegerland und Westerwald zu nennen. Allgemein ist auf Wanderwegen im Umfeld attraktiver Punkte (z.B. Aussichtspunkt, hochrangige Sehenswürdigkeit) ein besonders hohes Besucheraufkommen zu beobachten ❻.

Gebirgs- und Wandervereine

Große Verdienste um das Wandern haben sich die Gebirgs- und Wandervereine erworben, von denen viele auf eine lange Tradition zurückblicken können. 1864 wurde als erster deutscher Wanderverein der Schwarzwaldverein gegründet, ihm folgten bald weitere Vereine in verschiedenen Mittelgebirgen. Dem 1883 gegründeten „Verband Deutscher Gebirgs- und Wandervereine e.V." (VDGW) gehören heute 55 Gebirgs- und Wandervereine an ❸. Organisiert sind in den Mitgliedsvereinen, die sich in 3100 Ortsgruppen untergliedern, rund 650.000 Wanderer. Die Mitgliederzahl der Vereine reicht von einigen hundert bis hin zu 120.000 Mitgliedern (Schwäbischer Albverein). Nicht dem Verband gehört der 1869 gegründete Deutsche Alpenverein mit 475.000 Mitgliedern an, außerdem existieren zahlreiche kleinere verbandsunabhängige Wandervereine und -initiativen.

Zu den klassischen Aufgaben, denen sich die Gebirgs- und Wandervereine widmen, zählt zum einen die ehrenamtlich durchgeführte Anlage, Markierung und Betreuung von Wanderwegen. Örtliche Wegewarte, Wegemeister und Streckenpfleger nehmen die Betreuung des Wegenetzes wahr. Zum anderen sind die Vereine wichtige Anbieter geführter Wanderungen. Sie unterhalten außerdem Wanderheime (1996: rund 500) und geben Informationsmedien wie Wanderkarten und Wanderliteratur heraus. Natur- und Landschaftsschutz, denen sich die Vereine seit ihrer Gründungszeit verpflichtet fühlen, haben in den letzten Jahren immer mehr an Bedeutung gewonnen.

Radfernwege

Auf die wachsende Beliebtheit von Radreisen wurde in fast allen Teilen Deutschlands mit der Schaffung von ▶ Radfernwegen reagiert. Die Entwicklung verläuft dynamisch, 1998 existierten bereits rund 180 der überregional beschilderten Verbindungen mit einer Gesamtlänge von 38.000 km.

Ein Radfernweg kann als Strecke, Rundkurs oder Netz konzipiert sein. Viele Routen – und gerade auch die klassischen Radfernwege wie der Donauradweg, die münsterländische 100

Schlösser-Route oder der Bodenseerundweg – verlaufen weitgehend steigungsfrei durch Flusstäler, entlang von Seen bzw. der Küste oder durch Ebenen. Doch auch sportlichere Radreisende kommen auf Radfernwegen, die durch Mittelgebirge führen, auf ihre Kosten ❼.

Der Allgemeine Deutsche Fahrrad Club (ADFC) als wichtigste Interessenvertretung der Alltags- und Freizeitradfahrer hat – noch nicht abschließend diskutierte – Qualitätskriterien für Radfernwege entwickelt. Danach sollte ein Radfernweg u.a. eine Mindestlänge von 150 km aufweisen. In aller Regel sind Radfernwege kreisübergreifend angelegt, die Beschilderung der Wege erfolgt durch die beteiligten Landkreise. Typische Wegeelemente eines Radfernwegs sind selbständig geführte Radwanderwege, befestigte Feld- und Waldwege, verkehrsarme Straßen und Radwege entlang klassifizierter Straßen. Zu den Anforderungen an einen Radfernweg gehören insbesondere eine möglichst geringe Belastung durch Autoverkehr, eine durchgängige und ganzjährige Befahrbarkeit, eine ausreichende Breite (mindestens zwei Meter) und eine einheitliche und durchgängige Wegweisung in beide Fahrtrichtungen. Entlang der Strecke sollte eine touristische Infrastruktur vorhanden sein, die sich an den Bedürfnissen von Radreisenden orientiert. Wichtig ist auch eine Anbindung an den öffentlichen Verkehr, insbesondere die Bahn, mit der Möglichkeit zur Fahrradmitnahme. Das Produkt „Radfernweg" sollte von einer zentralen Informationsstelle realistisch und zielgruppengerecht vermarktet werden. Als vorteilhaft hat sich zudem eine einheitliche Trägerschaft erwiesen. Von den heute bestehenden Radfernwegen werden die genannten Kriterien allerdings fast ausnahmslos erst teilweise erfüllt.

Zu den in den letzten Jahren verwirklichten Radfernwegprojekten gehörten neben Einzelrouten auch landesweite Initiativen wie das Mecklenburg-Vorpommersche Radfernwegenetz oder das Hessische Fernradwegenetz sowie grenzüberschreitende Vorhaben wie die deutsch-niederländische Zweiländer-Route.

Von den für eine mehrtägige Radreise geeigneten Radfernwegen zu unterscheiden sind Radwanderwege, die dem Ausflugs- und Freizeittourismus dienen und meist auf Kreis- und Gemeindeebene angelegt werden.

Anders als in einigen anderen europäischen Ländern existiert in Deutschland bislang weder ein nationales Radfernwegenetz, noch gibt es eine einheitliche Beschilderung der Radfernwege oder eine übergreifende Vermarktung des Fahrradtourismus. Ein Projekt zur Koordinierung und Vermarktung des deutschen Radfernwegenetzes unter Federführung des ADFC und des Deutschen Tourismusverbandes soll hier Abhilfe schaffen. Erarbeitet wurde bereits ein Entwurf für ein deutschlandweites Routennetz, dessen zwölf Routen Deutschland auf bereits bestehenden oder geplanten Radfernwegen netzartig erschließen und alle Länder integrieren. Berücksichtigt wurden hierbei auch die fortgeschrittenen Planungen für ein europäisches Routennetz ❼.

Infrastruktur für Wanderreiter

Reiter können in Wald und Flur nur eine begrenzte Zahl von Wegen nutzen. Sie sind auf unbefestigte Wege angewiesen, die Dichte des unbefestigten ländlichen Wegenetzes nimmt jedoch immer weiter ab. Weitere Beschränkungen ergeben sich aus den je nach Land unterschiedlichen reitrechtlichen Bestimmungen, die vor allem auf die Meidung von Konflikten mit anderen Nutzergruppen – in erster Linie mit Landwirten und Waldbesitzern, teilweise auch mit anderen Erholungsuchenden – abzielen. So ist etwa das Reiten im Wald in einigen Bundesländern nur auf ausgewiesenen Reitwegen erlaubt.

Zu den wichtigsten infrastrukturellen Voraussetzungen für die Durchführung eines Wanderritts gehören geeignete Wege und Quartiere, in denen Pferd und Reiter unterkommen können. Bei der Schaffung entsprechender Angebote werden unterschiedliche Ansätze verfolgt.

In geringer Zahl existieren in der Bundesrepublik Fernreitwege. Zu nennen sind etwa der Saarland-Rundreitweg oder der – heute nicht mehr durchgehend bereitbare – Deutsche Reiterpfad Nr.1, der von Lörrach bei Basel bis Geesthacht an der Elbe reicht. In Brandenburg wird an der Schaffung eines überregionalen Reitwegenetzes gearbeitet. Ähnliche Bestrebungen gibt es auch in Schleswig-Holstein.

Im Trend liegt andererseits der Aufbau regionaler Netze von ▶ Wanderreitstationen. Sie sind vorwiegend in dünn besiedelten ländlichen Räumen mit vielfältigen Reitmöglichkeiten zu finden, den bevorzugten Zielen zur Durchführung eines Wanderritts. Bei der Planung seiner täglichen Etappen wird der Wanderreiter in den Reitstationen individuell beraten. Als vorbildlich kann das Projekt „Eifel zu Pferd" ❻ gelten, bei dem besonderer Wert auf die Qualifizierung der Anbieter gelegt wird. Reitstationennetze existieren jedoch auch in anderen Regionen, z.B. in Franken oder in Nordhessen. Die Zusammenarbeit zwischen den Quartiergebern – meist landwirtschaftlichen Betrieben oder Reiterhöfen – weist eine unterschiedliche Intensität auf, die Vermarktung des Angebots erfolgt zentral.

Ein groß angelegtes Projekt zur Förderung des (Wander-)Reittourismus wurde in den letzten Jahren in der Altmark realisiert. Hier soll ein flächendeckendes Netz ausgeschilderter „touristischer Reitrouten" geschaffen werden, die u.a. die vorhandenen Reitstationen verbinden.◆

Unterwegs in der Landschaft – Wandern, Radfahren und Reiten

Naturorientierter Freizeitsport – Klettern und Kanufahren

Hubert Job und Daniel Metzler

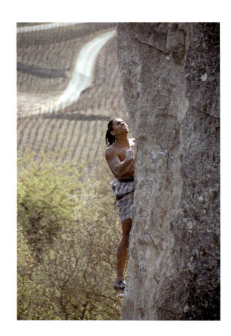

In den letzten 20 Jahren konnte eine starke Zunahme der Freizeit festgestellt werden, was sich auch an den ansteigenden Aufwendungen für Freizeitgüter ablesen lässt. So hat sich seit 1980 der Anteil der Ausgaben für Freizeit und Kultur an den Gesamtausgaben der privaten Haushalte im früheren Bundesgebiet von 10% auf knapp 20% nahezu verdoppelt. Zu den wichtigsten Freizeitaktivitäten der Deutschen zählt der Sport. Jeder Vierte ist Mitglied in einem der über 86.000 Sportvereine.

Outdoor ist „in"

Vor allem der Bereich der Natursportarten verzeichnete in den letzten Jahren hohe Zuwachsraten; schon 1996 schätzte das Bundesministerium für Umwelt, Naturschutz und Reaktorsicherheit die Zahl der Aktiven in landschaftsbezogenen Sportarten auf 11 Mio. Allein der Deutsche Alpenverein (▶▶ Beitrag P. Becker) nahm in den letzten zehn Jahren rund 100.000 neue Mitglieder auf.

Problematisch erscheint die steigende Nachfrage nach naturnahen Freizeitsportarten vor dem Hintergrund, dass für viele dieser Sportarten oft die aus Naturschutzgründen wertvollsten Ökosysteme belastet werden. Auch in Schutzgebieten ist die Ausübung von sportlichen Aktivitäten an der Tagesordnung.

Vergleicht man die Quellgebiete der Freizeitsportler mit den Gebieten mit hohem Freizeitwert, so stellt man fest, dass oftmals große Entfernungen überwunden werden müssen, um in für den Natursport attraktive Gebiete zu gelangen. Das dominierende Verkehrsmittel für Ausflüge am Wochenende ist das Auto. Zwei Drittel der deutschen Bevölkerung benutzen dazu ihr eigenes Fahrzeug.

Die Palette der angebotenen Sportarten differenzierte sich in den vergangenen Jahrzehnten immer weiter aus. Heute gibt es beispielsweise fast 40 verschiedene Möglichkeiten, im Berg- und Klettersport aktiv zu werden. Vor allem durch technische Innovationen konnte die Verbreitung der Natursportarten vorangetrieben werden, denn durch spezielle Hilfsmittel wurden einige Sportarten erst möglich oder so sicher, dass eine breite Bevölkerungsschicht den Sport ausüben kann. Auch das Kanufahren ist in den letzten Jahrzehnten zu einem Breitensport geworden.

Klettern

Schon Ende des 19. Jahrhunderts wurde Klettersport auch in nicht alpinen Bereichen betrieben. Damals bevorzugte man in erster Linie hohe Felsen als Übungsgebiete für alpine Besteigungen. Erst mit der Entstehung der Freikletterei stand nicht mehr die Eroberung des Gipfels im Vordergrund, sondern das sportliche Moment. Diese Entwicklung trug maßgeblich zur Verbreitung des Klettersports bei. Seit 1991 zählt der Deutsche Alpenverein auch die Mittelgebirgsregionen zu seinem Aufgabengebiet. Er stellte eine Untersuchung an, nach der die Zahl der Kletterer in den 1970er Jahren bei 40.000 lag, im Jahre 1997 zählte die Deutsche Gesellschaft für Freizeit bereits 100.000 Kletterer.

Die größten geschlossenen Klettergebiete in Deutschland konzentrieren sich auf die süddeutschen Schichtstufenlandschaften und den Alpenraum ❶. Eines der bekanntesten und beliebtesten ist das Elbsandsteingebirge. Mit mehreren tausend Routen an den kreidezeitlichen Felstürmen und -bastionen ist es zudem der älteste Klettergarten Deutschlands. Den sächsischen Kletterern wird die Erfindung des Freikletterns zu Anfang des 20. Jahrhunderts

Freiklettern – Form des Kletterns ohne Verwendung künstlicher Hilfsmittel zur Fortbewegung

Klettergarten – Klettergebiet mit kurzen und gut gesicherten Routen sowie mit gut erschlossenen Einstiegen zugesprochen. Ein weiterer Schwerpunkt in Deutschland ist der südliche Pfälzerwald mit den Zeugenbergresten des mittleren Buntsandsteins.

Das größte und am stärksten frequentierte deutsche Klettergebiet im Mittelgebirge sind aber die Weißjura-Kalkfelsen des oberen Malms in der nördlichen Fränkischen Alb. Um dorthin zu kommen, werden von den Kletterern große Distanzen überwunden ❶. Anfang der 1990er Jahre musste das Gebiet viele Sportkletterer aus Nordrhein-Westfalen aufnehmen, da die dort beheimateten Kletterer wegen Felssperrungen in ihrer Umgebung auf andere Regionen ausweichen mussten. In der nördlichen Frankenalb werden heute noch die einzigen Erschließungsmöglichkeiten in Deutschland außerhalb der Alpen gesehen.

Kanufahren

Etwa seit Ende des 19. Jahrhunderts existieren in Deutschland flusswandertaugliche Bootskonstruktionen. Ein wesentlicher Grund, der zur Verbreitung des Kanusports beitrug, war die Erfindung des Faltbootes in den ersten Jahren des 20. Jahrhunderts. Schon 1914 wurde der

Deutsche Kanu-Verband gegründet, der heute mit etwa 1300 Vereinen und Landesverbänden und 112.000 Mitgliedern der größte Kanusport-Verband der Welt ist. Die Vereine bieten mit Kanustationen die Infrastruktur für mehrtägige Kanuwanderungen. Etwa 300 Kanutourismusunternehmen sind heute deutschlandweit tätig ❸. Die 50 Mitglieder umfassende Bundesvereinigung Kanutouristik zählt 400.000 Wassersportler zu ihrem Kundenkreis.

Von den ca. 370.000 km Fließgewässer in Deutschland sind etwa 10% mit dem Kanu befahrbar ❸. Regionale Schwerpunkte sind nicht klar erkennbar. Stark frequentiert sind aber immer noch die klassischen Kanuwanderregionen: in Westdeutschland die Altmühl, die Donau und die Lahn sowie in Ostdeutschland die Mecklenburgische Seenplatte und der Spreewald. Von wachsender Bedeutung für das Kanufahren sind auch künstliche Wasserstraßen.

1999 wurden beispielsweise an der Lahn im Abschnitt der zwölf Schleusen zwischen Limburg und Lahnstein 36.911 muskelbetriebene Sportboote geschleust. Dies entspricht einem Zuwachs von 40% gegenüber den Schleusungen im Jahr 1989 ❷.♦

Golfsport

Kai-Oliver Mursch

Golf-Club Brodauer Mühle, Schleswig-Holstein

Seit der Gründung des ersten Golfplatzes in Bad Homburg 1891 wird in Deutschland Golf gespielt. Bis Anfang des Zweiten Weltkrieges entstanden weitere 62 Golfplätze. Die nachkriegsbedingte Teilung Deutschlands führte in den folgenden Jahren zu unterschiedlichen Entwicklungen in Ost und West.

In der DDR galt Golf als unerwünscht, die verbliebenen Golfplätze wurden entweder in Ackerland umgewandelt oder dienten als Fabrikgelände. Nach der Wiedervereinigung entstanden allein im Umland von Berlin 17 Golfplätze, weitere sind im Bau oder in Planung. In den restlichen neuen Ländern verläuft die Entwicklung wesentlich langsamer.

Nach dem Zweiten Weltkrieg nahm dagegen die Zahl der Golfplätze in der Bundesrepublik kontinuierlich zu. Waren es 1946 erst 22 Golfplätze, wuchs die Anzahl der Plätze bis 1999 in den alten Ländern auf 562 mit ca. 320.000 Mitgliedern ❶. Die regionale Verteilung der Golfplätze ❸ ist weitgehend homogen. Bayern (137) und Nordrhein-Westfalen (132) weisen als bevölkerungsstärkste Länder auch die meisten Golfplätze auf.

Golf – ein kommender Sport?

Golf wird auf Übungsanlagen (▶ Driving Range, Golfodrom, Golfcenter) und/oder auf regulären Golfanlagen, die nach ihrer Lochanzahl (9, 18, 27 und mehr) unterschieden werden, gespielt. Übungsanlagen sind für jedermann zugänglich, während die meisten Golfplätze als Spielvoraussetzung die Mitgliedschaft in einem international anerkannten Golfclub verlangen.

Die Gründe für die stetig wachsende Nachfrage nach dem Golfsport sind vielfältig, wie beispielsweise die Zunahme von frei verfügbarem Einkommen, die Herabsetzung des Pensionsalters und die wachsende Bedeutung der Freizeit. Zudem zählt Golf zu den Sportarten, die nicht an ein bestimmtes Alter gebunden sind.

Einen Einstieg in den Golfsport zu finden, ist heute über viele unverbindliche Angebote möglich: (Club-) Urlaube mit Golfangeboten, Golfincentives oder Schulsport mit Wahlfach Golf sind nur einige Möglichkeiten.

Die 320.000 in Deutschland organisierten Golfspieler entsprechen 0,39% der Gesamtbevölkerung. Dies ist im internationalen Vergleich gesehen gering. So spielen beispielsweise in Kanada 16% der Bevölkerung Golf. Alle Prognosen für die weitere Entwicklung dieses Sportes in Deutschland gehen somit von einem weit höheren Potenzial aus als von dem bisher realisierten. Verschiedene Institutionen und Autoren schätzen das theoretische Golfspielerpotenzial zwischen 4 und 12% der Bevölkerung ein.

Flächenbedarf und Landschaftswirkung

Die Entwicklung und Ausbreitung des Golfsportes ist umstritten. Im Vergleich zu anderen Sportarten ist der Flächenbedarf (70 m² für einen Fußballer, 1100 m² für einen Golfspieler) wesentlich höher. Angelegt in attraktiven, abwechslungsreichen Landschaftsräumen und historischen Kulturlandschaften, sind Konfliktpunkte zwischen Golfern, Naturschützern und anderen Erholungsuchenden gegeben.

Bei der Beurteilung der Umweltwirksamkeit eines Golfplatzes muss berücksichtigt werden, wie eine Landschaft davor aussah. Wird ein Golfplatz in einem Landschaftsschutzgebiet angelegt, kann er zu einer Beeinträchtigung der Landschaft beitragen, legt man ihn jedoch auf einer intensiv bewirtschafteten landwirtschaftlichen Nutzfläche an, stellt er eine Verbesserung dar.

Um einen umweltverträglichen Golfplatzbau zu gewährleisten, hat der Gesetzgeber mit der Erstellung von allgemeinen Regelwerken und Richtlinien reagiert. Die Planung und Genehmigung von Golfplätzen unterliegt demnach dem Baugesetzbuch, den Naturschutzgesetzen, den Raumordnungsgesetzen und dem Gesetz zur Umweltverträglichkeitsprüfung.

Ein durchschnittlicher 18-Loch-Golfplatz beansprucht zwischen 60 bis 70 ha. Bei neu angelegten Golfplätzen gibt es auch alternative Konzepte, wie die sehr platzsparende Variante von Golfplätzen in Rennbahnen. Diese Anlagen liegen verkehrsgünstig in der Nähe von Ballungszentren, sind mit öffentlichen Verkehrsmitteln gut zu erreichen und damit in der Nähe potenzieller Golfer.

Weit mehr Raum benötigen die sogenannten Golfresorts, bei denen ein oder mehrere 18-Loch-Golfplätze zusammen mit einer Feriensiedlung oder Hotelanlage erbaut werden. Das größte Golfresort Deutschlands mit 33.400 ha ist Bad Griesbach. Derzeit gibt es dort vier 18-Loch-, drei 9-Loch- und zwei 6-Loch-Golfplätze sowie ein Golfodrom. Zwei weitere 18-Loch-Golfplätze sind in Planung. Als Beherbergungsbetriebe stehen mehrere dazugehörige Hotels unterschiedlicher Kategorien zur Verfügung. ◆

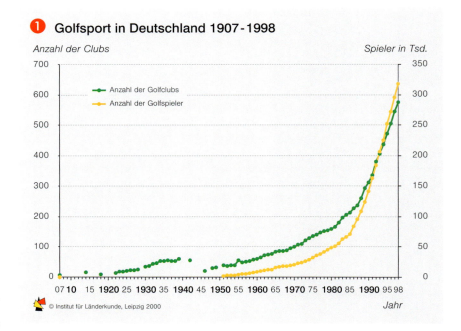

❶ Golfsport in Deutschland 1907-1998

❷ Elemente einer Golfbahn

Abschlag (Tee) – eine meist erhöhte, ebene und rechteckige Fläche, etwa 60-100 m² groß; Startplatz eines Loches.

Bunker – Sand- oder Grashindernis; eine künstlich angelegte Mulde, in der sich Sand befindet; findet sich um die Grüns und auf den Fairways.

Driving Range – Übungsgelände für alle längeren Golfschläge, auf dem gegen Gebühr Übungsbälle geschlagen werden.

Fairway – die reguläre Spielbahn zwischen Abschlag und Loch mind. 35 m breit ca. 80 bis 550 m lang, umgeben vom Rough.

Golfodrom – eine kreisförmige Variante der Driving Range.

Grün (Green) – die sehr kurz geschnittene und speziell gepflegte Rasenfläche, auf der der Ball nur ins Loch gerollt (geputtet) wird. Irgendwo auf dem Grün (mind. jedoch 250 cm vom Grünrand entfernt) befindet sich das Loch (10,8 cm).

Rough – Die Fläche mit ungeschnittenem hohen Gras, Sträuchern, Büschen und Bäumen entlang des Fairways.

Wintersport

Tanja Bader-Nia

Der Begriff Wintersport umfasst eine Vielzahl von Aktivitäten, die sich immer stärker ausdifferenzieren ❷, wird aber allgemein immer eng mit dem Skilaufen – insbesondere dem alpinen Abfahrtslauf, der ökonomisch erfolgreichsten Variante – verbunden. Allein in Deutschland gab es 1994 rund 7 Millionen Skifahrer, zehn Jahre zuvor lag diese Zahl noch bei 2,8 Millionen. Die Gründe für den Anstieg liegen u.a. in den gestiegenen Einkommen, dem Trend zum Zweit- und Dritturlaub sowie der insgesamt zunehmenden Freizeit.

Wintersport in Deutschland

1895 wurde auf dem Feldberg der erste deutsche Skiverband – der Skiclub Schwarzwald – gegründet. 1905 kam es dann in München zur Gründung des Deutschen und Österreichischen Skiverbandes. Der Skisport war in seiner Anfangszeit jedoch nur einer relativ kleinen Gruppe vorbehalten. Erst Anfang der 1950er Jahre stieg die Bedeutung des alpinen Wintersports sprunghaft an. Aus schon bekannten Sommertourismusorten entstanden Wintersportorte. Oft waren sie verkehrstechnisch an das Eisenbahnnetz angeschlossen, wie z.B. Ruhpolding. In vielen Fremdenverkehrsgemeinden führte erst die zweite Saison des Wintersports dazu, dass der Tourismus und die damit verbundene Erstellung spezieller Infrastruktureinrichtungen rentabel wurden (JÜLG 1983).

Die deutschen Wintersportgemeinden verteilen sich auf die höheren Lagen der Mittelgebirge und den bayerischen Alpenraum. Dort gibt es ca. 480 ha Skiabfahrten auf einer Gesamtfläche von 420.000 ha. Die Karte ❹ stellt die Wintersportgebiete dar, die überregionale Anziehungspunkte sind und in denen sich infolgedessen eine eigene touristische Saison ausgebildet hat. Dazu kommen Langlaufgebiete im Alpenvorland und in den Mittelgebirgen der alten wie auch der neuen Länder. Prinzipiell wird in jedem deutschen Mittelgebirge bei entsprechenden Witterungsverhältnissen Wintersport betrieben.

Die Bedeutung der Schneesicherheit

Eine ausreichende Schneedecke ist die Basis für den Wintertourismus, denn die Schneeverhältnisse bestimmen die Dauer der Wintersaison. Wenigstens 10 cm Schnee sind notwendig, um den Wintertourismus aufrecht zu erhalten. Allgemein nehmen die Schneehöhen mit steigender Höhenlage zu. Somit bieten die alpinen Skigebiete allein aufgrund der Höhenlagen im Jahresvergleich eine größere ausreichende Schneewahrscheinlichkeit als die Mittelgebirgsgebiete ❶. Mittelwerte von Schneehöhen geben aber nur einen Anhaltspunkt für die Eignung eines Gebietes für den Wintersport. Für bestimmte Regionen errechnete Klimawerte können immer nur für bestimmte Messstandorte gelten und nicht pauschal auf das ganze Skigebiet eines Ortes übertragen werden, das sich in Höhenlage, Hangneigung und Hangrichtung beträchtlich unterscheiden kann ❸.

Als Reaktion auf die schneearmen Winter der Jahre 1988 bis 1998 werden heute zum einen deutlich mehr bodenunabhängige Liftanlagen betrieben, z.B. Sessellifte anstatt von Schleppliften, zum anderen werden bei geringem Schneefall vielfach Schneekanonen eingesetzt. Eine andere Reaktion der Urlauber auf die schneearmen Winter ist die Verlegung des Winterurlaubs von Schnee- zu Sonnenzielen der Subtropen und Tropen. Durch die Zunahme preisgünstiger Fernflüge ist hier eine bedeutende Konkurrenz zum teuren Skiurlaub entstanden (BAUMGARTNER/APFL 1998).

Wintersportinfrastruktur

Die Ausstattung eines Fremdenverkehrsgebietes mit adäquater Freizeitin-

❶ Orte in ausgewählten Wintersportgebieten
Anteil der Tage pro Monat mit einer Schneedecke ≥ 1 cm 1960-1999
Langjähriges Mittel

❷ **Wintersportaktivitäten**

Früher
Langlauf (ungespurt)
Rodeln
Skitouren
Winterskilauf alpin (unpräparierte Hänge)
Winterwandern

Heute
Alpinskifahren (Piste)
Bigfoot
Carving
Eissegeln
Eissurfen
Firngleiten
Grasskilauf
Heliskiing
Hochgeschwindigkeitsfahren
Loipenlanglauf: Freie Technik/Skating
Loipenlanglauf: klassisch
Monoskiing
Rennrodeln
Skibobfahren
Skisurfen
Skitrekking
Skiwandern
Snowboarden
Sommer-Gletscherskilauf
Variantenskifahren

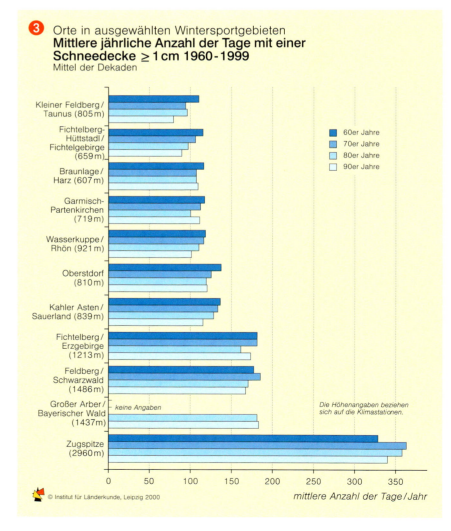

❸ Orte in ausgewählten Wintersportgebieten
Mittlere jährliche Anzahl der Tage mit einer Schneedecke ≥ 1 cm 1960-1999
Mittel der Dekaden

frastruktur bildet die Grundlage für die Ausübung von Freizeitaktivitäten. Der Wintersport erfordert eine sehr spezifische Infrastruktur, die im Sommer nur in eingeschränktem Maße genutzt werden kann und die ein hohes witterungsbedingtes wirtschaftliches Risiko in sich birgt. Für die ständig steigenden Ansprüche der Wintertouristen reicht es nicht aus, die Einrichtungen zur Ausübung des alpinen Skilaufs oder des Langlaufs anzubieten. Alle deutschen Wintersportgebiete bieten über das Skifahren hinaus geräumte Wanderwege für das Winterwandern an, viele auch geführte Schneeschuhwanderungen, eine Rodelbahn oder einen Eislaufplatz zum Schlittschuhlaufen oder zum Eisstockschießen.

Mögliche Auswirkungen auf die Umwelt

Mit ausgelöst durch die immer stärker werdenden Tendenzen des Skisports hin zum Massensport, begann mit Ende der 1970er Jahre eine zunehmend kritische Diskussion über die Auswirkungen dieser Sportart. Die Belastungen durch den alpinen Skilauf stehen in Verbindung mit der Anlage von Pisten und der dazugehörigen Infrastruktur, der Pistenpflege und dem eigentlichen Skibetrieb. Für den Bau von Pisten und Aufstiegshilfen werden häufig Wälder, insbesondere sensible Bergwälder, gerodet, Erdreich wird planiert und umgestaltet. Durch den Verlust der Vegetation kommt es zu erhöhtem Wasserabfluss, was z.B. Muren- oder Lawinenabgänge fördert. Bei niedriger Schneehöhe eingesetzte Pistenraupen fügen der Vegetation der Skigebiete zusätzlich Schaden zu (LAUTERWASSER 1991). Schneekanonen sind zwar laut und verbrauchen relativ viel Energie und Wasser, andererseits verhindert eine höhere Schnee-

schicht Boden- und Frostschäden. Schäden an der Vegetation durch die Kanten der Skier entstehen nur bei zu geringer Schneeauflage. Gravierender sind die Effekte, die durch das Verlassen der Piste, vor allem in angrenzende Waldgebiete, eintreten. Dazu gehört auch das

Aufschrecken und Vertreiben von Wildtieren. Die weitaus größte Gefahr durch den Skisport sind aber indirekter Art. Durch die Errichtung von Hotels, Ferienanlagen, Freizeit- und Dienstleistungseinrichtungen für die große Zahl der Wintertouristen werden zum einen

ausgedehnte Flächen überbaut, zum anderen werden die Müllentsorgungs- und Abwässersysteme durch die saisonal auftretenden großen Gästezahlen stark belastet (BADER-NIA 1997).◆

Skigebiete überregionaler Bedeutung 1999

Inländische Reiseziele

Susanne Flohr

Seit den 1950er Jahren haben sich die jährlichen Übernachtungszahlen in den deutschen Reisegebieten auf ca. 300 Mio. fast verdreifacht. Hierbei stellen ausländische Gäste lediglich einen Anteil von 12% (▶▶ Beitrag Horn/Lukhaup). Von gegenwärtig rund 62 Mio. Urlaubsreisen der Deutschen führt dabei nur knapp ein Drittel zu inländischen Zielen. Zu Beginn der 1960er Jahre war dieses Verhältnis noch umgekehrt. Der Anstieg der Übernachtungszahlen im Inland bei einer gleichzeitig wachsenden Beliebtheit des Auslandsurlaubes resultiert aus dem Anstieg von Zweit- und Drittreisen, die der deutsche Urlauber zumeist in Deutschland verbringt.

Eine räumliche Bestandsanalyse

Die Verteilung des ▶ Übernachtungsvolumens (Betriebe mit mehr als 8 Betten) auf die 16 Bundesländer im Jahre 1998 ❶ zeigt rund 69 Mio. Übernachtungen in Bayern gegenüber 1 Mio. in Bremen. Bayern, Baden-Württemberg und Nordrhein-Westfalen vereinigen zusammen die Hälfte aller inländischen Übernachtungen auf sich (48%); deutlich zeigt sich die Dominanz der alten Länder mit 85%. Nach der ▶ Fremdenverkehrsintensität nimmt Mecklenburg-Vorpommern dagegen den 2. Platz ein, während es nach dem Übernachtungsvolumen nur den 8. Platz einnimmt. Nordrhein-Westfalen hingegen fällt von Platz 3 im Vergleich der Übernachtungszahlen auf den 12. Platz der Fremdenverkehrsintensität.

Die größte Anzahl der Übernachtungen – gut ein Drittel – wird in den Mittelgebirgen registriert, knapp ein Drittel in der Gruppe der 'Übrigen Gebiete' (▶▶ Beitrag Spörel). Mit jeweils rund 10% verteilen sich die restlichen 80 Mio. Übernachtungen relativ ausgewogen auf den Alpenraum, auf urban geprägte Gebiete und auf den Küstenraum. Neben dieser Zuordnung in touristische Großräume werden bundesweit ▶ Reisegebiete abgegrenzt, was der Tatsache Rechnung trägt, dass sich der Reisende in der Regel an touristisch relevanten Gebieten und weniger an administrativen Einheiten orientiert. Rund zwei Drittel aller Gebiete registrierten 1998 Übernachtungen in der Größenordnung von unter 2,5 Mio., während eine Gruppe von nur 10% aller Reisegebiete Übernachtungen im Bereich zwischen 4,5 und 8,8 Mio. verbuchen konnte, zusammen rund 40% aller 1998 in Deutschland registrierten Übernachtungen.

Wandel der Reiseziele ❸

Insgesamt stieg das Übernachtungsvolumen zwischen 1988 und 1998 um rund 15% (nur alte Länder), mit einer Entwicklungsspanne von -40% im Gebiet Vogelsberg bis zu +76% im Gebiet Ems-Hümmling. Zuwachsgebiete liegen stärker in der nördlichen Landeshälfte, während der Süden der alten Länder lediglich ein geringes Wachstum oder gar negative Entwicklungen verzeichnet. Die Küstenregionen und urban geprägten Räume weisen mit gut 30% die größten Zuwächse in den Übernachtungen auf. Für die Mittelgebirge und die bayerischen Alpengebiete liegen die Durchschnittswerte für den Zehnjahreszeitraum bei einem Anstieg der Übernachtungen um lediglich 8% bzw. 5%.

Die positiven Entwicklungen in den urban geprägten Räumen sind auf eine immer größere Beliebtheit der Städtereisen und eine wachsende Bedeutung von Geschäftsreisen zurückzuführen. Rückläufige Tendenzen in den traditionellen Reisegebieten, insbesondere im Alpen- und Mittelgebirgsraum, haben häufig mit einer veralteten Angebotsstruktur und einer mangelnden Innovationsbereitschaft der Betriebsleiter zu tun.

Wo verweilt der Tourist am längsten?

Ein wichtiges Strukturmerkmal stellt die ▶ Aufenthaltsdauer dar. Der Gast verweilt im Durchschnitt 3,1 Tage in deutschen Beherbergungsbetrieben. Bezogen auf die Reisegebiete ❷ reicht die Spanne von 1,2 Tagen in Südniedersachsen bis zu 10,1 Tagen im Westallgäu. Die urban geprägten Reisegebiete, die die meisten Übernachtungen zu verzeichnen haben, bilden mit durchschnittlich 1,8 Tagen das Schlusslicht bei einer Rangfolge der Aufenthaltsdauer. Gebiete längerer Erholungsaufenthalte hingegen liegen insbesondere an den Küsten und in küstennahen Gebieten.

Während die Übernachtungszahlen in den letzten Jahrzehnten kontinuierlich stiegen, sank die Aufenthaltsdauer. In nur knapp einem Drittel aller Reisegebiete verweilen die Gäste heute länger als noch 1988. Zwei Drittel aller Gebiete meldeten Stagnationen oder gar Rückgänge. Bundesweit verringerte sich die durchschnittliche Aufenthaltsdauer von 1988 bis 1998 um -14%. Diese Zahlen spiegeln den Trend zu immer mehr, aber kürzeren Urlaubsaufenthalten wider. Gebiete mit überdurchschnittlichen Entwicklungen hingegen liegen im nördlichen Landesteil, sind durch Gesundheitstourismus geprägt und weisen mit Ferienhäusern, -wohnungen und -zentren eine Unterkunftsstruktur auf, die längere Aufenthalte begünstigt.◆

Übernachtungsvolumen – Zahl der Gästeübernachtungen im Berichtszeitraum.

Reisegebiete – an den Zuständigkeitsbereichen der regionalen Fremdenverkehrsverbände orientierte Raumeinheiten, die in Zusammenarbeit mit den Statistischen Landesämtern festgelegt werden.

Fremdenverkehrsintensität – Index der Fremdenübernachtungen pro 1000 Einwohner der Wohnbevölkerung.

Aufenthaltsdauer – Dauer, die ein Gast in einem Beherbergungsbetrieb verbleibt.

❷ Aufenthaltsdauer 1998 nach Reisegebieten

Auslandsreisen der Deutschen

Karl Vorlaufer

Praia da Rocha, Algarve, Portugal

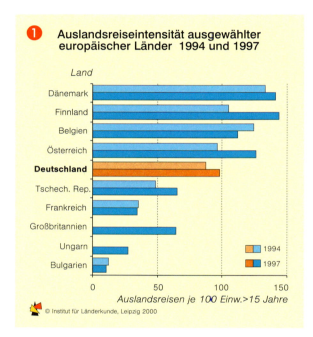

① Auslandsreiseintensität ausgewählter europäischer Länder 1994 und 1997

Deutschland zählt zu den wichtigsten Quellgebieten des internationalen Tourismus. Im Vergleich mit anderen großen Industrieländern Europas ① weist die deutsche Bevölkerung eine sehr hohe Auslandsreiseintensität auf, wenngleich einige kleinere Länder noch höhere Werte erreichen. Der Anteil der Auslandsreisen an allen Urlaubsreisen der Deutschen nimmt seit Jahrzehnten stetig zu und übertrifft schon seit 30 Jahren den der Inlandsreisen ②.

Umfang und Determinanten

Bei Berücksichtigung aller Urlaubs-, Geschäfts- und sonstigen Privatreisen mit mindestens einer Übernachtung entfielen 1997 45% auf das Ausland (DEUTSCHER REISEMONITOR 1997). Die explosionsartige Zunahme des Reiseverkehrs ins Ausland seit den 1960er Jahren wurde durch zahlreiche Faktoren begünstigt:
- die drastische Reduzierung der Jahres- und Lebensarbeitszeit,
- steigende Einkommen breiter Bevölkerungsschichten,
- der insbesondere für den Fernreiseverkehr wichtige Einsatz immer größerer, schnellerer und vor allem preisgünstigerer Verkehrsträger wie Großraumflugzeuge,
- die für den Reiseverkehr ins europäische Ausland wichtige Massenmotorisierung,
- weitgehende weltpolitische Stabilität,
- weltweit erleichterte Einreise- und Devisenregelungen u.a.m.

Motor und zugleich Ergebnis der Expansion des internationalen Tourismus sind zudem große vertikal integrierte Reisekonzerne, die mit ihrer breiten Palette von touristischen Leistungen (Reisebüros, -veranstalter, Hotels, Fluggesellschaften) hohe Synergieeffekte erzielen und deshalb attraktive und relativ preisgünstige Reisen über ein zudem enges Vertriebsnetz optimal vermarkten können (▶▶ Beitrag Kaiser).

Im Zuge des wirtschaftlichen Aufstiegs Deutschlands und der Globalisierung der Wirtschaft nahm der internationale Geschäfts- und Dienstreiseverkehr der Deutschen stark zu. Er stellte 1998 mit einem Anteil von etwa 11% aller Auslandsreisen ein wichtiges Segment des internationalen Tourismus. Immer mehr Länder sehen zudem in den letzten Jahren in der massiven Erschließung und Vermarktung ihrer touristischen Potenziale ein Instrument für wirtschaftliches Wachstum.

Reiseziele und sozio-demographische Merkmale der Touristen

Reichweite und Umfang der von Deutschland ausgehenden Reiseströme haben sich aufgrund dieser Faktoren nach 1960 ständig vergrößert, wenngleich auch noch heute ca. 75% aller Auslandsreisen der Deutschen ins europäische Ausland führen ③ ⑤. Reisen in außereuropäische Länder verzeichneten in den letzten Jahrzehnten ein besonders stürmisches Wachstum. Modellhaft lässt sich für die deutsche Bevölkerung seit 1800 eine halbringförmige Ausweitung der Reisereichweiten sowie der Intensivierung der Erschließung touristischer Ziele darstellen ④. Bis weit ins 19. Jh. beteiligten sich – wenn man vom Pilgertourismus des Mittelalters absieht – an dem relativ bescheidenen Auslandstourismus nur höhere Einkommensschichten. Die Reiseziele der vor allem kulturorientierten Touristen waren Griechenland und besonders Italien (Reise Goethes 1786), aber auch schon Ägypten und Palästina.

Seit den 1960er Jahren erreicht der Massentourismus der Deutschen zunehmend weit entfernte Destinationen. In vielen Fernreiseländern zählen die Deutschen zu den größten Besuchergruppen, wobei nicht nur mittlere, sondern auch zunehmend untere Einkommensschichten beteiligt sind. Selbst geringe bzw. ungesicherte Einkommen führen nicht zu einem signifikanten

② In- und Auslandsreiseanteile der Haupturlaubsreisen der Deutschen 1954-1998

③ Anteil ausgewählter Auslandsreiseziele der Haupturlaubsreisen der Westdeutschen 1970-1998

Rückgang von Auslandsreisen. Die etwas mehr als 4 Mio. Arbeitslosen unternahmen z.B. 1997 knapp 4 Mio. Reisen, davon fast die Hälfte ins Ausland (DEUTSCHER REISEMONITOR 1997). Reiseintensität und Auslandsreiseanteil der Arbeitslosen entsprechen somit weitgehend den Werten der sonstigen Bevölkerung.

Einkommen, Schulbildung und Alter bestimmen wesentlich das Reiseverhalten ❻. Mit höherer Schulbildung und höherem Einkommen ist ein Anstieg des Auslandsreiseanteils verbunden, u.a. auch deshalb, weil Reisen ins Ausland in der Regel teurer als Inlandsreisen sind und oft eine höhere geistige Mobilität (Sprachkenntnisse, kulturelle Interessen) voraussetzen. Mit zunehmendem Alter geht der Auslandsreiseanteil deutlich zurück, während der Inlandsreiseverkehr auch deshalb steigt, weil für viele ältere Menschen Verwandtenbesuche im Inland einen höheren Stellenwert als Urlaubsreisen bekommen. Aber auch bei den über 60-Jährigen führen Urlaubsreisen noch häufiger ins Ausland als ins Inland. Die höchste Auslandsreiseintensität weisen jedoch junge Unverheiratete sowie junge Verheiratete ohne Kinder auf.

Die Fernreiseländer verzeichnen insgesamt eine spektakulär wachsende Zahl deutscher Besucher ❽. Der Reiseverkehr der Deutschen in diese Länder nimmt jedoch nicht kontinuierlich zu, sondern ist durch Sprünge und Brüche gekennzeichnet. Weltpolitische Krisen wie z.B. der Golfkrieg 1991, politische Instabilität, Bürgerkriege (z.B. Sri Lanka) oder eine hohe Kriminalität in den Reiseländern führen oft zu drastischen Besucherrückgängen ❸.

Reisen der Ost- und der Westdeutschen

Mit dem Beitritt der DDR zur Bundesrepublik 1990 erfolgte eine beträchtliche Ausweitung des deutschen Reisemarktes. Das Reiseverhalten der Bevölkerung aus den neuen Ländern unterschied sich in den ersten Jahren beträchtlich von dem der Westdeutschen ❾, da Inlandsreisen den weitaus größten Anteil ihrer Urlaubsreisen ausmachten. Bei Auslandsreisen wurden räumlich und sprachlich näher gelegene Ziele bevorzugt. 1991 führten noch 10,3% aller Auslandsreisen der Deutschen nach Österreich (Westdeutsche 9,4%) und 11,2% in die traditionellen Ferien- →

New York

6 Soziodemographische Struktur der In- und Auslandsreisenden 1997
sämtliche Urlaubsreisen nach ausgewählten Merkmalen

© Institut für Länderkunde, Leipzig 2000

länder der DDR-Bürger nach Osteuropa (Westdeutsche 3,5%), während die außereuropäischen Länder nur einen Anteil von 2,7% erreichten (Westdeutsche 9,1%). In den letzten Jahren hat sich das Reiseverhalten der Ostdeutschen hinsichtlich des Reiseziels weitgehend dem der Westdeutschen angepasst, wenngleich Auslandsreiseintensität und -anteile noch nicht die westdeutschen Werte erreicht haben **7**. Die für die Westdeutschen typische, sich allerdings über 10 bis 20 Jahre erstreckende ringförmige Ausweitung des Reisehorizonts zugunsten stetig weiter entfernt gelegener Destinationen vollzieht sich bei den Ostdeutschen nach dem gleichen Muster, allerdings im Zeitraffertempo von

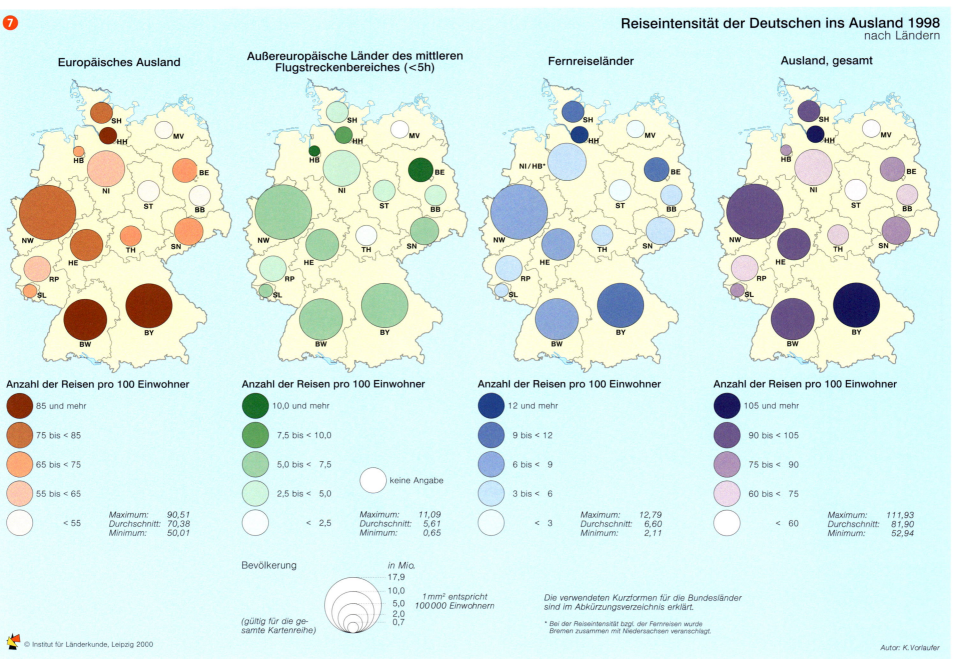

102 Nationalatlas Bundesrepublik Deutschland – Freizeit und Tourismus

❽ Außereuropäische Reiseziele der Deutschen 1998

wenigen Jahren. Dieses Muster weist eine eklatante Ausnahme auf: Urlaubsreisen in osteuropäische Länder haben für die Ostdeutschen aufgrund ihrer spezifischen Reiseerfahrung und -geschichte der letzten 50 Jahre eine deutlich höhere Attraktivität als für Westdeutsche. Die größere räumliche Nähe der neuen Länder zu Osteuropa bestimmt dieses Reiseverhalten mit.

Die Reiseintensität der Bevölkerung der neuen und der alten Ländern hat sich inzwischen ebenfalls weitgehend angenähert, wenngleich die Werte Mecklenburg-Vorpommerns und Sachsen-Anhalts bei den Auslandsreisen sowie speziell bei den Fernreisen noch unter dem Bundesdurchschnitt liegen ❼. Brandenburg mit dem suburbanen Raum um Berlin sowie Sachsen und Thüringen erreichen dagegen bis auf die Zahl der Reisen in die im mittleren Flugstreckenbereich gelegenen außereuropäischen Länder Werte, die mit denen der alten Länder vergleichbar sind.

Reisedevisenbilanz

Nach den – allerdings deutlich bevölkerungsstärkeren – USA ist Deutschland seit Langem das Land in der Welt mit den zweithöchsten Reisedevisenausgaben. Auch hinsichtlich der Pro-Kopf-Ausgaben im Ausland nimmt es eine Spitzenposition ein. Sowohl insgesamt als auch hinsichtlich vieler Einzelländer weist Deutschland eine negative Reisedevisenbilanz auf, d.h. es werden für DM mehr Devisen eingetauscht als DM durch ausländische Reisende nachgefragt werden ❿. Die negativen Salden mit den Entwicklungsländern sowie den klassischen Reiseländern des europäischen Mittelmeerraumes sind von 1990 bis 1998 überproportional gestiegen. Der Großteil der Devisenausgaben erfolgte sowohl 1990 als auch 1998 innerhalb der EU. Starke prozentuale Zuwächse der Ausgaben entfielen – abgesehen vom „Krisenkontinent" Afrika – auf die Fernreise- und Entwicklungsländer sowie auf die mittel- und osteuropäischen Reformländer, auch aufgrund des zunehmenden ausgabenstarken Geschäftsreiseverkehrs.

Bedingt durch die höheren Anreisekosten und den im Durchschnitt längeren Aufenthalt im Reiseland liegt der Anteil der auf die Fernreiseländer entfallenden Reiseausgaben relativ hoch. Mit wachsender Reichweite der Reisen steigen die Ausgaben zwar überproportional, fließen jedoch nur zu einem Teil dem jeweiligen Reiseland zu, sondern im hohen Maße den Verkehrsträgern sowie den in den Quellgebieten beheimateten großen Reisekonzernen. ♦

❾ Alte und neue Länder
Auslandsreise-Anteile der Urlaubsreisen 1990 - 1998

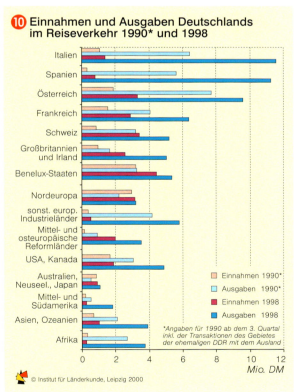

❿ Einnahmen und Ausgaben Deutschlands im Reiseverkehr 1990* und 1998

Herkunft und Ziele ausländischer Reisender

Michael Horn und Rainer Lukhaup

① Extreme Veränderungen der Übernachtungen von 1997 zu 1998

Gäste aus ...	Übernachtungen 1998	Veränderung absolut	Veränderung in %
USA	4 Mio.	+ 416 000	+ 11,4
Ungarn	360 000	+ 47 000	+ 11,4
Großbritannien und Nordirland	3,2 Mio.	+ 242 000	+ 8,1
Österreich	1,5 Mio.	+ 89 000	+ 6,5
Dänemark	1,2 Mio.	+ 63 000	+ 5,7
Schweiz	1,8 Mio.	+ 94 000	+ 5,5
Belgien	1,5 Mio.	+ 69 000	+ 4,9
Polen	900 000	- 100 000	- 10,2
Portugal	220 000	- 29 000	- 11,6
Südkorea	200 000	- 91 000	- 49,8

② Beliebteste Ziele von Urlaubsreisen* innerhalb der EU 1997

Die Deutschen verbringen ihren Urlaub in steigendem Maße im Ausland. Gleichzeitig wird aber Deutschland auch zunehmend von Gästen aus anderen Ländern besucht.

Tourismus in Deutschland im internationalen Vergleich

Die weltweiten internationalen Ankünfte verzeichnen ungebrochene Steigerungsraten, so dass der Welttourismus heute einer wahren Völkerwanderung gleicht (DETTMER 1998). 1997 bot die Tourismuswirtschaft weltweit über 262 Millionen Menschen Arbeit, ohne dass dabei vor- und nachgelagerte Betriebe mitgezählt wären. Der Tourismus ist damit nicht nur ein bedeutender Wirtschaftsfaktor, sondern auch die stärkste Wachstumsbranche der Weltwirtschaft. In Europa ist die Tourismuswirtschaft mit einem Beitrag von 8% am Bruttosozialprodukt der größte privatwirtschaftliche Arbeitgeber. Aufgrund der Tatsache, dass die große Mehrheit der Arbeitgeber im Tourismussektor Kleinbetriebe sind, wird die volkswirtschaftliche Bedeutung des Tourismus meistens unterschätzt.

Im weltweiten Vergleich lag Deutschland 1997
- bei Messereisen auf Platz eins,
- bei Kongress- und Veranstaltungsreisen auf dem vierten Rang,
- nach Reisedeviseneinnahmen auf dem sechsten Platz,
- als internationales Reiseziel an vierter Stelle.

Der Stellenwert aufgrund des Messe- und Kongresstourismus ist um so erfreulicher, als sich die sonstigen Reisepräferenzen der Bürger aus den EU-Mitgliedsstaaten auf die europäischen Mittelmeerländer konzentrieren ②, die 1999 Steigerungsraten bei den Übernachtungszahlen bis zu 12% (Spanien) erzielen konnten.

Die Tourismusstatistik des Jahres 1998 weist für Deutschland mit über 294 Millionen Übernachtungen erstmals seit dem Spitzenjahr 1995 (300 Millionen Übernachtungen) wieder Zuwächse aus (+2,6% im Vergleich zu 1997). Mit Steigerungsraten von 6% erreichen die neuen Länder und Berlin-Ost zwar bessere Ergebnisse als die alten Länder (+1,9%), jedoch von einer weitaus niedrigeren Ausgangsbasis: Für die neuen Länder als Reiseziel entschieden sich 1998 nur 16% aller Reisenden.

▶ Incoming-Tourismus

Der Anteil ausländischer Gäste an der Gesamtzahl der Übernachtungen ist in Deutschland mit 11,7% relativ niedrig. Seit dem deutlichen Einbruch im Jahr 1993 nimmt die Zahl wieder kontinuierlich zu und weist für 1998 gegenüber 1997 eine 3,2%-Steigerung auf 34,5 Mio. Übernachtungen aus, womit erstmals der Spitzenwert von 1992 überboten wurde. Dieser positive Trend ist v.a. auf den gestiegenen Zustrom aus

---

Incoming-Tourismus (Einreisetourismus) – betrachtet den in einem Land von Ausländern ausgeübten Tourismus. Dazu zählt am Zielort jeder, der seinen ständigen Wohnsitz in einem anderen Staat hat, sich im Gastland für einen Zeitraum von maximal einem Jahr aufhält und dessen Hauptreisemotiv nicht in der Ausübung einer in dem Gastland vergüteten Tätigkeit besteht.

Die amtliche **Tourismusstatistik** ist hauptsächlich angebotsorientiert. Kernbereich ist die Beherbergungsstatistik. Weitere Daten liefern die periodischen Erhebungen der Berufsbildungs-, Beschäftigten-, Gastgewerbe-, Kostenstruktur-, Umsatzsteuer-, Binnen- und Seeschifffahrts-, Luftverkehrs- und Eisenbahnstatistik. Episodische Zählungen finden im Rahmen der Arbeitsstätten- sowie der Handels- und Gaststättenzählungen statt. Weiterhin bieten wissenschaftliche Einrichtungen und privatwirtschaftliche Forschungsinstitute Tourismusstatistiken an, die v.a. das Verhalten der Nachfragerseite analysieren. Daten zum internationalen Reiseverkehr veröffentlichen u.a. die WTO und EU (Eurostat). Die deutsche amtliche Tourismusstatistik erfasst nur gewerbliche Beherbergungsstätten mit neun und mehr Betten, so dass die Zahlen lediglich Minimalangaben darstellen.

In den Ausführungen dieses Beitrags wird der Analyse des Incoming-Tourismus hauptsächlich das Merkmal „Übernachtungen" zugrunde gelegt. Die Verwendung des Merkmals „Ankünfte" würde zu Fehlinterpretationen führen, da die Gäste mit wechselnden Übernachtungsorten jeweils als „neue" Gäste in die Statistik eingehen, was die Summe nach Herkunftsländern künstlich erhöhen würde.

den USA, Großbritannien und Nordirland, der Schweiz, Österreich, Belgien und Dänemark zurückzuführen ❶. Deutliche Rückgänge wurden allerdings aus den Herkunftsländern Polen und Südkorea festgestellt. Auch wenn große Teile des asiatischen Wirtschaftsraumes 1997/98 von Krisen erschüttert wurden, blieben weitere größere Einbußen bei den Reiseankünften aus den inzwischen traditionellen Herkunftsländern China, Japan und Hongkong aus. Erfreulich aus der Sicht der Tourismuswirtschaft dürfte auch der ungebrochene Zustrom von Besuchern aus den zahlungskräftigen arabischen Golfstaaten sein.

Die Hälfte aller Ausländerübernachtungen entfiel 1998 auf die Gäste aus sechs Herkunftsländern, wobei die Niederlande mit 5,1 Millionen vor den USA (3,7 Mio.) und Großbritannien/Nordirland (3 Mio.) den absoluten Spitzenplatz einnehmen ❹. Auffallend ist der vergleichsweise hohe Anteil der Besucher aus den osteuropäischen Ländern (v.a. Polen und Russland) in den neuen Ländern ❸.

Räumliche Verteilung und Aufenthaltsdauer

Bei der räumlichen Verteilung der Reisenden nach Stadt- und Landkreisen ❾ sind deutliche Schwerpunkte in den Verdichtungsräumen und traditionellen Feriengebieten der alten Länder auszumachen. Allein die Länder Bayern, Nordrhein-Westfalen und Baden-Württemberg haben einen Anteil von über 50% an den Ausländerübernachtungen. Die neuen Länder können v.a. in den Oberzentren mit anspruchsvollem Kulturangebot und langer touristischer Tradition (z.B. Dresden und Leipzig) überdurchschnittliche Werte verzeichnen. Die touristische Gesamtbilanz weist für die neuen Länder zwar überdurchschnittliche Zuwachsraten aus (1992-1998 +73%, alte Länder: +2%), diese resultieren jedoch nur aus den Steigerungsraten im Binnentourismus. Während 1998 11,7% aller Übernachtungen im ganzen Bundesgebiet auf Ausländer zurückzuführen waren, waren es in den neuen Ländern nur 5,8%. Die Zuwächse bei den Ausländerübernachtungen sind im Trend der letzten Jahre auf das alte Bundesgebiet konzentriert. Ursachen für diese Entwicklung lassen sich teilweise auch aus der Statistik ableiten: Die hohe Fluktuation der Gäste aus den osteuropäischen Ländern wie auch die auslaufenden Zeitarbeitsverträge v.a. mit Bauarbeitern aus osteuropäischen Staaten, aber auch aus Frankreich und von den Britischen Inseln, können für diese Entwicklung mit verantwortlich sein.

Die durchschnittliche Verweildauer der ausländischen Gäste an einem Übernachtungsort beträgt 2,5 Tage (STATISTISCHE LANDESÄMTER 1999). Die durchschnittliche Gesamtaufenthaltsdauer eines ausländischen Gastes betrug in Deutschland 1997 6,8 Nächte. Dabei sind auch Geschäftsreisen und andere Anlässe eingeschlossen. Reine Urlaubsreisen dauerten im Durchschnitt 7,3 Nächte (DZT 1998). →

❸ Herkunftsregionen ausländischer Gäste 1998 nach Ländern

Herkunft und Ziele ausländischer Reisender

Köln

Reisegründe und Unterkunftswahl

Bei den Reisemotiven überwiegt die Urlaubsreise, oftmals kombiniert mit Besuchen bei Freunden, Bekannten und Verwandten ❺. Dieses schlägt sich auch in der Unterkunftswahl nieder, wo die (unentgeltlichen) Privatunterkünfte mit 24% einen hohen Wert belegen ❻. Die Stärken Deutschlands werden vorwiegend im kulturellen Bereich gesehen: Fast die Hälfte der Urlaubsreisen entfällt auf Städte- und Rundreisen. Badeurlaube oder Wintervergnügen suchen hingegen wenige ausländische Gäste in deutschen Gefilden ❼. Auffallend ist jedoch die hohe Anziehungskraft von Orten mit „tropischen Badeparadiesen" in voll ausgestatteten Ferienzentren für wetterunabhängige Badeurlaube mit integrierten Übernachtungs- und Versorgungsmöglichkeiten, z.B. Medebach und Gunderath ❽. Hier beträgt der Anteil ausländischer Gäste v.a. aus den Niederlanden und aus Belgien teilweise über 90%. Demgegenüber ist der Anteil ausländischer Kurgäste mit 1,5% von insgesamt 68 Millionen (1997) sehr gering, bei abnehmender Tendenz. Während bei den Kurorten insgesamt ein Rückgang von -18% im Vergleich zu 1990 zu verzeichnen war, betrug dieser bei den Seebädern sogar -50%. Ebenfalls starke Einbußen ausländischer Gäste mussten im Zeitvergleich von 1991 und 1997 die Jugendherbergen mit einem Rückgang um 27% hinnehmen (855.000 Übernachtungen), wobei davon vor allem die Standorte in den alten Ländern betroffen waren.

Städte- und Messereisen

Ein Teilsegment des Tourismusmarktes, das bereits seit Jahren stetige Wachstumsraten verzeichnet, ist der Städtetourismus ❼ (▶▶ Beitrag Jagnow/Wachowiak). 1998 entfielen ein Drittel aller Ankünfte (In- und Ausländer) und 21% der Übernachtungen im Reiseverkehr auf Großstädte (über 100.000 Einwohner). Die ausländischen Gäste entschieden sich bei der Wahl des Über-

Der Dresdner Zwinger

❽ Rangliste der Gemeinden nach Gästeübernachtungen in Beherbergungsstätten 1997

Rang	Inländer (in 1 000)		Ausländer (in 1 000)	
1	Berlin	7988	München	2752
2	München	6428	Berlin	2190
3	Hamburg	4347	Frankfurt a.M.	1876
4	Frankfurt a.M.	3445	Köln	992
5	Köln	2735	Hamburg	951
6	Düsseldorf	2186	Düsseldorf	830
7	Bad Füssing	2124	Stuttgart	481
8	Oberstdorf	1932	Medebach	427
9	Dresden	1804	Nürnberg	388
10	Stuttgart	1690	Heidelberg	364
11	Nürnberg	1547	Gunderath	312
12	Norderney	1367	Hannover	307
13	Borkum	1330	Mainz	273
14	Cuxhaven	1305	Dresden	242
15	Bad Kissingen	1285	Bonn	239
16	Leipzig	1240	Wiesbaden	232
17	St. Peter-Ording	1206	Leipzig	228
18	Hannover	1140	Rothenburg o.d.T.	223
19	Münster	1131	Bremen	216
20	Westerland	1125	Freiburg i.Br.	183
21	Bonn	1118	Mannheim	177

nachtungsortes sogar etwa zur Hälfte (17 Mio.) für Großstädte. Hier spiegelt sich die große Bedeutung der Städte als Verkehrsknotenpunkte im Luft- und Bahnverkehr sowie als Messe- und Kongressstandorte wider.

Während bei den Inländern die Städteziele Berlin, München, Hamburg, Bad Füssing und Oberstdorf die Hitliste anführen und neben Kulturangeboten auch Landschafts- und gesundheitsorientierte Aspekte im Vordergrund stehen, favorisieren die ausländischen Reisenden nicht nur Städte mit internationalem Flair wie etwa München, Berlin oder Frankfurt a.M., sondern auch solche mit typischem Regionalbezug und Stellvertreterimage für historische Baukunst wie Nürnberg, Heidelberg oder Rothenburg o.d.T. ❽.

An den Städtetourismus ist der Messetourismus gekoppelt. In Deutschland fanden 1998 129 überregionale Messen statt, die 9,65 Millionen Besucher hatten, davon 18,6% aus dem Ausland (1992: ca. 9 Millionen Besucher, davon 15% Ausländer). Bei den Ausstellern (1998: 154.000) betrug der ausländische Anteil sogar 47%. Gemessen an der Ausstellungsfläche und der Besucherzahl führt Hannover die Rangliste deutscher Messestädte deutlich an vor Frankfurt a.M., Köln, Leipzig, Düsseldorf, München, Berlin, Nürnberg, Essen, Hamburg und Stuttgart.

Ökonomische Bedeutung des Incoming-Tourismus

Eine wichtige Einflussgröße auf die Wahl Deutschlands als Reiseziel ist die Einkommenshöhe der privaten Haushalte in den Herkunftsländern. Die Deviseneinnahmen aus dem grenzüberschreitenden Reiseverkehr betrugen 1997 28,6 Mrd. DM (+8,4% im Vergleich zu 1996). Etwa 60% der Einnahmen entfielen auf lediglich 6 Herkunftsländer, wobei die Reisenden aus Österreich, den Niederlanden und der Schweiz mit jeweils ca. 12% die Spitzenplätze einnehmen, gefolgt von den Ausgaben der Gäste aus Frankreich (10%), Großbritannien (7,5%) und den USA (6,1%). Allerdings ist die Zahlungsbilanz im internationalen Reiseverkehr für den „Reiseweltmeister" Deutschland (13,4% an den Gesamtausgaben im internationalen Reiseverkehr) negativ: Den Einnahmen stehen mit 50,8 Mrd. DM fast doppelt so hohe Devisenausfuhren gegenüber (STATISTISCHES BUNDESAMT 1998).

Der Tourismus ist für Deutschland ein wichtiger Wirtschaftsfaktor. Insbesondere für Regionen, die industriell schwach entwickelt sind und in größerer Entfernung zu Verdichtungsräumen liegen, kommt den Einnahmen aus dieser Branche für die Sicherung von Arbeitsplätzen und für die Förderung der regionalen Wirtschaftskraft eine große Bedeutung zu (BRBS 1997).◆

Herkunft und Ziele ausländischer Reisender

Städtetourismus zwischen Geschäftsreisen und Events

Evelyn Jagnow und Helmut Wachowiak

Heidelberg, Neckarbrücke und Schloss

Hildesheim, Marktplatz und Rathaus

❶ Wie vermarkten sich Großstädte?

© Institut für Länderkunde, Leipzig 2000

❷ Entwicklung des Städtetourismus 1992-1998

© Institut für Länderkunde, Leipzig 2000

Der Städtetourismus ist eines der wichtigsten Marktsegmente im Deutschland-Tourismus. Dabei stellt die Multifunktionalität die besondere Attraktivität von Städten dar: Städte können aus geschäftlichen Anlässen wie auch aus

Varianten des modernen Geschäftsreiseverkehrs

Kongresse dienen der Wissensvermittlung, dem Erfahrungsaustausch, dem Treffen von Verbandsmitgliedern o.ä. Sie behandeln in der Regel innerhalb eines geschlossenen Sachgebietes eine Vielzahl von Einzelthemen. Kongresse erfordern eine lange Planungs- und Vorbereitungszeit, die Dauer der Veranstaltung liegt im Allgemeinen bei mehr als einem Tag. Die Teilnehmerzahl liegt bei über 250 Personen.

Tagungen unterscheiden sich von Kongressen weniger inhaltlich als in der Dauer (i.d. Regel 1-2 Tage) und Teilnehmerzahl (unter 250 Teilnehmer). Außerdem benötigen sie eine kürzere Planungs- und Vorbereitungszeit sowie einen geringeren Organisationsaufwand.

Eine **Konferenz** dient der Erörterung eines speziellen, kurzfristig zu behandelnden Themenbereiches und hat dementsprechend eine allgemeine Dauer von einem Tag oder weniger.

In einem **Seminar** wird den Teilnehmern Wissen zu einem bestimmten Themenfeld vermittelt. Dies erfordert meist eine Dauer von mehreren Tagen und eine begrenzte Teilnehmerzahl.

Messen sind regelmäßig durchgeführte Verkaufs- und Ausstellungsveranstaltungen, die meist einen inhaltlichen Schwerpunkt haben. Als Orte für Handel, Informationsaustausch und Marketing erfüllen Messen bedeutende Funktionen für die Wirtschaft. Sie stellen zugleich einen wichtigen Wirtschaftsfaktor dar, indem sie zusätzliche Kaufkraft binden und erhebliche Beschäftigungseffekte für die Region erzielen. Die Größe einer Messe nach Einzugsgebiet der Messeaussteller und -besucher von lokalen/regionalen Messen bis hin zu bedeutenden internationalen Messen variieren.

Incentive-Reisen sind im weitesten Sinne „Belohnungen" von Unternehmen für besonders engagierte Mitarbeiter. Der Begriff – ursprünglich aus dem amerikanischen Wirtschaftsgeschehen – umfasst alle (Marketing-) Maßnahmen, die die Mitarbeiter zu besonderen Leistungen anspornen sollen. Sie sind ein außergewöhnliches Angebot, für dessen Organisation sich eine eigene Sparte als Anbieter entwickelt hat.

Freizeitgründen Ziel einer Reise sein. Diese beiden grundsätzlichen Typen des Städtetourismus lassen sich im Allgemeinen auch nach dem Zeitpunkt der Reise unterscheiden. Die saisonale Verteilung der ▶ Geschäftsreisen konzentriert sich im Unterschied zum Erholungsreiseverkehr auf die Monate Februar bis Juni und September bis November. Im Wochenverlauf konzentrieren sich die Privatreisen auf das Wochenende, während Geschäftsreisen vorrangig an Werktagen stattfinden. Diese zeitliche Ergänzung ist für das Gastgewerbe und andere touristische Leistungsträger ein wichtiger Faktor bezüglich der Auslastung.

Je nach Motiv und Aufenthaltsdauer unterscheidet man privat bedingten Tagesausflugs-/Tagesveranstaltungsverkehr, Städtereiseverkehr und beruflich bedingten Tagesgeschäftsverkehr, Tagungs- und Kongresstourismus, Ausstellungs- und Messebesuche und sonstigen Geschäftsreiseverkehr. Grundsätzlich kann davon ausgegangen werden, dass Städtereisen zum überwiegenden Teil als Kurzreisen mit einer Dauer von maximal vier Tagen durchgeführt werden. In der Regel spricht man von Städtetourismus bei Großstädten mit über 100.000 Einwohnern. Darüber hinaus haben aber auch zahlreiche kleinere Städte eine große Bedeutung für den Deutschlandtourismus, z.B. Trier, Weimar oder Rothenburg o.d.T.

Städte – vom touristischen Quell- zum Zielgebiet

Bis Mitte der 1970er Jahre waren die Städte hauptsächlich Quellgebiete für den Erholungstourismus. Seitdem entwickelte sich der Städtetourismus jedoch sehr dynamisch und erlebt nach einer Stagnationsphase Mitte der neunziger Jahre wieder deutliche Zuwachsraten. Diese drücken sich nicht nur in wachsenden Ankunfts- und Übernachtungszahlen aus, sondern auch in der Zahl der geplanten Städtereisen. Im Jahr 1983 z.B. planten nur 14,9 % der Deutschen eine Städtereise, 1995 waren es bereits 39,5 % ❷.

Städte vereinen die Hälfte des Übernachtungsaufkommens ganz Deutschlands auf sich, bei den ausländischen Gästen waren es 1998 mehr als drei Viertel. Einen wesentlichen Anteil nehmen dabei die Großstädte mit über 20% aller in Deutschland getätigten Übernachtungen ein. Für diesen Boom im Städtetourismus gibt es verschiedene Ursachen. Zum einen ist die angestiegene Urlaubsdauer zu nennen, verbunden mit einem Einkommen, das dem Großteil der Bevölkerung finanziellen Spielraum für Reisen gibt. Hinzu kommt die Tendenz zur Zweit- und Drittreise mit einem Trend zu Kurz- und Erlebnisreisen (▶▶ Beitrag Flohr).

Teilnehmer an Städtereisen zeichnen sich durch eine ausgewogene Altersstruktur aus und haben – gegenüber den Teilnehmern an anderen Urlaubsreisen – meist höhere Einkommen und qualifiziertere Bildungsabschlüsse. Sie halten sich nur relativ kurz in den Städten auf, nämlich durchschnittlich zwei Tage. Generell gilt, dass sich ausländische Gäste im Durchschnitt länger in den Städten aufhalten als deutsche.

Aktivitäten der Städte

In den letzten Jahren haben Städte verstärkt in Maßnahmen zur Förderung des Tourismus investiert. Ein Übriges →

leistete die städtebauliche Erneuerung nach dem Städtebauförderungsgesetz in den siebziger und achtziger Jahren, die mit Maßnahmen zur Sanierung historischer Stadtkerne, zur Durchgrünung und zur Verkehrsberuhigung eine Attraktivitätssteigerung der Städte zur Folge hatte. Auch im Städtetourismus fordert die Konkurrenz der Städte untereinander Wege zur Attraktivitätssteigerung, aber vor allem zur Herausbildung eines Profils, das die jeweilige Stadt von anderen Städten unverkennbar unterscheidet. Dies erfolgt in vielen Städten anhand von Spezialisierungen auf bestimmte Marktsegmente sowie der Vermarktung mit Hilfe von prägnanten Slogans und einem *Corporate Design* (Die Stadt als Marke).

Legt man die Ankunfts- und Übernachtungszahlen deutscher Großstädte zugrunde, so wird deutlich, dass die fünf größten Städte auch die meisten Besucher anziehen ❸. Auch Düsseldorf, Stuttgart, Nürnberg, Dresden und Hannover weisen hohe Werte auf – Städte mit sehr unterschiedlichen Image- und Angebotsschwerpunkten.

Die wirtschaftliche Bedeutung des Städtetourismus

Die konkreten wirtschaftlichen Auswirkungen des Tourismus sind schwer zu bestimmen, da neben den direkten Effekten für Tourismusbetriebe auch die Gesamtwirtschaft einer Stadt durch indirekte Leistungen und Einnahmen profitiert. Zur Messung der wirtschaftlichen Auswirkungen des Tourismus bedient man sich zum einen der Übernachtungszahlen, zum anderen der Tagesausgaben der Besucher. Die Ausgaben bei einer Städtereise sind im Vergleich zu anderen Reisen höher. Sie liegen bei Tagesausflügen in deutsche Großstädte bei im Durchschnitt 47 DM pro Person, das sind über 30% mehr als bei Tagesausflügen zu anderen Zielen.

Städte als Ziele von Geschäftsreisen

Die Zahl der Geschäftsreisen in Deutschland wird auf rund 150 Mio. im Jahr geschätzt, davon 144 Mio. im Inland. Rund 20,6 Mio. Geschäftsreisen

sind mit mindestens einer Übernachtung verbunden. Im bundesdeutschen Geschäftsreiseverkehr in Großstädten dominiert der Tagesgeschäftsreiseverkehr mit ca. 58%.

Zu Geschäftsreisen werden alle beruflich motivierten und nicht aus der privaten Kasse bezahlten Reisen gezählt. Aufgeteilt wird der Geschäftsreiseverkehr in die vier Segmente Geschäfts- und Dienstreisen, Messe- und Ausstellungsreisen, Tagungs- und Kongressreisen sowie *Incentive*-Reisen. Die Teilnahme an Tagungen beträgt schätzungsweise 22%, an Messen und Ausstellungen 11% des gesamten Geschäftsreisevolumens in Deutschland.

Deutschland ist Messeplatz Nr. 1 in der Welt ❹. Jährlich finden in der Bun-

desrepublik ca. 130 überregionale Messen und Ausstellungen statt, an denen sich über 150.000 Aussteller beteiligen, die rund 10 Mio. Besucher anziehen. Wichtigster Pluspunkt Deutschlands ist seine Internationalität, die nicht zuletzt auf die Lage in der Mitte Europas sowie den Sitz vieler internationaler Unternehmen zurückzuführen ist. Die größten Messeplätze sind auch Ausrichter der bedeutendsten Messen in der Bundesrepublik.

In der Rangliste der internationalen Tagungs- und Kongressdestinationen steht die Bundesrepublik auf Rang vier. Insgesamt verfügt Deutschland über 6800 Tagungsstätten, davon 6300 in Hotels, ca. 350 in Kongresshallen und ca. 160 in Universitäten.

Der ▶ Tagungs-, Kongress- und Messereiseverkehr hat große Auswirkungen auf die Infrastruktur einer Stadt. Dieser Bereich ist daher auch ein wichtiges Instrument der Wirtschaftsförderung so-

Themenjahre

Ein Mittel des Marketing im Bereich des Städtetourismus ist die Veranstaltung von Themenjahren, in denen eine Reihe von (Groß-) Veranstaltungen über ein Jahr verteilt zu einem Rahmenthema organisiert werden.

Ein europaweites Beispiel für solche Ereignisse ist die Auszeichnung als „Kulturstadt Europas", ein Titel, der seit 1985 an jeweils eine europäische Stadt verliehen wird, die dann ein entsprechendes kulturelles Programm veranstaltet. Nach Stockholm im Jahr 1998 ist für 1999 dieser Titel an Weimar verliehen worden, das in seinen Aktivitäten einen Schwerpunkt auf Goethe, zu dessen 250. Geburtstag, gelegt hat. Zum Jahrtausendwechsel tragen im Jahr 2000 neun europäische Städte diesen Titel.

Themenjahre werden jedoch auch in verschiedenen Regionen oder Städten übergreifend organisiert. Als Beispiel seien hier das Jahr des Westfälischen Friedens in Münster/Osnabrück 1998 oder das Lutherjahr 1996 genannt, zu dem sich mehrere Städte aus Thüringen und Sachsen-Anhalt zusammengeschlossen haben.

wie ein Mittel zur Imagestärkung einer Stadt, sowohl im nationalen wie auch im internationalen Rahmen.

Insgesamt entstanden der deutschen Wirtschaft aus Geschäftsreisen Reisekosten von rund 150 Mrd. DM, wobei der VDR (Verband Deutsches Reisemanagement) für eine innerdeutsche Reise im Schnitt 884 DM kalkuliert, bei europäischen Zielen 2200 DM und bei Zielen in Übersee 7500 DM. Von den Gesamtkosten einer Reise entfallen laut VDR rund 40% auf Flugtickets, 20-22% auf Hotelübernachtungen, 10-12% auf Mietwagen, 5-8% auf Bahnfahrkarten und der Rest auf Verpflegung, Spesen und Kilometergeld.

Zusätzliche Bedeutung haben mitreisende Angehörige von Geschäftsreisenden – jeder siebte Tagungs- und Kongressteilnehmer reist in Begleitung eines Familienangehörigen. Die Familienangehörigen, die im Allgemeinen nicht an der Veranstaltung teilnehmen, stellen ein weiteres Gästepotenzial für die gastgebende Stadt und damit für deren Freizeit- und Kulturangebot dar.

Standortfaktoren

Zielorte des Geschäftsreiseverkehrs sind hauptsächlich die Großstädte. Dies hat seine Ursache in den günstigen Standortfaktoren für sämtliche Einrichtungen und Veranstaltungen, die bei einer Geschäftsreise von Bedeutung sind. Diese lassen sich in „harte" und „weiche" Standortfaktoren einteilen. Zu den harten Standortfaktoren gehören die Lage und Verkehrsanbindung, Sitze bedeutender Institutionen, Wirtschaftsunternehmen, Bundesstellen, das Vorhandensein moderner Tagungseinrichtungen, ein differenziertes Beherbergungsangebot etc. Nicht zu unterschätzen sind jedoch auch die weichen Standortfaktoren wie das Image einer Stadt, touristische Attraktionen, Kultur- und Unterhaltungsangebote, attraktive Landschaft, Stadtbild, Einkaufsmöglichkeiten etc. Dies schafft angenehme Rahmenbedingungen für eine Veranstaltung. Gerade bei mehrtägigen Veranstaltungen sind meist ein kulturelles Rahmenprogramm oder genug zeitlicher Spielraum davor oder danach zur Besichtigung der jeweiligen Stadt vorgesehen.

Events als Attraktivitätsfaktor von Städten

Einen bedeutenden Faktor im privaten Städtetourismus stellen kulturelle Großveranstaltungen aus den Bereichen Musik, darstellende Kunst, Theater, Religion oder Tradition dar ❻. Im Sprachgebrauch wird dafür auch der Begriff Event verwendet. Jährlich besuchen rund 40% der Bevölkerung mindestens eine Großveranstaltung. Für den Besuch werden weite Entfernungen zurückgelegt.

Unter kulturellen Großveranstaltungen bzw. Events werden speziell inszenierte oder herausgestellte Veranstaltungen von begrenzter Dauer mit touristischer Ausstrahlung verstanden, wobei diese nicht ausschließlich in Städten stattfinden. Veranstaltungen wie „Rock am Ring" (am Nürburgring in der Eifel) sind nicht an die Infrastruktur einer Großstadt gebunden, wenn sie auch die temporäre, mobile Einrichtung einer umfassenden Infrastruktur mit sich bringen.

Zur Definition von Events gehören auch hohe Teilnehmerzahlen, hohe Investitions- und Veranstaltungskosten, ein großer Organisationsaufwand und eine überlokale Öffentlichkeitswirksamkeit. Diese Merkmale können quantitativ festgelegt werden, wobei es für die Abgrenzung sehr unterschiedliche Werte gibt. Die Dauer einer kulturellen Großveranstaltung kann zwischen wenigen Stunden (z.B. Konzerte), mehreren Wochen (z.B. Reichstagsverhüllung in Berlin 1995, Oktoberfest in München) und sogar mehreren Monaten (z.B. Gartenschauen, Weltausstellung EXPO) variieren. Bei länger andauernden Veranstaltungen wie Festivals oder ▶ Themenjahren finden häufig zusätzliche Einzelevents statt.

Touristische Bedeutung für die Städte

Kulturelle Großveranstaltungen haben einen großen Einfluss auf den Tourismus in einer Stadt ❺. Dies zeigt sich auch in der gestiegenen Zahl der inszenierten Events in den letzten Jahren sowie in der immer aufwendigeren und spektakuläreren Durchführung. Mit Hilfe von kulturellen Großveranstaltungen soll zunehmend ein eigenständiges Profil der Städte herausgestellt und ihr Image aufgewertet werden. Die daraus folgende Attraktivitätssteigerung basiert u.a. auf Multiplikatoreffekten durch die Veranstaltung, auf Synergieeffekten bei der Werbung, der Förderung der Stadt- und Regionalentwicklung und dem Aufbau von Kompetenzen. Hinzu kommt die Schaffung von Infrastrukturen im Rahmen der Veranstaltung, die im Nachhinein auch anderweitig genutzt werden können. Durch die Veranstaltung werden Anreize sowohl für private als auch für öffentliche Investoren geschaffen, denn die Besucher stellen auch ein Potenzial für sämtliche andere Einrichtungen in einer Stadt dar.

Auch negative Effekte können durch Großveranstaltungen verursacht werden. Im Bereich der Investitionen besteht vor allem die Gefahr der Spekulation sowie der Schaffung von Überkapazitäten. Findet eine kulturelle Großveranstaltung in regelmäßigen Abständen statt, verstärkt sich dieser Effekt, da evtl. Kapazitäten für maximale Auslastungen geschaffen werden, die in den Zeiten zwischen den Veranstaltungen nur teilweise genutzt werden können. Weitere Belastungen entstehen aufgrund der begrenzten zeitlichen Dauer einer solchen Veranstaltung durch starkes kurzfristiges Besucheraufkommen, z.B. Überlastung von Verkehrswegen, Grünflächen. Hinzu kommen mögliche negative ökologische Auswirkungen durch bauliche Maßnahmen, erhöhte Verkehrsdichte während der Veranstaltung, hohes Abfallaufkommen und Lärmbelästigung.

Insgesamt spielen kulturelle Großveranstaltungen gerade für Städte eine besondere Rolle, da auf diese Weise das Kultur- und Freizeitangebot ausgeweitet und abwechslungsreicher gestaltet werden kann. Für einige Städte, die sich zu großen Teilen über Veranstaltungen im Markt des Städtetourismus definieren, wie z.B. Kassel (documenta) oder Bayreuth (Festspiele), stellen diese zentrale Imagefaktoren dar.◆

Rüdesheim a.Rh. – Kleinstadt mit hohem Besucheraufkommen

❺ Auswirkungen kultureller Großveranstaltungen auf die Stadt

❻ Ausgewählte kulturelle Großveranstaltungen 1994-1998

Autor: E. Jagnow, H. Wachowiak

Städtetourismus zwischen Geschäftsreisen und Events

Urlaub auf dem Land – das Beispiel der Weinanbaugebiete

Michael Horn, Rainer Lukhaup, Christophe Neff

① Attraktivitätsfaktoren von Weinanbauregionen
Gästebefragung in Rheinland-Pfalz; Mehrfachnennungen

② Die wichtigsten Weinanbauländer der Erde nach der Weinerzeugung 1998

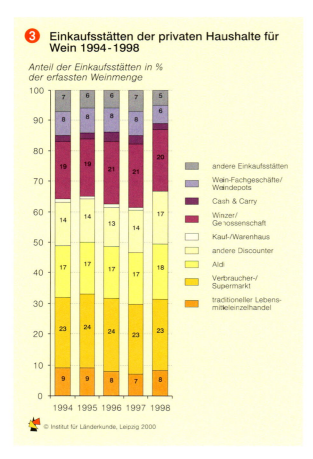

③ Einkaufsstätten der privaten Haushalte für Wein 1994-1998

Rüdesheim/Rhein

Gerade in dicht besiedelten Räumen, zu denen Deutschland größtenteils gehört, sind land- und forstwirtschaftlich genutzte Flächen nicht nur regionales Identitätsmerkmal, sondern gleichzeitig auch Zielgebiete des Freizeit- und Erholungsverkehrs. Der Fortbestand vieler Betriebe der nach wie vor vom Strukturwandel gekennzeichneten Landwirtschaft – zwischen 1981 und 1998 gingen die Betriebszahl um rund 50% zurück – ist zum einen von der Entwicklung der Marktpreise im globalen Wettbewerb abhängig, zum anderen auch von Möglichkeiten, zusätzliche Einnahmequellen am Standort zu erschließen.

In diesem Sinne kann der Ausbau des Fremdenverkehrs zu bedeutenden Verflechtungen mit Teilbereichen des primären Sektors führen. Somit trägt die Intensivierung des Tourismus im ländlichen Raum nicht nur zur Diversifizierung der regionalen Wirtschaftsstruktur und zum Fortbestand bäuerlicher Anwesen bei, sondern auch zur Erhaltung des vielfältigen Kulturlandschaftsbildes.

Wirtschaftsfaktor Fremdenverkehr im ländlichen Raum

Die Entwicklung der Landwirtschaft, das Erscheinungsbild der ländlichen Räume und der naturorientierte Freizeit- und Fremdenverkehr stehen in einer engen Abhängigkeit. Die Land- und Forstwirtschaft bewirtschaftet über 80% der Fläche Deutschlands. Die Bedeutung der Landwirtschaft geht jedoch weit über statistische Werte hinaus. Sie kann nicht alleine an ihrem Beitrag zum Bruttosozialprodukt (1,1%) oder an der Zahl der haupt- und nebenberuflich in der Landwirtschaft arbeitenden Menschen (3%) gemessen werden. Im Vordergrund stehen vielmehr die Funktionen für das Agrarbusiness mit vor- und nachgelagerten Betrieben, wie z.B. der Bedarf an landwirtschaftlichen Maschinen oder die Lieferung von Rohstoffen für die Nahrungsmittelindustrie, die Beiträge zur Erhaltung der Kulturlandschaft und der natürlichen Lebensgrundlagen sowie die Bereithaltung von Siedlungs-, Verkehrs- und Erholungsflächen.

Aus touristischer Sicht kann hauptsächlich auf vier Verflechtungsmöglichkeiten mit landwirtschaftlichen Betrieben verwiesen werden, wobei oftmals mehrere davon gemeinsam auftreten:
- Erhöhung der Flächenrendite durch Flächenumwidmung zu touristischen Zwecken, z.B. Schaffung von Campingplätzen und Abenteuerspielplätzen,
- Vermietung von Produktionsmitteln, z.B. Räume oder Pferde,
- Dienstleistungsangebote, z.B. Weinproben, Fremdenführungen oder Reitlehrgänge,
- Ab-Hof-Verkauf (Direktvermarktung) landwirtschaftlicher Produkte wie Milch und Milchprodukte, Fleisch und Fleischprodukte, Gemüse, Eier, Obst, Wein und Spirituosen.

Als Kriterien zur Wahl eines Urlaubs- oder Ausflugsortes spielt die Naturlandschaft mit ihrem Relief, ihrem Anteil von Wasserflächen an einem Fremdenverkehrsgebiet, den geologischen Besonderheiten, der Vegetationsbedeckung usw. eine wichtige Rolle. Ein zweiter bedeutender Faktor ist die Infrastrukturausstattung, d.h. die Verkehrswege, die Ausstattung mit Hotellerie und Gastronomie sowie das kulturelle und sportliche Angebot. Außerdem spielen verstärkt auch kulturlandschaftliche Elemente eine große Rolle ①. Dabei sind die vielfältigen physiognomischen Merkmale von Siedlungen von Bedeutung, d.h. ihre historischen Ortsbilder und Architektur, aber auch das Erscheinungsbild der landwirtschaftlich genutzten Flur. In diesem Sinne zählen zu den touristisch relevanten Beispielen identitätsstiftender Kulturlandschaften auch die Weinanbaugebiete Deutschlands.

Identitätsmerkmal Weinbau

Bei der Weinerzeugung liegt Deutschland im internationalen Vergleich mit knapp 10 Mio. Hektolitern (hl) im langjährigen Durchschnitt an achter Stelle ②. Dass die intensiv genutzte Kulturlandschaft des Weinbaus touristisch bedeutsam ist, mag auch darin begründet liegen, dass das Kulturgut Wein seit alters her nicht nur Ausdruck abendländischen Lebensstils ist, sondern dass ihm auch – in Maßen genossen – gesundheitsfördernde Wirkungen attestiert werden. So befand bereits Plutarch (ca. 45 bis 120 n. Chr.), dass der Wein unter den Getränken das nützlichste und unter den Arzneien die schmackhafteste sei. In den rheinland-pfälzischen Weinanbaugebieten werden beispielsweise in Bad Dürkheim, Bad Bergzabern und Bad Kreuznach Traubenkuren auf Basis von kontrollierter Ernährung in Verbindung mit Traubensaft angeboten, in Bad Marienberg gibt es Schroth-Kuren, bei denen eine Heildiät in Verbindung mit Schroth´schen Kurpackungen und wechselweise dosierten Wein- und weinfreien Tagen verordnet werden.

Deutsche Weine, insbesondere der Riesling, genießen unter Weinkennern ein hohes Ansehen. Klimatische und geologische Standortbedingungen lassen Weine mit besonderen Eigenschaften reifen, die sich vom internationalen Angebot abheben. Die Anbaugebiete in den neuen Ländern an Elbe und Saale-Unstrut konnten sich nach 1990 trotz der vergleichsweise kleinen Fläche von zusammen kaum 900 ha durch hochwertige Produkte ebenfalls auf dem Markt positionieren. Das gemäßigte Klima zwischen dem 47. und dem 50. Breitengrad mit Jahresdurchschnittstemperaturen zwischen 9 und 10,5 Grad Celsius (nördliche klimatische Weinbaugrenze), günstige Niederschlagsverteilungen und eine Vegetationsperiode von Mai bis Oktober bieten gute Voraussetzungen für den Weinanbau (BMELF 1998). Der Erfolgsweg im Qualitätsweinbau, wie er dem Vorbild der weltweit führenden Weinproduzenten Frankreich →

⑤ Mitglieder der Verbände für Urlaub auf dem Bauernhof und Landtourismus 1998*

* Mitgliederzahlen der Verbände der Bundesarbeitsgemeinschaft für Urlaub auf dem Bauernhof und Landtourismus in Deutschland e.V.; keine Mitglieder in Bremen, Hamburg, Berlin

© Institut für Länderkunde, Leipzig 2000

und Italien folgend auch in Deutschland zunehmend propagiert wird, setzt im Anbau und in der Sortenwahl zunehmend auf das Zusammenspiel von Bodenbeschaffenheit, topographischer Lage, Hangneigung und -exposition sowie (Mikro-) Klima (ROTHE 1998) – regionale und lokale Merkmale, die auch im Tourismus zu den Gunstfaktoren zählen.

Mit dem Reiseboom der späten 1960er Jahre und den daran geknüpften Urlaubserfahrungen gewann nicht nur der Rotwein im traditionellen Riesling-Land Deutschland an Bedeutung, sondern auch der Wunsch nach hochwertigen deutschen Weinen sowie nach Kenntnis über Anbaugebiete und Produktionsverfahren. Die Suche nach Erlebnis und Inszenierung schlägt sich in der Wahl der Einkaufsstätten für deutsche Weine nieder, wo der Direktver-

Anbaugebiete
Es gibt in Deutschland 13 **Qualitätsweinangebaugebiete**. Diese sind jeweils nach Boden, groß- und kleinklimatischen Bedingungen etc. weiter unterteilt in Bereiche, die sowohl **Großlagen** mit viele Einzellagen als auch **Einzellagen** umfassen. Zudem werden 20 Landweingebiete und 5 Tafelweingebiete unterschieden (##Tab.1##)

Güteklassen
Nach Alkohol- und Säuregehalt, regionaler Herkunft und – bei besseren Weinen – nach Oechslegrad, Erntezeitpunkt, Lager- und Abfüllmodus werden folgende **Güteklassen** unterschieden:
- Deutscher Tafelwein
- Deutscher Landwein
- Qualitätswein bestimmter Anbaugebiete (b.A.)
- Qualitätswein mit Prädikat
- Kabinett
- Spätlese
- Beerenauslese
- Trockenbeerenauslese
- Eiswein

Herkunftsangaben in der EU
Im Interesse der Vergleichbarkeit sind die Grundsätze der Herkunftsangaben für Qualitätsweine innerhalb der Europäischen Union einheitlich geregelt. Dem deutschen Begriff „Qualitätswein bestimmter Anbaugebiete" (QbA) entsprechen nach EU-Recht folgende Bezeichnungen:
- Frankreich: *Vin Délimité d'Qualité Supérieuré* (VDQS) und *Appellation d'Origine Controlée* (AOC).
- Italien: *Denominazione di Origine Controllata* (DOC) und *Denominazione di Origine Controllata e Garantita* (DOCG).
- Spanien: *Denominación de Origen* (DO)

Gütezeichen und Prädikate
Gütezeichen (Qualitätszahl von mind. 2,5 Punkten)
- Das Deutsche Weinsiegel wird in drei Farben (gelb für trocken, grün für halbtrocken, rot für Weine ohne Geschmacksangabe) vergeben.
- Das Deutsche Weinsiegel „Selektion" ist eine Auszeichnung gebietlicher Qualitätsprogramme; realisiert bisher nur bei „Selektion Rheinhessen".
- Gütezeichen des Fränkischen Weinbauverbandes: für trockene Weine mit gelbem Rand.
- Gütezeichen des Badischen Weinbauverbandes.

Prämierungen (Qualitätszahlen von mind. 3,5 Punkten)
Für alle 13 Anbaugebiete gibt es eine Gebiets- bzw. Landesprämierung. Für die Bronze-Preismünze müssen mindestens 3,5 Punkte erreicht werden, für Silber 4, für Gold 5 Punkte.

Rebsorten
In Deutschland sind derzeit etwa 65 Weiß- und Rotweinsorten zur Weinherstellung zugelassen, weitere etwa 35 stehen im Versuchsanbau. Auf die Rebsorten Müller-Thurgau und Riesling entfallen rund 45% der bestockten Rebfläche. Deutschland ist traditionell ein Land der weißen Rebsorten. Der Anbauanteil liegt derzeit bei ca. 81%, gegenüber etwa 19% an roten Sorten (steigende Tendenz).
Typisch für deutsche Weine ist der reinsortige Ausbau, d.h. der Wein wird nur aus einer einzigen Rebsorte erzeugt.

Weinlese 1997
Zur Weinlese 1997 standen in Deutschland 102.475 ha im Ertrag ⑥, die von ca. 38.500 Betrieben bewirtschaftet wurden. 29% der Fläche entfielen auf Betriebe mit weniger als 1 ha Größe, zwei Drittel der Rebfläche wurden von Betrieben mit Flächen zwischen 1 ha und 30 ha bewirtschaftet.
Die Erntemenge des Jahrgangs 1997 wies 6,6 Mio. hl Weißmost und 1,9 Mio. hl Rotmost auf. Der Großteil des erzeugten Mostes wird zu Qualitätsweinen ausgebaut. Tafelweine und Landweine machen nur ca. 5% aus.

trieb über die Erzeuger (Winzer und Weinbaugenossenschaften) einen konstant hohen Wert einnimmt ③.

Tourismusfaktor Weinanbauregion

Die Konzentrationen des Tourismus im Bereich der ▶ Weinanbaugebiete resultieren aus dem regionalen Zusammenspiel von reichen kulturhistorischen Potenzialen und reizvollen klein gegliederten Landschaften, wie etwa den Steillagen an der Mosel, sowie einer hohen Sonnenscheindauer – führend ist darin das Anbaugebiet um den badischen Kaiserstuhl – und bodenständiger Tradition und Qualität. Als attraktiv werden auch der Kontrast zwischen Reb- und Waldland in der Pfalz entlang der Deutschen Weinstraße oder die romantischen historischen Festungsanlagen im Mittelrheintal empfunden. Auffallend ist die Übereinstimmung von Tourismusaufkommen und den auch für den Weinbau maßgeblichen natürlichen Leitfaktoren Klima und Relief. Die Nähe der Weinanbauregionen zu Verdichtungsräumen ist nicht nur für den Weindirektabsatz, sondern auch für das hohe Besucheraufkommen der Weinfeste ausschlagge-

bend. Somit sind die Rebflächen zwar ein Identitätsmerkmal, als alleiniger Grund für einen Urlaub oder Ausflug können sie jedoch nicht betrachtet werden. Sie sind vielmehr als unverwechselbare, romantische Kulisse anzusehen (AMMER/PRÖBSTL 1991; EISENSTEIN 1996). Daher ist der Weinkauf auch selten ausschließlicher Grund für den Aufenthalt in einem Weinanbaugebiet, sondern in Koppelung mit und in Abhängigkeit von anderen freizeitorientierten Aktivitäten zu sehen, wie z.B. Wandern, Besuch von Kulturdenkmälern oder Gaststätten (vgl. LUKHAUP et al. 1994).

Weinspezifische Veranstaltungen ⑧

Der Weinabsatz direkt an den Endverbraucher ist nicht nur Marketingbestandteil von Weinbaubetrieben zur Verbesserung der ökonomischen Betriebsbasis, sondern integrativer Bestandteil von lokalen oder regionalen Maßnahmen zur Steigerung des Tourismusaufkommens. Hierzu zählen insbesondere Weinproben mit Keller- und Betriebsbesichtigung, Weinfeste, Weinmessen und -seminare, Weinbergsführungen und die Einkehrmöglichkeiten

⑥ Die deutschen Qualitätsweinanbaugebiete im Überblick

Anbau-gebiete	Bereiche	Landwein-gebiete	Tafelwein-gebiete	Tafelwein-untergebiete
Baden	Bodensee, Märkgräferland, Kaiserstuhl, Tuniberg, Breisgau, Ortenberg, Badische Bergstraße/Kraichgau Tauberfranken	Südbadischer Landwein, Unterbadischer Landwein, Taubertäler Landwein	Oberrhein	Römertor, Burgenau
Württemberg	Remstal-Stuttgart, Oberer Neckar, Württembergisch Unterland, Württ. Bodensee, Bayer. Bodensee, Kocher-Jagst-Tauber	Schwäbischer Landwein	Neckar	
Franken	Mainviereck, Maindreieck, Steigerwald	Fränkischer Landwein	Bayern	Main
-	-	Regensburger Landwein, bayer. Bodensee Landwein		Donau Lindau
Pfalz	Südliche Weinstraße, Mittelhaardt / Deutsche Weinstraße	Pfälzer Landwein	Rhein-Mosel	Rhein
Rheinhessen	Bingen, Nierstein, Wonnegau	Rheinischer Landwein		
Nahe	Nahetal	Nahegauer Landwein		
Hessische Bergstraße	Starkenburg, Umstadt	Starkenburger Landwein		
Rheingau	Johannisberg	Altrheingauer Landwein		
Ahr	Walporzheim / Ahrtal	Ahrtaler Landwein		
Mittelrhein	Loreley / Siebengebirge	Rheinburgen Landwein		
Mosel-Saar-Ruwer	Zell / Mosel, Bernkastel, Obermosel, Moseltor, Saar-Ruwer	Landweine der Mosel, der Ruwer und der Saar		Mosel Saar
Sachsen	Meißen, Dresden, Elstertal	Sächsischer Landwein	Albrechtsburg	
Saale-Unstrut	Thüringen, Schloss Neuenburg	Mitteldeutscher Landwein		

in den typischen Besen- oder Strauß-
wirtschaften, die inzwischen nicht mehr
nur die württembergischen Weinbauor-
te charakterisieren. Als größte Veranstaltung rund um den Wein zählt der
„Wurstmarkt" in Bad Dürkheim jeweils
im September, der auf eine 583-jährige
Tradition zurückblicken kann. 1999 kamen über 630.000 Besucher auf dieses
Weinfest und tranken hier mehr als
300.000 Liter Wein. Alleine für die Anbaugebiete von Rheinland-Pfalz zählen
die Veranstaltungskalender über 800
Wein- oder Winzerfeste.

zählten die ca. 7000 Anbieter für „Urlaub auf dem Bauernhof" in Bayern ca.
1 Mio. Gäste und 9,4 Mio. Übernachtungen, wobei für 30% der Besucher
Bayern gleichzeitig auch das Herkunfts-
land war (LUBB 1999). 1997 boten
bundesweit etwa 20.000 landwirtschaftliche Betriebe Urlaub auf dem Bauernhof an (BAG 1999). Dabei profitieren
nicht nur die einzelnen Betriebe von
den Übernachtungsgästen, sondern
auch die touristische Infrastruktur der
gesamten Ortschaft bzw. Region. Bereits
seit Anfang der 1990er Jahre verzeichnet diese Urlaubsform Steigerungsraten
von jeweils ca. 5% pro Jahr. 1997 wurden 23,8 Mio. Übernachtungen registriert. Etwa 5% der deutschen Urlauber
gaben für 1997 an, ihren Haupturlaub
auf einem Bauern- oder Winzerhof verbracht zu haben (BAG 1999), was einem Anteil von ca. 1,5% am gesamttouristischen Umsatz entspricht. Bevorzugte Reiseziele sind die Urlaubsregionen der süddeutschen Länder und von
Schleswig-Holstein ❺. Regionale Konzentrationen zeigen sich in landschaftlich abwechslungsreichen Räumen, wie
sie z.B. die rheinland-pfälzischen Weinanbaugebiete darstellen ❼.

Voraussetzungen für den Erfolg dieser
Urlaubsform, deren Hauptsaison die
Sommer- und Herbstferienzeit ist, sind
außer den günstigen Übernachtungs-

preisen und einer reizvollen Landschaft
auch soziale Kriterien: Integration in
die Gastgeberfamilien, Möglichkeiten
der Teilnahme an betrieblichen Produk-
tionsabläufen sowie familiengerechte
Zimmerausstattungen. ◆

Weinberge in der Pfalz

Urlaub auf Bauern- und Winzerhöfen

Zur Diversifizierung ihrer ökonomischen Basis gehen immer mehr bäuerliche Betriebe dazu über, außer eigenen
landwirtschaftlichen Erzeugnissen auch
Gästezimmer anzubieten. In Abwandlung der altbürgerlichen Sommerfri-
sche, die zwar stark landschaftsbezogen
war, aber kaum den Blick in den Be-
triebskreislauf des Hofes suchte, versteht sich das heutige überwiegend fa-
milienorientierte, vergleichsweise ko-
stengünstige Urlaubsangebot auch als
Aufklärungs- oder Anschauungshilfe für
bäuerliche Wirtschaftsweisen. Der „Urlaub auf dem Bauern- und Winzerhof"
verzeichnet steigende Anteile an den
inländischen Übernachtungen. 1997

Urlaub auf dem Land – das Beispiel der Weinbaugebiete

Regionalwirtschaftliche Bedeutung des Tourismus

Mathias Feige, Thomas Feil, Bernhard Harrer

Lenggries

Übernachtungs- und Tagesreisen bilden die beiden Hauptsegmente der touristischen Nachfrage. Mit 2,2 Milliarden Fahrten pro Jahr übersteigt der Tagesreiseverkehr (Ausflüge, Tagesgeschäftsreisen) in Deutschland die rund 610 Mio. Übernachtungen (Urlaub, Kur, Verwandtenbesuche, Geschäftsreisen) nahezu um das Vierfache.

Die Ausgaben pro Person und Tag betragen bei den Tagesreisenden im Mittel 39 DM, bei den Übernachtungsreisenden 120 DM. Die deutschen Unternehmen erzielen aus der gesamttouristischen Nachfrage unter Einbezug der Reisekosten im Binnentourismus jährliche Bruttoumsätze in Höhe von mindestens 200 Mrd. DM. Der daraus resultierende Beschäftigungseffekt beträgt ca. 2 Mio. Arbeitsplätze, davon 1,3 Mio. in direkt vom Tourismus abhängigen Wirtschaftsbereichen. Dies entspricht einem Anteil von rund 6% aller Erwerbstätigen der Bundesrepublik Deutschland.

Eine länderbezogene Differenzierung zeigt zweierlei: Die quantitative Dominanz des Tagesreiseverkehrs schlägt sich in 13 der 16 Ländern auch in einer entsprechend größeren ökonomischen Bedeutung im Vergleich zum Übernachtungstourismus nieder ❶. Zum Zweiten liegt der relative Stellenwert des Tourismus in der Gesamtwirtschaft touristisch bedeutsamer, aber strukturschwacher Länder wie z.B. Mecklenburg-Vorpommern (7,4%, Spitzenwert) oder Schleswig-Holstein (4,6%) deutlich über dem Wert, den er in wirtschaftlich starken Tourismusländern wie Bayern (3,4%) oder Baden-Württemberg (2,4%) erreicht. Und das, obwohl in diesen Ländern der Einkommensbeitrag aus dem Tourismus in absoluten Zahlen deutlich größer ist als in den strukturschwachen Ländern ❻.

Woher kommt das Geld im Tourismus und wohin fließt es?

Das Gastgewerbe mit Beherbergungssektor und Gastronomie erhält jede zweite Mark, die Touristen ausgeben ❷. Dabei sind es nicht allein die Hotel-, Pensions- und Appartementgäste der gewerblichen Betriebe, durch die Geld in die Region fließt (37%). Der Privatquartiersektor sorgt noch einmal für einen ebenso hohen Umsatz (35%). Auch Beherbergungs- und Tourismusformen, die bei tourismuswirtschaftlichen Betrachtungen häufig übersehen werden, wie die Freizeitwohnsitze, Besuche von Verwandten und Freunden oder der Ausflugsverkehr, spielen ökonomisch durchaus eine Rolle (13,5% der tourismusbedingten Umsätze). Weitere Branchen, die man nicht primär mit dem Tourismus verbindet, leben zumindest teilweise von den Ausgaben der Gäste: Der Einzelhandel sowie zahlreiche Dienstleister – vom Kurmittelbereich über Verkehrsunternehmen bis zu Banken und Friseuren. Ohne diese touristische Nachfrage würde eine Vielzahl von Geschäften und Einrichtungen (Kinos, Schwimmbäder etc.) nicht in der Anzahl, Ausstattung und Qualität existieren, wie man sie heute in den bevölkerungsschwachen, peripher gelegenen Küsten- und Inselorten findet: Ein prosperierender Tourismus erhöht die Lebensqualität der Bevölkerung.

Die Entstehungs- und Verteilungsstrukturen im Tourismus müssen mit Hilfe präziser Einzeldaten stets für jede Gemeinde individuell berechnet werden. An einem regionalen und einem lokalen Beispiel wird die wirtschaftliche Bedeutung des Tourismus im Folgenden im Detail aufgezeigt.

Nordseeküste Schleswig-Holstein

Die Region zwischen Sylt und Elbmündung gehört mit fast 17 Mio. Übernachtungen und 11,2 Mio. Ausflügen zu den bekanntesten Feriengebieten in Deutschland. Hier übersteigt der Übernachtungstourismus aufgrund der relativ großen Ferne zu bevölkerungsstarken Agglomerationen den Tagestourismus. 19,4% des Volkseinkommens dieser Region stammen heute aus dem Tourismus. Durchschnittlich 74 DM betragen die Tagesausgaben eines Übernachtungsgastes, wobei diese je nach Ort bzw. Insel und Quartierart erheblich variieren können, z.B. 44,90 DM in der Stadt Meldorf, 92,10 DM auf der Insel Sylt. Ein Hotelgast in Westerland gibt 180 DM pro Person und Tag aus. Jeder Tagesgast lässt zwischen 24 und 35 DM in der Region, je nachdem, ob er z.B. Strandaufenthalte am Festland oder Schiffsausflüge zu den Halligen unternimmt.

Heute profitiert zwar jede Küsten-, Insel- oder Halliggemeinde vom Tourismus ❺, doch ist die Einkommenswirkung sehr unterschiedlich. Für 40% der Anrainergemeinden handelt es sich nur um eine ergänzende Einkommensquelle (< 5%), vor allem in den Fällen, in denen der Tourismus landwirtschaftlichen Betrieben ein Zusatzeinkommen ermöglicht: Urlaub auf dem Bauernhof, Reitpferdehaltung, Direktvermarktung, Zulieferverträge mit Hotels etc. Das andere Extrem sind die Seebäder auf Sylt, Amrum sowie Wyk auf Föhr, St. Peter-Ording und Büsum, in denen sich der Tourismus längst zur Haupterwerbsquelle entwickelt hat. Diese Orte sind zu-

❶ Beitrag des Tourismus zum Volkseinkommen 1993

Bundesland	Einkommensbeitrag in %		Insges.
	Tagesreiseverkehr	Übernachtungsreisevk.	
Baden-Württemberg	1,3	1,1	2,4
Bayern	1,7	1,7	3,4
Berlin	1,4	1,4	2,8
Brandenburg	2,4	1,1	3,5
Bremen	1,5	0,4	1,9
Hamburg	1,4	0,7	2,1
Hessen	1,6	1,2	2,8
Mecklenburg-Vorpom.	4,0	3,4	7,4
Niedersachsen	1,8	1,7	3,5
Nordrhein-Westfalen	1,3	0,5	1,8
Rheinland-Pfalz	1,6	1,3	2,9
Saarland	0,9	0,4	1,3
Sachsen	2,9	1,0	3,9
Sachsen-Anhalt	2,5	0,7	3,2
Schleswig-Holstein	2,0	2,6	4,6
Thüringen	2,1	1,5	3,6
Deutschland	**1,6**	**1,2**	**2,8**

*Das **Volkseinkommen** oder auch **Nettosozialprodukt** beschreibt – vereinfacht – die Summe aller Erwerbs- und Vermögenseinkommen, die Inländern in einem Jahr zugeflossen sind. Es umfasst die Erwerbs- und Vermögenseinkommen der privaten Haushalte, der privaten Organisationen ohne Erwerbszweck, die Vermögenseinkommen des Staates und die unverteilten Gewinne der Unternehmen mit eigener Rechtspersönlichkeit.*

*Der **Beitrag des Tourismus zum Volkseinkommen** kann in absoluten Zahlen (z.B. Mio.) oder als Prozentwert ausgedrückt werden. Er misst, wie viel des gesamten Volkseinkommens einer Region in einem Jahr aus dem Tourismus stammt.*

*Der **Umsatz** (Brutto/Netto) bezeichnet Erlöse aus eigenen Erzeugnissen und industriellen bzw. handwerklichen Dienstleistungen, außerdem aus dem Verkauf von Handelsware und aus sonstigen nicht industriellen bzw. nicht handwerklichen Tätigkeiten.*

*Unter **Vorleistungen** ist der Wert der Güter (Waren und Dienstleistungen) zu verstehen, die inländische Wirtschaftseinheiten von anderen in- und ausländischen Wirtschaftseinheiten bezogen und in einem Jahr im Zuge der Produktion verbraucht haben.*

dem Einpendlergemeinden für viele der rund 9000 Vollzeitbeschäftigten im Tourismus der Westküstenregion, das sind rd. 40% aller Beschäftigten der Dienstleistungsbranche. Dazu kommt eine nicht quantifizierbare Zahl von Neben-, Teilzeit-, Saisonarbeitskräften – von der Raumpflegerin für die Ferienwohnung über den Strandkorbvermieter bis zum Fahrradgeschäft, welches auch einen Fahrradverleih betreibt. Es ist deshalb die Aussage gerechtfertigt, dass ein Großteil der rd. 30.000 Haushalte an der Nordsee zumindest Teile des Einkommens aus dem Tourismus beziehen.

Ab einer Größenordnung von rd. 20% Beitrag des Tourismus zum Volkseinkommen kann davon gesprochen werden, dass die Existenz einer Kommune entscheidend von der Prosperität des Tourismus abhängt. Die Karte 5 zeigt, dass auch die Halligbevölkerung heute längst zu Tourismusdienstleistern geworden ist. Neben den Extremen finden sich auch Gemeinden, die über eine ausgeglichene Wirtschaftsstruktur verfügen – Beispiel Friedrichskoog mit Fischerei und produzierendem Gewerbe – oder in denen der Tourismus noch in der Expansionsphase steckt (Pellworm, Nordstrand, Dagebüll).

Das bayerische Lenggries

Der Luftkurort Lenggries liegt im Reisegebiet Isarwinkel zwischen Tegernsee und Walchensee 4 und hat etwa 9000 Einwohner. Durch das breite Angebotsspektrum für Freizeitaktivitäten in der Sommer- und in der Wintersaison (z.B. Wassersport, Wandern bzw. Skisport) ist die Gästenachfrage relativ gleichmäßig über das Jahr verteilt. Die attraktive Lage im bayerischen Alpenvorland (z.B. Braunneck-Bergbahn, Sylvensteinspeicher) und die Nähe zu München (gut 50 km) ma-

chen den Ort sowohl für Tagesbesucher als auch für Übernachtungsgäste interessant. Aus beiden Zielgruppen resultieren etwa gleich hohe Umsätze.

Jedes Jahr kommen etwa 900.000 Tagesgäste in den Ort Lenggries. Im Durchschnitt gibt jeder Besucher 32,60 DM aus, woraus sich Bruttoumsätze in Höhe von 29 Mio. DM ergeben. Die Zahl der Übernachtungen ist mit rund 350.000 (gewerbliche Betriebe, Privatquartiere, Besucherverkehr bei Einheimischen) zwar niedriger, aber bei deutlich höheren Ausgaben von 88,60 DM pro Person und Tag errechnen sich immerhin 31 Mio. DM Umsatz.

Von diesen Umsätzen profitieren unterschiedliche Wirtschaftszweige 3. Für die Einheimischen zählt letztendlich das vor Ort verbleibende Einkommen. Dieses ergibt sich nach Abzug der Mehrwertsteuer sowie der Vorleistungen und Abschreibungen vom Bruttoumsatz: 18 Mio. DM in der ersten und 10 Mio. DM in der zweiten Umsatzstufe.

Der Tourismus ist damit als wichtiger Wirtschaftszweig für Lenggries anzusehen. Er bewirkt einen Beitrag von rund 7,3% zum Volkseinkommen (ohne Vorleistungen der 2. Umsatzstufe, Fahrtkosten, Zweitwohnsitze, Reisen nach außerhalb, Reisevor- und -nachbereitung). Die direkten Einkommenseffekte können praktisch vollständig dem Ort Lenggries zugerechnet werden, während die indirekten Effekte (z.B. Großhandel, Banken, Baugewerbe) zu einem großen Teil den Leistungslieferanten in den Städten und Gemeinden im Umland zugute kommen.

Aufgrund seiner starken Dienstleistungsorientierung ist der Tourismus eine personalintensive Branche. Dadurch wirken sich die Beschäftigungseffekte stärker als die Einkommenswirkungen aus. In Lenggries ist insgesamt von rund 1000 touristisch abhängigen Beschäftigten auszugehen. Davon sind rund 200 als Vollzeitkräfte und rund 800 als Teilzeitkräfte (z.B. Saisonarbeiter, 630-DM-Jobs, Azubis) tätig. ◆

Regionalwirtschaftliche Bedeutung des Tourismus | 117

Tourismusförderung als Aufgabe der Raumentwicklung

Hans Hopfinger

Die räumliche Ordnung so zu gestalten, dass in allen Teilen des Landes gleichwertige Lebensbedingungen existieren, gehört zu den im Grundgesetz verankerten Oberzielen von Raumordnung und Regionalpolitik. In diesem Sinne ist in einer historisch beispiellosen Anstrengung seit der deutschen Einheit versucht worden, die ökonomische Situation in den neuen Ländern entscheidend zu verbessern. Dort sind inzwischen überall beachtliche Fortschritte sichtbar, wenn auch das übergreifende Ziel, leistungsfähige Strukturen aufzubauen, die aus eigener Kraft am Markt bestehen können, noch nicht erreicht ist. Die bisherigen Erfolge wären jedoch ohne öffentliche Förderpolitik nicht möglich gewesen.

Zentrales Instrument der Förderpolitik ist die Gemeinschaftsaufgabe "Verbesserung der Regionalen Wirtschaftsstruktur" (GRW), die 1969 zur Lösung struktur- und regionalpolitischer Probleme eingerichtet wurde. Sie ist jedoch nicht das einzige Instrument, das Unternehmen und Kommunen nutzen können, wenn sie für ihre Investitionen im Tourismus öffentliche Hilfe erhalten wollen. Der Tourismussektor ist ein Querschnittsbereich mit vielen Bezügen zu anderen ökonomischen Sektoren. Insbesondere wegen des ausgeprägten kleinteiligen Charakters der Tourismuswirtschaft – so gut wie alle Unternehmen zählen zum mittelständischen Gewerbe mit weniger als 100 Mio. DM Umsatz – ist Tourismusförderung ausgesprochene Mittelstandspolitik. Im Rahmen des Programms Aufbau Ost zum Beispiel profitiert der Sektor auch von der Förderung der Verkehrsinfrastruktur, des Städtebaus und der Denkmalpflege. Hinzu kommt, dass Tourismusförderung grundsätzlich zum Aufgabenbereich der Länder gehört. Entsprechend schwierig gestalten sich nicht nur Identifizierung und Zuordnung der Maßnahmen zu bestimmten Fachressorts, sondern auch ihre Erfolgskontrolle.

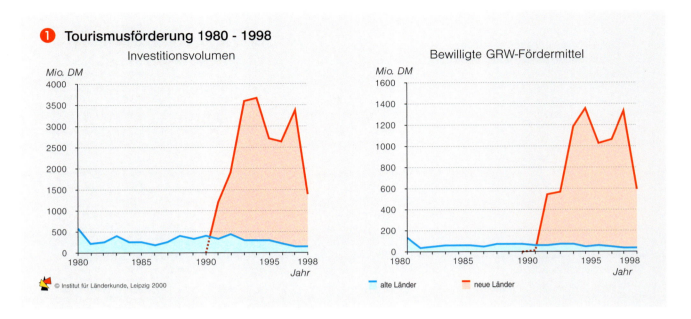

❶ Tourismusförderung 1980 - 1998

Instrumente und Maßnahmen

Die Instrumente der GRW zur Förderung von Investitionen in der Tourismuswirtschaft werden bevorzugt in strukturschwachen Regionen eingesetzt. Ziel ist, die einkommen- und arbeitsplatzschaffende Wirkung des Tourismus zu nutzen, um regionale Entwicklungsprozesse zu induzieren.

- **Förderung wie in der gewerblichen Wirtschaft**
  Mit dem 24. Rahmenplan für die GRW (1995) sind die bisher für Tourismusunternehmen geltenden einschränkenden Sonderregelungen abgeschafft worden. Unternehmen können seitdem in den Genuss öffentlicher Hilfen gelangen, wenn sie, wie die übrige gewerbliche Wirtschaft, bestimmte Anforderungen erfüllen. Beispielsweise sind die vorhandenen Arbeitsplätze um mindestens 15% zu erhöhen. In den A-Fördergebieten der GRW (strukturschwächste ostdeutsche Regionen) beträgt der Förderhöchstsatz für kleine und mittlere Unternehmen 50%, für große 35%. In den B-Regionen (strukturstärkere ostdeutsche Regionen mit besonders schwerwiegenden Problemen) reduziert er sich auf 43% bzw. 28%. In den C-Regionen der alten Länder gilt ein Höchstsatz von 28% bzw. 18%.

- **Förderung nicht-investiver Maßnahmen**
  Seit 1995 können Mittel auch für nicht-investive Maßnahmen gewährt werden. Hilfen gibt es beispielsweise für qualitative Verbesserungen der

❷ Entwicklung der Fördergebietskulisse im Rahmen der Gemeinschaftsaufgabe „Verbesserung der Regionalen Wirtschaftsstruktur"

Personalstruktur in touristischen Unternehmen wie auch für Beratungsleistungen und Schulungen, welche die Wettbewerbsfähigkeit der Unternehmen erhöhen.
- **Förderung der Infrastruktur**
Tourismusnahe Infrastruktur wird in zwei Bereichen gefördert: Maßnahmen zur Geländeerschließung, die zur Erhöhung der Leistungsfähigkeit von Tourismusunternehmen beitragen, sowie öffentliche Einrichtungen wie Kurhäuser und -parks, Rad- und Wanderwege, aber auch Spaß- und Erlebnisbäder, sofern sie überwiegend von Touristen genutzt werden. Seit dem 24. Rahmenplan können bestimmte Beratungs- und Planungsleistungen ebenso gefördert werden wie die Erstellung integrierter regionaler Entwicklungskonzepte für den Tourismus.

Ergebnisse im Überblick

Zwischen 1972 und 1991 ist in den alten Ländern ein Investitionsvolumen von 7,5 Mrd. DM im Tourismus mit gut 1,7 Mrd. DM aus GRW-Mitteln gefördert worden ❷. Das entsprach einem Anteil von 5,5% aller Investitionen, die von der GRW angeregt wurden, und von 11,3% bei den Fördergeldern. Mit 8144 Anträgen stammten zwar 23,2% aller Vorhaben aus dem Tourismus, aber mit 17.639 Stellen belief sich deren Anteil nicht einmal auf 2% aller neu entstandenen oder gesicherten Arbeitsplätze.

In den Jahren 1990–1998 ❸ wurden für den Tourismus, aus dem mit 9324 Vorhaben fast 20% aller Förderanträge stammten, knapp 7,7 Mrd. DM Fördermittel bereitgestellt, was einem Anteil von 10,9% entsprach. An den Gesamtinvestitionen war der Sektor mit 8,4%, d.h. mit 20 Mrd. DM beteiligt. Trotz dieser beachtlichen Anteile ist der kleinteilige Charakter der Branche unverkennbar geblieben: Während in der gewerblichen Wirtschaft im Durchschnitt pro Vorhaben fast 5 Mio. DM investiert werden, sind es im Tourismus kaum mehr als 2 Mio. DM; mit GRW-Hilfe wurden zwar fast 45.000 Stellen neu geschaffen oder gesichert, doch das entspricht nur 3,4% aller in den neuen Ländern geförderten Arbeitsplätze.

Fazit

Der Tourismus hat sich in Deutschland von einem Verkäufer- zu einem Käufermarkt entwickelt. Damit haben sich wichtige Parameter vor allem hinsichtlich der Professionalität und Qualität des Angebots verändert, so dass im Westen der Bundesrepublik ein weiterer Ausbau der Kapazitäten schon seit Jahren nicht mehr erforderlich ist. Eine eher zaghafte Anpassung an diese Entwicklung hat es im Rahmen der GRW jedoch erst mit der Aufnahme nicht-investiver Maßnahmen in die Tourismusförderung seit dem 24. Rahmenplan gegeben.

Nachdem es in den ersten Jahren nach der deutschen Einheit unumgänglich war, das touristische Angebot in den neuen Ländern grundlegend zu erneuern, drohen dort inzwischen gewaltige Überkapazitäten, während die Überalterung des Angebots im restlichen Bundesgebiet zum Problem werden könnte. Die Erfolge in der ostdeutschen Tourismuswirtschaft spiegeln sich in der zunehmenden Beliebtheit der Reiseziele wider. So ist Mecklenburg-Vorpommern nach Bayern und Baden-Württemberg auf Platz 3 in der Rangliste der beliebtesten innerdeutschen Reiseziele gerückt.◆

Das Kurhaus von Binz, Rügen, mit GRW-Mitteln renoviert

Organisationsstrukturen im deutschen Tourismus

Christoph Becker und Martin L. Fontanari

Die Internationale Tourismus Börse in Berlin

Die Strukturen des Tourismus in Deutschland bieten auf den ersten Blick eine verwirrende Vielfalt ❶. Immer wieder wird die Frage gestellt, warum so viele Verbände nebeneinander bestehen müssen, dazu oft mit einer so tiefen regionalen Untergliederung wie beim Deutschen Tourismusverband (DTV) und seinen Mitgliedern oder beim Deutschen Hotel- und Gaststättenverband (DEHOGA). Diese Vielfalt erklärt sich aus dem Zusammenwirken der verschiedensten Anbieter, das für den Tourismus charakteristisch ist. Den stärksten Eindruck von der vielfältigen Zusammensetzung des touristischen Angebotes vermittelt die Internationale Tourismus Börse (ITB) in Berlin, auf der sich 8800 Aussteller aus teilweise extrem spezialisierten Unternehmen mit 60.000 Fachbesuchern und 6500 Journalisten treffen. Auf der regionalen Ebene gibt es im öffentlichen Tourismus jedoch auch einige Organisationen, die sich überlebt haben oder nur noch dem Befriedigen von Eitelkeiten dienen.

Der DTV als Spitzenorganisation der öffentlichen Tourismusorganisationen hat eine personell und finanziell vergleichsweise schwache Position. Seine Mitglieder, vor allem die Länder und die Fremdenverkehrsgemeinden, konzentrieren sich insbesondere auf die eigene Vermarktung. Die klein- bis mittelständischen Strukturen des deutschen Tourismus mindern das Interesse an nationalen Spitzenorganisationen. Dementsprechend hat das Deutsche Fremdenverkehrspräsidium auch nur eine formale Bedeutung und unterhält keine eigene Geschäftsstelle.

Eine relativ starke Position besitzt die Deutsche Zentrale für Tourismus, die – unterstützt mit Bundesmitteln – vor allem für die deutsche Tourismuswerbung im Ausland zuständig ist. Seit einigen Jahren betreibt sie auch die lange Jahre vernachlässigte Werbung für den Inlandstourismus.

❶ Gliederung der Fremdenverkehrsorganisationen

③ Die größten Hotelketten und -kooperationen in Deutschland
nach der Anzahl der Häuser

Gesellschaft	Betriebsstruktur	Hauptsitz	Hotels in Deutschland
Utell	Kooperation, z.T. Franchise (Golden Tulip, Tulip Inn)	GB	260
Accor (mit den Marken Ibis, Etap, Novotel, (hauptsächlich) Mercure, Sofitel, Formule 1)	Management	F	174
Ringhotels	Kooperation	D	150
Best Western	Franchise	USA	132
Akzent	Kooperation	D	106
Flair	Kooperation	D	122
Select Marketing	Kooperation	D	85
Romantik	Kooperation	D	84
Treff	Eigenbetriebe, Pacht (hauptsächl.)	D	76
Top International	Kooperation	D	72
Minotel	Kooperation	CH	72

Tourismusorganisationen der Länder und Regionen

Jedes deutsche Land verfügt über einen eigenen Tourismusverband, der – unterstützt durch Landesmittel – das eigene Land zentral vermarktet ④. Nur in Nordrhein-Westfalen gab es bislang zwei Landesverbände, die jetzt aber durch einen zentralen Tourismusverband und mehrere regionale Teilverbände abgelöst werden sollen.

Die Länder außer Bayern und Rheinland-Pfalz besitzen flächendeckende Regionalverbände. Sie unterhalten Arbeitsgemeinschaften, die inzwischen auch über eigene finanzielle Mittel verfügen, und daneben einige vor allem von den Landkreisen finanzierte touristische Organisationen, die einzelne Landschaften gezielt vermarkten.

Hierin spiegelt sich der Trend zum Destinationsmarketing wider: einer Vermarktung von Landschaften oder Fremdenverkehrsgebieten, wie der Tourist sie wahrnimmt und kennen lernt. Dieser sucht bestimmte Fremdenverkehrsgebiete auf, nicht aber künstliche Gebilde wie Nordrhein-Westfalen oder Rheinland-Pfalz. Idealerweise wird Destinationsmarketing für Fremdenverkehrsgebiete betrieben, die dem üblichen Aktionsraum eines Urlaubers mit allen seinen Ausflügen entsprechen. Insofern sind viele Fremdenverkehrsregionen zu groß, doch werben sie in der Regel immerhin für einen charakteristischen Landschaftsraum.

Ein weiterer wichtiger Trend besteht im Wechsel vom Fremdenverkehrsverband e.V. hin zur Tourismus-Marketing GmbH. Die neuen Begriffe stehen für eine zielgerichtete Vermarktung; vor allem bietet die privatwirtschaftliche Rechtsform die Möglichkeit,

- mit Pauschalen marktfähige Angebote auf den Markt zu bringen,
- mehr Eigeneinnahmen – auch durch den Einbezug der Hotels als Leistungsträger – zu erzielen und
- den Handlungsspielraum und die Schlagkraft der Organisationen zu erhöhen.

Um den Übergangsprozess vom e.V. zur GmbH deutlich zu machen, gibt die Karte ④ für die Landesverbände auch die jeweilige Rechtsform an.

Hotelketten und Hotelkooperationen

Bis in die siebziger Jahre bestanden in Deutschland nur wenige Hotelketten mit meist nur wenigen Hotelbetrieben – das Hotelgewerbe war ausgesprochen mittelständisch geprägt und von Einzelbetrieben gekennzeichnet. In den letzten Jahrzehnten haben sich vor allem angloamerikanische und zunehmend französische Hotelketten in den deutschen Markt gedrängt: Sie wollen im Rahmen ihres weltweiten Angebotes einerseits auch in Deutschland präsent sein, andererseits erwarten sie im deutschen Hotelsektor eine günstige Entwicklung, wofür auch das relativ hohe Preisniveau spricht. Inzwischen gehört jedes dritte Hotelzimmer zu einer Hotelkette, jedes sechste ist einer Kooperation angeschlossen ③.

Im Zuge dieser Entwicklung haben sich auch verschiedene deutsche Hotelketten und Kooperationen entwickelt. Wie aus Karte ② zu entnehmen ist, haben die 120 Hotelketten vor allem in den größeren Städten erhebliche Marktanteile gewonnen. Dadurch sind die Privathotels häufig in Bedrängnis geraten, vor allem wenn nicht regelmäßig Reinvestitionen getätigt wurden. Um den Konkurrenzkampf besser zu bestehen, haben sich inzwischen zahlreiche Privathoteliers zu Kooperationen zusammengeschlossen. Diese Kooperationen betreiben in der Regel für die Gruppe gemeinsam Werbung und Reservierung. Teilweise werden auch die Weiterbildung für die Mitarbeiter, der Einkauf oder die Buchhaltung zentral durchgeführt. Im Übrigen wird jeder Betrieb eigenständig weitergeführt; das

Der Tourismusverband Mecklenburg-Vorpommern auf der ITB

④ Tourismusverbände nach Ländern

122   *Nationalatlas Bundesrepublik Deutschland – Freizeit und Tourismus*

Angebot bleibt individuell – im Gegensatz zu den standardisierten Kettenhotels, deren Zimmer meist weltweit die gleiche Ausstattung besitzen. Auch bei den Kooperationen bestehen bestimmte Mindestqualitätskriterien, z.T. sehr spezifische, wie etwa bei der Kooperation European Castle-Hotels, in die nur Hotels in Schlössern und Burgen aufgenommen werden.

Ohnehin gehören die Kettenhotels und Kooperationen in der Regel zu den Luxus- oder zumindest zu den Mittelklassehotels. Die Kette signalisiert eine gewisse Qualität, was den nichtorganisierten Hotels das Geschäft zusätzlich erschwert. Während die Hotels bislang meistens ihren Standort in den Kernstädten hatten, suchen die neuen Mittelklassehotels wegen der spezifischen Klientel und der niedrigeren Grundstückspreise zunehmend auch Gewerbegebiete auf.

In einigen Städten wie in München und Freiburg haben sich die mittelständischen Hoteliers mit 25 bzw. 6 Mitgliedern jeweils zu einer lokalen Kooperation zusammengeschlossen. Als Beispiel für eine regionale Kooperation können die 'Kiek In' Hotels in Norddeutschland betrachtet werden. In den ostdeutschen Städten gibt es gegenüber Westdeutschland auffallend hohe Anteile an Gästebetten in Kettenhotels ❷. Nur fünf kleinere Hotelketten haben dagegen ihren Sitz in Ostdeutschland. In den Heilbädern und Kurorten bleibt der Anteil der Kettenhotels eher gering. Ihr Anteil wird durch die meist vorhandenen Sanatorien und Kurkliniken niedrig gehalten.

Touristikmessen

Größere Touristikmessen finden in allen Agglomerationsräumen statt, darüber hinaus auch in zahlreichen Verdichtungsgebieten ❺. Oft versuchen sich die einzelnen Messeplätze besonders zu profilieren, um nationalen oder gar internationalen Rang zu erreichen, etwa durch Hinzunahme des Sportboot- oder Caravan-Sektors bzw. durch die Konzentration auf z.B. Golf- oder Wintertourismus.

Unangefochtener Spitzenreiter bleibt jedoch die Internationale Tourismus Börse in Berlin. Sie gilt als die weltgrößte Touristikmesse und wurde bereits 1966 gegründet. Sie beeindruckt durch die Vielzahl und Vielfalt der Aussteller und Fachbesucher, davon allein ein Drittel aus dem Ausland. Andere Touristikmessen erreichen nach Angaben des Ausstellungs- und Messe-Ausschusses der Deutschen Wirtschaft e.V. (AUMA) zwar höhere Besucherzahlen, aber eben weniger Fachbesucher. In Ostdeutschland haben sich bislang noch keine großen Touristikmessen etabliert. Sie sprechen vor allem den Konsumenten an.♦

Organisationsstrukturen im deutschen Tourismus

Reiseveranstalter und Reisemittler

Claudia Kaiser

① Urlaubsreisende und Veranstalter-, Auslands- und Flugreisen bei den Haupturlaubsreisen 1976-1998

Gut 45% aller Urlaubsreisen mit mindestens 4 Übernachtungen wurden 1998 in Deutschland über einen ▶ Reiseveranstalter gebucht. Vor allem für Reisen ins Ausland und für Flugreisen greifen die meisten Urlauber auf Pauschalreiseangebote zurück. Seit den 1970er Jahren ist die Zahl der gebuchten Pauschalreisen in der Bundesrepublik bei einem steigenden Anteil von Auslands- und Flugreisen rasant angestiegen. Machten 1976 noch nur 53% der westdeutschen Bevölkerung eine Urlaubsreise, so verreisten 1998 bereits 76% aller Deutschen. Die Zahl der Urlaubsreisenden stieg durch die Wiedervereinigung und die gestiegene Reiseintensität von 24 auf 48,5 Millionen. Von den Haupturlaubsreisen führten 1976 57% und 1998 bereits 70% ins Ausland (▶▶ Einleitungsbeitrag). Flugreisen machten 1976 noch 12% aus, während ihr Anteil bis 1998 auf 33% anstieg. Dies bedeutet für Flugreisen eine Verfünffachung, für Veranstalterreisen eine Vervierfachung ihrer Zahl ①.

Die größten Reiseveranstalter

Der Pauschalreisemarkt entwickelte sich in den vergangenen Jahren sehr dynamisch ①. Nicht nur die Nachfrage stieg beträchtlich an, auch die Angebotsstrukturen haben sich erheblich verändert. Hinter einer auf den ersten Blick unüberschaubaren Vielfalt von Pauschalreiseangeboten und Veranstaltern verbirgt sich eine immer geringere Zahl von zunehmend international eingebundenen und ▶ horizontal wie ▶ vertikal hochintegrierten Touristik-Großkonzernen.

Die 56 größten deutschen Reiseveranstalter erreichten im Touristikjahr 1997/98 bei insgesamt 23,8 Mio. Teilnehmern einen Umsatz von 24,8 Mrd. DM. Von dieser Summe, die etwa 70% des gesamten Marktes für organisierte Urlaubsreisen ausmacht, vereinen sieben Großveranstalter mehr als 80% und die drei Branchenführer HTU (Hapag-Lloyd und TUI), C&N Touristic (Condor und NUR) und LTU Touristik allein 61% auf sich. Im Touristikjahr 1997/98 buchten gut 5 Mio. Teilnehmer eine Reise bei der TUI (Touristik Union International) und knapp 4 Mio. bei NUR/Neckermann. Es folgen das Deutsche Reisebüro (DER) mit 2,6 Mio., die LTU mit 2,2 Mio., Frosch Touristik mit 1,5 Mio. und ITS mit 1,3 Mio. Teilnehmern. Während die Branchenriesen ein breites Spektrum an Pauschalreisen anbieten, haben sich kleinere Reiseveranstalter mit einem geringeren Umsatz und deutlich geringeren Teilnehmerzahlen oft stark spezialisiert, zum Beispiel auf bestimmte Zielgebiete, auf bestimmte Reisearten (Studienreisen, Kreuzfahrten, Jugend- und Abenteuerreisen) oder auf die Vermittlung von Ferienwohnungen und -häusern.

Im Durchschnitt erreichten die Reiseveranstalter 1997/98 einen Umsatz von 1046 DM pro Teilnehmer, wobei Anbieter von Ferienwohnungen und Bahn- und Busreiseveranstalter oft nur 200 bis 500 DM, Kreuzfahrtspezialisten sowie Studienreiseveranstalter dagegen bis zu 7000 DM Umsatz pro Teilnehmer erwirtschafteten.

Die Unternehmenssitze der führenden Reiseveranstalter liegen fast ausschließlich in Westdeutschland, vor allem in der Region Frankfurt/M., in Hannover, Düsseldorf und München ⑤. Angesichts des überwiegend staatlich-zentralistisch und planwirtschaftlich organisierten Erholungswesens in der DDR und der damit verbundenen Transformationsprobleme hat sich nach der Wende in den neuen Ländern kaum ein größerer eigenständiger Reiseveranstalter auf dem gesamtdeutschen Markt etablieren können.

Deutsche Reiseveranstalter auf dem europäischen Markt ③

Der massive Konzentrationsprozess in der Reisebranche ist nicht nur innerhalb Deutschlands zu beobachten. In den letzten Jahren bildeten sich v.a. durch die Übernahme von Marktkonkurrenten im In- und zunehmend auch im Ausland international verflochtene Großkonzerne heraus. Der europäische Reisemarkt wird somit ähnlich wie der deutsche von nur wenigen Großkonzernen geprägt. Bemerkenswert ist, dass sich 1997/98 unter den 12 größten europäischen Reiseveranstaltern vier deutsche Konzerne auf den Rängen 1, 3, 7 und 12 befinden. Allen voran steht die TUI mit einem jährlichen Umsatz von rund 8,6 Mrd. DM, gefolgt von dem britischen Veranstalter Airtours (8,3 Mrd. DM), der C&N (7,2 Mrd.) und der britischen Thomson Travel (6,8 Mrd.). Vor allem die größeren Konzerne konnten eine beachtliche Umsatzsteigerung innerhalb eines Jahres verzeichnen.

Mit der Strategie der horizontalen Konzentration – gleichzeitig Motor und Folge der Globalisierung – verfolgen die Unternehmen das Ziel, neue Märkte zu erschließen und die eigene Position auf dem internationalen Markt zu stärken. Dazu dienen zum einen Kooperationen mit ausländischen Veranstaltern (z.B. HTU und Kuoni, HTU und Thomas Cook sowie Airtours und Frosch-Touristik) und zum anderen der Aufbau von

② Entwicklung der Anzahl der Reisevertriebsstellen 1970-95

Tochterunternehmen im benachbarten Ausland. TUI besitzt z.B. Tochterunternehmen in Österreich, den Niederlanden und Polen, Neckermann darüber hinaus in Belgien.

Die Reiseziele der deutschen Veranstalter ④

Die internationale Ausrichtung des deutschen Veranstaltermarktes zeigt sich auch, wenn man die wichtigsten Destinationen der Veranstalterreisen des Touristikjahres 1996/97 betrachtet. Die meisten Pauschalreisen aus Deutschland führten mit knapp 5 Mio. Teilnehmern nach Spanien. Damit ist Spanien nach wie vor mit Abstand die wichtigste Zielregion und gehört derzeit

③ Die größten europäischen Reiseveranstalter mit ihren ausländischen Tochterunternehmen in den Jahren 1996/97 und 1997/98

④ Wichtigste Zielgebiete der 36 größten deutschen Reiseveranstalter im Touristikjahr 1996/97

mit stetigen Wachstumsraten zu den von den Reiseveranstaltern am stärksten umkämpften Zielregionen der Welt. Weit weniger bedeutend waren die Türkei (1,8 Mio. Teilnehmer), Griechenland (1,2 Mio.), Italien (0,9 Mio.) sowie Tunesien und Frankreich (beide

Reiseveranstalter fassen eigene Angebote und/oder solche von rechtlich selbstständigen Leistungsträgern (Transport-, Unterkunfts- und Sonderleistungen) zur sog. Pauschal- bzw. Veranstalterreise zusammen.

Reisemittler übernehmen Verkauf und Buchung von Reiseangeboten, insbesondere von Pauschalreisen. Hierzu zählen Agenturen, Verkaufs- und Buchungsstellen sowie Reisebüros.

Reisebüroketten bestehen aus mindestens fünf standörtlich getrennten Verkaufsstellen (Filialen) mit einer stark zentralisierten Organisations- und Entscheidungsstruktur.

Reisebüro-Franchise-Systeme sind vertraglich fest verbundene Systeme von rechtlich selbstständigen Unternehmen, bei denen die Reisebüros als Franchisenehmer eigenes Kapital einbringen und vom Franchisegeber gegen Gebühr Rechte und Güter (z.B. Markenname, Know-how, Verwaltung, Inventar etc.) zur Verfügung gestellt bekommen. Dafür räumen sie dem Franchisegeber weitgehende Weisungs- und Kontrollrechte ein.

Reisebürokooperationen sind vertraglich lockerer verbundene Systeme von rechtlich selbstständigen Reisebüros mit dem Ziel verbesserter Einkaufskonditionen, höherer Provisionen und günstigerer Vermarktungsbedingungen.

Horizontale Konzentration: durch Fusionen und Übernahmen von Mitbewerbern auf dem Markt werden der Wettbewerbsdruck reduziert und die eigene Position gestärkt.

Vertikale Integration: durch Übernahmen von Firmen aus vor- und nachgelagerten Bereichen des Tourismus (v.a. Hotels, Fluggesellschaften, Incoming-Agenturen und Vertriebsfirmen) wird die Ertragslage des Gesamtkonzerns optimiert.

Call Center sind zentralisierte Serviceeinrichtungen, die telefonisch von ganz Deutschland aus zu erreichen sind.

etwa 0,7 Mio.). Fernreisen mit Zielen außerhalb Europas buchten insgesamt knapp 1,8 Mio. Teilnehmer über einen Reiseveranstalter; diese Zahl ist halb so hoch wie die der 1998 allein auf der Ferieninsel Mallorca gezählten deutschen Urlauber. Eine relativ geringe Bedeutung haben auf dem Veranstaltermarkt Ziele innerhalb Deutschlands, in Österreich und anderen Nachbarregionen, da diese sehr viel häufiger individuell organisiert aufgesucht werden.

Reisebüros als ▶ Reisemittler

Um die von den Reiseveranstaltern zusammengestellten Urlaubsreiseprodukte an die Kunden verkaufen zu können, sind Reiseveranstalter auf effiziente Vertriebswege angewiesen. Dies sind bislang in der Regel Reisebüros und Reisevertriebsstellen. Damit diese auch erfolgreich im Sinne des Veranstalters verkaufen, kommen ausgeklügelte Provisionssysteme zum Einsatz. Die Provisionszahlungen sind durch sogenannte Superprovisionen um so höher, je mehr Umsatz ein Reisebüro für einen bestimmten Veranstalter erzielt.

Das Netz der Reisevertriebsstellen in Deutschland hat sich parallel zur rasanten Expansion der Pauschalreisen flächendeckend ausgeweitet und seit 1970 mehr als verfünffacht ❷. Allerdings verbergen sich dahinter ganz unterschiedliche Arten von Reisevertriebsstellen. Nur knapp 30 Prozent von ihnen sind klassische Reisebüros, die über mindestens eine der beiden Lizenzen der Deutschen Bahn oder der IATA verfügen und damit die Berechtigung zur Erstellung von Bahn- bzw. Flugtickets haben. Die übrigen Reisevertriebsstellen sind reine Touristik-Reisebüros, hinter denen sich auch zahlreiche kleine Nebenerwerbsbetriebe verbergen.

Eine offizielle Statistik der Reisebürobranche wird in Deutschland nicht geführt. Derzeit gibt es etwa 16.200 Reisebüros. Beinahe jedes zweite ist in eine Vertriebsorganisation einge- →

bunden ❾. Dabei sind 29% Teil einer ▶Reisebürokette oder eines ▶Franchise-Systems und etwa 24% Teil einer Kooperation. Die in eine der beiden Formen eingebundenen Reisebüros (53%) tragen etwa 80% (1990 nur 40%) zum Gesamtumsatz des deutschen Reisebüromarktes bei. Die nicht eingebundenen Reisebüros (47%) müssen sich 20% des Gesamtumsatzes teilen. Für sie wird es damit immer schwieriger, am Markt zu bestehen. Unter ihnen dominieren zudem die kleineren Nebenerwerbs-Reisebüros und reinen Touristikvermittler.

Mit einem Umsatz von jeweils mindestens 2,8 Mrd. DM sind die Reisebüroketten FIRST, Hapag-Lloyd, Lufthansa City Center und DER und die Kooperationen RTK und DER PART branchenführend. Die Zahl der Vertriebsstellen je Unternehmen unterscheidet sich sehr. Die meisten bundesweiten Vertriebsstellen besitzen die Kooperation RTK (1083) und RCE (541) sowie FIRST (585). Die Standortverteilung der Verwaltungssitze der Unternehmen ähnelt derjenigen der Reiseveranstalter ❺.

Die Verteilung der Reisebüros ❼

Die insgesamt etwa 16.200 Reisebüros verteilen sich recht gleichmäßig über alle Teile Deutschlands. Mittlerweile ist kein Unterschied mehr zwischen Ost- und Westdeutschland zu erkennen. In beiden Teilen Deutschlands kommen etwa 6100 Einwohner auf ein Reisebüro. Deutlich wird jedoch, dass die städtische Bevölkerung, besonders in den Oberzentren und den sie umgebenden Kragenkreisen, sehr viel besser mit Reisebüros versorgt ist als die ländliche. In Kernstädten von Agglomerationsräumen kommen durchschnittlich 3650 Einwohner auf ein Reisebüro, in ländlichen Kreisen dagegen 7700 Einwohner. Ausnahmen bilden die Kreise Spree-Neiße, Berchtesgadener Land und Garmisch-Patenkirchen, die eine überdurchschnittliche Dichte aufweisen. Der Reisebüromarkt wird mittlerweile trotz wachsender Nachfrage nach Pauschalreiseangeboten als weitgehend gesättigt eingestuft.

Neue Vertriebsformen

Im Zuge der technologischen Entwicklungen im Bereich neuer Medien setzen

Veranstalter zunehmend auf den Direktvertrieb ihrer Produkte, zum einen über das Internet und zum anderen über ▶ Call Center. Derzeit werden etwa 12% aller Veranstalterreisen direkt vertrieben, mit deutlichen Steigerungsraten. Das traditionelle Provisionssystem für Reisebüros unterliegt daher momentan bereits Veränderungen. Lufthansa begann als erstes Unternehmen, die Provisionen drastisch zu reduzieren. Das Provisionssystem wird somit teilweise, wie in anderen Ländern schon üblich, durch vom Kunden zu tragende Beratungsgebühren ersetzt.

Ein anderer Weg, den Vertrieb der Produkte effektiv kontrollieren und steuern zu können, ist der Aufbau von eigenen Vertriebssystemen. Die meisten der großen Reiseveranstalter verfügen über Unternehmensteile oder Tochterunternehmen, die die Reisevermittlung übernehmen. Dies sind zum Beispiel TUI Reise Center, Hapag-Lloyd-Reisebüros oder Lufthansa City Center.

Diese Strategie ist Teil einer übergeordneten Unternehmensphilosophie, der sogenannten vertikalen Integration. Diese ist dadurch gekennzeichnet, dass Unternehmen in immer stärkerem Maße Firmen in ihren Konzern integrieren, die in der Wertschöpfungskette des touristischen Produkts vor- oder nachgelagert sind. Dies können zum Beispiel Reisebüros sein, aber auch Fluggesellschaften, Beherbergungsbetriebe und Incoming- bzw. Zielgebietsagenturen. Mit der vertikalen Integration steht neben dem Ziel der Gewinnmaximierung zusätzlich die Sicherung von Qualitätsstandards und die Profilbildung der eigenen Marke im Vordergrund. Spürbares Resultat dieses Prozesses in Deutschland ist bereits eine ausgeprägte Lagerbildung um die beiden Branchenriesen HTU und C&N. Beide Großkonzerne bilden jeweils einen Zusammenschluss von Reiseveranstalter und Flugkonzern mit finanzkräftigen Gesellschaftern im Hintergrund. Sie verfügen zusätzlich über ein potentes Vertriebsnetz, zahlreiche eigene Hotelbeteiligungen und Incoming-Agenturen ❽.

Touristische Vertretungen des Auslandes ❻

Beinahe jedes Land der Welt ist mit einem Tourismusbüro in Deutschland vertreten. Diese haben zum Ziel, ihre Urlaubsregionen zu vermarkten, und stehen in engem Kontakt zu den Zentralen der deutschen Reiseveranstalter. Das Standortmuster der touristischen Vertretungen gleicht daher weitgehend demjenigen der Unternehmenssitze der Reiseveranstalter und Reisebüroverbünde. Allen dreien ist wiederum gemeinsam, dass sie die räumliche Nähe zu tourismusrelevanten Verbänden und Institutionen suchen. So ist Frankfurt a.M. seit 1902 Sitz des Deutschen Tourismusverbandes, des früheren Deutschen Fremdenverkehrsverbandes, und seit mehr als 40 Jahren Sitz der Deutschen Zentrale für Tourismus (▶▶ Beitrag Becker/Fontanari). Dies zeigt, dass

❾ Reisebüroketten, Franchise-Systeme und Kooperationen 1997/98
am Hauptsitz des Unternehmens

neben historischen Zufälligkeiten vor allem Fühlungsvorteile durch die räumliche Nähe zu Kooperationspartnern, Branchenführern und Interessenverbänden über die Standorte in der Tourismusbranche entscheiden. Die einmal entstandenen Standortmuster weisen eine erhebliche Trägheit und Kontinuität auf, so dass sowohl die Wiedervereinigung als auch der Regierungsumzug in die neue Bundeshauptstadt Berlin am Standortgefüge wenig verändert haben und wohl auch in Zukunft wenig verändern werden.◆

Reiseveranstalter und Reisemittler

Aus-, Fort- und Weiterbildung im Tourismus

Kristiane Klemm

Die Tourismusbranche zeichnet sich weltweit durch große Wachstumsraten aus. In den letzten 20 Jahren führte dies nicht nur zur Entwicklung neuer Berufsbilder, sondern auch zu einer ständigen Zunahme von Aus- und Weiterbildungsangeboten. Die klassischen Tätigkeitsfelder liegen bei Reisebüros, Reiseveranstaltern und Transportunternehmen, bei touristischen Organisationen in Zielgebieten, bei Beratungsunternehmen sowie bei kommunalen oder kommerziellen Kultur- und Freizeiteinrichtungen. Die zunehmende Technisierung hat zudem zu neuen Vertriebswegen geführt, die Qualifikationen im Umgang mit elektronischen Buchungs- und Reservierungssystemen erforderlich machen. Gleichzeitig sind die Ansprüche der Erholungssuchenden gestiegen, die umfassende Kenntnisse über Zielgebiete und Urlaubsangebote voraussetzen.

Aus-, Weiter- und Fortbildungsangebote können in die betriebliche Ausbildung, die Berufsfachschulausbildung und in akademische Studienangebote untergliedert werden. Darüber hinaus gibt es eine Vielzahl von ein- bis dreitägigen Fortbildungsseminaren, die hier im Einzelnen nicht aufgeführt werden können.

Um einige Größenordnungen der touristischen Ausbildung zu nennen: Es werden jährlich ca. 40.000 betriebliche Ausbildungen im Tourismussektor zum Abschluss gebracht sowie rund 1600 Weiterbildungen bei der IHK; dabei sind private Ausbildungseinrichtungen nicht berücksichtigt. Fachhochschulen und Universitäten entlassen jährlich rund 800 Absolventen mit Tourismusschwerpunkt.

Betriebliche Ausbildung

Die klassische betriebliche Ausbildung ist die zum/zur Reiseverkehrskaufmann/-frau, die in Reisebüros, bei Reiseveranstaltern oder in Verwaltungen von Kur- und Fremdenverkehrsorten absolviert werden kann. Zu den wesentlichen Ausbildungsinhalten und damit auch späteren Tätigkeitsfeldern gehören Kenntnisse der Beratung und Information von Kunden über Zielgebiete, über die Angebote von Reiseveranstaltern, Transportunternehmen und Unterkünften sowie über Sport-, Kultur- und Gesundheitsangebote. Darin eingebunden sind vielfältige Verwaltungsarbeiten, der Umgang mit Buchungs-, Reservierungs- und Tarifsystemen, das Erstellen von Statistiken, Kenntnisse des Rechnungswesens und der Buchhaltung, aber auch die Entwicklung von Werbematerialien und Fremdenverkehrskonzepten sowie Öffentlichkeitsarbeit.

Aus- und Weiterbildung an Berufsfachschulen

Vor allem an den privaten Berufsfachschulen gibt es ein relativ breites Angebot für die berufliche Erstausbildung. In den meisten Fällen erfolgt eine staatliche Anerkennung des Abschlusses. Die Ausbildungsgänge führen zu Qualifikationen als:
- Wirtschaftsassistent/-in mit Schwerpunkt Fremdsprachen/Touristik
- Touristikassistent/-in
- Internationale/r Touristikassistent/-in
- Touristik-Management-Assistent/-in
- Internationale/r Management-Assistent/-in
- Touristik-Fachkraft
- Assistent/-in für Fremdenverkehr

Die wesentlichen Unterschiede bei diesen Ausbildungsgängen bestehen zum einen in den Zugangsvoraussetzungen (mittlerer Bildungsabschluss, Fachhochschulreife, allg. Hochschulreife, abgeschlossene kaufmännische Lehre) und damit eng verbunden in der Ausbildungsdauer, die bis zu drei Jahre betragen kann. Hinzu kommen unterschiedliche Schwerpunktsetzungen bei den Lehrinhalten.

Die klassische Weiterbildungsmaßnahme nach mehrjähriger Tätigkeit in einem touristischen Unternehmen ist die zum/zur Touristikfachwirt/-in (IHK), die sowohl bei den Berufsfachschulen als auch bei der IHK absolviert werden kann. In den meisten Fällen wird diese Weiterbildung berufsbegleitend durchgeführt und kann zwischen 16 und 24 Monaten dauern. Wesentlich seltener wird eine Weiterbildung zum/zur „staatlich geprüften Betriebswirt/-in, Fachrichtung Reiseverkehr/Touristik" angeboten.

Neben den genannten Weiterbildungsangeboten gibt es Fortbildungsmaßnahmen zur Touristik-Fachkraft, zur Messe- und Tagungshostess sowie zum/zur Touristik-Referenten/-in.

Studienangebote

In Deutschland gibt es heute vier Wege des akademischen Aus- und Weiterbildungssystems für den Tourismussektor:
- **Berufs- und Wirtschaftsakademien**
Bei den Bildungsangeboten der Berufs- und Wirtschaftsakademien handelt es sich um das sog. duale Bildungssystem, d.h. alle Studierenden haben gleichzeitig einen Arbeitsvertrag mit einem Betrieb. Die dreijährige Ausbildung wechselt im jeweils zwei- bis dreimonatigen Zyklus zwischen der praktischen Tätigkeit im Betrieb und dem Studium an der Akademie. Die gesamte Ausbildung dauert in der Regel drei Jahre. Der Vorteil besteht vor allem im hohen Praxisbezug und in der Aussicht, nach Abschluss des Studiums vom Ausbildungsbetrieb in eine feste Stellung übernommen zu werden. Die späteren Tätigkeitsfelder liegen im mittleren Management innerhalb der breit gefächerten Tourismusbranche.

- **Fachhochschulausbildung mit Schwerpunkt Betriebswirtschaftslehre**
Tourismus als Studiengang wird am häufigsten von Fachhochschulen angeboten. Dabei steht in allen Fällen das Studium der Betriebswirtschaft im Mittelpunkt. Grundsätzlich kann man Studiengänge der Tourismuswirtschaft und mit Schwerpunkt Tourismus/ Tourismuswirtschaft unterscheiden, wobei vor allem der Stellenwert, den die Wirtschaft in den beiden Modellen einnimmt, unterschiedlich stark ausgeprägt ist. Berufserfahrung vor und während des Studiums spielt eine maßgebliche Rolle. So gehören in der Regel zwei Praxissemester zum achtsemestrigen Fachhochschulstudium. Der Erwerb von Fremdsprachenkenntnissen wird in allen Studiengängen zur Voraussetzung gemacht.

- **Universitätsausbildung**
An den Universitäten wird das Fach Tourismus/ Fremdenverkehr/ Freizeitpädagogik im Rahmen der Studiengänge Betriebs- und Volkswirtschaft,

Seminar zur Fremdenverkehrsgeographie, Universität Trier

der Geographie, der Pädagogik oder in kultur- und umweltwissenschaftlichen Studiengängen angeboten. Die Vermittlung theoretisch-wissenschaftlicher Kenntnisse steht im Vordergrund. Unerlässlich sind auch hier praktische Erfahrungen in Form von Berufspraktika oder von angewandten Studienprojekten, die eine Verbindung zwischen Theorie und Praxis darstellen. In der Regel studiert man eines der o.g. Studienfächer und spezialisiert sich bereits im Grund- und Hauptstudium auf Tourismusmanagement, Tourismuswirtschaft, Fremdenverkehrsgeographie, Kulturwissenschaft oder Freizeitpädagogik.

- **Ergänzungs-, Aufbau- oder Postgraduierten-Studien**
Ziel dieser Fort- und Weiterbildungsangebote ist der Erwerb von zusätzlichen Qualifizierungen und Spezialisierungen für das Tätigkeitsfeld Tourismus sowohl für Hochschulabsolventen (Berlin und Heilbronn) als auch für Praktiker, die über eine längere Berufserfahrung verfügen (Fernuniversität Hagen). Die Studiendauer beträgt in Berlin und Heilbronn zwei Semester, in Hagen ist sie variabel. Die Lehrinhalte konzentrieren sich nicht nur auf die Vermittlung von betriebswirtschaftlichen Kenntnissen, sondern umfassen auch Regionalplanung und Reiseleitung (Berlin), Kulturtourismus (Hagen) oder internationale Aspekte und Sprachen (Heilbronn).◆

Soziokulturelle Belastungen durch den Fremdenverkehr

Heiko Faust und Werner Kreisel

Art und Intensität des Fremdenverkehrs haben Auswirkungen auf das soziokulturelle Gefüge der Zielregion. Veränderungen durch den Kontakt mit Touristen, ihre Ansprüche und Gewohnheiten können zur Aufgabe hergebrachter sozialer Strukturen und kultureller Traditionen führen und eine Angleichung an von außen kommende Wertvorstellungen bewirken. Zur Belastung kommt es, wenn die Gastgeberregion ihre eigenen Vorstellungen gegenüber einem übermächtigen Tourismus nicht mehr durchsetzen oder behaupten kann. Dann besteht die Gefahr, dass die kulturelle und soziale Identität der besuchten Region Schaden leidet und die Möglichkeit zur Selbstbestimmung schwindet.

Belastung – ein subjektiver Wert

Im Vergleich zu ökologischen Problemen, die durch den Fremdenverkehr entstehen, sind soziokulturelle Belastungen schwieriger zu erfassen. Es ist höchst kompliziert, einen „Grenzwert" zu bestimmen, bei dessen Überschreiten das gesellschaftliche und kulturelle Gefüge eines Raumes beeinträchtigt wird, da dieser Punkt von subjektiven Empfindungen abhängt.

Es gibt eine Reihe von Kriterien, die es ermöglichen, die soziokulturelle Belastung durch den Fremdenverkehr festzustellen. Oftmals besteht eine enge Verbindung mit ökologischen Belastungen. Gängig ist die Ermittlung der Zahl der Übernachtungen pro Einwohner ❺. Ein qualitativer Aspekt ist dagegen, ob die ansässige Bevölkerung im Zuge der touristischen Entwicklung die Fähigkeit zur Selbstbestimmung erhalten konnte. Damit hängt die kulturelle Identität zusammen, die um so stärker gestört sein wird, je mehr Auswärtige in der Gemeinde oder der Region ihren Wohnsitz nehmen.

Eine Vielzahl von Variablen spielen für den Belastungsgrad eine Rolle, z.B.
- Verhältnis von Einwohnerzahl zur Besucherzahl
- Demographische Struktur der ansässigen Bevölkerung und der Besucher
- Saisonalität und Dauer des Aufenthaltes
- Herkunft der Gäste (Inland oder Ausland)
- Anzahl der Übernachtungsmöglichkeiten
- Rolle von Tradition und Brauchtum
- Zahl der Zweitwohnsitze
- Innen- oder Außensteuerung des Fremdenverkehrs
- Bewahren von Selbstbestimmung und kultureller Identität.

Aspekte soziokultureller Belastungen

Die soziokulturellen Belastungen im Tourismus entstehen in erster Linie durch das hohe Besucheraufkommen. Die absolute Zahl der Übernachtungen erreicht in den klassischen Fremdenverkehrsgebieten an Nordsee- und Ostseeküste, in den Alpen und im Alpenvorland sowie in den Mittelgebirgen Höchstwerte ❺, sieht man einmal von den großen städtischen Zentren mit Städtetourismus und Geschäftsreiseverkehr ab. Die Berechnung der Übernachtungen pro Einwohner unterstreicht

❶ Entwicklung des Kfz-Transports von und nach Sylt 1960-1994

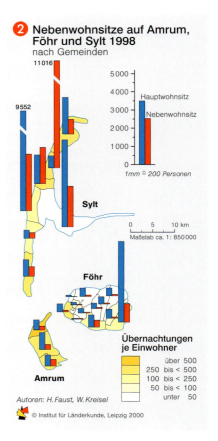

❷ Nebenwohnsitze auf Amrum, Föhr und Sylt 1998 nach Gemeinden

❸ Reisende und Übernachtungen im Landkreis Sächsische Schweiz 1997

❹ Übernachtungen im Landkreis Berchtesgadener Land 1996

Nationalatlas Bundesrepublik Deutschland – Freizeit und Tourismus

dieses Bild. Oft haben die Fremdenverkehrsregionen eine vergleichsweise geringe Einwohnerdichte, so dass das Verhältnis von Übernachtungen zu Einwohnern besonders krass ausfällt.

Der Tagesausflugsverkehr ist eine andere Form der intensiven Beeinflussung einer Region durch ein – überwiegend an Wochenenden – hohes Besucheraufkommen. Dieses Phänomen bringt zudem beträchtliche ökologische Probleme bei eher geringen wirtschaftlichen Effekten mit sich. In der Sächsischen Schweiz sind z.B. beinahe drei Viertel der Besucher Tagesausflügler ❸.

In vielen Fremdenverkehrsregionen sind die Besucherzahlen saisonal sehr unterschiedlich. In Oberbayern zeigt sich eine deutliche Spitze in den Sommermonaten Juni bis September, während die Auslastung im Winter und im Frühjahr gering ist ❹. Die soziale Konsequenz ist, dass die Arbeitskräfte oftmals nicht ganzjährig beschäftigt werden, ein Problem, das sich nur dann nicht so gravierend stellt, wenn Familienbetriebe ein zweites wirtschaftliches Standbein wie die Landwirtschaft besitzen. Die Saisonalität bedeutet zudem, dass man die erforderliche Infrastruktur auf die maximale Belegung ausrichten muss, sie aber während eines Großteils des Jahres nicht auslasten kann.

Überfremdung und Identitätsverlust

Übervölkerung an Stränden oder an Skiabfahrten, an Aussichtspunkten und auf Wanderwegen sind Aspekte, die mit dem Massentourismus einhergehen und die Lebensumstände der ansässigen Bevölkerung beeinträchtigen können, ebenso wie Verkehrsstaus auf Zufahrtswegen und innerhalb des Fremdenverkehrsgebietes. Dies bedeutet nicht nur eine ökologische Belastung, sondern das gesamte gesellschaftliche System kann in Mitleidenschaft gezogen werden. Auf der Insel Sylt haben z.B. die Kfz-Transporte über den Hindenburgdamm beinahe eine Million erreicht ❶. In der Gemeinde Kampen auf Sylt beträgt die Anzahl der Zweitwohnsitze inzwischen ein Vielfaches der Hauptwohnsitze ❷.

Durch den Tourismus können Orte ihre dörfliche Eigenart und ihr regionaltypisches Gepräge verlieren. Zersiedlung, die Bebauung von landschaftlich attraktiven Arealen, Aussichtslagen und Seeufern oder landesunübliche Bauformen sind mögliche äußerliche Einflüsse. Zudem dringen neue oder ungewohnte Verhaltens- und Lebensweisen in die Region ein. Hatten bestimmte Gebäude oder historische Ensembles vor der touristischen Inwertsetzung eine bestimmte Bedeutung für die Identifikation der ansässigen Bevölkerung, kann dieses Bewusstsein im Zuge der Kommerzialisierung in Vergessenheit geraten. Diese Störung der kulturellen Identität kann eine Veränderung der Menschen und ihrer Werte zur Folge haben, wie die Abkehr von der angestammten Sprache oder dem Dialekt, Veränderungen der religiösen Grundüberzeugungen und die Aufgabe von Brauchtum oder der regionalen Gastronomie.

Fazit

Fremdenverkehr bringt immer Veränderungen, die aber nicht *a priori* gut oder schlecht zu beurteilen sind. Oft ist er trotz möglicher soziokultureller Belastungen die einzige Chance einer wirtschaftlichen Entwicklung für eine Region. Eine frühzeitige Analyse der Situation zum Ergreifen entsprechender Maßnahmen kann negative Auswirkungen verhindern oder kontrollierbar machen. Ein richtig betriebener, auf den regionaltypischen Potenzialen fußender Tourismus wird alles tun, um – im eigenen Interesse – die Landschaft, die sein Kapital darstellt, zu bewahren und sogar aufzuwerten.◆

Landschaftszerschneidung durch Infrastrukturtrassen

Ulrich Schumacher und Ulrich Walz

Unsere heutige Kulturlandschaft in Mitteleuropa besteht aus einem Mosaik verschiedener mehr oder weniger scharf voneinander abgegrenzter Lebensräume. Dies lässt sich nur zum Teil auf die unterschiedlichen natürlichen, insbesondere geologisch-bodenkundlichen Ausgangsbedingungen zurückführen. In immer stärkerem Maße bewirken menschliche Nutzungsformen – vor allem Infrastrukturmaßnahmen – eine ▶ Zerschneidung der Landschaft in Flächen unterschiedlicher Größe.

Problematisch erscheinen einige direkte und indirekte Folgen der Verkehrsentwicklung, speziell unter dem Blickwinkel des Natur- und Landschaftsschutzes sowie der ▶ naturnahen Erholung:
- Flächenverlust durch Versiegelung,
- Lärm- und Schadstoffemissionen,
- Störung des Landschaftshaushaltes durch Veränderung des Mikroklimas,
- Verinselung der Lebensräume von Tierarten durch Zerschneidung ihrer Wanderungslinien,
- kollisionsbedingte Todesfälle bei Tieren,
- Verkleinerung von Gebieten für die naturnahe Erholung des Menschen,
- Störung der Eigenart von Landschaftsbildern.

Untersucht man die Entwicklung der Verkehrsinfrastruktur in den beiden deutschen Staaten von 1960 bis 1989 und die gemeinsame Entwicklung ab 1990, so fällt beispielsweise bei den Autobahnen der starke Zuwachs in den alten Ländern bis 1989 auf, während in der DDR nur eine geringe Zunahme zu verzeichnen war ❺. Entsprach die Länge des Autobahnnetzes vor Beginn des Mauerbaus noch etwa den Flächenproportionen zwischen beiden Teilen Deutschlands im Verhältnis von 2 zu 1, liegt dieses Verhältnis heute bei 5 zu 1. Der Nachholprozess in Ostdeutschland, der mit notwendigen Lückenschließungen durch die „Verkehrsprojekte Deutsche Einheit" begonnen hat, droht zu einer ähnlich starken Freiraumzerschneidung mit all ihren Folgen wie in großen Teilen Westdeutschlands zu führen.

Landschaftszerschneidung durch Infrastrukturtrassen

Zur Bestimmung der Landschaftszerschneidung im gesamten Bundesgebiet werden zunächst die Trassen von Autobahnen, Bundesstraßen und Landesstraßen betrachtet. Die höchsten Dichten auf Kreisbasis ❸ werden in den kreisfreien Städten sowie in den Verdichtungsgebieten Rhein-Ruhr und Rhein-Main erreicht. Es existiert ein deutliches West-Ost-Gefälle, welches von einem Mitte-Nord- bzw. Mitte-Süd-Gefälle überlagert wird. Außerdem sind für die Landschaftszerschneidung die Fernstrecken der Eisenbahn (ICE-, IC/EC- und IR-Strecken der Deutschen Bahn) von Bedeutung, besonders wenn es sich um Neubau- oder Ausbautrassen handelt.

Da innerhalb größerer Siedlungsbereiche das Verkehrsnetz zu dicht für das Verbleiben nennenswerter Freiräume →

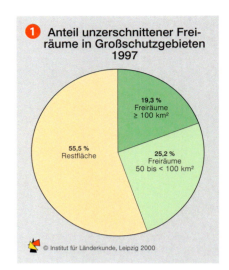

❶ Anteil unzerschnittener Freiräume in Großschutzgebieten 1997

❷ Unzerschnittene Freiräume 1997 nach Ländern

❸ Straßennetzdichte 1997 Autobahnen, Bundes- und Landesstraßen nach Kreisen

5 Entwicklung des Autobahnnetzes 1960-1999
in 1000 km

ist, wurden alle zusammenhängenden Siedlungsflächen größer als 5 km² *a priori* ausgeschlossen. Die Abgrenzung der Siedlungen erfolgte mit Hilfe von ▶ CORINE Bodenbedeckungsdaten. Aufgrund ihres Generalisierungsgrades mit 10 ha als kleinster Fläche lassen diese Daten zwar nur großräumige Aussagen zu, sind aber für Vergleiche unterschiedlich strukturierter Räume gut geeignet.

Unter Nutzung eines Geographischen Informationssystems (GIS) wurden durch Verarbeitung o.g. topographischer und thematischer Daten die Flächengrößen der verbleibenden Freiräume als Maß für die Landschaftszerschneidung durch Infrastrukturtrassen ermittelt **4**. Die Verteilung der unzerschnittenen Freiräume ist in Deutschland recht ungleichmäßig: Während in Nordwest- und Süddeutschland derartige Räume zahlreich sind, ist in den großen Ballungsgebieten aber auch in einigen Fremdenverkehrsregionen ein solches Potenzial kaum mehr vorhanden **2**.

Naturnahe Erholung

Der gegenwärtige Trend im Freizeitverhalten ist durch eine Spezialisierung von Freizeitaktivitäten sowie eine zunehmende Kommerzialisierung gekennzeichnet, was vielfach zu einer verstärkten Freizeitmobilität führt. So wird inzwischen mindestens die Hälfte aller Personenkilometer auf dem Weg in die Freizeit oder in den Urlaub zurückgelegt, der größte Teil davon mit dem Pkw.

Die Qualität einer Landschaft für naturnahe Erholung hängt von der freizeitinfrastrukturellen Erschließung sowie vom Landschaftsbild ab. Eine dichte Verkehrsinfrastruktur erweist sich zwar für die Erreichbarkeit als günstig, bringt aber negative Einflüsse wie Lärm und Schadstoffemissionen mit sich. So setzt man für eine von Hauptverkehrsströmen unberührte Tageswanderung eine Fläche von mindestens 100 km² an, ein Richtwert, der andere wichtige Parameter wie Flächenform oder vorherrschende Nutzungsart noch nicht berücksichtigt.

Die Karte zur Eignung für naturnahe Erholung **8** enthält zusätzliche Informationen über die Flächennutzung innerhalb der beiden Größenkategorien unzerschnittener Freiräume. Dabei wurde nach dem Flächenanteil erholungsrelevanter Nutzungstypen differenziert, wobei die CORINE-Daten der Hauptklassen Wald, Grünland, naturnahe Fläche, Feuchtfläche und Gewässer Verwendung fanden. Durch diese qualitative Bewertung treten die wertvollen unzerschnittenen Freiräume noch deutlicher hervor als in der Hauptkarte **4**. Es fällt auf, dass in den benachteiligten Regionen wie dem Münsterland oder der Magdeburger Börde oftmals Nutzungstypen dominieren, die eine geringe Erholungseignung aufweisen, z.B. intensive Landwirtschaft.

Das Regionalbeispiel Sachsen **6 7** liefert Aussagen über die Korrelation mit den im Landesentwicklungsplan ausgewiesenen Fremdenverkehrs- bzw. Erholungsgebieten. Für den Straßenverkehr wurden hier zusätzlich die Verkehrsstärken, d.h. die DTV-Werte (durchschnittliche tägliche Verkehrsmenge) pro Straßenabschnitt (Zählung 1995), als Kriterium für die Einbeziehung herangezogen. Als Untergrenze wurde ein DTV-Richtwert von 1000 Kfz/Tag angenommen, wobei dieser Wert nicht nur auf Autobahnen und Bundesstraßen, sondern auch auf nahezu allen Staatsstraßen erreicht wird. Die Karte zeigt eine Konzentration unzerschnittener Freiräume nordöstlich von Leipzig, wo der Naturpark Dübener Heide liegt, nordöstlich von Dresden in der Gegend des Biosphärenreservats Oberlausitzer Heide- und Teichlandschaft sowie im Bereich des Erzgebirgskammes, vorzugsweise auf tschechischem Staatsgebiet.

Natur- und Landschaftsschutz

Eine wichtige Rolle spielen die ▶ Großschutzgebiete zur Bewahrung von biologischer Vielfalt und von dazu notwendigen großflächigen Freiräumen. Da diese Gebiete häufig die letzten größeren ▶ Refugialräume innerhalb intensiv genutzter Landschaft darstellen, sind sie auch wichtig für die naturnahe Erholung. Die Darstellung unzerschnittener Freiräume erfolgte deshalb im Zusammenhang mit den Großschutzgebieten von nationaler bzw. internationaler Bedeutung, um auf ein Problem aufmerksam zu machen: Mehr als die Hälfte der Fläche aller Großschutzgebiete (vor allem Naturparke) in Deutschland befindet sich in Räumen, die eine starke Zerschneidung und damit Beeinflussung durch stark frequentierte Verkehrstrassen aufweisen **1** (▶▶ Beitrag Job).

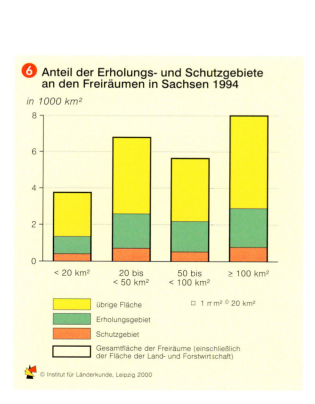

6 Anteil der Erholungs- und Schutzgebiete an den Freiräumen in Sachsen 1994
in 1000 km²

7 Sachsen — Landschaftszerschneidung in Schutz- und Erholungsgebieten 1994

Autoren: U. Schuhmacher, U. Walz

Maßstab 1 : 1 500 000

CORINE Land Cover
CORINE ist die Abkürzung für **CO**o**R**dination de l'**IN**formation sur l'**E**nvironment, ein Programm zur Erfassung der **Bodenbedeckung** in den EU-Mitgliedsstaaten. Auf der Grundlage von Daten des US-amerikanischen Fernerkundungssatelliten Landsat-TM und ergänzenden topographischen Karten und Luftbildern wurde eine europaweit flächendeckende digitale Datenbasis geschaffen.

Freiräume
Als Freiräume werden großflächige Gebiete bezeichnet, die außerhalb der dicht besiedelten Räume liegen. Sie erfüllen wichtige Funktionen als ökologische Ausgleichsräume und großflächige Erholungsgebiete.

Großschutzgebiete
Sammelbegriff für **Nationalparke, Naturparke** und **Biosphärenreservate**
▶▶ Beitrag Job.

Monitoring
Die laufende Beobachtung eines Prozesses zur Kontrolle der Einflussfaktoren und Wirkungen. Das **Umweltmonitoring** ist eine begleitende Schutzmaßnahme für ökologisch gefährdete Räume.

Naturnahe Erholung
Freizeitaktivitäten, die naturbezogen sind und der körperlichen und geistigen Wiederherstellung der Kräfte dienen, wie Wandern oder Radfahren. Dafür werden unverlärmte und vielfältig strukturierte Natur- und Kulturlandschaften als besonders attraktiv empfunden.

Refugialräume
Rückzugsflächen ohne menschliche Besiedelung, Industrie- oder Verkehrsbelastung für gefährdete Tier- und Pflanzenarten.

Zerschneidung
Mit Zerschneidung bezeichnet man linienhafte vom Menschen geschaffene Strukturen oder Materialströme, von denen Barriere-, Emissions-, Kollisionseffekte oder ästhetische Beeinträchtigungen ausgehen. Als **unzerschnittene Freiräume** werden Bereiche bezeichnet, die zwischen Hauptverkehrstrassen liegen, jedoch von kleineren Straßen bzw. Bahnstrecken angeschnitten sein können.

Die existenzielle Bedeutung von großflächig unzerschnittenen Freiräumen für zahlreiche Tierarten ist bekannt. Durch einen weiteren Ausbau des (Straßen-)Verkehrsnetzes würden nicht nur solche Refugialräume reduziert oder ganz verschwinden, sondern es würde auch das Potenzial der Landschaft zur naturnahen Erholung beeinträchtigt werden.

Fazit
In einer zunehmend zersiedelten und großräumig durch Lärm, Schadstoffe und andere Belastungen beeinträchtigten Umwelt gewinnt der Schutz großer Freiräume zweifellos an Bedeutung und findet in der Raumplanung wachsende Beachtung. Die regelmäßige Bilanzierung und Analyse der Entwicklung der Freiflächenzerschneidung besitzt im Rahmen der Umweltbeobachtung eine erhebliche Bedeutung, da strukturelle Veränderungen schleichend verlaufen und in ihrem Ausmaß aus individueller Sicht nur schwer wahrgenommen werden können. Erst ein ▶ Monitoring über größere Räume und Zeitabschnitte hinweg ist in der Lage, das Ausmaß und die Folgen von Veränderungen zu objektivieren. Die Erfassung und Bewertung der Landschaftszerschneidung durch Infrastruktur muss deshalb integrierter Bestandteil eines Umweltmonitorings sein.

Dabei reicht es als Zielstellung nicht aus, den Kfz-Verkehr aus verkehrlich hochbelasteten und gleichzeitig ökologisch sensiblen Räumen herauszunehmen. Vielmehr sollte der Hebel an den Ursachen für die ständige Steigerung der Verkehrsleistung sowie an der Verkehrsmittelwahl angesetzt werden, was letztlich vom persönlichen Denken und Handeln eines jeden abhängt.♦

Luftschadstoffe und Erholung

Thomas Littmann

Freizeitaktivitäten und Erholung in der Natur und im Freien stellen besonders hohe Anforderungen an die Luftqualität. Reine, trockene Luft besteht zu 78% Volumenanteilen aus Stickstoff, zu 21% aus Sauerstoff und zu 1% aus einigen natürlichen Spurengasen. Alle anderen partikel- und gasförmigen Beimengungen stellen Luftschadstoffe meist menschlichen Ursprungs dar und führen zur Beeinträchtigung des Erholungswertes von Landschaften und Freizeiteinrichtungen. Dieser Beitrag stellt die regionalen Unterschiede in der Belastung durch einige wichtige Luftschadstoffe in Deutschland vor und diskutiert die wesentlichen Ursachen und Hintergründe.

Beeinträchtigungen der Erholungsfunktion durch Luftschadstoffe

Die beeinträchtigenden Wirkungen der Luftschadstoffe beziehen sich neben den wahrnehmbaren Belästigungen (z.B. Rauchwolken und Gerüche) auf die Schädigung der menschlichen Gesundheit, der Vegetation und von Materialien. Schwebstaub als partikelförmige Luftbeimengung wird je nach Korngrösse in verschiedenen Teilen des menschlichen Atemtraktes deponiert, wobei Feinstäube (> 2 µm) irreversibel in die Lunge gelangen. Gasförmige Schadstoffe wirken als Reizgase und werden je nach Wasserlöslichkeit im oberen Atemtrakt oder ebenfalls in der Lunge (insbesondere Ozon) deponiert. Schwefeldioxid (SO_2) wirkt bei wiederholter Exposition und hohen Konzentrationen stark reizend, wobei ein besonderes Risiko chronischer Atemwegserkrankungen gegeben ist, wenn es an lungengängige Feinstäube adsorbiert ist und im Atemtrakt schweflige Säure gebildet wird. Stickstoffoxide (NO_x), insbesondere Stickstoffdioxid (NO_2), führen neben Geruchsbelästigungen zu einer erhöhten Anfälligkeit gegenüber Atemwegsinfekten und das Ozon (O_3) darüber hinaus durch die Oxidation von Proteinen und anderen körpereigenen Stoffen zu Beeinträchtigungen der Lungenfunktion.

Zum Schutz der menschlichen Gesundheit und der Umwelt sind Grenzwerte für die Immissionsbelastung durch einige wichtige Schadstoffe verbindlich. Da allerdings die Wirkung der Schadstoffe zumeist auf dem wiederholten Auftreten von Belastungsspitzen beruht, ist die Beurteilung der Immissionssituation in einem Gebiet auf der Basis von Jahresmittelwerten (TA Luft) oder anderen Zeitmitteln mit einer gewissen Unsicherheit behaftet.

Auch die Vegetation kann durch Luftschadstoffe nachhaltig geschädigt werden. Die Wirkungen von Schadgasen auf die Laub- und Nadelwaldbestände in Deutschland sind im Zusammenhang der neuartigen Waldschäden, die insbesondere die Hochlagen der Mittelgebirge betreffen, intensiv diskutiert worden. Alle Schadgase werden von den Pflanzen beim Gaswechsel aufgenommen, wobei SO_2 und NO_2 zu Stoffwechselstörungen führen und O_3 zusätzlich starke Gewebeschäden bewirkt. SO_2-bedingte saure Niederschläge stören darüber hinaus den Stoffhaushalt von Waldbeständen ganz erheblich.

Quellen und Entstehung von Luftschadstoffen

Außer Ozon und Schwebstaub entstehen alle hier betrachteten Luftschadstoffe bei Verbrennungsprozessen in industriellen und häuslichen Feuerungsanlagen, in Kraftwerken und Verbrennungsmotoren ❸. Schwebstaub wird überwiegend bei industriellen Prozessen emittiert, z.B. in Kokereien, bei der Zement-, Stahl- und Düngemittelproduktion. SO_2 entsteht bei der Verbrennung fossiler Energieträger, die Schwefelverbindungen enthalten. Dies betrifft in erster Linie Kohlekraftwerke und industrielle Anlagen, aber auch Hausheizfeuerungen.

NO_x entstehen durch Stickstoffoxidation bei Verbrennungsprozessen unter hohen Temperaturen, wie in Ottomotoren und Steinkohle-Staubfeuerungen von Kraftwerken. Stickstoffoxide entstehen auf diesem Wege zunächst als Stickstoffoxid (NO). NO ist bereits im Abgas, besonders aber in der Luft nicht stabil, sondern wird in Quellnähe mit Luftsauerstoff und Ozon zum giftigeren NO_2 oxidiert. Deswegen wird die Stickstoffoxid-Immission zumeist als NO_2-Konzentration ausgedrückt. Darüber hinaus bestehen wichtige Zusammenhänge zwischen der Emission von NO und der luftchemischen Bildung von NO_2 und Ozon.

Ozon (O_3) bildet sich in der bodennahen Luftschicht bevorzugt bei intensiver Sonnenstrahlung in einer photochemischen Reaktion aus NO_2 und Luftsauerstoff. Bei ständiger NO-Nachlieferung, z.B. in der Umgebung vielbefahrener Strassen, wird O_3 zur Oxidation von NO_2 verbraucht, und die Ozonbelastung ist relativ gering. In Quellferne, etwa in verkehrsarmen Erholungsgebieten des ländlichen Raumes, liegt jedoch immer mehr NO_2 als NO vor, und die Ozonbelastung kann dort besonders bei sommerlichen Strahlungswetterlagen erheblich werden. Bei der Beurteilung der Immissionsbelastung durch SO_2 ist zu berücksichtigen, dass das Gas

❶ Zeitlicher Verlauf der Immissionsbelastung durch Schadstoffe 1993-1996 in Deutschland

Emissionen sind die von Anlagen, Fahrzeugen oder Produkten an die Umwelt abgegebenen Luftverunreinigungen in Form von Gasen und Stäuben.

Immissionen sind die Einwirkungen von Emissionen auf Menschen, Tiere, Pflanzen und Sachgüter. In diesem Zusammenhang werden die Konzentrationen von Luftschadstoffen auch als Immissionskonzentration oder Immissionsbelastung bezeichnet.

Deposition ist die Ablagerung von gas- oder partikelförmigen Luftschadstoffen auf Oberflächen oder im Organismus.

Schwebstaub sind Partikel mit aerodynamischem Durchmesser < 10 µm, als Feinstaub sogar < 2 µm. Solche Partikel, die durch verschiedene industrielle Prozesse als Flugaschen oder von Bodenoberflächen emittiert werden, haben geringe Depositionsgeschwindigkeiten und können somit über mehrere Tage und über größere Strecken in der Luft transportiert werden.

Schwefeldioxid (SO_2) ist ein farbloses, stechend riechendes Gas, das bei der vollständigen Verbrennung des Schwefels in Brennstoffen (Kohle, Heizöl) entsteht.

Stickstoffoxide (NO_x) bilden sich bei hohen Verbrennungstemperaturen (Kraftwerke, Motoren) durch die Oxidation des Luft- und Brennstoff-Stickstoffs. Stickstoffmonoxid (NO) ist farblos und nicht reizend, wird aber in der Luft schnell zu Stickstoffdioxid (NO_2) oxidiert, und dieses ist ein beklemmend riechendes braunes Reizgas.

Ozon (O_3) bildet sich in einer photochemischen Reaktion aus NO_2 und Luftsauerstoff. Es ist ein farbloses, stark riechendes Gas mit starker Reizwirkung.

Adsorbieren bedeutet das Anlagern von in Gasen gelösten Stoffen an feste Oberflächen.

Großwetterlagen sind für den mitteleuropäischen Raum zusammengefasste, typische synoptische Situationen, die durch den Transport bestimmter Luftmassen gekennzeichnet sind. Die Herkunft und die Zugrichtung dieser Luftmassen hat große Bedeutung für die Immissionssituation.

TA Luft: Die Technische Anleitung zur Reinhaltung der Luft (Erste Allgemeine Verwaltungsvorschrift zum Bundesimmissionsschutzgesetz) legt für immissionsrechtliche Genehmigungsverfahren Richtlinien fest, nach denen Immissionskonzentrationen bestimmt werden sowie Grenzwerte für die Immissionsbelastung. Diese Immissionswerte werden als Langzeitwert (IW1, arithmetischer Mittelwert über ein Jahr) bzw. als Kurzzeitwert (IW2, definiert durch den 98%-Wert einer Summenhäufigkeitsverteilung) angegeben.

MIK-Werte (Maximale Immissions-Konzentration) des Vereins Deutscher Ingenieure (VDI) zielen darauf ab, nachteilige Wirkungen von Luftverunreinigungen auf den Menschen und seine Umwelt zu verhindern, und sind in der VDI-Richtlinie 2310 festgelegt. Anders als bei der TA Luft beziehen sich die MIK-Werte auf kurzzeitige Mittelwerte (0,5 Stunden und 24 Stunden).

nur eine kurze Verweildauer in der Außenluft hat (etwa 1 Tag), die schädigende Wirkung aber auch nach Umwandlung in Nebel- und Regentröpfchen zu schwefliger Säure über längere Zeiträume gegeben ist. Im Winter ist diese temperaturabhängige chemische Umwandlung eingeschränkt, wodurch gasförmiges SO_2 über große Entfernungen transportiert werden kann.

Die Datenlage

Für diesen Beitrag wurden die Messwerte aller Stationen der für den Immissionsschutz zuständigen Behörden der Länder und des Bundes für die Jahre 1993 bis 1996 ausgewertet. Die Grafiken ❶ zeigen die für die gesamte Bundesrepublik Deutschland gemittelten täglichen Konzentrationen von Schwebstaub, SO_2, NO_2 und O_3 in diesem Zeitraum. Diese Art der Mittelung bewirkt, dass Einzelstationen nicht berücksichtigt werden und somit Situationen, in denen die gesetzlichen Grenzwerte im Einzelfall überschritten wurden, nicht mehr in Erscheinung treten. Die Schwefeldioxid-Immission zeigt deutliche jahreszeitliche Unterschiede – 21% der Werte in dieser Mittelwertsreihe werden durch die Jahreszeit erklärt –, wobei die Wintermonate mit wesentlich höheren Belastungen regelmäßig hervortreten. Die Ursachen hierfür sind einerseits in der dann höheren Quellaktivität, andererseits in den günstigeren Ferntransportbedingungen in der kalten Jahreszeit zu suchen. Aufgrund ihrer recht deutlichen saisonalen Gemeinsamkeiten korrelieren die Immissionen von Schwebstaub, NO_2 und SO_2 signifikant positiv, d.h. die Wintermonate weisen eine höhere Immissionsbelastung durch alle drei Schadstoffe auf, während das Ozon nur mit NO_2 eine deutlich negative Korrelation zeigt.

Die Darstellung der regionalen Unterschiede der Immissionssituation (❹ bis ❼) berücksichtigt die Homogenisierung der Datengrundlage aller 255 Messstationen in Deutschland. Da die Stationsdichte in den Bundesländern sehr unterschiedlich ist, wurden in Relation zur Gesamtfläche Rasterflächen gebildet (Kantenlänge etwa 37 km), für die jeweils die Daten einer im Rasterfeld liegenden Station verwendet wurden. Bei mehreren Stationen im Rasterfeld (in den Verdichtungsräumen) wurde eine Mittelwertsreihe der Stationen verwendet. Für weite Flächen in Norddeutschland und Bayern können somit wegen der dort geringen Stationsdichte keine Aussagen getroffen werden.

Regionale Unterschiede

Die räumliche Struktur der mittleren Schwefeldioxid-Konzentrationen lässt eine deutliche Zuordnung zu den Quellgebieten erkennen ❹. Besonders tritt dabei der mitteldeutsche Raum mit hohen Belastungen hervor. Mittlere Belastungen liegen in den nord- und westdeutschen Stadtregionen vor, während für die süddeutschen Verdichtungsräume im Mittel nur geringe Belastungen feststellbar sind. Die Bereiche mit mittleren und höheren Belastungen stimmen im Wesentlichen mit der Umgebung von Standorten der Stein-, Braunkohle- und Mischfeuerungskraftwerke überein. Als größere Waldgebiete sind – vornehmlich durch Ferntransporte – der Thüringer Wald, das Fichtelgebirge und der Oberpfälzer Wald betroffen.

Aufgrund ähnlicher Emittentengruppen zeigt die Verteilung der Schwebstaub-Immission ❺ eine gewisse Ähnlichkeit zu der der Schwefeldioxid-Belastung. Auch hier treten die höheren Belastungen in den Gebieten mit einer hohen Konzentration von Großfeuerungsanlagen auf, zusätzlich jedoch in der Umgebung staubemittierender Industriebetriebe, wovon auch Standorte im süddeutschen Raum betroffen sind. Mittlere Schwebstaub-Immissionen sind allerdings wesentlich flächenhafter verteilt als die SO_2-Immissionen. Dies betrifft mehrere Wald- und Erholungsgebiete in Mittelgebirgen.

Die räumliche Struktur der Stickstoffdioxid-Immission ❻ lässt eine enge Bindung an die Quellgruppe des Straßenverkehrs erkennen. So treten die meisten Verdichtungsgebiete und Verkehrsknotenpunkte mit sehr hohem Verkehrsaufkommen hervor. Rings um die →

❷ Mittlere Belastung durch Luftschadstoffe 1992-1996

Autor: T. Littmann

- Gebiet höchster Stickoxidbelastung
- Gebiet sehr hoher Staub- und Schwefeldioxidbelastung
- Gebiet höchster Ozonbelastung
- Gebiet geringerer Belastung
- Verdichtungsraum
- Kreis mit mehr als 500 000 Gästeübernachtungen pro Jahr*

*in Beherbergungsbetrieben mit mehr als 9 Betten

© Institut für Länderkunde, Leipzig 2000

Maßstab 1 : 5 000 000

Luftschadstoffe und Erholung

❸ Quellen und Grenzwerte von Luftschadstoffen

se zum Teil linienhaften Hauptquellen der Stickstoffoxide liegen Bereiche mittlerer Belastung, wobei der ländliche Raum entweder geringe Konzentrationen aufweist oder wegen fehlender Stationen nicht erfasst ist. Eine Ausnahme bildet auch hier das Gebiet zwischen Fichtelgebirge und Oberpfälzer Wald. Die höchsten mittleren Ozon-Immissionen ❼ treten aufgrund der genannten Entstehungsprozesse im Umland der städtischen Gebiete mit hoher NO_2-Emission auf. Besonders betroffen sind mit sommerlichen Spitzenbelastungen Erholungs- und Naturschutzgebiete in Nordostdeutschland wie auch die meisten Mittelgebirge.

Veränderung durch Luftmassentransporte

Bei verschiedenen Wetterlagen lassen sich zum Teil stark veränderte räumliche Muster der Immissionsbelastung feststellen, die auch in quellfernen Erholungsgebieten zu erheblichen Konzentrationen von Luftschadstoffen führen können. Wetterlagen, in generalisierter Form als Großwetterlagen in Mitteleuropa klassifiziert, zeichnen sich im Hinblick auf die Ausbreitungsbedingungen für gas- und partikelförmige Schadstoffe in der Luft dadurch aus, dass sie durch großräumige Luftmassentransporte für eine Verfrachtung der Schadstoffe über große Distanzen sorgen, eine Konzentrationsverdünnung durch einen großen Luftmassendurchsatz erreichen können oder als austauscharme Wetterlage zu einer quellnahen Anreicherungen der Schadstoffe führen. In einer Darstellung der prozentualen Abweichungen der Immissionsbelastung durch Schwebstaub, SO_2, NO_2 und O_3 vom jeweiligen Mittelwert, bezogen auf ganz Deutschland ❽, ist zu erkennen, dass die hier als Großwettertypen aggregierten, zumeist atlantischen

❹ Mittlere Schwefeldioxid-Immission 1992–1996

❺ Mittlere Schwebstaub-Immission 1992–1996

138 Nationalatlas Bundesrepublik Deutschland – Freizeit und Tourismus

Luftmassentransporte aus südlichen und insbesondere westlichen Richtungen in den meisten Fällen zu einer Abnahme der Belastungen führen, vor allem bei SO_2 und Schwebstaub. Ähnliches gilt auch für Nordlagen, die zu allen Jahreszeiten relativ unbelastete Luft vom Nordatlantik heranführen, und für die seltenen sommerlichen Tiefdrucklagen über Mitteleuropa, bei denen es zu einer effektiven Durchmischung kommt.

Diesen Großwettertypen stehen jene gegenüber, bei denen es zu einer großräumigen Zunahme der Immissionsbelastung kommt. Dieses ist wiederum von der Jahreszeit und somit von der schadstoffspezifischen Quellaktivität abhängig. Austauscharme Hochdrucklagen führen im Winter und insbesondere im durch stärkere Reliefs geprägten süddeutschen Raum zu einer deutlichen Zunahme der regionalspezifischen Belastung durch SO_2, Schwebstaub und NO_2, im Sommer zu hohen O_3-Konzentrationen in ländlichen Räumen aufgrund der dann hohen Strahlungsintensität. Extreme Belastungssituationen für SO_2, Schwebstaub und NO_2 im nord- und ostdeutschen Raum bringen im Winter Ost- und besonders Südostlagen. In diesen Fällen liegt wegen der dann zumeist kalten Witterung nicht nur eine verstärkte Heizaktivität vor, sondern es kommt auch zu großräumigen Verfrachtungen dieser Schadstoffe aus osteuropäischen Quellgebieten mit enorm hohen Emissionen (Russland, Polen, Tschechien). Nordostlagen treten mit trockener Witterung bevorzugt im Sommer auf und führen zu einem extremen Anstieg der Ozonkonzentrationen. Aufgrund dieser Zusammenhänge können die täglichen Fluktuationen der Schadstoffbelastung durch SO_2 zu 21% und durch Schwebstaub zu 32% durch Luftmassentransporte erklärt werden, während großräumige Verfrachtungen für NO_2 (10% Erklärung durch Großwettertypen) und insbesondere O_3 (5%) keine Rolle spielen.

Fazit

Ungeachtet derzeit geltender gesetzlicher Grenzwerte stellt die Immissionsbelastung durch Luftschadstoffe einen wichtigen humanökologischen Belastungsfaktor für die Erholung dar. Im Mittel werden die höchsten Belastungen ❷ in den Verdichtungsräumen und angrenzenden Gebieten erreicht, wobei bei Schwefeldioxid und Schwebstaub der ostdeutsche Raum besonders hervortritt. Die höchsten Stickstoffdioxid-Belastungen werden im Umfeld der Hauptverkehrsachsen beobachtet. Alle drei Schadstoffe haben ein ausgesprochenes Maximum in den Wintermonaten, während die Ozonimmission auf die Sommermonate und auf relative Reinluftgebiete des ländlichen Raumes beschränkt ist. Durch Schadstoffverfrachtung im Zusammenhang mit Luftmassentransporten kann es aber gerade in den Erholungsgebieten der Bundesrepublik Deutschland zu erheblichen Zunahmen der Immissionsbelastung durch SO_2, Schwebstaub und NO_2 im Winter und durch Ozon im Sommer kommen. Dabei treten Ost- und Südostlagen sowie Hochdrucklagen besonders hervor. ◆

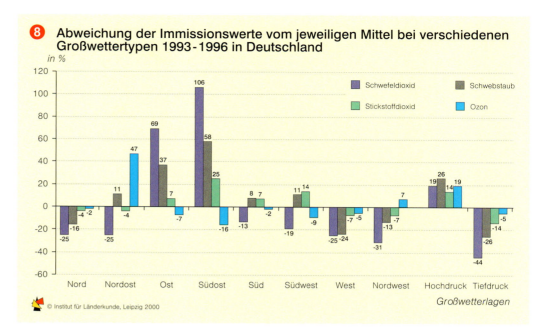

❽ Abweichung der Immissionswerte vom jeweiligen Mittel bei verschiedenen Großwettertypen 1993-1996 in Deutschland

❻ Mittlere Stickoxid-Immission 1992-1996

❼ Mittlere Ozon-Immission 1992-1996

Umweltgütesiegel und Produktkennzeichnung im Tourismus

Eric Losang

Angesichts eines ungebremsten Wachstums des internationalen Tourismus und der Tendenz zu immer häufigeren und kürzeren Reisen zu immer weiter entfernten Urlaubszielen (▶▶ Einleitungsbeitrag C. Becker) ❶ ist die Problematik des Umweltschutzes mittlerweile ein fester Bestandteil in den Überlegungen zur touristischen Weiterentwicklung geworden – sowohl auf Seiten der Anbieter als auch, zumindest teilweise, auf der Seite der Urlauber selbst ❷ geworden. Es gibt Bestrebungen zur Einführung einer einheitlichen Kennzeichnung touristischer Dienstleistungen im Hinblick auf ökologische, ökonomische und soziopolitische Auswirkungen von Reisen. Gegenläufig wirken Tendenzen wie die verstärkte Individualisierung der Urlaubsentscheidung angesichts des stetig wachsenden Angebotes an Zielen, Urlaubsformen und Spielarten touristischer Freizeitkultur sowie die zunehmende Flexibilität und Kurzfristigkeit der Reiseentscheidungen.

Nachhaltige Tourismusentwicklung

Spätestens seit der Konferenz für Umwelt und Entwicklung 1992 in Rio de Janeiro ist das Paradigma einer „nachhaltigen Entwicklung" (*sustainable development*) in den Mittelpunkt der öffentlichen wie wissenschaftlichen Diskussion gerückt. Dieses Konzept stellt die Verbesserung der Qualität menschlichen Lebens ohne gleichzeitige Überschreitung der Kapazitäten des globalen Ökosystems in den Mittelpunkt. Dabei sollen sowohl eine weltweit gerechtere Wohlstandsverteilung (Befriedigung der Grundbedürfnisse heutiger Generationen) als auch die Sicherung der Lebensgrundlagen zukünftiger Generationen gewährleistet werden.

Eine Entwicklung, die sich am Nachhaltigkeitspostulat orientiert, ist nur mit einem ganzheitlichen Ansatz unter Berücksichtigung ökologischer, ökonomischer und sozialer Aspekte zu realisieren. Räumlich sind dabei die jeweils relevanten Maßstabsebenen zu unterscheiden, die lokale, die regionale, die nationale und die globale ❹. Als weltweit größte wirtschaftliche Wachstumsbranche kann sich der Tourismus den Anforderungen einer nachhaltigen Entwicklung nicht entziehen.

Gütesiegel als Lösungsstrategie

Im Hinblick auf eine nachhaltige Tourismusentwicklung wurden in den letzten Jahren zahlreiche Instrumente zur Beurteilung von Umweltaspekten touristischer Leistungen entwickelt, z.B.
- die Berechnung von Kennzahlen zur Beurteilung des innerbetrieblichen Umweltschutzes (z.B. Öko-Audit),
- unternehmensinterne Ansätze zur Beurteilung von Reisen bzw. Reisekomponenten für die Reisenden (z.B. Reiseenergiekennwerte),
- Checklisten, Kennziffern und Kriterienkataloge für Beherbergungsbetriebe, Kommunen und Regionen (z.B. Kriterienkatalog des DEHOGA) sowie
- Gütesiegel für einzelne Leistungskomponenten wie Beherbergung, Gastronomie oder Strand- und Wasserqualität (z.B. „Silberdistel" im Kleinwalsertal).

Allen gemein ist die freiwillige Verpflichtung der Tourismusbetriebe, sich den jeweils festgelegten Auflagen (Grenzwerten) zu stellen. Aus der kritischen Betrachtung dieser Ansätze hinsichtlich ihrer Anwendbarkeit in der Öffentlichkeits- und Umweltbildungsarbeit lassen sich die Anforderungen für die Gestaltung eines umfassenden touristischen Labels ableiten ❸.

Gütesiegel in Deutschland ❺

Von den im Jahr 2000 in Europa existierenden ca. 50 touristischen Umweltkennzeichnungen sind allein 24 deutschen Ursprungs ❻. Dabei steht insbesondere die Bewertung deutscher Beherbergungs- und Gastronomiebetriebe im Vordergrund (18 Kenn- →

6 Gütesiegel in Europa

7 Der Reisestern

tenverbänden der jeweiligen Länder gewährleistet ist, die sich am Zeichen „Wir führen einen umweltfreundlichen Betrieb, Deutschland" des Deutschen Hotel- und Gaststättenverbandes (DEHOGA) orientieren. Allerdings wurde diese Bezeichnung bisher nur von den Landesverbänden Schleswig-Holstein, Mecklenburg-Vorpommern, Hessen, Nordrhein-Westfalen, Baden-Württemberg und Bayern eingeführt.

Außer den Initiativen auf Länderebene existieren einige deutschlandweite (Blaue Schwalbe) und regional gültige Zeichen (Uckermark), deren Bedeutung mangels Vergleichbarkeit eher als gering einzustufen ist. Eine repräsentative Verteilung ausgezeichneter Betriebe über ganz Deutschland ist wegen der Vielfalt nicht zu ermitteln, obwohl deutlich wird, dass traditionelle Fremdenverkehrsgebiete wie der Schwarzwald eine hohe Konzentration aufweisen ❺. Beim Vergleich mit den Übernachtungs- und Ankunftzahlen wird deutlich, dass eine Kennzeichnung von Betrieben nicht an das jeweilige Tourismusaufkommen gekoppelt ist, obschon es auf der Hand liegt, dass gerade eine hohe Frequentierung Maßnahmen hinsichtlich ökologischer Wirtschaftsweisen erfordert.

Hohe Anzahl, geringe Wirkung

Obwohl die Relevanz der Kennzeichnung von Reisen erkannt wurde, scheint die Vielfalt vorhandener Kennzeichen eine eher gegenläufige Wirkung zu haben (MÜLLER 1998). Zudem hat keines der Kennzeichen eine annähernd bevölkerungsweite Bekanntheit, was die Grundvoraussetzung für eine breite Bewusstseinsbildung der Urlauber wäre. Die Kriterien zur Vergabe von Umweltkennzeichnungen bewerten zumeist nur Teilbereiche des touristischen Angebotes – eine vernetzte Betrachtung der ökologischen, ökonomischen und sozialen Auswirkungen existiert nicht (LOSANG 1998). Ob daran die auf Initiative des Bundesumweltministeriums und Umweltbundesamtes ins Leben gerufene Dachmarke für „Nachhaltigen Tourismus in Deutschland" etwas ändern kann, hängt im Wesentlichen von der Wahl der Vergabekriterien und der betrieblichen Breitenwirkung ab.

Der Reisestern – eine touristische Nachhaltigkeitsbilanz

Zur ganzheitlichen Beurteilung von Reisen i.S. einer nachhaltigen Tourismusentwicklung wurde von der *Arbeitsgemeinschaft für Eigenständigkeit und Nachhaltigkeit Trier* (AGENT) eine weitergehende Kennzeichnung entwickelt – der Reisestern ❼. Fünf Schlüsselindikatoren decken die von Reisen ausgehenden ökologischen, ökonomischen und sozialen Effekte ab, wobei die jeweiligen Bestandteile einer Reise (An- und Abreiseweg, Wege im Zielgebiet, Beherbergung, ausgeübte Aktivitäten) betrachtet werden ❽. Um den unterschiedlichen Ausgangsbedingungen der einzelnen Reiseziele hinsichtlich Wirtschaft, Kultur und Naturraumpotenzial gerecht zu werden, finden sich im Modell korrigierende Parameter, welche auf einer geographischen Raumkategorisierung beruhen. Diese Differenzierung erfolgt zunächst stark generalisierend auf der Basis von Nationalstaaten. Aufgrund des hierdurch bedingten sehr hohen räumlichen Aggregationsniveaus ergeben sich teilweise erhebliche Nivellierungseffekte, die das Ergebnis verzerren können. Diese Schwäche des bisherigen Konzeptes erfordert eine Weiterentwicklung hin zu einer optimalen Maßstabsebene (Regionalisierung).

Ökologische Dimension

Diese Dimension erfährt im Modell eine stärkere Gewichtung aufgrund ihrer Bedeutsamkeit hinsichtlich globaler und regionaler Umweltprobleme, insbesondere angesichts des steigenden touristischen (Flug-) Verkehrsaufkommens (STOCK 1998).

Raumüberwindungsindikator: Die Reise wird nach dem notwendigen Energieaufwand (MJ/km) bzw. den hieraus resultierenden Emissionen (CO_2/NO_x/km) pro Person in Abhängigkeit von der zurückgelegten Distanz (in km) und dem genutzten Transportmittel beurteilt. Für Wege im Urlaubsgebiet wird zusätzlich die ökologische Sensibilität (Assimilations-/Regenerationsvermögen) betrachtet ❾.

Wohlstandsindikator: Die Belastungen der Umwelt während des Aufenthaltes im Zielgebiet werden anhand der Komponenten Beherbergung und Reisezweck/Freizeitaktivitäten eingeschätzt. Differenziert nach der Unterkunftsart wird dabei die Belastung durch Wasserverbrauch, Abfallaufkommen und Flächenbedarf erfasst. Der Wasserverbrauch wird je nach der hydrographischen Situation differenziert, der jeweilige Flächenbedarf nach der ökologischen Sensibilität (= Biodiversität und

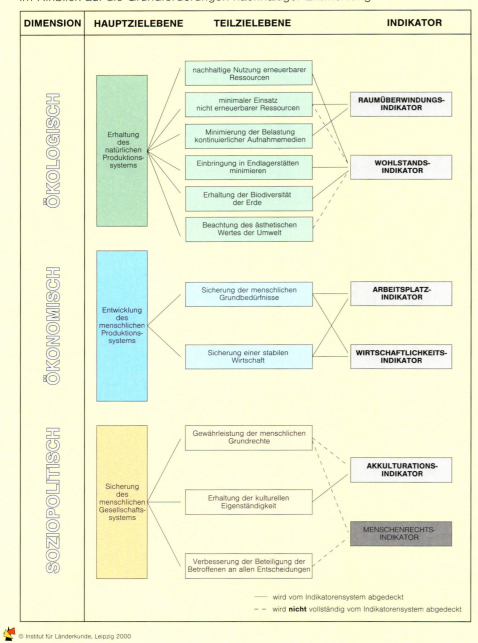

8 Schema zur Operationalisierung des Reisesterns
im Hinblick auf die Grundforderungen nachhaltiger Entwicklung

Nationalatlas Bundesrepublik Deutschland – Freizeit und Tourismus

Landschaftsästhetik) des Zielgebietes gewichtet.

Ökonomische Dimension

Die ökonomischen Auswirkungen einer Urlaubsreise werden ausschließlich auf die volkswirtschaftlichen Effekte für die Zielregion bezogen. Damit rücken insbesondere Entwicklungsgesichtspunkte unter dem Leitmotiv einer global gerechteren Wohlstandsverteilung in den Mittelpunkt.

Arbeitsplatzindikator: Die Beschäftigungswirkung des Tourismus wird anhand des tourismusabhängig beschäftigten Bevölkerungsanteils im Urlaubsgebiet bewertet. Der Indikator wird über die Bettenzahl und das entsprechend differenzierte nationale Beschäftigungsäquivalent (Angestellte/Bett) errechnet und durch die Saisonlänge gewichtet.

Wirtschaftlichkeitsindikator: Die allgemeine volkswirtschaftliche Bedeutung des Tourismus im Reisezielgebiet ergibt sich durch den Anteil der touristischen Deviseneinnahmen am Exporterlös. Korrigiert wird dieser Wert durch die Sickerrate, also den Anteil der für touristische Leistungen notwendigen, mit Devisenabflüssen verbundenen Importe ❾.

Soziopolitische Dimension

Im Mittelpunkt der sozialen Dimension touristischer Entwicklung stehen die Auswirkungen auf die Gesellschaft der Zielregion, wobei drei Tendenzen von besonderer Bedeutung sind:
- Abwanderung (besonders von Jugendlichen) aus strukturschwachen Gebieten in die touristischen Zentren,
- Kommerzialisierung der Kultur,

Berechnung und Visualisierung der Nachhaltigkeitsbilanz

Zur Berechnung der Nachhaltigkeitsbilanz wurden, entsprechend den klassifizierten Ausprägungen der Subindikatoren, Kennwerte vergeben, wobei sich eine maximal erreichbare Kennwertzahl von 100 ergibt, die sich zur Hälfte auf die ökologische Dimension und zu je einem Viertel auf die ökonomische und die soziale Dimension verteilt.

Als Grundlage für die graphische Umsetzung werden die für jeden Schlüsselindikator erfassten Kennwerte nach dem Rangsummenverfahren addiert und ergeben so den Prozentanteil an der maximal erreichbaren Punktzahl des Indikators.

Die Visualisierung der Ergebnisse erfolgt über den **Reisestern**. Die Strahlenlänge gibt für den jeweiligen Schlüsselindikator die zu erwartenden negativen Auswirkungen einer bestimmten Reise in Prozentpunkten der maximal möglichen Ausprägung an.

Der im bekannten Verkehrsampelschema gehaltene Hintergrund kennzeichnet mit dem inneren grünen Gürtel die Unbedenklichkeitszone, mit dem mittleren gelben Gürtel die Vorsicht-Zone und mit dem äußeren roten Gürtel die Stopp-Zone. Die Bezeichnungen der Schlüsselindikatoren wurden durch assoziative Piktogramme ersetzt.

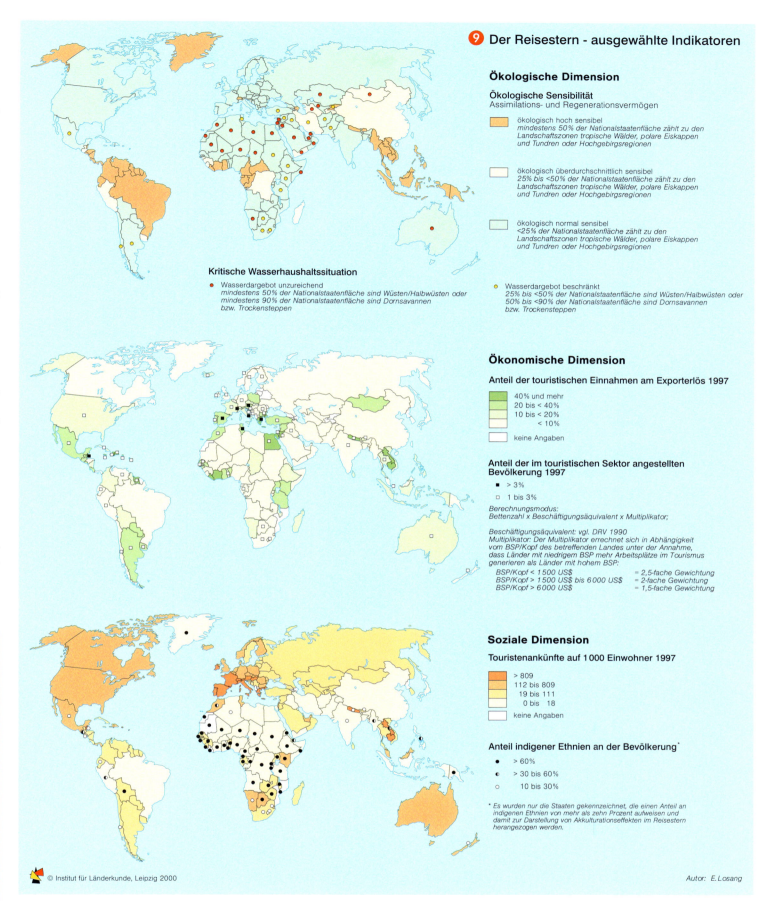

❾ Der Reisestern - ausgewählte Indikatoren

- Aufgabe traditioneller Lebensweisen durch Nachahmung des Konsumverhaltens der Touristen.

Die Messbarkeit der sozialen Dimension stellt ein zentrales Problem des Modells dar. Einerseits ist eine Quantifizierung dieser Wirkungen kaum möglich, andererseits treten bei einer qualitativen Bewertung unweigerlich ideologische Komponenten auf. Eine Unterscheidung nach exogen (Akkulturation) und endogen induzierten Veränderungen erscheint in jedem Fall notwendig.

Akkulturationsindikator: Er wird aus den Subindikatoren Tourismusintensität (Ankünfte pro 1000 Einwohner) sowie der soziokulturellen Sensibilität (Anteil indigener Ethnien an der Gesamtbevölkerung) gebildet ❾.

Der *Menschenrechtsindikator* basiert auf der Einhaltung der UN-Menschrechts-Charta und gibt auf der Basis der jährlichen Berichte von Amnesty International Auskunft darüber, welche Länder aufgrund überproportional häufiger Verstöße nicht bereist werden sollten.

Auf eine Umsetzung des Indikators wurde zunächst verzichtet, da der Tourismus nur indirekt damit in Zusammenhang steht.◆

Anhang

Ein Nationalatlas für Deutschland

Konzeptkommission

Was ist ein Nationalatlas und für wen wird er gemacht?

Die Alltagserfahrung konfrontiert die meisten Menschen mit Schulatlanten und Straßenatlanten, die jeweils ihrem spezifischen Zweck entsprechend über die Länder der Welt oder über Straßen und Orte einer Region informieren. Ein Nationalatlas dagegen macht es sich zur Aufgabe, ein Land in allen seinen Dimensionen darzustellen. Dazu zählen die natürlichen Grundlagen, die Gesellschafts- und die Bevölkerungsstruktur, die Verteilung von Ressourcen, Siedlungen, Verkehrsnetzen und Wirtschaftskraft sowie weitere Elemente der Landesausstattung und Landesentwicklung. Ein Nationalatlas dient der räumlich differenzierten Information über das gesamte Land für seine Bewohner und Gäste, aber auch der Repräsentation eines Landes nach außen. Für diesen ersten deutschen Nationalatlas ist es darüber hinaus ein wichtiges Ziel zu dokumentieren, wie die über 40 Jahre getrennten zwei ehemaligen deutschen Teilstaaten zusammenwachsen.

Das Besondere eines Atlas ist es, die vielfältigen Inhalte in thematischen Karten darzustellen. Karten sind die ideale Form, von pauschalen zu räumlich differenzierten Aussagen zu gelangen. Eine Karte zeigt anschaulich regionale Unterschiede und vermag auch Zusammenhänge und Hintergründe aufzuzeigen. Durch die notwendige Zeichenerklärung, durch ergänzende Grafiken und erläuternde Texte wird das Lesen und Verstehen der Karten als Abbildung der räumlichen Strukturen und Prozesse erleichtert.

Der Atlas will an Deutschland Interessierte im In- und Ausland ansprechen. Er möchte Diskussionsstoff für Schulen und Universitäten bieten und als Nachschlagewerk in Familien und Bibliotheken dienen. Die räumliche Perspektive soll Staunen erwecken und neue Fragen aufwerfen. Als Schnittstelle zwischen Wissenschaft und Öffentlichkeit will er das Verständnis für die räumliche Differenzierung sozialer, wirtschaftlicher und naturräumlicher Strukturen und Prozesse schärfen, ein Interesse für Kartographie und Geographie wecken und als fundierte Informationsquelle für breite Bevölkerungskreise dienen. Deshalb ist es ein Anliegen, die wissenschaftlichen Inhalte für Laien zu erläutern, Begriffe zu definieren und die Themen anschaulich in Bild, Grafik und Karte darzustellen. Weiterführende Literaturangaben im Anhang ermöglichen interessierten Laien und Fachleuten eine Vertiefung der Themen.

Wie kam es zum Projekt Nationalatlas?

Fast alle europäischen und auch viele außereuropäischen Länder besitzen einen Nationalatlas. Seit im Jahr 1899 Finnland den ersten Nationalatlas herausgegeben hat, um damit sein Streben nach Unabhängigkeit von Russland zu dokumentieren, gehören Nationalatlanten zu den Insignien souveräner Staaten. Aufgrund der ständig wechselnden Grenzen Deutschlands und der territorialen Ansprüche der verschiedenen deutschen Staatsführungen hat es nie einen Nationalatlas für Deutschland gegeben. In der DDR erschien in den Jahren 1976-81 der anspruchsvolle „Atlas Deutsche Demokratische Republik". In der Bundesrepublik Deutschland gab es zwei thematische Atlaswerke: „Die Bundesrepublik Deutschland in Karten" (Statistisches Bundesamt, Institut für Landeskunde und Institut für Raumforschung 1965-70) sowie den „Atlas zur Raumentwicklung" (Bundesforschungsanstalt für Landeskunde und Raumordnung 1976-87). Beide beanspruchen jedoch nicht den Status eines Nationalatlas.

Die Wiedervereinigung der beiden deutschen Teilstaaten im Jahr 1990 erschien deshalb als geeigneter Zeitpunkt, die Erstellung eines gesamtdeutschen Atlaswerkes zu konzipieren. Der Versuch, nach ersten Planungen eine staatliche Finanzierung des Projektes zu erzielen, schlug fehl. Im Jahr 1995 beschlossen die Dachverbände der deutschen Geographen und Kartographen[1] sowie die Deutsche Akademie für Landeskunde, das Projekt zusammen mit dem Institut für Länderkunde in Leipzig (IfL) auch ohne staatlichen Auftrag zu verwirklichen.

Nach dem Erscheinen des Pilotbandes (1997) begann das IfL mit der Realisierung des Projektes aus institutionellen Mitteln, die das Institut von seinen Zuwendungsgebern erhält, dem Bundesministerium für Verkehr, Bau- und Wohnungswesen sowie dem Sächsischen Staatsministerium für Wissenschaft und Kunst. Darüber hinaus konnten für einzelne Bände Projektmittel und Fördersummen eingeworben werden.

Wer wirkt am Nationalatlas mit?

Das Institut für Länderkunde als Forschungsinstitut der Wissenschaftsgemeinschaft Gottfried Wilhelm Leibniz ist Herausgeber des Nationalatlas Bundesrepublik Deutschland. Es konzipiert das Gesamtwerk und koordiniert die Mitarbeit einer Vielzahl von Wissenschaftlern, die als Koordinatoren für einzelne Bände wirken oder als Autoren die Inhalte und Entwürfe der Karten sowie die Textbeiträge erarbeiten.

Das Projekt steht unter Schirmherrschaft des derzeitigen Präsidenten des Deutschen Bundestages Wolfgang Thierse.

Die Deutsche Gesellschaft für Geographie, die Deutsche Gesellschaft für Kartographie und die Deutsche Akademie für Landeskunde unterstützen das Projekt als **Trägerverbände**.

Vertreter dieser Verbände und des IfL bilden eine **Konzeptkommission**, die das Vorhaben konzeptionell unterstützt und bei der Ausarbeitung von Inhalt und Aufbau der einzelnen Bände zu Rate gezogen wird.

Zahlreiche Bundesbehörden und deutschlandweit tätige gesellschaftlich relevante Institutionen begleiten das Projekt darüber hinaus in einem **Beirat**, der beratende und unterstützende Funktion hat. In diesem Gremium sind besonders diejenigen Einrichtungen vertreten, deren Aufgaben das Gesamtwerk betreffen, während andere Bundesämter und Institutionen themenspezifisch für Einzelbände eingebunden sind.

Auf Anraten der Deutschen Gesellschaft für Kartographie wurde eine **kartographische Beratergruppe** gebildet, die dem Institut für Länderkunde in Fragen der grafischen Darstellung zur Seite steht.

Schließlich ist die **Atlasredaktion** im Institut für Länderkunde zu nennen, das sich für einige Jahre überwiegend auf dieses Vorhaben konzentriert. Lektorat, Gestaltung, Redaktion und computergrafische Bearbeitung der Karten, Abbildungen und Texte bis hin zum Layout und zu den Druckvorlagen erfolgen im Institut für Länderkunde.

Wie ist das Gesamtwerk aufgebaut?

Nationalatlanten anderer Länder aus den letzten Jahrzehnten zeigen, dass Atlanten nicht mehr ausschließlich aus analytischen und komplexen Karten bestehen, sondern multimedial mit Fotos, Grafiken und erläuterndem Text versehen sind. Außerdem sind bereits die ersten elektronischen Nationalatlanten erschienen. Der deutsche Nationalatlas erscheint in einer gedruckten wie auch in einer elektronischen Ausgabe. Das Konzept für die elektronische Ausgabe beruht darauf, die Inhalte der Druckausgabe in elektronischer Form vollständig wiederzugeben. Darüber hinaus ermöglicht das elektronische Medium, mit den im Atlas verarbeiteten Daten interaktiv Karten zu generieren und zu gestalten.

Die Konzeptkommission hat die Vielfalt der Themen, die zusammen das komplexe Deutschlandbild ergeben, in zwölf Bereiche eingeteilt. Dabei wurde auf innere Zusammenhänge von Themenkomplexen geachtet, doch mussten auch pragmatische Gesichtspunkte berücksichtigt werden. Die Einzelbände dürfen nicht als unabhängige Einheiten gesehen werden, da das Gesamtwerk die Vernetzung der verschiedenen Natur- und Lebensbereiche berücksichtigt. Dabei kommt es bei Einzelthemen notwendigerweise auch zu Doppelungen. Das Zusammenspiel von Natur und Gesellschaft, von Siedlungsentwicklung und Bevölkerung, von Landwirtschaft und Ökologie kann immer von mehreren Seiten aus betrachtet werden, so dass viele Themen mit unterschiedlicher Schwerpunktsetzung und Blickrichtung in mehreren Bänden aufgegriffen werden. Durch die Vielzahl der Einzelthemen komplettiert sich das Gesamtbild Deutschlands in zwölf thematischen Bänden, die in etwa halbjährigem Turnus innerhalb von sechs Jahren (1999 - 2005) erscheinen werden.

- **Gesellschaft und Staat**

Der erste Band stellt die historischen und organisatorischen Hintergründe des Staatswesens der Bundesrepublik dar, geht auf die wichtigsten Elemente der Gesellschaft ein, thematisiert die verschiedenen Ebenen der administrativen Einteilung, die Deutschland in Länder, Kreise und Gemeinden untergliedert, sowie von anderen Instanzen definierte Regionen, wie z.B. Wahlbezirke, Bistümer und Landeskirchen oder Kammern.

- **Relief, Boden und Wasser**

Die naturräumlichen Grundlagen des Landes werden in zwei Bänden dargestellt, deren Leitthema das Zusammenwirken von Mensch und Natur ist. In dem ersten Band wird auf die naturräumliche Gliederung und Landschaftsnamen eingegangen, auf Veränderungen in Relief und Bodenbeschaffenheit und auf Qualität und Verteilung von Wasser und Gewässern.

- **Klima, Pflanzen- und Tierwelt**

Der zweite Band beschäftigt sich mit klimatischen Unterschieden in den verschiedenen Landesteilen und über längere Beobachtungszeiträume sowie mit der Verbreitung von Tier- und Pflanzenarten und mit Aspekten des Naturschutzes und der Landschaftspflege.

- **Bevölkerung**

Der Band befasst sich mit der in Deutschland lebenden Bevölkerung in ihrer vielfältigen Zusammensetzung und räumlichen Verteilung, mit ihren Veränderungen und den Faktoren, die dazu führen, wie Geburten und Sterbefälle, Zu- und Wegzüge, Einwanderungen aus dem Ausland und Auswanderungen in andere Länder.

- **Dörfer und Städte**

Das Siedlungssystem Deutschlands ist ein Kontinuum zwischen Stadt und Land, in dem städtische Lebensformen dominieren und ländliche Lebensformen auch in Städten in angepasster Form aufgegriffen werden. Der Band dokumentiert die für die deutsche Kulturlandschaft typische Vielfalt von Groß-, Mittel- und Kleinstädten mit ihren historischen Ortskernen und ihren Veränderungsprozessen.

- **Bildung und Kultur**

Der Band befasst sich mit Schule und Hochschule, Wissenschaft und Forschung, Berufsausbildung und Fortbildung sowie Kulturangeboten und -förderung von der Hochkultur bis zur Sozio- und Jugendkultur. Die regionale Differenzierung von Ausstattung und Nutzung von Kultur und Bildung stellt zugleich Komponenten des weltweiten Wettbewerbs um Wirtschaftsstandorte sowie eine Dimension von Lebensqualität in den Teilräumen Deutschlands dar, die nicht zuletzt auch zur Identifikation der Bevölkerung mit ihrer Region beiträgt.

- **Arbeit und Lebensstandard**

Die Welt der Arbeit, besonders der differenzierte Arbeitsmarkt, zu dem heutzutage auch die Arbeitslosigkeit mit dem speziellen Problem der Langzeitarbeitslosigkeit gehört, bilden einen wichtigen Aspekt des Lebensstandards der Menschen in Deutschland. Arbeit integriert oder schließt aus; sie ist der Schlüssel zur Teilhabe am Konsum, an Wohn- und Freizeitangeboten sowie zur Ausstattung mit Statussymbolen, die immer größere Bedeutung zu erlangen scheinen.

- **Unternehmen und Märkte**

Die Volkswirtschaft eines Landes bildet das Rückgrat seines Wohlstands. Zu ihr gehören die großen und die multinationalen Unternehmen sowie die unzähligen Klein- und Mittelbetriebe, die im ganzen Land Investitionen tätigen und Arbeitsplätze bieten, aber auch die Landwirtschaft, die sich längst vom traditionellen Bild des familiären Subsistenzbetriebes gelöst und in das Spektrum von Unternehmen eingereiht hat.

- **Verkehr und Kommunikation**

Der reibungslose Ablauf von Verkehr, Arbeits- oder Schulweg, Warentransport, Nachrichtenübermittlung und Energieübertragung ist Grundlage für das Funktionieren von Wirtschaft und Alltagsleben. Die moderne Gesellschaft ist undenkbar ohne Internet und Online-Banking, ohne den Flugverkehr für Fernreisen und die Geschäftsverbindungen zwischen den großen deutschen und europäischen Städten durch Flüge und Hochgeschwindigkeitszüge. Das, was als reiner Servicebereich im Hintergrund zu stehen scheint, ist ein umfangreicher Wirtschaftssektor, der mit allen Lebensbereichen und allen Teilräumen des Landes verbunden ist.

- **Freizeit und Tourismus**

Kaum ein anderes Volk reist so viel wie die Deutschen. Deutschland ist aber auch in jedem Jahr ein Reiseziel für Millionen von Touristen aus aller Welt. Zu Ferien, Kurzurlauben, Geschäftsreisen und Wochenendaufenthalten erhalten Landschaften und Städte Besucher aus allen Landesteilen. Die Gestaltung der Tages- und Wochenend-Freizeit wirkt sich auch kleinräumig auf Städte und Naherholungsgebiete aus.

- **Deutschland in der Welt**

Deutschland muss auch unter dem Blickwinkel der Globalisierung gesehen werden: die internationale Vernetzung und die Vereinheitlichung von Märkten, Werten und Lebensformen sowie die Verkürzung von Distanzen durch den Fortschritt der Verkehrstechnik und der Kommunikationsmedien machen sich im Leben jedes Einzelnen bemerkbar. Das Resultat ist eine enge internationale Verknüpfung fast aller Lebensbereiche. Ein Aspekt davon ist das Zusammenwachsen Europas, das für Deutschland mit neun Nachbarländern eine besondere Bedeutung hat.

- **Deutschland im Überblick**

Der Abschlussband will die wichtigsten Themen aller vorangegangenen Bände zu einem Überblick zusammenfassen und in aktualisierter Form darstellen.

Wie sind die Bände konzipiert?

Die wichtigsten Grundsätze für das Atlaswerk betreffen eine breite fachliche Einbindung durch Bandkoordinatoren und Autoren sowie inhaltliche Aktualität und Selektivität.

- **Bandkoordination**

Die Koordination der einzelnen Bände wurde an Fachleute übertragen, die über Erfahrung und Vernetzung in der Wissenschaft verfügen. Damit wird gewährleistet, dass das jeweilige Bandthema in einer dem neuesten wissenschaftlichen Stand entsprechenden Form aufgearbeitet wird und die Spezialisten für einzelne Teilthemen zu Wort kommen. Die Verankerung in Arbeitskreisen der Geographie ist dafür ein weiterer Garant.

- **Autoren**

Alle Bände bestehen aus zahlreichen Beiträgen von einer oder zwei Doppelseiten, deren Autoren jeweils benannt sind. Auf diese Weise ist die Verantwortlichkeit für wissenschaftliche Arbeiten eindeutig gekennzeichnet. Es ist erklärtes Ziel des Herausgebers, junge Wissenschaftler und Fachleute auch von außerhalb der wissenschaftlichen Institutionen zur Mitarbeit zu ermutigen sowie neben Geographen und Kartographen auch Repräsentanten anderer Raumwissenschaften und Disziplinen zu Wort kommen zu lassen.

- **Inhalte**

Das ausschlaggebende Kriterium für die Auswahl von einzelnen Themen der Atlasbände besteht in der Ausgewogenheit zwischen Aktualität und Zeitlosigkeit, zwischen der oft von kurzlebigen Einzelereignissen geweckten Aufmerksamkeit der Öffentlichkeit und langlebigen wissenschaftlichen Forschungsinteressen, zwischen Alltagsfragen und Grundlagenforschung. Für das Gesamtwerk ist eine gewisse konzeptionelle Vollständigkeit der Themen im Sinn einer umfassenden Landeskunde angestrebt, wobei Themenkomplexe oft nur durch Beispiele repräsentiert werden. Für deren Auswahl sind die bewusste Entscheidung der Herausgeber und Koordinatoren, aber auch die Verfügbarkeit von Daten und Autoren entscheidend.

- **Darstellungsformen**

Das Wesen eines Atlas ist die Darstellung durch Karten auf der Grundlage einer fachwissenschaftlich fundierten Kartographie. Die abstrakte Darstellungsform von Karten soll in ihrer Aussage jedoch anschaulich durch Bild und Grafik unterstützt werden. Hintergrundinformationen und Interpretationshinweise können zusätzlich durch Text vermittelt werden. Der Nationalatlas will diese Ausdrucksformen in dem Maß einsetzen, wie sie zur Verdeutlichung von Inhalten notwendig sind und helfen, dem Leser ein Thema interessant und verständlich vorzustellen. Das Konzept sieht dabei Anteile von ca. 50% Karten, 25% Abbildungen und 25% Text vor.

Was ist von der elektronischen Ausgabe zu erwarten?

Die elektronische Ausgabe ist für einen großen Nutzer- und Interessentenkreis konzipiert und besteht aus der Kombination einer illustrativen und einer interaktiven Komponente. Die Atlasthemen sind für das Medium entsprechend aufbereitet und mit einem breiten Spektrum an multimedialen Karten und Abbildungen illustriert. Zusätzlich hat der Nutzer die Möglichkeit, die thematischen Informationen der Atlasthemen auch in interaktiv veränderbaren Karten aufzurufen, selbst zu gestalten und auszudrucken. Hier wird eine Möglichkeit zur regelmäßigen Aktualisierung von Daten gegeben sein.

Wie sieht die Zukunft des Nationalatlas aus?

Viele Daten und Informationen, die in Karten, Texten und Grafiken dargestellt und interpretiert werden, sind schon in kurzer Zeit veraltet. Die Schnelllebigkeit unserer Zeit verändert nicht nur soziale Verhältnisse, Einwohnerzahlen oder den Grad der Luftverschmutzung innerhalb kürzester Fristen. Selbst die für zeitlos gehaltenen naturräumlichen Bedingungen ändern sich schneller, als man glaubt. Innerhalb von wenigen Jahren entstehen Seenplatten, wo früher riesige Braunkohlegruben waren, Landstriche werden aufgeforstet oder Moore trocknen aus. Ein Nationalatlas erfasst einen Status quo, der in der Zukunft als Messlatte dienen kann, an dem Veränderungen erkannt und ihr Ausmaß erfasst werden können. Es wird sich zeigen, ob weitere Auflagen mit aktualisierten Karten und Beiträgen auf Interesse stoßen. In der elektronischen Ausgabe wird dagegen eine Aktualisierung eines Teils der Datensätze regelmäßig erfolgen können.

Es ist schwer abzuschätzen, wie sich gesellschaftliche Anforderungen und die Technik innerhalb der nächsten Jahre verändern werden. Über die weitere Zukunft des Atlas über das Erscheinungsjahr des letzten Bandes hinaus soll hier nicht spekuliert werden. Vielleicht wird dann schon ein virtueller Nationalatlas im Internet präsentiert werden.

Leipzig, im Mai 2000
    U. Freitag (Berlin)
    K. Großer (Leipzig)
    C. Lambrecht (Leipzig)
    G. Löffler (Würzburg)
    A. Mayr (Leipzig)
    G. Menz (Bonn)
    N. Protze (Halle)
    S. Tzschaschel (Leipzig)
    H.-W. Wehling (Essen)

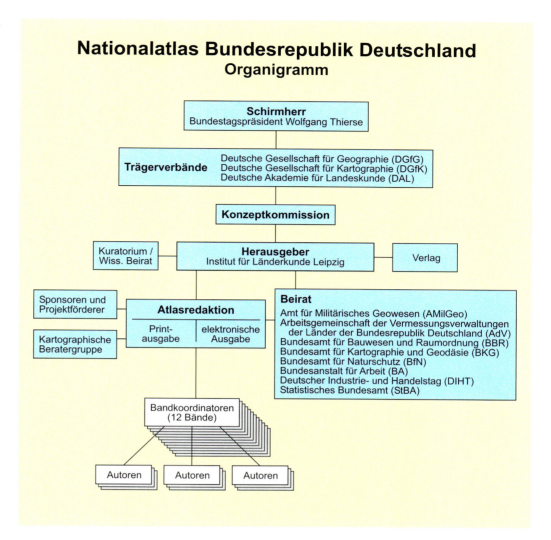

Thematische Karten – ihre Gestaltung und Benutzung

Konrad Großer und Birgit Hantzsch

Thematische Karten

Im Unterschied zu den meisten Hand- und Hausatlanten dominieren in Nationalatlanten *thematische Karten*. Ihr Inhalt geht stets über die reine Orts- und Lagebeschreibung zum Zwecke der Orientierung oder der allgemeinen Information hinaus. Thematische Karten vermitteln vornehmlich Vorstellungen, Einsichten und Zusammenhänge über die Verbreitung und Verteilung der zur Darstellung ausgewählten Erscheinungen, Sachverhalte und Entwicklungen im geographischen Raum.

Die thematische Darstellung kann hierbei *qualitativen* oder *quantitativen* (*absolut* oder *relativ*) Charakter haben, aber auch *Veränderungen* in einem gegebenen Zeitraum zeigen.

Für einen solchen Zweck reichen einfache orts- und lagebeschreibende Kartenzeichen nicht aus. Daher hat die Kartographie im Verlaufe ihrer Herausbildung zur eigenständigen Wissenschaft Methoden entwickelt, die eine dem Charakter jedes Gegenstandes angemessene graphische Wiedergabe erlauben (s.u. sowie ❸).

Karten als Modelle

Bedingt durch den Fortschritt von Wissenschaft und Technik stellt sich stets aufs neue die Frage: *Was überhaupt ist eine Karte?* Die Karte wird heute als *Mittel der Information und Kommunikation* oder als eine besondere Art von *Informationsspeicher* angesehen. Andere theoretische Ansätze heben Aspekte der *Semiotik* (der Theorie der Zeichen) hervor und gehen davon aus, dass eine besondere Zeichensprache, die sog. *Kartensprache*, existiert.

Weithin anerkannt und praxisbezogen ist es, ▶ Karten als grafische Modelle des Georaums zu betrachten. In Fachkreisen wird die Bearbeitung von Karten daher häufig als *kartographische Modellierung* bezeichnet. Einige ihrer wichtigsten theoretischen Grundlagen werden nachfolgend skizziert.

Graphische Grundelemente und graphische Variablen

Punkte, *Linien* und *Flächen* sind die Bausteine jeglichen graphischen Ausdrucks (❶ links). Ihre visuelle Wahrnehmung beruht auf den Unterschieden ihrer Helligkeit bzw. Farbe zum Hintergrund, z.B. dem Weiß des Papiers.

Eine theoretisch gestaltlose Fläche von bestimmter *Helligkeit* und *Farbe* lässt sich in ihrer *Form* sowie in *Muster*, *Orientierung* und *Größe* verändern ❷. Diese Möglichkeiten der graphischen Abwandlung bezeichnete der französische Kartograph J. BERTIN 1967 als *graphische bzw. visuelle Variablen*. Er zeigte, dass die graphischen Variablen unterschiedliche Wahrnehmungseigenschaften aufweisen. Sie wirken *trennend*, *ordnend* oder *quantitativ*. In diesem Sinne sind sie bei der Gestaltung von Graphiken und Karten zu nutzen, um *qualitative* oder *quantitative* Unterschiede oder den *geordneten* Charakter der Sachmerkmale auszudrücken. Dabei ist die Zahl der praktisch verwendbaren Abwandlungen von Variable zu Variable verschieden.

Außerdem ist für den graphischen Ausdruck die Anordnung der Zeichen in den beiden Richtungen der Darstellungsebene von Bedeutung. In Diagrammen wird diese von den dargestellten Daten definiert; in Karten hingegen entspricht sie dem verkleinerten, grundrisslich bestimmten und abstrahierenden Abbild der Objekte an der Erdoberfläche.

Karten und Computer

Die Bearbeitung und Herstellung von Karten ist heute kaum mehr vorstellbar ohne die Verwendung von Computern. Auch für die Kartennutzung steht der Bildschirm zur Verfügung. Beides erfordert eine digitale Beschreibung der graphischen Grundelemente. Diese erfolgt überwiegend nach zwei Prinzipien, denen Datenformate entsprechen:

1. durch Punkte und Linien im *xy-Koordinatensystem*, wobei Linien auf Geraden oder Kurven zwischen zwei Punkten (Stützpunkten) und Flächen auf den geschlossenen Linienzug ihres Umrisses zurückgeführt werden (*Vektorprinzip bzw. -format*, ❶ Mitte);
2. durch Zerlegung der als Bild im allgemeinen Sinne aufzufassenden Graphik in matrix- bzw. rasterartig angeordnete Bildpunkte, sog. Pixel (Abk. für picture element). Pixel mit je zwei gleichartigen Nachbarpixeln in horizontaler, vertikaler oder diagonaler Richtung ergeben Linien, während die Pixel innerhalb von Flächen bis zu den Randpixeln gleiche Eigenschaften aufweisen (*Rasterprinzip bzw. -format*, ❶ rechts).

Das Vektorformat wird derzeit vor allem für die *Bearbeitung und Speicherung* der Karten genutzt, während das Rasterformat für die *Digitalisierung* von Vorlagen (*Scannen*) und die *Visualisierung*, d.h. die Ausgabe auf den Bildschirm, direkt auf Papier und die Herstellung der Druckvorlagen, Bedeutung hat.

Kartographische Darstellungsmethoden ❸

Bei der Abbildung von georäumlichen Strukturen und Prozessen oder darauf bezogener Sachverhalte sind kartographiespezifische Grundsätze und Regeln einzuhalten. Man bezeichnet diese als *kartographische Darstellungsmethoden* und *-prinzipien* oder – mit Blick auf das Ergebnis der kartographischen Modellierung – als *kartographisches Gefüge*.

Über die anzuwendende *Darstellungsmethode* wird unter Beachtung des *Maßstabs* und des *Verwendungszwecks* der Karte sowie einer Reihe weiterer Aspekte entschieden. Diese Aspekte sind unten als „Checkliste" zusammengestellt, die auch für das Verständnis thematischer Karten hilfreich sein kann. Es ist zu fragen:

- Sind die Objekte, Erscheinungen oder Sachverhalte

> **Die Karte**
>
> ist ein *abstrahierendes* und zugleich *anschauliches graphisches Zeichenmodell* von Teilen des oberflächennahen Bereichs der Erde (Georaum) oder anderer Himmelskörper bzw. von Konstruktionen (Ideen, Planungen), die sich auf deren Oberflächen beziehen. Wie jedes Modell vereinfacht und verallgemeinert die Karte die Wirklichkeit *zweckbezogen*. Im Rahmen ihrer Zweckbestimmung dient sie der *Speicherung* und der *Vermittlung von Informationen* und *Wissen* sowie dem *Erkenntnisgewinn* über diese Räume.
>
> Das graphische Modell Karte lässt sich digital beschreiben. Es kann aber erst dann als Karte i.e.S. bezeichnet werden, wenn das digitale Modell visualisiert wird.
>
> Merkmale der Karte sind
> a) die mathematisch definierte, nie verzerrungsfreie Verebnung (Kartennetzentwürfe) und Verkleinerung (Maßstab) der Quasi-Kugeloberfläche der Erde auf einen Zeichnungs-/ Druckträger oder Bildschirm;
> b) die hohe Anschaulichkeit infolge der geometrischen Ähnlichkeit (Homologie) zur Erdoberfläche und der damit verbundenen Wahrung von Lagebeziehungen;
> c) die Verwendung graphischer Zeichen (Kartenzeichen) entsprechend den Regeln der Graphiklehre, d.h. unter Ausnutzung der Eigenschaften der graphischen Variablen, sowie die Erklärung der Bedeutung der Kartenzeichen in einer Legende;
> d) die Verwendung spezifischer Methoden der graphischen Abstraktion, mit der eine begriffliche Abstraktion einhergeht (kartographische Generalisierung und kartographischen Darstellungsmethoden). Diese resultieren aus der maßstäblichen Verkleinerung und der strukturellen Verschiedenheit der darzustellenden Objekte und Erscheinungen des Georaums (ihrer diskreten Verteilung oder kontinuierlichen Verbreitung sowie ihrer – bezogen auf den Maßstab – flächen-, linien- oder punkthaften Natur);
> e) die Verwendung von benennender und erklärender Schrift (geographische Namen, Bezeichnungen, Zahlen).
>
> Gemäß dem Modellcharakter beschränkt bzw. konzentriert sich die Darstellung auf den der Zweckbestimmung entsprechenden Teil des Gesamtgegenstandes, d.h. auf
> - einen horizontalen (räumlichen) Ausschnitt des Georaumes (Ausnahme: Gesamtdarstellung der Erde);
> - einen als *Kartengegenstand* oder *-thema* bezeichneten vertikalen (sachlichen) Ausschnitt des Georaumes (der Litho-, Pedo-, Hydro-, Atmo-, Bio- oder Soziosphäre);
> - einen bestimmten *Zustand* oder *Zeitabschnitt* bzw. auf
> - vornehmlich der *Orts- und Lagebeschreibung* dienende Objekte (topographische oder geographische Karte);
> - einem *speziellen Sachbereich* zugeordnete Objekte und Erscheinungen (thematische Karte).

❶ Graphische Grundelemente und ihre mathematische Beschreibung

❷ Graphische Variablen (nach BERTIN 1967)

- im Georaum als sog. *Diskreta* eindeutig abgrenzbar, gestreut verteilt *(dispers)* oder als *Kontinua* stetig verbreitet?
- *konkret* oder *abstrakt* als *Raumgliederung* dargestellt?
- in ihrem *Zustand*, ihrer *Entwicklung* oder als *Ortsveränderung* abgebildet?
- *qualitativ* oder durch statistische Werte, d.h. *quantitativ*, dargestellt?
- als *absolute* oder *relative* Werte wiedergegeben?
- Beziehen sich die Kartenzeichen auf Objekte, die in der extremen Verkleinerung der Karte zu *Punkten* oder *Linien* werden, oder auf solche, die als *Flächen* erhalten bleiben?
- Handelt es sich um eine *lagetreue*, eine weitgehend *lagewahrende* oder eine *raumwahrende* Darstellung?

Alle Methodensysteme der Kartographie bauen auf den genannten Aspekten auf. Jedoch existieren *keine einheitlichen Bezeichnungen* für die kartographischen Darstellungsmethoden. In dieser Übersicht werden deshalb für jede Methode mehrere gleichbedeutende Begriffe angeführt. Dabei bezeichnet der Begriff *Signatur* vornehmlich Kartenzeichen in lagetreuer Darstellung, während die Verbindung mit *Kartogramm* die raumwahrende Wiedergabe kennzeichnet.

Zwischen einer Reihe von kartographischen Darstellungsmethoden gibt es keine starren Grenzen. Auf entsprechende Übergänge und Ähnlichkeiten wird hingewiesen. Auch lassen sich manche Methoden miteinander kombinieren, was in den Atlaskarten überwiegend praktiziert wird.

Verwendbarkeit der graphischen Variablen im Rahmen der kartographischen Darstellungsmethoden (Abkürzungen)

Variable	uneinge- schränkt	einge- schränkt
Form	Fo	fo
Muster	M	m
Orientierung	O	o
Farbe	Fa	fa
Helligkeit	H	h
Größe	G	g

❸ [a] *Positionssignaturen, Standortsignaturen, lokale Gattungssignaturen:* kleine, kompakte und daher lagetreue Kartenzeichen, die sich auf ein im Kartenmaßstab punkthaftes Objekt oder eine sehr kleine Fläche beziehen; vielgestaltige Signaturformen (Fo): geometrisch, symbol- bis bildhaft; signatureigener Bezugspunkt im Mittelpunkt oder Fußpunkt; variierbar in fa, h, O und zwei bis drei Größenstufen (g); Charakter der Darstellung qualitativ.

❸ [b] *Mengensignaturen, Wertsignaturen:* größenvariable Kartenzeichen einfacher geometrischer Form (fo): Kreis, Quadrat, Dreieck; geometrischer Bezug wie [a], i.d.R. deutlich größere Flächen einnehmend als [a] (lagewahrend); variierbar in Fa, o, M (Qualitäten ausdrückend) sowie H (für Relativwerte); quantitative, absolute Darstellung; Größenvariation (G) entsprechend einem kontinuierlichen oder gestuften, flächenproportionalen oder vermittelnden Signaturmaßstab (Wertmaßstab); methodisch zwischen [a] und [c].

❸ [c] *Positionsdiagramme, Ortsdiagramme, lokalisierte Diagramme, Diagrammsignaturen:* Diagramme unterschiedlichster Arten (Kreissektoren-, Säulen-, Balken-, Kurven-, Richtungsdiagramme u.a.) oder von bildstatistischem Charakter; wesentliches Merkmal: diagrammeigenes Koordinatensystem (xy oder polar) bzw. Zusammensetzung aus mehreren Elementen; geometrischer Bezug wie [a]; diagrammeigener Bezugspunkt zentrisch oder im Fußpunkt (Säulen); quantitative, absolute und/oder relative Darstellung; Wertmaßstab (G) linear (Säulen) oder wie [b]; zu unterscheiden von Kartodiagrammen! [n].

❸ [d] *Punktmethode, Wertpunkte:* kleine kreisförmige Punkte (0,5-10 mm²), selten anderer fo (Quadrat, Dreieck, Strichel), in großer Anzahl, die jeweils einen nicht eindeutig lokalisierbaren Wert repräsentieren; u.U. in 2-3 Größen (g) oder Farben (fa) für Qualitäten verwendet; lagewahrende, absolute Darstellung von Verteilungen und *Dichten*; quantitativer Charakter der Darstellung; bei regelhafter Anordnung in Bezugsflächen Übergang zur Dichtedarstellung mittels [k].

❸ [e] *Liniensignaturen, lineare Signaturen, Objektlinien, Netze linearer Elemente:* topographisch lagerichtige Linien, meist Bestandteil netz- oder baumartiger Strukturen (Straßen-, Flussnetz); Darstellung qualitativ; variierbar sind fa, Breite (g) sowie im Linienverlauf fo und M, z.B. doppel- oder dreilinig, gerissen, punktiert oder anders strukturiert; als breitere Linien (> 1 mm) in [f] übergehend; als *Grenzlinie* (Umriss von Flächen) vermittelnd zu [i].

Bändern,
1. *Objektbänder, Bandsignaturen* [f]: auf lineare topographische Objekte bezogen; Breite (G) variabel (1-20 mm), häufig logarithmischer *Signaturmaßstab*; ggf. in sich 2-3mal gegliedert (z.B. für Niedrig-, Mittel- und Hochwasser); lagewahrend, u.U. breite Streifen entlang des Bezugsobjekts überdeckend; oft Darstellung der Intensität gegenläufiger Bewegung (Pendler); auch qualitativ (Gewässerqualität); in Fa, H und m abwandelbar;
2. *Bandkartogramme* [g], *Banddiagramme:* schematische Darstellung durch geradlinige Verbindung von Punkten im Sinne georaumbezogener Graphen (raumwahrend); bei Angabe von Ausgangs- und Zielpunkt bzw. der Richtung Analogie zu [h].

❸ [h] *Pfeile, Vektoren, Bewegungslinien, Bewegungssignaturen:* vielgestaltige Mittel zur Darstellung von Richtung und Ortsveränderung; Bezug auf punkthaftes Einzelobjekt (Reiseroute), verstreute Objekte, linienhafte Objekte (längs: Flüsse, Verkehrswege; quer: Fronten) oder Kontinua (Strömungen, z.B. Wind, Meeresströmungen); Ausdruck der Geschwindigkeit oder Intensität durch Breite und/oder Länge (G) des Pfeilschaftes oder Scharung kleiner Pfeile; variierbar in Fo (vielfältige Pfeilformen), auch in fa und h.

❸ [i] *Flächenmethode, Arealmethode, Gattungsmosaik:* durch den Umriss (Kontur) und/oder eine Füllung ausgewiesene Flächen; Variation der Kontur ähnlich [e]; als Flächenfüllung Farben (Fa, h), Flächenmuster (M, O, h), Schrift oder Symbole; qualitative Darstellung; zu unterscheiden ist die Wiedergabe von
1. *konkreten* Flächen [i] (z.B. Bebauung, Wald, Gesteine),
2. *abstrakten raumgliedernden* Flächen [i] (Verwaltungseinheiten, Landschaften, Wirtschaftsregionen),
3. von sog. *Pseudoarealen* [j] (*Pseudoflächen, Flächenmittelwertmethode, qualitative Flächenfüllung*), d.h. Verbreitungsgebiete gestreuter Einzelobjekte bzw. nicht eindeutig abgrenzbarer Erscheinungen und Sachverhalte (z.B. Pflanzenarten, Sprachen); unscharfe Abgrenzung ausgedrückt durch Wegfall der Kontur oder als Flächenmuster (m).

❸ [k] *Flächenkartogramm, Choroplethendarstellung:* auf reale oder abstrakte Flächen (vgl. [i]) bezogene quantitative Darstellung von *Relativwerten* durch Flächenfüllung; zu unterscheiden:
1. echte *Dichtedarstellung* (*Dichtemosaik*): Bezug statistischer Werte auf die *Flächengröße* (z.B. Bevölkerungsdichte in Ew./km²),
2. statistische Mosaike anderer Relativwerte (z.B. Anteil der Kinder an der Gesamtbevölkerung); wegen extremer Größenunterschiede der Bezugs*flächen* ist bei nicht dargestellter Bezugsgröße *Fehlinterpretation* möglich; anders bei einheitlichen *geometrischen* Bezugsflächen der *Felder-* oder *Quadratrastermethode* [l]; nutzbare Variable vor allem H, ggf. unterstützt durch fa, o und m.

[m,n] *Kartodiagramm, Gebietsdiagramm:* gleicher *flächenhafter* (!) Bezug wie [k], jedoch absolute quantitative Darstellung durch größenvariable (G) Figuren oder Diagramme, die zusätzlich Relativwerte ausweisen können; diagrammeigener Bezugspunkt wie [c], fiktiver Hilfspunkt für Raumbezug im visuellen Schwerpunkt der Bezugsfläche; Verwechslungsmöglichkeit mit [b] und [c].

❸ [o] *Isolinien* (*Linien gleicher Werte*): traditionelle Methode zur Darstellung der *Wertefelder* georäumlicher *Kontinua* (Temperatur, Höhen, Potentiale, flächige Bewegungen); Linienkonstruktion durch Interpolation der Daten von Messpunkten oder mathematische Modellierung; Linienbreite (g) geringfügig variierbar; besonders anschaulich bei Füllung der Flächen zwischen den Isolinien [p] mit Farben (Fa, H) als *Höhenschichten* oder *thematische Schichtstufen.* →

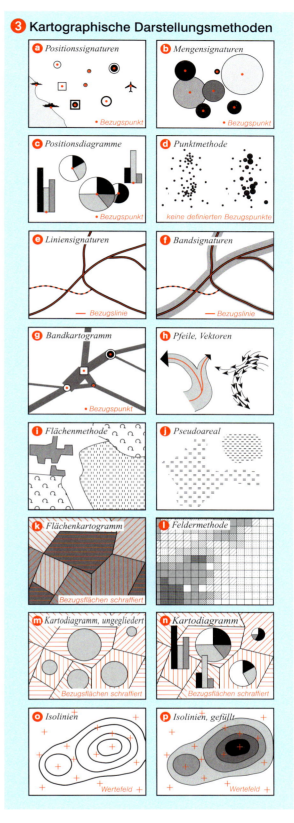

❸ **Kartographische Darstellungsmethoden**

Thematische Karten – ihre Gestaltung und Benutzung | 149

Grundlagenkarten

Aufgaben der topographischen Grundlage von thematischen Karten

Topographische bzw. allgemeingeographische Kartenelemente sind sowohl bei der Herstellung als auch bei der Nutzung einer thematischen Karte unverzichtbar. Während des Entwurfs einer Karte durch den Autor und bei der Bearbeitung durch den Kartographen dienen sie als Gerüst, in das der thematische Inhalt eingebunden wird.

Dem Kartennutzer liefert die Kartengrundlage den notwendigen räumlichen Hintergrund, an dem er sich in der Karte orientieren kann. Des Weiteren haben die Grundlagenelemente eine erklärende Funktion. Das Erkennen und Verstehen der Lage und der räumlichen Muster der Objekte und Erscheinungen wird durch das Wechselspiel zwischen Topographie und Thema unterstützt.

Für den vorliegenden Nationalatlas wurden die Grundlagen für die Deutschland-, Europa- und Weltkarten neu erarbeitet.

Konzeption und kartographische Bearbeitung der Grundlagenkarten

Auf der Basis des Spaltenlayouts von 4 Spalten plus Randspalte benutzt der Atlas ein System von fünf Grundlagenkarten bzw. Maßstäben. Die Grundlagenelemente Gewässer und Verkehr stehen auch über die Staatsgrenzen hinaus bis zum Bearbeitungsrahmen zur Verfügung. Dadurch wird bei Bedarf die Darstellung von Themen mit grenzüberschreitendem

4 Maßstabsübersicht

Charakter in einer Rahmenkarte möglich.

Ausgangsmaterial
Die Wahl des Ausgangsmaterials für die Herstellung der Grundlagenkarten des Atlas war an bestimmte Voraussetzungen gebunden. Es sollte
- dem Hauptmaßstab möglichst nahekommen,
- in digitaler Form vorliegen und damit die automatische Konstruktion thematischer Inhaltselemente am Computer unterstützen,
- vollständig, aktuell und schnell verfügbar sein.

Unter den verschiedenen digitalen Datenbasen über Deutschland erfüllt das DLM 1000 (Digitales Landschaftsmodell im Maßstab 1 : 1.000.000) des Bundesamtes für Kartographie und Geodäsie (BKG) die genannten Forderungen am besten; ausgenommen die Vorgabe hinsichtlich des Maßstabs. Eine maßstabsgerechte Generalisierung war erforderlich (s.u.). Das Modell und die daraus abgeleiteten Grundlagen für den Atlas basieren auf Lamberts winkeltreuer Kegelabbildung

(2 längentreue Bezugsbreitenkreise 48°40' und 52°40').

Da der Blattschnitt des DLM 1000 nicht dem Blattschnitt des Hauptmaßstabs 1 : 2.750.000 entspricht, wurden die Grundlagenelemente für die Rahmenkarte am äußeren Rand aus anderen, meist analogen Vorlagen ergänzt. Auch die Grundlagen der Europa- und Weltkarten in vermittelnden Kartennetzentwürfen wurden nach analogem Material zusammengestellt.

Auswahl und Klassifizierung der Grundlagenelemente
Die Grundlagenkarte für Deutschland enthält die Elemente Gewässer (einschließlich Küstenlinie), Grenzen, Verkehr, Wald und Relief.

5 Gewässer

6 Kreise

Das Gewässernetz **5** wurde in 5 Klassen unterteilt und durch Ergänzung weiterer Gewässer verdichtet. Seine Klassifizierung berücksichtigt im wesentlichen die Länge der Flussläufe. Flüsse, deren Verlauf identisch mit einer Staats- oder Ländergrenze ist, sind höheren Klassen zugeordnet worden.

Die Flächen der Verwaltungsgliederung mit den dazugehörigen Grenzen sind die wichtigsten Bezugseinheiten für die Darstellung der Themen **6**.

Dazu gehören in den Deutschlandkarten (Stand 1997):
- Länder,
- Regierungsbezirke,
- Landkreise und kreisfreie Städte;
- Raumordnungsregionen,
- Wahlkreise und
- siedlungsstrukturelle Kreistypen;
in regionalen Darstellungen:
- Gemeinden;
in den Europakarten:
- Staaten und
- NUTS-Regionen *(nomenclature des unités territoriales statistiques – Erfassungseinheiten der Territorialstatistik der EU);*
in den Weltkarten:
- Staaten.

Das Element Siedlung umfasst die Signaturen und Namen der Verwaltungssitze der Länder und Kreise sowie einer Auswahl von Städten, geordnet nach ihrer Bevölkerungszahl. Städte mit mehr als 100.000 Einwohnern sind ggf. zusätzlich durch ihre Siedlungsfläche dargestellt **7**.

7 Siedlung und Verkehr

Der Verkehr enthält die Elemente Autobahnen, Europastraßen und Eisenbahnen. Das Eisenbahnnetz ist nach dem aktuellen Kursbuch der DB in ICE-, EC- und IC-Strecken bzw. IR-Linien untergliedert. Flughäfen sind nach ihrer Bedeutung für den internationalen und überregionalen Flugverkehr, See- und Binnenhäfen nach der Menge der umgeschlagenen Güter unterschieden.

Als Element der Bodenbedeckung wird der Wald ab einer Fläche von 10 km² wiedergegeben **8**.

8 Wald

Das Relief wird in der Übersichtskarte durch eine Höhenschichtenfärbung **9**

9 Höhenschichten

und/oder durch eine schattenplastische Reliefschummerung **10** dargestellt. Die Klassifizierung der Höhenschichten und ihre Farbgebung lehnen sich an die gängigen Schulatlanten an.

10 Reliefschummerung

Grundzüge der Bearbeitung
Die genannten Elemente wurden dem DLM 1000 einzeln entnommen, verkleinert und über mehrere Zwischenschritte in das Graphikprogramm FreeHand 8.0 importiert.

Dort dienten sie als Hintergrund für die Digitalisierung bzw. Plazierung von Linien und Signaturen. Während des Nachzeichnens wurde eine Generalisierung (Verein-

fachung) und die Abstimmung auf bereits bearbeitete Kartenelemente vorgenommen.

Daran schloss sich die Ergänzung der Elemente Gewässer und Verkehr bis zum Kartenrahmen an.

Die Grundlagen für Folgemaßstäbe, d.h. die kleinermaßstäbigen Karten, entstanden durch Verkleinerung des Hauptmaßstabs mit anschließender Generalisierung der Elemente.

Ebenenkonzept
Inhalt und Anordnung der 110 Ebenen der digitalen Karte wurden so konzipiert, dass die Grundlagenelemente
- vollständig wiedergegeben,
- inhaltlich an die Thematik angepasst und
- flexibel kombiniert
werden können.

Dies erlaubt die notwendige Abstimmung der Inhaltsdichte der Grundlage auf die Thematik.

Für Elemente außerhalb der Staatsgrenze bis zum Kartenrahmen stehen gesonderte Ebenen zur Verfügung, wodurch die Wahl zwischen Insel- und Rahmenkarte gewährleistet wird.

Beschriftung
Um eine gute Lesbarkeit der Karten zu sichern, beschränkt sich die Beschriftung in den thematischen Karten auf ein Minimum. Beschriftet sind i.d.R. die Gewässer, Länder und Landeshauptstädte; andere Verwaltungseinheiten und Verwaltungssitze, die thematischen Signaturen und Diagramme aber nur dann, wenn im Text darauf verwiesen wird. Entsprechende Verweise betreffen meist Extremwerte oder in anderer Weise typische Regionen.

Für die Entnahme von Einzelinformationen sind dem Atlas Folienkarten unterschiedlicher Maßstäbe beigelegt, die die Kreisnamen enthalten.

Layout und Legende

Die Karten sind vorrangig Inselkarten; d.h. die kartographische Darstellung beschränkt sich auf das Staatsgebiet der Bundesrepublik Deutschland. Sie wird nur in Ausnahmefällen bis zum Blattrand geführt, da die Beschaffung und Abgleichung von Material und Daten für das angrenzende Ausland sehr hohen Aufwand bedeuten würde.

Kartenlayout

Mit dem Ziel der möglichst einfachen Handhabung des Atlas wurde das Kartenlayout weitgehend vereinheitlicht. Sein Grundschema geht aus ⓫ hervor.

Die Abbildungsnummer steht in allen Karten, Diagrammen und Grafiken in der linken oberen Ecke.

Der Kartentitel (oben rechts oder links) gibt kurz und prägnant das Thema der Karte und – soweit erforderlich – das Bezugsjahr oder den Bezugszeitraum an. Gleiches trifft für die Diagramme zu. Der Titel kann durch einen Untertitel ergänzt sein, der die verwendete Bezugseinheit ausweist (z.B. „nach Kreisen") oder aber erläuternden Charakter hat. Die Bezugseinheiten gehen u.U. auch aus den Zwischentiteln der Legende hervor.

Die in Einzelkarten zum Kartentitel gehörende Angabe des dargestellten Raumes erübrigt sich im Nationalatlas für alle Deutschlandkarten. In Karten, die eine ausgewählte Region Deutschlands wiedergeben, ist die Gebietsangabe Bestandteil des Titels.

In der *Legende* am *rechten* und/oder am *unteren Blattrand* werden die verwendeten Kartenzeichen erklärt. Sind sehr viele Kartenzeichen zu erklären, stehen Teile der Legende ggf. *links* von der Karte.

Die Aufteilung der Legende in Blöcke und die Verwendung verschiedener Schriftgrößen und Schriftschnitte (halbfett, kursiv) spiegeln die *Gliederung des Karteninhalts* wider. Halbfett überschriebene Legendenblöcke entsprechen zugleich weitgehend den *thematischen Schichten* im Kartenbild. Meist wird eine Zwei-, seltener eine Dreigliederung vorgenommen.

Für *Maßeinheiten* und *ergänzende Erläuterungen* (z.B. Fußnoten) wird *kursive Schrift* verwendet. Blaue Pfeile (▶) kennzeichnen *Verweise* auf die blau unterlegten *Glossarkästen* oder *Grafiken* im Text, die für das Verständnis des Karteninhalts wichtig sind.

Der *Maßstab* (rechts unten) wird sowohl grafisch (Maßstabsleiste) als auch in *Zahlenform* angegeben; letzteres, um einen schnellen Vergleich innerhalb des Atlas und ggf. mit anderen Karten zu ermöglichen.

Der oder die **Kartenautoren** werden *links unten* über dem *Copyrightvermerk* genannt. Nicht immer sind die Autoren der Textbeiträge mit den Kartenautoren identisch. Die an der Gestaltung, Redaktion und Bearbeitung der Karten beteiligten Kartographen sind im Anhang aufgeführt.

Farben und Flächenmuster ⓬

Liegende Rechtecke in der Legende erklären *flächenhaft dargestellte Karteninhalte* (Flächenfarben, Flächenmuster, Schraffuren) [a]. Diese Kästchen sind unmittelbar *aneinandergereiht*, wenn es sich um *Flächenkartogramme / Choroplethen* handelt, welche Klassen relativer Zahlenwerte wiedergeben. *Lücken* in der betreffenden Werteskala werden durch *voneinander abgerückte Legendenkästchen* ausgedrückt. Auch bei der Erklärung *qualitativer Merkmale (Flächenmethode)* werden entsprechende *Abstände* eingehalten (vgl. Abschnitt „Darstellungsmethoden").

Die Erklärung der *Farbfüllungen* von *Mengensignaturen* und *Positions-* und *Kartodiagrammen* (s. ebd.) wiederholt die in der Karte auftretende *Grundform des Kartenzeichens* bzw. von Diagrammteilen (z.B. Kreissektoren). [b]

Die *Farbgebung* der Kartenzeichen folgt dem Grundsatz: *Dunkle, intensive Farben* stehen für *hohe Werte*, unabhängig davon, ob sie positiv oder negativ sind; *helle Farben* drücken *geringe Werte* aus. Zeitbezogenen Darstellungen (Altersangaben) liegt das Prinzip zugrunde, *je älter umso dunkler* [c].

Sind in einer Karte sowohl positive als auch negative Werte dargestellt, wird eine *zweipolige Farbskala* [d] verwendet, die der *Thermometerskala* entspricht: *warme* Farben (Rot, Orange) für *positive* und *kalte* Farben (Blau, Blaugrün) für *negative Werte*.

Des Weiteren werden für die *kombinierte Darstellung* [e] zweier quantitativer Merkmale *Mischfarben* benutzt. Hierbei ist jedem Merkmal eine *Farbreihe* zugeordnet, z.B. von Gelb nach Rot und von Gelb nach Grün. Diese Art der Farbanwendung wird in *Matrixform* erklärt.

Flächenmuster und *Schraffuren* [f] werden *getrennt* erklärt, wenn sie eine *selbständige Darstellungsschicht* bilden. Auch für sie gilt die Regel, je dichter das Muster, umso höher der Wert. Drücken die Flächenmuster jedoch in Verbindung mit der darunter liegenden Flächenfarbe einen bestimmten *Typ* aus, wird dieser als *eine Legendeneinheit* aufgefaßt und erklärt.

Signaturgrößen ⓭

Der Erklärung der *Signaturgrößen* dient die grafische Darstellung des *Signaturmaßstabs (Wertmaßstabs)*. Aus Platzgründen sind die Vergleichsfiguren ineinander gestellt und nur die Größen für runde Werte sowie für den größten und den kleinsten auftretenden Wert angegeben. In der Regel werden *kontinuierliche flächenproportionale Wertmaßstäbe* benutzt, bei denen eine *Einheitsfläche* (z.B. 1 mm²) einer *bestimmten Werteinheit* (z.B. 1000 Einwohnern) entspricht. Dieses Verhältnis ist zusätzlich in Zahlen ausgewiesen (z.B. 1 mm² = 1000 Einwohner). Die Verwendung *anderer Wertmaßstäbe* ist durch einen entsprechenden *Hinweis* vermerkt.

Diagramme

Es werden vorwiegend folgende *Diagrammtypen* verwendet: Kreissektoren-, Säulen- (gegliedert oder gruppiert), Balken- und Kurvendiagramme.

Die Diagrammelemente (Linien, Flächen) sind weitgehend im Diagramm selbst beschriftet. Kann auf eine Erklärung in Legendenform nicht verzichtet werden, ist diese der Richtung und Abfolge der zu erklärenden Flächen, Linien und dgl. angepasst. Vertikal gegliederte Säulen werden z.B. in vertikaler Anordnung erklärt.

Die *Beschriftung der Diagrammachsen* ist differenziert nach:
- den *Achsenbezeichnungen (kursiv)*; das sind *Merkmale* bzw. *Maßeinheiten*,
- den *Zahlenwerten (normal)* an den Teilstrichen.

Vielstellige Zahlen werden durch die Angabe entsprechender Einheiten vermieden, z.B. *in Tsd.* oder *in Mio.* (s.a. Verzeichnis der Abkürzungen).

Zeitachsen sind *gleichabständig* unterteilt, auch wenn die zugehörigen Daten nur für ungleichabständige Perioden zur Verfügung standen. Die mit Daten belegten Zeitpunkte sind i.d.R. graphisch gekennzeichnet (z.B. durch Punkte auf den Kurven).

In Einzelfällen liegen die dargestellten Achsen nicht im **Nullpunkt** des diagrammeigenen Koordinatensystems (*abgeschnittene Diagramme*).

In vergleichenden Darstellungen von *alten und neuen Ländern* wird wie folgt unterschieden:
- alte Länder:
  linke Säule,
  dunkel,
  blau,
- neue Länder:
  rechte Säule,
  hell,
  rot.◆

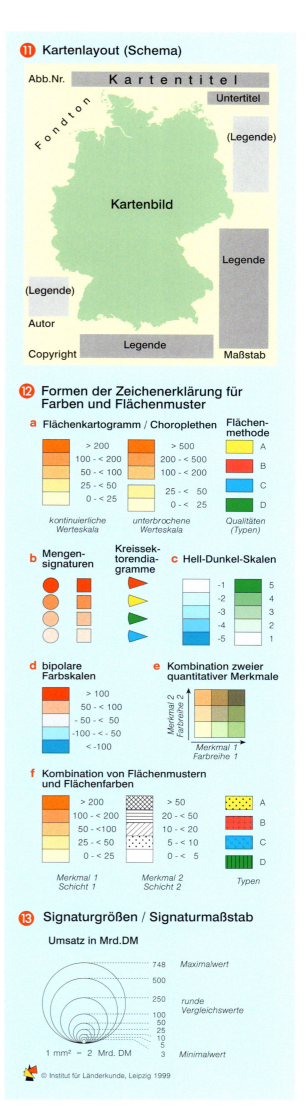

Abkürzungen für Kreise, kreisfreie Städte und Länder

Länder der Bundesrepublik Deutschland

BB	Brandenburg	BY	Bayern	MV	Mecklenburg-Vorpommern	SL	Saarland
BE	Berlin	HB	Bremen			SN	Sachsen
BW	Baden-Württemberg	HE	Hessen	NI	Niedersachsen	RP	Rheinland-Pfalz
		HH	Hamburg	NW	Nordrhein-Westfalen	SH	Schleswig-Holstein
						ST	Sachsen-Anhalt
						TH	Thüringen

Kreis / kreisfreie Stadt / Landkreis

A	Augsburg (Stadt und Land)	BO	Bochum	E	Essen		Partenkirchen		und Land)	KÖT	Köthen
AA	Ostalbkreis (Aalen)	BOR	Borken	EA	Eisenach	GC	Chemnitzer Land (Glauchau)	HO	Hof (Stadt und Land)	KR	Krefeld
AB	Aschaffenburg (Stadt und Land)	BOT	Bottrop	EBE	Ebersberg	GE	Gelsenkirchen	HOL	Holzminden	KS	Kassel (Stadt und Land)
		BRA	Wesermarsch (Brake/Unterweser)	ED	Erding	GER	Germersheim	HOM	Saar-Pfalz-Kreis (Homburg/Saar)	KT	Kitzingen
ABG	Altenburger Land (Altenburg)	BRB	Brandenburg	EE	Elbe – Elster (Herzberg)	GG	Groß-Gerau	HP	Bergstraße (Heppenheim an der Bergstraße)	KU	Kulmbach
AC	Aachen (Stadt und Land)	BS	Braunschweig	EF	Erfurt	GI	Gießen			KÜN	Hohenlohekreis (Künzelsau)
AIC	Aichach-Friedberg	BT	Bayreuth (Stadt und Land)	EI	Eichstätt	GL	Rheinisch-Bergischer Kreis (Bergisch Gladbach)	HR	Schwalm-Eder-Kreis (Homburg/Efze)	KUS	Kusel
AK	Altenkirchen/Westerwald	BTF	Bitterfeld	EIC	Eichsfeld (Heiligenstadt)					KYF	Kyffhäuserkreis (Sondershausen)
		BÜS	Kreis Konstanz (Büsingen am Hochrhein)	EL	Emsland (Meppen)	GM	Oberbergischer Kreis (Gummersbach)	HRO	Hansestadt Rostock	L	Leipzig, Leipziger Land
AM	Amberg	BZ	Bautzen	EM	Emmendingen			HS	Heinsberg	LA	Landshut (Stadt und Land)
AN	Ansbach (Stadt und Land)			EMD	Emden	GÖ	Göttingen	HSK	Hochsauerlandkreis (Meschede)	LAU	Nürnberger Land (Lauf an der Pegnitz)
		C	Chemnitz	EMS	Rhein – Lahn – Kreis (Bad Ems)	GP	Göppingen	HAST	Hansestadt Stralsund	
ANA	Annaberg (Annaberg-Buchholz)	CB	Cottbus	EN	Ennepe-Ruhr-Kreis (Schwelm)	GR	Görlitz			
		CE	Celle	ER	Erlangen	GRZ	Greiz	HU	Main-Kinzig-Kreis (Hanau)	LB	Ludwigsburg
AÖ	Altötting	CHA	Cham	ERB	Odenwaldkreis (Erbach)	GS	Goslar	HVL	Havelland (Rathenow)	LD	Landau in der Pfalz.
AP	Weimarer Land (Apolda)	CLP	Cloppenburg	ERH	Erlangen-Höchstadt	GT	Gütersloh			
		CO	Coburg (Stadt und Land)			GTH	Gotha	HWI	Hansestadt Wismar	LDK	Lahn-Dill-Kreis (Wetzlar)
AS	Amberg-Sulzbach	COC	Cochem – Zell	ES	Esslingen am Neckar	GÜ	Güstrow	HX	Höxter	LDS	Dahme-Spreewald (Lübben)
ASL	Aschersleben-Staßfurt	COE	Coesfeld			GZ	Günzberg	HY	Hoyerswerda	
		CUX	Cuxhaven	ESW	Werra – Meißner – Kreis (Eschwege)	H	Hannover (Stadt und Land)			LER	Leer/ Ostfriesland
ASZ	Aue – Schwarzenberg	CW	Calw			HA	Hagen			LEV	Leverkusen
AUR	Aurich	D	Düsseldorf	EU	Euskirchen	HAL	Halle/ Saale	IGB	Sankt Ingbert	LG	Lüneburg
AW	Ahrweiler (Bad Neuenahr-Ahrweiler)	DA	Darmstadt, Darmstadt-Dieburg	F	Frankfurt/M.	HAM	Hamm	IK	Ilm-Kreis (Arnstadt)	LI	Lindau/ Bodensee
				FB	Wetteraukreis (Friedberg/Hessen)	HAS	Haßberge (Haßfurt)	IN	Ingolstadt	LIF	Lichtenfels
AZ	Alzey – Worms	DAH	Dachau			HB	Bremen/Bremerhaven			LIP	Lippe (Detmold)
AZE	Anhalt – Zerbst	DAN	Lüchow – Dannenberg	FD	Fulda	HBN	Hildburghausen	J	Jena	LL	Landsberg am Lech
B	Berlin	DAU	Daun	FDS	Freudenstadt	HBS	Halberstadt	JL	Jerichower Land (Burg bei Magdeburg)	LM	Limburg – Weilburg
BA	Bamberg (Stadt und Land)	DBR	Bad Doberan	FF	Frankfurt/O.	HD	Heidelberg			LÖ	Lörrach
		DD	Dresden, Dresden-Land	FFB	Fürstenfeldbruck	HDH	Heidenheim an der Brenz			LOS	Oder –Spree (Beeskow)
BAD	Baden-Baden			FG	Freiberg	HE	Helmstedt	K	Köln	
BAR	Barnim (Eberswalde)	DE	Dessau	FL	Flensburg	HEF	Hersfeld – Rotenburg (Bad Hersfeld)	KA	Karlsruhe (Stadt und Land)	LU	Ludwigshafen am Rhein (Stadt und Land)
		DEG	Deggendorf	FN	Bodenseekreis (Friedrichshafen)			KB	Waldeck-Frankenberg (Korbach)	
BB	Böblingen	DEL	Delmenhorst			HEI	Dithmarschen (Heide)			LWL	Ludwigslust
BBG	Bernburg	DGF	Dingolfing – Landau	FO	Forchheim					
BC	Biberach an der Riss	DH	Diepholz	FR	Freiburg im Breisgau, Breisgau-Hochschwarzwald	HER	Herne	KC	Kronach	M	München (Stadt und Land)
BGL	Berchtesgadener Land (Bad Reichenhall)	DL	Döbeln			HF	Herford	KE	Kempten/ Allgäu	MA	Mannheim
		DLG	Dillingen an der Donau			HG	Hochtaunuskreis (Bad Homburg v.d. Höhe)	KEH	Kelheim	MB	Miesbach
BI	Bielefeld	DM	Demmin	FRG	Freyung – Grafenau			KF	Kaufbeuren	MD	Magdeburg
BIR	Birkenfeld, Idar-Oberstein	DN	Düren			HGW	Hansestadt Greifswald	KG	Bad Kissingen	ME	Mettmann
		DO	Dortmund	FRI	Friesland (Jever)			KH	Bad Kreuznach	MEI	Meißen
BIT	Bitburg – Prüm	DON	Donau – Ries (Donauwörth)	FS	Freising	HH	Hansestadt Hamburg	KIB	Donnersbergkreis (Kirchheimbolanden)	MEK	Mittlerer Erzgebirgskreis (Marienberg)
BL	Zollernalbkreis (Balingen)			FT	Frankenthal/Pfalz	HI	Hildesheim			
		DU	Duisburg	FÜ	Fürth (Stadt und Land)	HL	Hansestadt Lübeck	KL	Kaiserslautern (Stadt und Land)	MG	Mönchengladbach
BLK	Burgenlandkreis (Naumburg)	DÜW	Bad Dürkheim, Weinstraße					KLE	Kleve	
BM	Erftkreis (Bergheim)	DW	Weißeritzkreis (Dippoldiswalde)			HM	Hameln – Pyrmont	KM	Kamenz	MH	Mülheim (Ruhr)
				G	Gera			KN	Konstanz	MI	Minden – Lübbecke
BN	Bonn	DZ	Delitzsch	GAP	Garmisch –	HN	Heilbronn (Stadt	KO	Koblenz		

Nationalatlas Bundesrepublik Deutschland – Freizeit und Tourismus

MIL	Miltenberg		(Husum)		(Haldensleben)	ROW	Rotenburg/ Wümme	SP	Speyer	VS	Schwarzwald – Baar – Kreis (Villingen – Schwenningen)
MK	Märkischer Kreis (Lüdenscheid)	NI	Nienburg/ Weser	OL	Oldenburg (Stadt und Land)	RS	Remscheid	SPN	Spree – Neiße (Forst)		
ML	Mansfelder Land (Eisleben)	NK	Neunkirchen/ Saar	OPR	Ostprignitz – Ruppin (Neuruppin)	RT	Reutlingen	SR	Straubing, Straubing-Boden		
MM	Memmingen	NM	Neumarkt in der Oberpfalz			RÜD	Rheingau – Taunus – Kreis (Bad Schwalbach)	ST	Steinfurt	W	Wuppertal
MN	Unterallgäu (Mindelheim)	NMS	Neumünster	OS	Osnabrück (Stadt und Land)			STA	Stamberg	WAF	Warendorf
MOL	Märkisch – Oderland (Seelow)	NOH	Grafschaft Bentheim (Nordhorn)	OSL	Oberspreewald – Lausitz (Senftenberg)	RÜG	Rügen (Bergen)	STD	Stade	WAK	Wartburgkreis (Bad Salzungen)
						RV	Ravensburg	STL	Stollberg	WB	Wittenberg
						RW	Rottweil	SU	Rhein – Sieg Kreis (Siegburg)	WE	Weimar
MOS	Neckar – Odenwald – Kreis (Mosbach)	NOL	Niederschlesischer Oberlausitzkreis (Niesky)	OVP	Ostvorpommern (Anklam)	RZ	Herzogtum Lauenburg (Ratzeburg)	SW	Schweinfurt (Stadt und Land)	WEN	Weiden i.d. Opf.
										WES	Wesel
MQ	Merseburg – Querfurt	NOM	Northeim	P	Potsdam	S	Stuttgart	SZ	Salzgitter	WF	Wolfenbüttel
		NR	Neuwied/ Rhein	PA	Passau (Stadt und Land)	SAD	Schwandorf			WHV	Wilhelmshaven
MR	Marburg – Biedenkopf	NU	Neu – Ulm			SAW	Altmarkkreis Salzwedel	TBB	Main – Tauber – Kreis (Tauberbischofsheim)	WI	Wiesbaden
		NVP	Nordvorpommern (Grimmen)	PAF	Pfaffenhofen an der Ilm					WIL	Bernkastel – Wittlich
MS	Münster					SB	Saarbrücken	TF	Teltow – Fläming (Luckenwalde)	WL	Harburg (Winsen/ Luhe)
MSP	Main – Spessart – Kreis (Karlstadt)	NW	Neustadt an der Weinstraße	PAN	Rottal – Inn (Pfarrkirchen)	SBK	Schönebeck				
						SC	Schwabach	TIR	Tirschenreuth	WM	Weilheim – Schongau
MST	Mecklenburg – Strelitz (Neustrelitz)	NWM	Nordwestmecklenburg (Grevesmühlen)	PB	Paderborn	SDL	Stendal	TO	Torgau – Oschatz		
				PCH	Parchim	SE	Segeberg (Bad Segeberg)	TÖL	Bad Tölz – Wolfratshausen	WN	Rems – Murr – Kreis (Waiblingen)
				PE	Peine						
MTK	Main –Taunus – Kreis (Hofheim am Taunus)			PF	Pforzheim, Enzkreis	SFA	Soltau – Fallingbostel	TR	Trier		
		OA	Oberallgäu (Sonthofen)	PI	Pinneberg	SG	Solingen	TS	Traunstein	WND	Sankt Wendel
MTL	Muldentalkreis (Grimma)			PIR	Sächsische Schweiz (Pirna)	SHA	Schwäbisch Hall	TÜ	Tübingen	WO	Worms
		OAL	Ostallgäu (Marktoberdorf)			SHG	Schaumburg (Stadthagen)	TUT	Tuttlingen	WOB	Wolfsburg
MÜ	Mühldorf am Inn			PL	Plauen					WR	Wernigerode
MÜR	Müritz (Waren)	OB	Oberhausen	PLÖ	Plön/ Holstein	SHL	Suhl	UE	Uelzen	WSF	Weißenfels
MW	Mittweida	OC	Bördekreis (Oschersleben)	PM	Potsdam – Mittelmark (Belzig)	SI	Siegen – Wittgenstein	UER	Uecker – Randow (Pasewalk)	WST	Ammerland (Westerstede)
MYK	Mayen – Koblenz										
MZ	Mainz – Bingen	OD	Stormarn (Bad Oldersloe)			SIG	Sigmaringen	UH	Unstrut – Hainich – Kreis (Mühlhausen/ Thüriingen)	WT	Waldshut (Waldshut – Tiengen)
MZG	Merzig – Wadern			PR	Prignitz (Perleberg)	SIM	Rhein – Hunsrück – Kreis (Simmern)				
		OE	Olpe					UL	Ulm, Alb – Donau – Kreis	WTM	Wittmund
N	Nürnberg	OF	Offenbach am Main (Stadt und Land)	PS	Pirmasens	SK	Saalkreis (Halle/ Saale)			WÜ	Würzburg (Stadt und Land)
NB	Neubrandenburg							UM	Uckermark (Prenzlau)		
ND	Neuburg-Schrobenhausen			QLB	Quedlinburg	SL	Schleswig – Flensburg			WUG	Weißenburg – Gunzenhausen
		OG	Ortenaukreis (Offenburg)	R	Regensburg (Stadt und Land)	SLF	Saalfeld – Rudolstadt	UN	Unna		
NDH	Nordhausen									WUN	Wunsiedel i. Fichtelgebirge
NE	Neuss	OH	Ostholstein (Eutin)	RA	Rastatt	SLS	Saarlouis	V	Vogtlandkreis (Plauen)		
NEA	Neustadt an der Aisch – Bad Windsheim			RD	Rendsburg – Eckernförde	SM	Schmalkalden – Meiningen			WW	Westerwaldkreis (Montabaur)
		OHA	Osterode am Harz					VB	Vogelsbergkreis (Lauterbach/ Hessen)		
NES	Rhön – Grabfeld (Bad Neustadt an der Saale)	OHV	Oberhavel (Oranienburg)	RE	Recklinghausen	SN	Schwerin			Z	Zwickau, Zwikkauer Land
				REG	Regen	SO	Soest	VEC	Vechta		
		OHZ	Osterholz (Osterholz – Schwarmbeck)	RG	Riesa – Großenhain	SÖM	Sömmerda	VER	Verden (Verden/ Aller)	ZI	Löbau – Zittau
NEW	Neustadt an der Waldnaab					SOK	Saale – Orla – Kreis (Schleiz)			ZW	Zweibrücken
				RH	Roth			VIE	Viersen		
NF	Nordfriesland	OK	Ohrekreis	RO	Rosenheim	SON	Sonneberg	VK	Völklingen		

Länder

A	Österreich	CR	Costa Rica		Königreich		Nevis	PL	Polen	SYR	Syrien
AL	Albanien	CZ	Tschechische Republik	GCA	Guatemala	KS	Kirgisistan	Q	Katar	TJ	Tadschikistan
AND	Andorra			GH	Ghana	KWT	Kuwait	RG	Guinea	TM	Turkmenistan
ARM	Armenien	D	Deutschland	GR	Griechenland	L	Luxemburg	RH	Haiti	TR	Türkei
AZ	Aserbaidschan	DK	Dänemark	GUY	Guyana	LS	Lesotho	RL	Libanon	UA	Ukraine
B	Belgien	DOM	Dominikanische Republik	H	Ungarn	LT	Litauen	RO	Rumänien	UAE	Vereinigte Arabische Emirate
BF	Burkina Faso			HN	Honduras	LV	Lettland	RSM	San Marino		
BG	Bulgarien	DY	Benin	HR	Kroatien	MC	Monaco	RT	Togo		
BH	Belize	E	Spanien	I	Italien	MD	Moldau	RUS	Russische Föderation	USA	Vereinigte Staaten von Amerika
BIH	Bosnien-Herzegowina	ES	El Salvador	IL	Israel	MK	Makedonien				
		EST	Estland	IRL	Irland	MW	Malawi	RWA	Ruanda		
BRN	Bahrein	F	Frankreich	IS	Island	N	Norwegen	S	Schweden	UZB	Usbekistan
BU	Burundi	FIN	Finnland	J	Japan	NIC	Nicaragua	SK	Slowakische Republik	WL	St. Lucia
BY	Weißrußland	FL	Liechtenstein	JA	Jamaika	NL	Niederlande			WV	St. Vincent und die Grenadinen
CH	Schweiz	GB	Großbritannien, Vereinigtes	JOR	Jordanien	P	Portugal	SLO	Slowenien		
CI	Côte d'Ivoire			KN	St. Kitts und	PA	Panama	SME	Suriname	YU	Jugoslawien

Quellenverzeichnis

Verwendete Abkürzungen

ADAC	Allgemeiner Deutscher Automobil-Club
ADFC	Allgemeiner Deutscher Fahrrad-Club e.V.
AGIT	Aachener Gesellschaft für Innovation und Technologietransfer
aktual.	aktualisierte
ARL	Akademie für Raumforschung und Landesplanung
AUMA	Ausstellungs- und Messe-Ausschuss der Deutschen Wirtschaft e.V.
BAG	Bundesarbeitsgemeinschaft für Urlaub auf dem Bauernhof und Landtourismus in Deutschland e.V.
BAT	British American Tobacco (Germany)
BBR	Bundesamt für Bauwesen und Raumordnung
Bearb.	Bearbeitung
BfLR	Publikationen des BBR vor 1998, Bundesforschungsanstalt für Landeskunde und Raumordnung
BfN	Bundesamt für Naturschutz
BISp	Bundesinstitut für Sportwissenschaft
BKG	Bundesamt für Kartographie und Geodäsie (ehem. IfAG)
BMELF	Bundesministerium für Ernährung, Landwirtschaft und Forsten
BMRBS	Bundesministerium für Raumordnung, Bauwesen und Städtebau (bis 1999)
BTE	Büro für Tourismus und Erholungsplanung
DCC	Deutscher Camping-Club
DeGefest e.V	Deutsche Gesellschaft zur Förderung und Entwicklung des Seminar- und Tagungswesens e.V.
DEHOGA	Deutscher Hotel- und Gaststättenverband
DFB	Deutscher Fußballbund
DGF	Deutsche Gesellschaft für Freizeit
DIW	Deutsches Institut für Wirtschaftsforschung
DWIF	Deutsches Wirtschaftswissenschaftliches Institut für Fremdenverkehr
DZT	Deutsche Zentrale für Tourismus
eidg.	eidgenössisch
erweit.	erweiterte
ETI	Europäisches Tourismus Institut
FIFA	Fédération Internationale de Football Association
FUR	Forschungsgemeinschaft für Urlaub und Reisen (auch F.U.R.)
IfL	Institut für Länderkunde
IÖR	Institut für Ökologische Raumentwicklung
IPK	Institut für Planungskybernetik
Konstr.	Konstruktion
Red.	Redaktion
StBA	Statistisches Bundesamt
StÄdBL	Statistische Ämter des Bundes und der Länder
StÄdL	Statistische Ämter der Länder
unveröff.	unveröffentlicht(e)
VDF	Verband Deutscher Freilichtbühnen
VDN	Verband Deutscher Naturparke
versch.	verschiedene

Nationalatlas Bundesrepublik Deutschland

Herausgeber: Institut für Länderkunde, Schongauerstr. 9, 04329 Leipzig
Projektleitung: Prof. Dr. A. Mayr, Dr. S. Tzschaschel

Verantwortliche
für Redaktion: Dr. S. Tzschaschel
für Kartenredaktion: Dr. Ing. K. Großer

Mitarbeiter
Redaktion: Dipl.-Geogr. V. Bode, F. Gränitz (M.A.), D. Hänsgen (M.A.) unter Mitarbeit von: G. Mayr, C. Fölber, Dr. K. Wiest
Kartenredaktion: Dipl.-Ing. f. Kart. B. Hantzsch, Dipl.-Ing. (FH) W. Kraus, Dipl.-Geogr. C. Lambrecht, Dipl.-Ing. (FH) A. Müller
Kartographie: Kart. R. Bräuer, Dipl.-Ing. (FH) S. Dutzmann, Dipl.-Ing. f. Kart. B. Hantzsch, Dipl.-Geogr. U. Hein, Dipl.-Ing. (FH) W. Kraus, Dipl.-Geogr. E. Losang, Dipl.-Ing. (FH) A. Müller, R. Richter, Stud.-Ing. O. Schnabel, Kart. M. Zimmermann
Elektr. Ausgabe: Dipl.-Geogr. C. Lambrecht, Dipl.-Geogr. E. Losang
Satz, Gesamtgestaltung und Technik: Dipl.-Ing. J. Rohland
Bildauswahl: Dipl.-Geogr. V. Bode
Repro.-Fotografie: K. Ronniger

S. 10-11: Deutschland auf einen Blick

Autoren: D. Hänsgen, M.A. (Text), Dipl.-Ing. f. Kart. B. Hantzsch (Karte) und Dipl.-Geogr. U. Hein (Karte), Institut für Länderkunde, Schongauerstr. 9, 04329 Leipzig

Kartographische Bearbeiter
Abb. 1: Konstr.: U. Hein; Red.: U. Hain; Bearb.: U. Hein
Abb. 2: Red.: B. Hantzsch; Bearb.: B. Hantzsch, R. Bräuer

Literatur
BREITFELD, K. u.a. (1992): Das vereinte Deutschland. Eine kleine Geographie. Leipzig.
FRIEDLEIN, G. u. F.-D. GRIMM (1995): Deutschland und seine Nachbarn. Spuren räumlicher Beziehungen. Leipzig.
SPERLING, W. (1997): Germany in the Nineties. In: HECHT, A. u. A. PLETSCH (Hrsg.): Geographies of Germany and Canada. Paradigms, Concepts, Stereotypes, Images. Hannover (= Studien zur internationalen Schulbuchforschung. Band 92), S. 35-49.
StBA (jährlich): Statistisches Jahrbuch der Bundesrepublik Deutschland. Wiesbaden.
StBA: Basisdaten Geographie online im Internet unter: http://www.statistik-bund.de
UMWELTBUNDESAMT: Umweltrelevante Aktivitäten: Bevölkerung, Flächennutzung online im Internet unter: http://www.umweltbundesamt.de

Quellen von Karten und Abbildungen
Abb. 1: Bevölkerungsdichte: StBA
Abb. 2: Geographische Übersicht: DLM 1000 des BKG

S. 12-21: Freizeit und Tourismus in Deutschland – eine Einführung

Autor: Prof. Dr. Christoph Becker, Fachbereich VI – Geographie/Geowissenschaften der Universität Trier, Universitätsring 15, 54286 Trier

Kartographische Bearbeiter
Abb. 1, 2, 3, 4, 6, 7, 10, 15, 16, 19, 20, 23, 24: Red.: K. Großer; Bearb.: R. Bräuer
Abb. 8, 11, 27, 28: Red.: K. Großer; Bearb.: M. Zimmermann
Abb. 12: Konstr.: E. Losang; Red.: E. Losang, W. Kraus; Bearb.: W. Kraus
Abb. 5, 13, 14, 17, 26: Red.: K. Großer; Bearb.: K. Ronniger
Abb. 18: Red.: S. Tzschaschel; Bearb.: S. Dutzmann
Abb. 21: Konstr.: U. Hein; Red.: B. Hantzsch; Bearb.: B. Hantzsch
Abb. 9, 22, 25: Red.: B. Hantzsch; Bearb.: R. Richter

Literatur
ARL (Hrsg.) (1970): Handwörterbuch der Raumforschung und Raumordnung. Hannover.
BECKER, C. (Hrsg.) (1995): Ansätze für eine nachhaltige Regionalentwicklung mit Tourismus. Berlin (= Institut für Tourismus der Freien Universität Berlin. Berichte und Materialien. Nr. 14).
BECKER, C. (Hrsg.) (1997): Beiträge zur nachhaltigen Regionalentwicklung mit Tourismus. Berlin (= Institut für Tourismus der Freien Universität Berlin. Berichte und Materialien. Nr. 16).
BECKER, C. (Hrsg.) (1999): Forschungsergebnisse zur nachhaltigen Tourismusentwicklung. Trier (= Materialien zur Fremdenverkehrsgeographie. Heft 52).
BECKER, C. u.a. (Hrsg.) (1975): Freizeitverhalten in verschiedenen Raumkategorien. Trier (= Materialien zur Fremdenverkehrsgeographie. Heft 3).
BECKER, C., H. JOB u. A. WITZEL (1996): Tourismus und nachhaltige Entwicklung. Grundlagen und praktische Ansätze für den mitteleuropäischen Raum. Darmstadt.
BECKER, C. u. A. STEINECKE (Hrsg.) (1993): Kulturtourismus in Europa: Wachstum ohne Grenzen? Trier (= ETI-Studien. Band 2).
BONERTZ, J. (1983): Die Planungstauglichkeit von Landschaftsbewertungsverfahren in der Landes- und Regionalplanung. Trier (= Materialien zur Fremdenverkehrsgeographie. Heft 7).
CHRISTALLER, W. (1955): Beiträge zu einer Geographie des Fremdenverkehrs. In: Erdkunde 9, S. 1-19.
DEHOGA (Hrsg.) (1991): So führen Sie einen umweltfreundlichen Betrieb. Tips für das Gastgewerbe, die sich rechnen. Bonn.
DGF (Hrsg.) (1993): Freizeit in Deutschland

1993. Aktuelle Daten – Fakten – Aussagen. Erkrath.
DGF (Hrsg.) (1995): Freizeit in Deutschland 1993/1995. Aktuelle Daten – Fakten – Aufsätze. Erkrath.
DGF (Hrsg.) (1998): Freizeit in Deutschland 1998. Aktuelle Daten und Grundinformation. Erkrath.
DWIF (1995): Tagesreisen der Deutschen. München (= Schriftenreihe des DWIF. Heft 46).
EGGERT, A. (2000): Tourismuspolitik. Trier (= Trierer Tourismus Bibliographien. Band 13).
FRANCK, J., S. PETZOLD u. C. O. WENZEL (1997): Freizeitparks, Ferienzentren, virtuelle Attraktionen: die Ferien- und Freizeitwelt von morgen? In: STEINECKE, A. u. M. TREINEN (Hrsg.), S. 174-187.
FREYER, W. (1997): Tourismus-Marketing. München, Wien.
FUR (1999): Urlaub und Reisen 1998. Die Reiseanalyse. Kurzfassung. Hamburg.
GEIGANT, F. (1962): Die Standorte des Fremdenverkehrs. München (= Schriftenreihe des
DWIF. Heft 17).
HAEDRICH, G. u.a. (Hrsg.) (1998): Tourismus-Management. Tourismus-Marketing und Fremdenverkehrsplanung. 3. Aufl. Berlin, New York.
JÄTZOLD, R. (1993): Differenzierungs- und Förderungsmöglichkeiten des Kulturtourismus und die Erfassung seiner Potentiale am Beispiel des Ardennen-Eifel-Saar-Moselraumes. In: BECKER, C. u. A. STEINECKE (Hrsg.), S. 135-144.
JOB, H. (1996): Modell zur Evaluation der Nachhaltigkeit im Tourismus. In: Erdkunde 50, S. 112-132.
JUNGK, R. (1980): Wieviel Touristen pro Hektar Strand? In: GEO. Heft 10, S. 154-156.
KASPAR, C. (1996): Die Tourismuslehre im Grundriß. 5. Aufl. Bern, Stuttgart.
KRIPPENDORF, J. (1975): Die Landschaftsfresser. Bonn, Stuttgart.
LARRABEE, E. u. R. MEYERSOHN (Hrsg.) (1960): Mass Leisure. 2. Aufl. Glencoe.
MONHEIM, R. (1975): Die Stadt als Fremdenverkehrs- und Freizeitraum. In: BECKER, C. u.a. (Hrsg.), S. 7-44.
OPASCHOWSKI, H. E. (1997a): Deutschland 2010. Wie wir morgen leben – Voraussagen der Wissenschaft zur Zukunft unserer Gesellschaft. Hamburg.
OPASCHOWSKI, H. E. (1997b): Einführung in die Freizeitwissenschaft. 3. Aufl. Opladen.
PARTZSCH, D. (1970): Daseinsgrundfunktionen. In: ARL (Hrsg.), S. 424-430.
POSER, H. (1939): Geographische Studien über den Fremdenverkehr im Riesengebirge. Göttingen (= Abhandlungen der Gesellschaft der Wissenschaften zu Göttingen. Heft 20).
ROMEISS-STRACKE, F. (1998): Freizeit- und Tourismusarchitektur. In: HAEDRICH, G. u.a. (Hrsg.), S. 477-484.
StBA (Hrsg.) (1991): Tourismus in der Gesamtwirtschaft. Ergebnisse des 4. Wiesbadener Gesprächs am 28./29. März 1990. Wisbaden (= Schriftenreihe Forum der Bundesstatistik. Band 17).
StBA (1999): Tourismus in Zahlen 1999. Wiesbaden.
STEINECKE, A. u. M. TREINEN (Hrsg.) (1997): Inszenierung im Tourismus. Trier (= ETI-Studien. Band 3).

Quellen von Karten und Abbildungen
Abb. 1: Arbeitszeit und Freizeit 1840-2000: Entwurf C. Becker.
Abb. 2: Bezahlte Urlaubstage im Jahr 1950-1997 (Durchschnitt): DGF (Hrsg.) (1998), S. 31.
Abb. 3: Zeitverwendung je Tag: DGF (Hrsg.) (1998), S. 13.
Abb. 4: Bevölkerungsanteil, der den Urlaub zum Reisen nutzt 1954-1998: STUDIENKREIS FÜR TOURISMUS (Hrsg.) (versch. Jahrgänge bis 1992): Urlaubsreisen (versch. Jahre). Kurzfassung der Reiseanalyse (versch. Jahrgänge). Starnberg. FUR (1999).
Abb. 5: Wandel gesellschaftlicher Werte: OPASCHOWSKI, H. E. (1987): Wie leben wir nach dem Jahr 2000? Hamburg, S. 16.
Abb. 6: Aktivitäten bei Ausflügen 1995: DWIF (1995).
Abb. 7: Freizeitaktivitätenspektrum 1992 und 1996: OPASCHOWSKI, H. E. (1992): Freizeit 2001. Ein Blick in die Zukunft unserer Freizeitwelt. Hamburg. OPASCHOWSKI, H. E. (1997b), S. 39.
Abb. 8: Ordnungsschema der Typen von Freizeit- und Fremdenverkehr: MONHEIM, R. (1975).
Abb. 9: Die beliebtesten Reiseziele im In- und Ausland 1998: FUR (1999).
Abb. 10: Aktivitäten während der Urlaubsreisen 1998: FUR (1999).
Abb. 11: In- und Auslandsreise-Anteile der Haupturlaubsreisen der Deutschen 1954-1998: FUR (1999).
Abb. 12: Reisen und Energieverbrauch deutscher Urlauber 1994: BECKER, C. (1997): Der Energieverbrauch für die Urlaubsreisen der Deutschen. In: BECKER, C. (Hrsg.), S. 90.
Abb. 13: Gliederung des Kulturtourismus: JÄTZOLD, R. (1993), S. 138.
Abb. 14: Virtuelle Freizeitmöglichkeiten: DGF (Hrsg.) (1998), S. 119.
Abb. 15: Besuch von Großveranstaltungen 1997: DGF (Hrsg.) (1998), S. 50.
Abb. 16: Gastronomisches Angebot in Deutschland 1993: StBA (1999), S. 184.
Abb. 17: Touristische Infrastruktur in Deutschland: DGF (Hrsg.) (1998), S. 125ff.
Abb. 18: Regionaler touristischer Multiplikator-Effekt: Entwurf C. Becker.
Abb. 19: Beschäftigte und Umsatz nach Branchen 1998: DEUTSCHER TOURISMUS VERBAND (1999): Der Tourismus in Deutschland. Bonn.
Abb. 20: Freizeitausgaben 1998: StBA (1999), S. 56.
Abb. 21: Touristische Großräume und Reisegebiete: StÄdL.
Abb. 22: Das Übernachtungsvolumen in touristischen Großräumen 1988 und 1998: StÄdBL.
Abb. 23: Übernachtungen 1985-1998: StBA (versch. Jahrgänge): Statistisches Jahrbuch. Wiesbaden.
Abb. 24: Verkehrsmittel bei Ausflügen und für den Urlaub 1995: Nach DWIF (1995). FUR (1999). DIW (1997): Verkehr in Zahlen 1997. Bonn, Berlin.
Abb. 25: Verteilung des Übernachtungsvolumens auf touristische Großräume 1998: StÄdBL.
Abb. 26: Hartes und Sanftes Reisen nach R. Jungk: JUNGK, R. (1980), S. 156.
Abb. 27: Konzept für Nachhaltigkeit: BECKER (1995). BECKER (1997). BECKER (1999).
Abb. 28: Daseinsgrundfunktionen: PARTZSCH, D. (1970), S. 429.

Bildnachweis
S. 12: „Urlaubsgeld erschließt die Welt", Plakat des DGB 1956: copyright DGB
S. 13: Wandern in den Weinbergen am Rhein: copyright Verkehrsamt Rüdesheim a. Rhein
S. 14: Im Spreewald: copyright S. Tzschaschel
S. 15: Im Wattenmeer an der Nordseeküste: copyright Oswald Eckstein/OKAPIA
S. 17: Appartementbauten auf Sylt: copyright J. Newig
S. 18: Auf dem Großen Zernsee (Havel): copyright S. Tzschaschel
S. 20: Schlittenhunderennen im Vogtland: copyright S. Tzschaschel

S. 22-23: Fremdenverkehr vor dem Zweiten Weltkrieg
Autoren: Oliver Kersten und Dr. habil. Hasso Spode, Willy Scharnow-Institut für Tourismus der FU Berlin, Malteser Str. 74-100, 12249 Berlin

Kartographische Bearbeiter
Abb. 1: Red.: K. Großer; Bearb.: R. Bräuer
Abb. 2: Konstr.: U. Hein; Red.: O. Schnabel; Bearb.: O. Schnabel

Literatur
BRENNER, P. J. (Hrsg.) (1997): Reisekultur in Deutschland. Von der Weimarer Republik zum „Dritten Reich". Tübingen.
CANTAUW, C. (Hrsg.) (1995): Arbeit, Freizeit, Reisen: Die feinen Unterschiede im Alltag. Münster, New York.
HAHN, H. u. J. H. KAGELMANN (Hrsg.) (1993): Tourismuspsychologie und Tourismussoziologie: ein Handbuch zur Tourismuswissenschaft. München.
HENNIG, C. (1997): Reiselust. Touristen, Tourismus und Urlaubskultur. Frankfurt a. M., Leipzig.
KEITZ, C. (1997): Reisen als Leitbild. Die Entstehung des modernen Massentourismus in Deutschland. München.
Saison am Strand. Badeleben an Nord- und Ostsee (1986). Unter Mitarbeit von Hedinger, B. u.a. Herford.
SPODE, H. (1982): Arbeiterurlaub im Dritten Reich. In: Angst, Belohnung, Zucht und Ordnung. Herrschaftsmechanismen im Nationalsozialismus. Opladen (= Schriften des Zentralinstituts für Sozialwissenschaftliche Forschung der Freien Universität Berlin 41).
SPODE, H. (1987): Zur Geschichte des Tourismus. Starnberg.
SPODE, H. (Hrsg.) (1991): Zur Sonne, zur Freiheit! Beiträge zur Tourismusgeschichte. Berlin.
SPODE, H. (Hrsg.) (1996): Goldstrand und Teutonengrill. Kultur- und Sozialgeschichte des Tourismus in Deutschland. Berlin.
SPODE, H. (1999): Der Tourist. In: HAUPT, H.-G. u. U. FREVERT (Hrsg.): Der Mensch im 20. Jahrhundert. Frankfurt a. M., New York.
Voyage. Jahrbuch für Reise- & Tourismusforschung 1997/1ff.
ZIMMERS, B. (Bearb.) (1995): Geschichte und Entwicklung des Tourismus. Trier (= Trierer Tourismus Bibliographien. Band 7).

Quellen von Karten und Abbildungen
Abb. 1: Gründungsjahre deutscher Seebäder.
Abb. 2: Tourismus vor dem Zweiten Weltkrieg: HEDINGER, B. (Bearb.) (1986): Saison am Strand. Badeleben an Nord- und Ostsee, 200 Jahre. Herford. KAISERLICHES GESUNDHEITSAMT (Hrsg.) (1900): Deutschlands Heilquellen und Bäder. Berlin. Reichs-Handbuch der deutschen Fremdenverkehrsorte. Wegweiser durch Deutschland für Kur, Reise und Erholung (1938). 10. Aufl. Berlin. STATISTISCHES REICHSAMT (Hrsg.) (1941): Amtliches Gemeindeverzeichnis für das Deutsche Reich auf Grund der Volkszählung 1939. 2. Aufl. Berlin. Vierteljahrshefte zur Statistik des Deutschen Reichs 47f. (1938f.). Willy Scharnow-Institut für Tourismus. Historisches Archiv: versch. Prospekte.

Bildnachweis
S. 22: Familienurlaub auf Rügen 1911: Postkarte (Archiv IfL)

S. 24-25: Urlaub in der DDR
Autor: Dipl.-Geogr. Volker Bode, Institut für Länderkunde, Schongauerstr. 9, 04329 Leipzig

Kartographische Bearbeiter
Abb. 1, 2, 3: Red.: V. Bode; Bearb.: R. Bräuer
Abb. 4: Konstr.: U. Hein; Red.: V. Bode, W. Kraus; Bearb.: W. Kraus, M. Zimmermann

Literatur
AKADEMIE DER WISSENSCHAFTEN DER DEUTSCHEN DEMOKRATISCHEN REPUBLIK (Hrsg.) (1981): Atlas der Deutschen Demokratischen Republik. Leipzig.
AKADEMIE FÜR STAATS- u. RECHTSWISSENSCHAFTEN DER DDR (Hrsg.) (1989): Erholungswesen: Leitung, Organisation, Rechtsfragen. Berlin.
BÜTOW, M. (1996): Abenteuerurlaub Marke DDR: Camping. In: HAUS DER GESCHICHTE DER BUNDESREPUBLIK DEUTSCHLAND (Hrsg.), S. 101-105.
JACOB, G. (1983): Die Darstellung von Erholungswesen und Tourismus im Atlas DDR. In: Geographische Berichte. Heft 3, S. 183-185.
BUNDESMINISTERIUM FÜR INNERDEUTSCHE BEZIEHUNGEN (Hrsg.) (1985): DDR Handbuch. 2 Bände. 3. Aufl. Bonn.
DIEMER, S. (1996): Reisen zwischen politischem Anspruch und Vergnügen. DDR-Bürgerinnen und -Bürger unterwegs. In: HAUS DER GESCHICHTE DER BUNDESREPUBLIK DEUTSCHLAND (Hrsg.), S. 83-92.
GROSSMANN, M. (1996): „Boten der Völkerfreundschaft"? DDR-Bürger im sozialistischen Ausland. In: HAUS DER GESCHICHTE DER BUNDESREPUBLIK DEUTSCHLAND (Hrsg.), S. 77-82.
HAUS DER GESCHICHTE DER BUNDESREPUBLIK DEUTSCHLAND (Hrsg.) (1996): Endlich Urlaub! Die Deutschen Reisen. Köln (= Begleitbuch zur Ausstellung im Haus der Geschichte der Bundesrepublik Deutschland, Bonn 6. Juni bis 13. Oktober 1996).
KRUSE, J. (1996): Nische im Sozialismus. In: HAUS DER GESCHICHTE DER BUNDESREPUBLIK DEUTSCHLAND (Hrsg.), S. 106-111.
LEXIKONREDAKTION DES VEB BIBLIOGRAPHISCHES INSTITUT LEIPZIG (Hrsg.) (1984): Handbuch Deutsche Demokratische Republik. 2. Aufl. Leipzig.
NOACK, S., H. KUGLER u. H. MÜLLER (1981): Erholungswesen und Fremdenverkehr. In: Atlas der Deutschen Demokratischen Republik. Karte 47.
SELBACH, C.-U. (1996): Reise nach Plan. Der Feriendienst des Freien Deutschen Gewerkschaftsbundes. In: HAUS DER GESCHICHTE DER BUNDESREPUBLIK DEUTSCHLAND (Hrsg.), S. 65-76.
STAATSVERLAG DER DDR (Hrsg.) (1988): Damit sich die Bürger gut erholen. Berlin (= Kommunalpolitik aktuell).
Statistisches Jahrbuch der Deutschen Demokratischen Republik. Jahrgänge 1964 bis 1990. Berlin.
VEB VERLAG ENZYKLOPÄDIE LEIPZIG (Hrsg.) (1979) (1984): Handbuch Deutsche Demokratische Republik. Leipzig.

Quellen von Karten und Abbildungen
Abb. 1: Übernachtungsangebot 1989: Statistisches Jahrbuch der DDR (1981, 1990).
Abb. 2: Vom Reisebüro der DDR vermittelte Auslandsreisen 1964-1989: Statistische Jahrbücher der DDR (1965-1990).
Abb. 3: Übernachtungsplätze und Gäste in Fremdenverkehrseinrichtungen 1989: Statistisches Jahrbuch der DDR (1989, 1990).
Abb. 4: Fremdenverkehrsgebiete in der DDR 1989: LEXIKONREDAKTION DES VEB BIBLIOGRAPHISCHES INSTITUT LEIPZIG (Hrsg.) (1984). STAATLICHE ZENTRALVERWALTUNG FÜR STATISTIK DER DDR (1990): Verzeichnis der Gemeinden der DDR. Ausgabe 1989. VEB TOURIST VERLAG (1986): Campingkarte der DDR. Maßstab 1:600.000. Berlin, Leipzig.

Bildnachweis
S. 24: Montagsdemonstration am 23. Oktober 1989 in Leipzig: copyright Josef Liedke, Borsdorf

S. 26-29: Fremdenverkehrsgebiete und naturräumliche Ausstattung
Autoren: stud. rer. reg. Yin-Lin Chen, Prof. Dr. Dr. h. c. Jörg Maier, Dipl.-Geogr. Nadine Menchen, Dipl.-Geogr. Thomas Sieker und stud. rer. reg. Michael Stoiber, Geographisches Institut der Universität Bayreuth, Universitätsstr. 30, 95447 Bayreuth

Kartographische Bearbeiter
Abb. 1: Red.: K. Großer; Bearb.: R. Richter
Abb. 2, 3: Red.: K. Großer; Bearb.: K. Ronniger
Abb. 4, 6: Konstr.: U. Hein, T. Sieker, M.

Stoiber; Red.: K. Großer; Bearb.: R. Bräuer, T. Sieker, M. Stoiber
Abb. 5: Red.: K. Großer; Bearb.: M. Zimmermann

Literatur
ARL (Hrsg.) (1972): Zur Landschaftsbewertung für die Erholung. Hannover (= ARL Forschungs- und Sitzungsberichte. Band 76).
EIDG. AMT FÜR VERKEHR, FREMDENVERKEHRSDIENST, UMWELTUMFRAGE (1978): Reisemarkt Schweiz 1976/77. Bern.
HARZER VERKEHRSVERBAND (1971): Harzlandschaft und Freizeit. Goslar (= Schriftenreihe des Harzer Verkehrsverbandes. Heft 4a).
KEMPER, F.-J. (1977): Inner- und außerstädtische Naherholung am Beispiel der Bonner Bevölkerung. Bonn (= Arbeiten zur Rheinischen Landeskunde. Heft 42).
KIEMSTEDT, H. (1967): Zur Bewertung der natürlichen Landschaftselemente für die Erholung. Hannover.
KIEMSTEDT H. u.a. (1975): Landschaftsbewertung für Erholung im Sauerland. Dortmund.
KLEMM, K. u. E. KREILKAMP (1993): Das Ausflugsverhalten der Berliner. In: FREIE UNIVERSITÄT BERLIN, INSTITUT FÜR TOURISMUS (Hrsg.): Raumansprüche durch Freizeitaktivitäten. Berlin (= Berichte und Materialien. Nr. 13).
KNEUBÜHL, U. (1987): Die Umweltqualität der Tourismusorte im Urteil der Schweizer Bevölkerung. Bern (= Geographica Bernensia: Reihe P. 14).
KOLB, H. (1982): Freizeitraum Fichtelgebirge – Eine regionale Strukturanalyse unter Berücksichtigung landschaftsbewertender Verfahren als Grundlage raumplanerischer Aussagen. Bayreuth (= Arbeitsmaterialien zur Raumordnung und Raumplanung. Heft 8).
MAIER, J. (1977): Natur- und kulturgeographische Raumpotentiale und ihre Bewertung für Freizeitaktivitäten. In: Geographische Rundschau. Heft 6, S. 186-195.
MAIER, J. u. K. RUPPERT (1976): Freizeitraum Oberstaufen. In: WIRTSCHAFTSGEOGRAPHISCHES INSTITUT MÜNCHEN (Hrsg.): Berichte zur Regionalforschung. Band 13. München.
MENCHEN, N. (1998): Touristische Umfeldplanung nach dem Prinzip der Nachhaltigkeit – Das Beispiel Obersees. Bayreuth (= Arbeitsmaterialien zur Raumordnung und Raumplanung. Heft 178).
NIEDERSÄCHSISCHER MINISTER DES INNERN (Hrsg.) (1974): Grundlage für die Entwicklung des Naturparks Ostfriesische Inseln und Küste. Hannover (= Schriften der Landesplanung Niedersachsen).
WEICHERT, K.-H. (1980): Das Fremdenverkehrspotential und die Erscheinungsformen des Fremdenverkehrs als Untersuchungsgegenstand der Fremdenverkehrsgeographie – dargestellt am Planungsraum Westeifel. Trier (= Trierer Geographische Studien. Heft 4).
WIEMANN, A. (1985): Eine erholungs- und aktivitätsspezifische Freiraumbewertung Südhessens. Frankfurt a. M. (= Rhein-Mainische Forschungen. Heft 102).

Quellen von Karten und Abbildungen
Abb 1: Bewertung von Tourismusorten: Bildertest: EIDG. AMT FÜR VERKEHR, FREMDENVERKEHRSDIENST, UMWELTUMFRAGE (1978).
Abb. 2: Semantisches Differenzial des Westerwaldes und des Siebengebirges im Vergleich:KEMPER, F.-J. (1977).
Abb. 3: Imagevergleich zwischen der Märkischen Schweiz und dem Spreewald: KLEMM, K. u. E. KREILKAMP (1993).
Abb. 4: Landschaftliche Attraktivität und Fremdenverkehrsorte: BfLR (1995): Strukturschwäche in ländlichen Räumen. In: Arbeitspapiere der BfLR. Nr. 15, S. 8.
DEUTSCHER BÄDERVERBAND E.V. (1995): Deutscher Bäderkalender. Gütersloh. StÄdL.
Abb. 5: Mittelmaßstäbige Landschaftsbewertung für den Tourismus 1997: MENCHEN, N. (1998).
Abb. 6: Fremdenverkehr und räumliche Ausstattung: Alexander Weltatlas. Ausgabe 1996, S. 144. DEUTSCHER BÄDERVERBAND E.V. (1995): Deutscher Bäderkalender. Gütersloh. Diercke Weltatlas. 3. Aufl. 1992, S. 60. STÄDL (Hrsg.): Statistische Berichte der Bundesländer zum Fremdenverkehr im Jahr 1997.

S. 30-31: Bioklimatische Eignung und Fremdenverkehr
Autoren: PD Dr. Hans-Joachim Fuchs und Prof. Dr. Heinz-Dieter May, Geographisches Institut der TU Darmstadt, Schnittspahnstr. 9, 64287 Darmstadt

Kartographische Bearbeiter
Abb. 1: Konstr.: A. Kistner; Red.: K. Großer; Bearb.: R. Bräuer, A. Kistner
Abb. 2: Red.: K. Großer; Bearb.: M. Zimmermann
Abb. 4: Red.: K. Großer; Bearb.: M. Zimmermann
Abb. 5: Konstr.: A. Kistner; Red.: K. Großer; Bearb.: R. Bräuer, A. Kistner

Literatur
BECKER, F. (1972): Bioklimatische Reizstufen für eine Raumbeurteilung zur Erholung. In: Zur Landschaftsbewertung für die Erholung. Forschungsbericht des Forschungsausschusses „Raum und Fremdenverkehr" der ARL. Hannover (= ARL Forschungs- und Sitzungsberichte. Band 76), S. 45-61.
DAUBERT, K. (1962): Wetter-Klima-Haut. Dermatologie und Venerologie. Band 1. Teil 2. Stuttgart.
FUR (1999): Die Reiseanalyse RA 99. Informationsblatt mit den ersten Ergebnissen, vorgestellt auf der ITB 99 in Berlin. Hamburg.
JENDRITZKY, G. u.a. (1990): Methodik zur räumlichen Bewertung der thermischen Komponente im Bioklima des Menschen. Fortgeschriebenes Klima-Michel-Modell. Hannover (= ARL Beiträge. Band 114).
JENDRITZKY, G. (1993): Das Bioklima als Gesundheitsfaktor. In: Geographische Rundschau. Heft 2, S. 107-114.
JENDRITZKY, G. (1997): Das Bioklima in Deutschland. Textbeilage zur Bioklimakarte. Gütersloh.
STBA (1998): Tourismus in Zahlen. Wiesbaden.

Quellen von Karten und Abbildungen
Abb. 1: Bioklima und Fremdenverkehr 1997: Diercke Weltatlas (1996): Bioklima. 4. Aufl., S. 47,1. © Westermann Schulbuchverlag Braunschweig. StBA (1998).
Abb. 2: Anteile der jährlichen Übernachtungen in den Bioklimastufen: StBA (1998). Eigene Auswertung.
Abb. 3: Grenzwerte für Bioklimastufen: nach BECKER, F. (1972).
Abb. 4: Flächenanteile der Bioklimastufen: StBA (1998). Eigene Auswertung.
Abb. 5: Aufenthaltsdauer von Besuchern 1997: StBA (1998). Eigene Auswertung.

S. 32-33: Kurverkehr
Autorin: Dipl.-Geogr. Anja Brittner, FB VI – Geographie/Geowissenschaften der Universität Trier, Universitätsring 15, 54286 Trier

Kartographische Bearbeiter
Abb. 1, 2: Red.: E. Losang; Bearb.: S. Dutzmann
Abb. 3: Konstr.: U. Hein, E. Losang; Red.: C. Lambrecht, E. Losang; Bearb.: E. Losang, M. Zimmermann

Literatur
BRITTNER, A. u.a. (1999): Kurorte der Zukunft. Neue Ansätze durch Gesundheitstourismus, Interkommunale Kooperation, Gütesiegel Gesunde Region und Inszenierung im Tourismus. Trier (= Materialien zur Fremdenverkehrsgeographie 49).
BRITTNER, A. u. T. STEHLE (2000): Kurverkehr. 2. aktual. u. überarb. Aufl. Trier (= Trierer Tourismus Bibliographien 9).
DEUTSCHER BÄDERVERBAND E.V. (Hrsg.) (1998): Deutscher Bäderkalender. Bonn.
DEUTSCHER BÄDERVERBAND E.V. (Hrsg.) (1998): Jahresbericht des Deutschen Bäderverbandes e.V. Bonn.
DEUTSCHER BÄDERVERBAND E.V. u. DEUTSCHER FREMDENVERKEHRSVERBAND E.V. (Hrsg.) (1991): Begriffsbestimmungen für Kurorte, Erholungsorte und Heilbrunnen. 10. Aufl. Bonn.
DEUTSCHER HEILBÄDERVERBAND E.V. (1999): Auszug aus der Statistik 1998. Informationsschreiben. Bonn.
STÄDL (versch. Jahrgänge): Statistische Berichte Beherbergung. Versch. Orte.
STBA (versch. Jahrgänge): Fachserie 6. Reihe 7.1. Wiesbaden.

Quellen von Karten und Abbildungen
Abb. 1: Kurbetriebe, Betten und Bettenbelegung in den Kurorten der alten Länder 1977-1997: Eigene Darstellung nach DEUTSCHER BÄDERVERBAND E.V. (1998).
Abb. 2: Übernachtungen und Kurmittelabgabe 1977-1999: Eigene Darstellung nach DEUTSCHER BÄDERVERBAND E.V. (1998). DEUTSCHER HEILBÄDERVERBAND E.V. (1999). STBA (versch. Jahrgänge).
Abb. 3: Kurorte 1998: DEUTSCHER BÄDERVERBAND E.V. (Hrsg.) (1998). StBA (1999).

Bildnachweis
S. 32: Bad Elster, Moritzquelle: copyright S. Tzschaschel

S. 34-37: Naturparke – Erholungsvorsorge und Naturschutz
Autor: Prof. Dr. Hubert Job, Institut für Wirtschaftsgeographie der Ludwig-Maximilians-Universität München, Ludwigstr. 28, 80539 München

Kartographische Bearbeiter
Abb. 2, 4, 6: Konstr.: A. Liebisch; Red.: K. Großer; Bearb.: R. Richter
Abb. 3: Konstr.: A. Liebisch; Red.: K. Großer; Bearb.: R. Bräuer
Abb. 5, 7: Red.: K. Großer; Bearb.: R. Richter

Literatur
BfN (Hrsg.) (1999): Daten zur Natur 1999. Bonn.
FRITZ, G. (1987): Naturschutz und Erholung in Naturparks – eine Zwischenbilanz. In: Der Landkreis. Heft 7, S. 294-298.
HANSTEIN, U. (1972): Entwicklung, Stand und Möglichkeiten des Naturparkprogramms in der Bundesrepublik Deutschland – ein Beitrag zur Raumordnungspolitik. In: Beiheft 7 zu Landschaft + Stadt. Stuttgart.
ISBARY, G. (1959): Gutachten über geeignete Landschaften für die Auswahl von Naturparken vom Standpunkt der Raumordnung. Bad Godesberg.
JOB, H. (1991): Freizeit und Erholung mit oder ohne Naturschutz? In: Pollichia-Buch 22. Bad Dürkheim.
JOB, H. (1993): Braucht Deutschland die Naturparke noch? Eine Stellungnahme mit Diskussion um Großschutzgebiete. In: Naturschutz und Landschaftsplanung 4, S. 126-132.
JOB, H. u. M. KOCH (1990): Ressourcenschützende Raumordnungskonzepte als Möglichkeit für eine umweltschonende Freizeit- und Erholungsnutzung. In: Raumforschung und Raumordnung. Heft 6, S. 309-318.
JOB, H. u. C. LAMBRECHT (1997): Großschutzgebiete – Strukturen, Aufgaben und Probleme. In: IfL LEIPZIG (Hrsg.): Atlas Bundesrepublik Deutschland – Pilotband, S. 36-39.
MERIAN, C. (Bearb.) (1991): Naturparke in der Bundesrepublik Deutschland – Grunddaten, Stand 31.01.1991. In: Natur und Landschaft. Heft 4, S. 205-209.
STEER, U. (1997): Errichtung und Sicherung schutzwürdiger Teile von Natur und Landschaft mit gesamtstaatlich repräsentativer Bedeutung – Naturschutzgroßprojekte des Bundes in Naturparken. In: VDN (Hrsg.): Naturparke – Hemmnis oder Chance für eine nachhaltige Entwicklung. Fachtagung in Nebra, 21./22.05.1997. Niederhaverbeck.
TOEPFER, A. (1956): Naturparke – eine Forderung unserer Zeit. In: Naturschutzparke 7, S. 172-174.

Quellen von Karten und Abbildungen
Abb. 1: Synoptischer Überblick: Kategorien von Großschutzgebieten: BfN (Hrsg.) (1999).
Abb. 2: Fluglärm in Naturparken: BfN (Hrsg.) (1999).
Abb. 3: Naturparke und andere Großschutzgebiete: BfN (Hrsg.) (1999).
Abb. 4: Naturparke und strukturschwache Gebiete: BfN (Hrsg.) (1999).
Abb. 5: Anteil der Naturparkfläche an der Landesfläche und Naturparkfläche je Einwohner 1999: BfN (Hrsg.) (1999).
Abb. 6: Naturschutz und Landschaftspflege in Naturparken: BfN (Hrsg.) (1999).
Abb. 7: Entwicklung der Großschutzgebiete 1950-1999: BfN (Hrsg.) (1999).

Bildnachweis
S. 34: Vom Biber gefällte Weide im Naturpark Altmühltal: copyright H. Job
S. 36: Teufelstisch im Buntsandstein des Naturpark Pfälzerwald: copyright H. Job

S. 38-39: Freilichtmuseen – Besuchermagneten im Kulturtourismus
Autor: Prof. Dr. Winfried Schenk, Geographisches Institut der Universität Tübingen, Hölderlinstr. 12, 72074 Tübingen

Kartographische Bearbeiter
Abb. 1, 2: Red.: K. Großer; Bearb.: R. Richter
Abb. 3: Konstr.: U. Hein, Red.: K. Großer; Bearb.: R. Bräuer

Literatur
BEDAL, K. (1993): Historische Hausforschung. Eine Einführung in Arbeitsweise, Begriffe und Literatur. Bad Windsheim.
EDELER, I. (1988): Zur Typologie des kulturhistorischen Museums. Freilichtmuseen und kulturhistorische Räume. Frankfurt a. M.
ELLENBERG, H. (1990): Bauernhaus und Landschaft in ökologischer und historischer Sicht. Stuttgart.
FREI, H. (1997): Kulturlandschaftserhaltung und Heimatpflege am Beispiel des Schwäbischen Volkskundemuseums Oberschönenfeld. In: SCHENK; W., K. FEHN u. D. DENECKE (Hrsg.), S. 254-259.
SCHENK; W., K. FEHN u. D. DENECKE (Hrsg.)(1997): Kulturlandschaftspflege. Stuttgart.
ZIPPELIUS, A. (1974): Handbuch der europäischen Freilichtmuseen. Köln (= Führer und Schriften des Rheinischen Freilichtmuseums und Landesmuseums für Volkskunde in Kommern. Nr. 7).
ZIPPELIUS, A. (Hrsg.) (1978): Edukative Aufgaben und Dokumentation. Verband Europäischer Freilichtmuseen. Tagungsbericht Stockholm 1976. Köln, Bonn.

Quellen von Karten und Abbildungen
Abb. 1: Besucher in Freilichtmuseen 1995-1998: Auskünfte dargestellter Museen. Institut für Museumskunde, Berlin.
Abb. 2: Ausgewählte Einflußfaktoren auf die Gestaltung von Bauernhäusern und -höfen in vorindustrieller Zeit: Grimm, A. u. W. Schenk nach ELLENBERG, H. (1990).
Abb. 3: Besucher in Freilichtmuseen 1995-1998: Auskünfte dargestellter Museen.

Institut für Museumskunde, Berlin.
Bildnachweis
S. 38: Volkskundemuseum Konvent Oberschönenfeld: copyright Volkskundemuseum Konvent Oberschönenfeld

S. 40-43: Inszenierte Natur
Autoren: Julia Siebert und Prof. Dr. Wilhelm Steingrube, Geographisches Institut der Ernst-Moritz-Arndt-Universität Greifswald, Ludwig-Jahn-Str. 16, 17487 Greifswald
Kartographische Bearbeiter
Abb. 1: Konstr.: U. Hein; Red.: U. Hein, K. Großer; Bearb.: R. Bräuer
Abb. 2: Red.: K. Großer; Bearb.: M. Zimmermann
Abb. 3: Red.: K. Großer; Bearb.: R. Bräuer
Literatur
EHLERS, H. (1994): Gärten und Parks in Norddeutschland: ein Führer durch Kunst und Kultur. Hamburg.
HOBHOUSE, P. u. P. TAYLER (Hrsg.) (1992): Gärten in Europa. Führer zu 727 Gärten und Parkanlagen. Stuttgart.
HUTH, S. u. C. RINSCHE (1996): Schlösser, Parks und Gärten in Berlin und Brandenburg. 2. aktual. Aufl. Berlin.
KRUMBHOLZ, H. (1984): Burgen, Schlösser, Parks und Gärten. Berlin, Leipzig (= Tourist-Führer).
MELZIG, A. (1997): Parks in Frankfurt a. M. Wirkungszusammenhänge von Umfeld, Grünraum und Nutzung anhand einer gesamtstädtischen Betrachtung. Unveröff. Diplomarbeit. Geographisches Institut, Universität Frankfurt a. M. Frankfurt a. M.
NÖHBAUER, H. F. (1983): Die Parks und Gärten in Bayern. Ein Reiseführer durch viel Natur und Kunst. München.
PANTEN, H. (1987): Die Bundesgartenschauen – eine blühende Bilanz seit 1951. Stuttgart.
RAST, C. (1998): Die Bundesgartenschau 1997 in Gelsenkirchen. Unveröff. Diplomarbeit. Universität Trier. Trier.
RÖMER, R. (2000): Freiraumsicherung. Regionalparke rund um Berlin. Grünstift 3-4, S. 28-30.
THIERFELDER, S., W. THIERFELDER. u. E.-O. LUTHHARDT (1992): Gärten und Parks in Thüringen. Würzburg.
WÄHNER, B. (1997): Gärten und Parks in Sachsen. Ein Reiseführer. Hamburg.
Quellen von Karten und Abbildungen
Abb 1: Ausgewählte Parkanlagen 1999: Botanicus-Brief. Informationen für Pflanzenfreunde in aller Welt (1999). Landau in der Pfalz. EHLERS, H. (1994). HOBHOUSE, P. u. P. TAYLER (Hrsg.) (1992). HUTH, S. u. C. RINSCHE (1996). KRUMBHOLZ, H. (1984). MELZIG, A. (1997). Auskunft Verband Deutscher Zoodirektoren (2000).
Abb. 2: Gebiet der IBA Emscher Park und ausgewählte Projektstandorte: FAUST, H. (1999): Das Ruhrgebiet – Erneuerung einer europäischen Industrieregion. Impulse für den Strukturwandel durch die Internationale Bauausstellung Emscher Park. In: Europa Regional. Heft 2, S. 4.
Abb. 3: Regionalpark Rhein-Main: UMLANDVERBAND FRANKFURT (Hrsg.) (1998): Der Regionalpark Rhein-Main. Der Landschaft einen Sinn. Den Sinnen eine Landschaft. Frankfurt a. M.
Bildnachweis
S. 40: Wörlitzer Park: Sichtachsen von der Goldenen Urne aus: copyright G. Mayr
S. 42: Grabpyramide des Fürsten August Heinrich von Pückler-Muskau im Park von Schloß Branitz, Cottbus: copyright S. Tzschaschel
S. 43: Park an der Ilm, Weimar 1999: copyright Stefan Renno, Eberhard Renno
S. 43: Park an der Ilm, Weimar 1808: GUSSEFELD, F.L. (1808): Plan des Herzoglichen Parks bey Weimar. Ca. 1:3.500. Weimar: copyright Kartenabteilung der Staatsbibliothek zu Berlin – Preußischer Kulturbesitz, Kart. X 35920

S. 44-45: Kleingärten – Freizeiträume und grüne Lungen der Städte
Autorin: Dr. Meike Wollkopf, Institut für Länderkunde, Schongauerstr. 9, 04329 Leipzig
Kartographische Bearbeiter
Abb. 1, 2: Red.: K. Großer; Bearb.: M. Zimmermann
Abb. 3: Konstr.: K. Großer; Red.: K. Großer; Bearb.: S. Dutzmann, M. Zimmermann,
Literatur
BMRBS (1998) (Hrsg.): Städtebauliche, ökologische und soziale Bedeutung des Kleingartenwesens. Bonn.
ENGELHARDT, B. (1990): Stand und Aufgaben des Kleingartenwesens im Verband der Garten- und Siedlerfreunde e.V. In: BUNDESVERBAND DEUTSCHER GARTENFREUNDE E. V. (Hrsg.): Schriftenreihe. Heft 65. Bonn, S. 35-49.
HENTSCHEL, K.-D. (1990): Rolle und Bedeutung des Gartens in der ehemaligen DDR für Jugend und Familie in einer sich wandelnden Gesellschaft. In: BUNDESVERBAND DEUTSCHER GARTENFREUNDE E.V. (Hrsg.): Schriftenreihe. Heft 65. Bonn, S. 50-64.
KATSCH, G. u. L. KATSCH (1999): Das Kleingartenwesen in der sowjetischen Besatzungszone und in der DDR. Leipzig (= Wissenschaftliche Schriften des Fördervereins „Deutsches Kleingärtnermuseum in Leipzig e.V.". Heft 1).
KATSCH, G. u. J. B. WALZ (1996): Kleingärten und Kleingärtner im 19. und 20. Jahrhundert. Leipzig.
MAINCZYK, L. (1996): Das Bundeskleingartengesetz in seiner sozialpolitischen und städtebaulichen Bedeutung – verfassungsrechtliche Grundlagen, gesetzliche Bestimmungen, Chancen und Grenzen. In: BUNDESVERBAND DEUTSCHER GARTENFREUNDE E.V. (Hrsg.): Schriftenreihe. Heft 115 A. Bonn, S. 1-17.
SPANIER, H. (1995): Ökologie und Umweltschutz in Kleingärten nach der Novellierung des Bundeskleingartengesetzes vom 1. Mai 1994. In: BUNDESVERBAND DEUTSCHER GARTENFREUNDE E.V. (Hrsg.): Schriftenreihe. Heft 114. Bonn, S. 9-24.
STREMMLE, C. (1993): Die Bedeutung der Kleingärten im Stadtgrün und für den Menschen und die Situation des Kleingartenwesens am Beispiel des Landes Sachsen. Berlin.
THEOBALD, T. (1996): Aktuelle Probleme des Kleingartenrechts. In: BUNDESVERBAND DEUTSCHER GARTENFREUNDE E.V. (Hrsg.): Schriftenreihe. Heft 121. Bonn, S. 9-28.
WOLLKOPF, M. (1996): Grünflächen in Leipzigs Stadtlandschaft. In: GRUNDMANN, L., S. TZSCHASCHEL u. M. WOLLKOPF (Hrsg.): Leipzig. Ein geographischer Führer durch Stadt und Umland. Leipzig, S. 190-205.
Quellen von Karten und Abbildungen
Abb. 1: Mitglieder in Kleingartenverbänden 1978-2000: BUNDESVERBAND DEUTSCHER GARTENFREUNDE E.V. (2000): Umfrage bei den Landesverbänden im Februar/März 2000 und Gesamtstatistik. Bonn. Handbuch deutscher Gemeinden (1982).
Abb. 2: Kleingartenfläche und Einwohnerzahl 1870-1998: WOLLKOPF, M. (1996), S. 197.
Abb. 3: Kleingärten 1981 und 2000: BUNDESVERBAND DEUTSCHER GARTENFREUNDE E.V. (2000). Handbuch deutscher Gemeinden (1982).
Bildnachweis
S. 44: Kleingarten: copyright V. Bode

S. 46-47: Naherholung
Autoren: Kim E. Potthoff und Dr. Peter Schnell, Institut für Geographie der westfälischen Wilhelms-Universität, Robert-Koch-Str. 26, 48149 Münster
Kartographische Bearbeiter
Abb. 1: Red.: K. Großer; Bearb.: R. Bräuer
Abb. 2, 3, 4: Red.: A. Müller; Bearb.: A. Müller

Literatur
BTE/FUB (BTE–Tourismusmanagement und Regionalentwicklung/FU Berlin – Institut für Tourismus) (1997): Bestimmung von Gebieten mit besonderer Bedeutung für Freizeit und Erholung – Naherholung unter besonderer Berücksichtigung der stadtnahen Erholungsanforderungen der Bewohner Berlins sowie der Bewohner der Ober- und Mittelzentren des Landes Brandenburg. In: GEMEINSAME LANDESPLANUNGSABTEILUNG DER LÄNDER BERLIN UND BRANDENBURG (Hrsg.): Endbericht. Potsdam.
HARRER, B. u.a. (1995): Tagesreisen der Deutschen. Struktur und wirtschaftliche Bedeutung des Tagesausflugs- und Tagesgeschäftsreiseverkehrs in der Bundesrepublik Deutschland. München (= Schriftenreihe des DWIF. Heft 48).
KOMMUNALVERBAND RUHRGEBIET (Hrsg.) (1999): Städte- und Kreisstatistik 1998. Essen.
KOMMUNALVERBAND RUHRGEBIET (Hrsg.) (1999): Freizeitverhalten im Ruhrgebiet. Freizeitbarometer Ruhr. Essen.
LANDGREBE, S. (1998): Zur Ökonomie des Tourismus im Münsterland. In: Regionales Tourismus Marketing. Daten und Fakten zur wirtschaftlichen Bedeutung des Tourismus im Münsterland, Steinfurt, S. 9-18.
RUPPERT, K. u. J. MAIER (1970): Der Naherholungsverkehr der Münchner – ein Beitrag zur Geographie des Freizeitverhaltens. In: Mitteilungen der Geographischen Gesellschaft München, S. 31-44.
SCHNELL, P. (1999): Imageanalyse Münsterland. Münster, unveröff. Befragungsergebnisse.
SCHNELL, P. u. K. E. POTTHOFF (1999): Wirtschaftsfaktor Tagestourismus: Das Beispiel Münsterland. In: SCHNELL, P. u. K. E. POTTHOFF (Hrsg.): Wirtschaftsfaktor Tourismus. Münster (= Münstersche Geographische Arbeiten. Heft 42), S. 39-50.
Quellen von Karten und Abbildungen
Abb. 1: Bruttonaherholungsflächen großer Städte und hochverdichteter Kreise: BUNDESZENTRALE FÜR POLITISCHE BILDUNG (Hrsg.) (1995): Bundesrepublik Deutschland – physisch. BBR (Hrsg.) (1999): Laufende Raumbeobachtung.
Abb. 2: Ausgewählte Naherholungsgebiete – Wald und Wasser: BTE/FUB (BTE – Tourismusmanagement und Regionalentwicklung/FU Berlin – Institut für Tourismus) (1997). Institut für Tourismus der FU Berlin (1999).
Abb. 3: Ausgewählte Naherholungsgebiete – Radfahren und Schlössertäume: SCHNELL, P. (1999). SCHNELL, P. u. K. E. POTTHOFF (1999).
Abb. 4: Ausgewählte Naherholungsgebiete – Zwischen Natur und Industrie(kultur)landschaft: KOMMUNALVERBAND RUHRGEBIET (Hrsg.) (1999).
Bildnachweis
S. 46: Auf der 100-Schlösser-Route im Münsterland: copyright Münsterland Touristik, Chr. Berndt
S. 46: Landschaftspark Duisburg-Nord: copyright M. Vollmer

S. 48-49: Kulturtourismus und historische Baudenkmäler
Autor: Dr. Ludger Brenner, Instituto de Geografia, Universidad Nacional Autónoma de México, Circuito Exterior, Ciudad Universitaria, C.P. 01000 México, D.F. Mexico
Kartographische Bearbeiter
Abb. 1: Red.: K. Großer; Bearb.: M. Zimmermann
Abb. 2: Konstr.: U. Hein; Red.: K. Großer; Bearb.: R. Richter
Literatur
EISENSCHMID, R. u.a. (1998): Baedekers Reiseführer Deutschland 1998. Ostfildern.
JÄTZOLD, R. (1994): Unsere Kulturumwelt. Trier.
Knaurs Kulturführer in Farbe Deutschland (1993). Gütersloh.
KOCH, W. (1993): Baustilkunde (Band 1: Sakralbau; Band 2: Burg und Palast, Bürger- und Kommunalbauten, Stadtentwicklung). Gütersloh.
UNESCO: online im Internet unter: http://www.unesco.org
Quellen von Karten und Abbildungen
Abb. 1: Herkunft der Besucher des Klosters Maulbronn 1998: KLEIN, H.-J. (1998): Die staatlichen Schlösser, Klöster und Gärten Baden-Württembergs als Besichtigungsobjekte. Eine Markterkundung als Grundlage für ein Marketingkonzept. Karlsruhe.
Abb. 2: Kulturtourismus: EISENSCHMID, R. u.a. (1998). Knaurs Kulturführer in Farbe Deutschland (1993).
Bildnachweis
S. 48: Gothisches Rathaus in Brandenburg: copyright S. Tzschaschel

S. 50-53: Wallfahrtsorte und Pilgertourismus
Autor: Prof. Dr. Gisbert Rinschede, Institut für Geographie der Universität Regensburg, Universitätsstr. 31, 93053 Regensburg
Kartographische Bearbeiter
Abb. 1, 3: Red.: K. Großer, B. Hantzsch; Bearb.: M. Zimmermann
Abb. 2: Red.: K. Großer, B. Hantzsch; Bearb.: R. Bräuer
Abb. 4, 6: Red.: K. Großer, B. Hantzsch; Bearb.: R. Richter
Abb. 5: Konstr.: U. Hein; Red.: K. Großer, B. Hantzsch; Bearb.: R. Richter
Literatur
Annuario Ponteficio (1999). Città del Vaticano.
HAHN, M. A. (1969): Siedlungs- und wirtschaftsgeographische Untersuchung der Wallfahrtsstätten in den Bistümern Aachen, Essen, Köln, Limburg, Münster, Paderborn, Trier. Eine geographische Studie. Düsseldorf.
HANSEN, H. (1991): Die deutschen Wallfahrtsorte. Augsburg.
HARINGER, C. (1997): Altötting – Stadtentwicklung im Zeichen der Wallfahrt. Zulassungsarbeit LA Realschule. Universität Passau. Passau.
HEMMER, M. (1988): Der Wallfahrtsort Kevelaer und die Prägung der Raumstrukturen durch die Gruppe der Wallfahrer. Zulassungsarbeit LA Gymnasium. Universität Münster. Münster.
NOLAN, M. L. u. S. NOLAN (1989): Christian Pilgrimage in Modern Western Europe. University of North Carolina Press. Chapel Hill, London.
PLÖTZ, R. (1988): Unsere Wallfahrtsstätten. Frankfurt a. M. (= Deutschland – das unbekannte Land 7).
RINSCHEDE, G. (1990): Religionstourismus. In: Geographische Rundschau. Heft 1, S. 14-20.
RINSCHEDE, G. (1999): Religionsgeographie. Das Geographische Seminar. Braunschweig.
RUPPEL, M. (1997): Die Bedeutung der Wallfahrten für den Tourismus untersucht am Beispiel der Trierer-Heilig-Rock-Wallfahrt 1996. Diplomarbeit. Universität Trier. Trier.
TERMOLEN, R. (1985): Wallfahrten in Europa. Pilger auf den Straßen Gottes. Aschaffenburg.
WOLPERT, S. E. (1996): Altötting und Einsiedeln im kulturgeographischen Vergleich. Dissertation. Katholische Universität Eichstätt. Eichstätt.
Quellen von Karten und Abbildungen
Abb. 1: Katholiken 1999: Annuario Ponteficio (1999).
Abb. 2: Funktionale Gliederung des Wallfahrtsortes Altötting 1999: Eigene Erhebungen.
Abb. 3: Bedeutende Pilgerzentren in Europa 1999: Eigene Erhebungen.

Abb. 4: Anzahl der Wallfahrtsstätten: Eigene Erhebungen.
Abb. 5: Wallfahrtsstätten 1999: HANSEN, S. (Hrsg.) (1991). PLÖTZ, R. (1988). Eigene Erhebungen.
Abb. 6: Wallfahrtsstätten der Katholiken 1999: HANSEN, S. (Hrsg.) (1991). PLÖTZ, R. (1988). Eigene Erhebungen.
Bildnachweis
S. 50: Altötting: copyright Foto-Studio Strauß, Altötting
S. 52: Fátima, Portugal: copyright S. Tzschaschel

S. 54-55: Freilichtbühnen
Autoren: cand. geogr. Aline Albers und Dipl.-Geogr. Heinz-Dieter Quack, FB 1 – Geographie der Universität-Gesamthochschule Paderborn, Warburger Str. 100, 33095 Paderborn
Kartographische Bearbeiter
Abb. 1, 2: Konstr.: W. Kraus; Red.: W. Kraus; Bearb.: P. Blank, W. Kraus
Literatur
VDF: online im Internet unter: http://www.freilichtbuehnen.de.
Quellen von Karten und Abbildungen
Abb 1, 2: Freilichtbühnen 1999: STAATLICHE MUSEEN ZU BERLIN – PREUSSISCHER KULTURBESITZ, INSTITUT FÜR MUSEUMSKUNDE (Hrsg.) (1998): Statistische Gesamterhebung an den Museen der Bundesrepublik Deutschland für das Jahr 1997. Berlin (= Heft 50). VDF – REGION NORD E.V. (Hrsg.) (1993): Freilichttheater. Hamm. VDF (Hrsg.) (1999): Spielzeit 99. Hamm. WESSEL, G. (1997): Musicals, Freilichttheater, Festivals. Ostfildern (= Fink-Freizeitführer). Kultur- bzw. Tourismusreferate der Ministerien der Länder. Ostfildern.
StÄdBL. Tourismusverbände der Länder. Trägervereine der einzelnen erfassten Bühnen.
Bildnachweis
S. 54: Karl-May-Festspiele in Bad Segeberg: copyright Kalberg GmbH Bad Segeberg

S. 56-59: Musikfestivals und Musicals
Autorin: Dipl.-Geogr. Anja Brittner, FB VI – Geographie/Geowissenschaften der Universität Trier, Universitätsring 15, 54286 Trier
Kartographische Bearbeiter
Abb. 1, 4: Red.: K. Großer; Bearb.: M. Zimmermann
Abb. 2: Red.: K. Großer, E. Losang; Bearb.: E. Losang, M. Zimmermann
Abb. 3: Konstr.: E. Losang; Red.: B. Hantzsch; E. Losang; Bearb.: E. Losang, R. Bräuer
Abb. 5: Red.: K. Großer; Bearb.: R. Richter
Literatur
BEHNKE, M. u. C. MAISENHÄLDER (1998): Kommerzielle Musicaltheater in Deutschland. In: HENNINGS, G. u. S. MÜLLER (Hrsg.): Kunstwelten. Künstliche Erlebniswelten und Planung. Dortmund (= Dortmunder Beiträge zur Raumplanung 85), S. 134-160.
DEUTSCHER MUSIKRAT (Hrsg.) (1999): Musik-Almanach 1999/2000. Daten und Fakten zum Musikleben in Deutschland. Kassel.
DREYER, A. (Hrsg.) (1996): Kulturtourismus. München, Wien.
FREYER, W. (1996): Event-Management im Tourismus – Kulturveranstaltungen und Festivals als kulturtouristische Leistungsangebote. In: DREYER, A. (Hrsg.), S. 211-242.
KLINK, U. (1998): Musikfestivals als Segment des Event-Tourismus, dargestellt am Beispiel des klassischen Musikfestivals Mosel Festwochen. Unveröff. Diplomarbeit. Universität Trier. Trier.
LINDLAR, H. (Hrsg) (1979): rororo Musikhandbuch. Band 2. Hamburg.
LLOYD, N. (1978): Großes Lexikon der Musik. 2. überarb. u. erweit. Aufl. New York.
LUKETA, A. (1998): Musical-Jahrbuch 1999. Bottrop, Essen.
NOLTENSMEIER, R. u. G. ROTHMUND-GAUL (1996): Das neue Lexikon der Musik. 4 Bände. Stuttgart, Weimar.
ROUGEMENT, D. DE (1957): Europa im Sommer. In: VEREINIGUNG DER MUSIKFESTSPIELE (Hrsg.): Europäische Musikfestspiele. Zürich, S. 7-12.
Quellen von Karten und Abbildungen
Abb. 1: Gründungshäufigkeit von Musikfestivals 1845-1999: Literatur (s.o.). Eigene Erhebungen.
Abb. 2: Musikfestivals in Berlin 1998: Literatur (s.o.). Eigene Erhebungen.
Abb. 3: Musikfestivals 1998: Literatur (s.o.). Eigene Erhebungen.
Abb. 4: Herkunft der Besucher der Mosel Festwochen 1998: KLINK, U. (1998).
Abb. 5: Kommerzielle Musicaltheater 1986-2001: Eigene Erhebungen nach Statistisches Jahrbuch Deutscher Gemeinden 1989. StBA.
Bildnachweis
S. 56: Sommerfestival Schloss Rheinsberg: copyright S. Tzschaschel
S. 58: Das Phantom der Oper: copyright Stella AG, Hamburg
S. 58: Plakat Operettenhaus Hamburg Cats: copyright Stella AG, Hamburg
S. 59: „Maskenball" im Phantom der Oper: copyright Stella AG, Hamburg

S. 60-61: Fasnet – Fasching – Karneval
Autor: Dipl.-Geogr. Torsten Widmann, Im Treff 13, 54296 Trier
Kartographische Bearbeiter
Abb. 2: Konstr.: G. Kloth, K. Witt; Red.: K. Großer, A. Müller; Bearb.: A. Müller
Literatur
Jecken machen ihre eigene Expo. Kölner Stadtanzeiger. Nr. 263 vom 10. 11 1999.
KÜSTER, J. (1987): Die Fastnachtsfeier. Über Sinn und Herkunft der Narrenbräuche. Freiburg i. Br.
MEZGER, W. (1991): Narrenidee und Fastnachtsbrauch. Studien zum Fortleben des Mittelalters in der europäischen Festkultur. Konstanz.
WIDMANN, T. (1999): Brauchtum und Tourismus. Die schwäbisch-alemannische Fastnacht in Villingen-Schwenningen. Trier (= Materialien zur Fremdenverkehrsgeographie. Heft 48).
Quellen von Karten und Abbildungen
Abb. 1: Die bekanntesten Rosenmontagsumzüge: Eigene Erhebungen.
Abb. 2: Fastnacht und Karneval 1999: Eigene Erhebungen.
Bildnachweis
S. 60: Dienstagsumzug in Villingen-Schwenningen: copyright T. Widmann

S. 62-63: Volksfeste
Autor: Sigurd Agricola, Deutsche Gesellschaft für Freizeit, Bahnstr. 4, 40699 Erkrath
Kartographische Bearbeiter
Abb. 3: Konstr.: A. Liebisch; Red.: A. Müller; Bearb.: A. Müller, R. Richter
Literatur
LEHARI, E. u. K. ENDRES (Red.) (1983): Volksfeste und Märkte. Pirmasens.
MUSEUM FÜR THÜRINGER VOLKSKUNDE (Hrsg.) (1996): Der „verordnete" Frohsinn. Volksfeste in der DDR: Begleitheft zur gleichnamigen Ausstellung im Museum für Thüringer Volkskunde Erfurt, 21.2. bis 7.4.1996. Erfurt (= Schriften des Museums für Thüringer Volkskunde. Band 5).
POSER, C. V. (1996): Die schönsten deutschen Volksfeste. Bergisch Gladbach.
Quellen von Karten und Abbildungen
Abb. 1: Die ältesten Volksfeste in Deutschland: LEHARI, E. u. K. ENDRES (Red.) (1983).
Abb. 2: Die größten Volksfeste in Deutschland: LEHARI, E. u. K. ENDRES (Red.) (1983).
Abb. 3: Volksfeste 1999: DEUTSCHER SCHAUSTELLERBUND E.V. (1999): Deutsche Volksfestkarte. Bonn.
Bildnachweis
S. 62: Volksfest: copyright W. Sperling, Trier
S. 62: Oktoberfest in München: copyright S. Agricola

S. 64-67: Verkehrslinien als touristische Attraktionen
Autor: Dr. Imre Josef Demhardt, Geographisches Institut der TU Darmstadt, Schnittspahnstr. 9, 64287 Darmstadt
Kartographische Bearbeiter
Abb. 1, 2, 3, 4, 5: Red.: O. Schnabel; Bearb.: O. Schnabel
Literatur
ADAC u. DEUTSCHER FREMDENVERKEHRSVERBAND (Hrsg.) (1996): Touristische Routen in Deutschland. München, Bonn.
BRUIN, W. DE (1996): Museumsbahnen und deren Auswirkungen auf den Fremdenverkehr unter besonderer Beachtung der geschichtlichen Entwicklung, der Organisation und des marktgerechten Handelns. Unveröff. Diplomarbeit. Trier.
DEUTSCHER FREMDENVERKEHRSVERBAND (Hrsg.) (1981): Die touristischen Ferienstraßen (= Fachreihe Fremdenverkehrspraxis. Heft 13). Frankfurt a. M.
KÜHNER, J. (1998): Weinstraßen in Deutschland als Kategorie Touristischer Straßen. Erfolgreiche Marketinginstrumente für regionalen Tourismus und für ein regionsspezifisches Konsumgut? Dargestellt am Beispiel der Schwäbischen Weinstraße. Unveröff. Diplomarbeit. Universität Trier. Trier.
MÜLLER, G. (1994): Touristische Routen als Marketing-Instrument. Grundlage, Analyse und Empfehlungen. Heilbronn.
Weiterführende Literatur
FREYMANN, K. (1993): Eisenbahn – Sammlungen, Museumsbahnen, Straßenbahnen. München.
MAIER, J. (Hrsg.) (1994): Touristische Straßen – Beispiele und Bewertung. Bayreuth (= Arbeitsmaterialen zur Raumordnung und Raumplanung. Heft 137).
Quellen von Karten und Abbildungen
Abb. 1: Anzahl der touristischen Straßen in den Ländern: ADAC u. DEUTSCHER FREMDENVERKEHRSVERBAND (Hrsg.) (1996), S. 23-101. KÜHNER, J. (1998), S. 29-30. MÜLLER, G. (1994), Anlagen A und C. Änderungen und Ergänzungen des Verfassers.
Abb. 2: Bedeutende touristische Straßen: ADAC u. DEUTSCHER FREMDENVERKEHRSVERBAND (Hrsg.) (1996), S. 23-101. KÜHNER, J. (1998), S. 29-30. MÜLLER, G. (1994), Anlagen A und C. Änderungen und Ergänzungen des Verfassers.
Abb. 3: Anzahl und Streckenlängen schienengebundener Touristikbahnen 1997/98: ARNDT, G. u. U. ARNDT (1998): Liliputbahnen in Parks und Gärten. Stuttgart. DEUTSCHE BAHN AG (Hrsg.) (1998): Kursbuch 1998/99. Frankfurt a. M. UHLE, B. (1997): Kursbuch der deutschen Museums-Eisenbahnen 1998. Lübbecke. Ergänzungen des Verfassers.
Abb. 4: Erschließung von Attraktionsräumen durch touristische Verkehrslinien beiderseits von Mittel- und Oberrhein: Vergleiche Quellen Abb. 2 und Abb. 5.
Abb. 5: Bedeutende touristische Schienen- und Schiffswege: ARNDT, G. u. U. ARNDT (1998): Liliputbahnen in Parks und Gärten. Stuttgart. BENJA, G. (1975): Personenschiffahrt in deutschen Gewässern. Vollständiges Verzeichnis aller Fahrgastschiffe und -dienste. Oldenburg, Hamburg. BUNDESVERBAND DER DEUTSCHEN BINNENSCHIFFAHRT (Hrsg.) (1998): Binnenschiffahrt 1997/98. Geschäftsbericht 1997/1998 des Bundesverbands der Deutschen Binnenschiffahrt e.V. Duisburg. BUNDESVERBAND DER DEUTSCHEN BINNENSCHIFFAHRT/ BUNDESVERBAND DER SELBSTÄNDIGEN, ABT. BINNENSCHIFFAHRT (Hrsg.): Binnenschiffahrt in Zahlen 1998. DEUTSCHE BAHN AG (Hrsg.) (1998): Kursbuch 1998/99. Frankfurt a. M. KÖLN-DÜSSELDORFER DEUTSCHE RHEINSCHIFFAHRT AG (1998): Fahrplan. KÖLN-DÜSSELDORFER DEUTSCHE RHEINSCHIFFAHRT AG (1998): Pressemitteilung Firmenportrait (3/1998). KÖLN-DÜSSELDORFER DEUTSCHE RHEINSCHIFFAHRT AG (1999): Katalog Flußkreuzfahrten. Mitteilung der Sächsischen Dampfschiffahrt GmbH vom 5.2.1999. UHLE, B. (1997): Kursbuch der deutschen Museums-Eisenbahnen 1998. Lübbecke. Ergänzungen des Verfassers.
Bildnachweis
S. 64: Ausflugsdampfer, Potsdam: copyright S. Tzschaschel

S. 68-71: Freizeitwohnen mobil und stationär
Autor: Prof. Dr. Jürgen Newig, Institut für Kulturwissenschaften und ihre Didaktik, Olshausenstr. 75, 24118 Kiel
Kartographische Bearbeiter
Abb. 1, 2: Konstr.: J. Newig; Red.: W. Kraus; Bearb.: W. Kraus
Abb. 3, 8: Red.: K. Großer; Bearb.: M. Zimmermann
Abb. 4: Konstr.: U. Hein; Red.: W. Kraus; Bearb.: R. Bräuer, W. Kraus
Abb. 5, 10: Red.: K. Großer; Bearb.: R. Bräuer
Abb. 6: Red.: K. Großer; Bearb.: R. Bräuer
Abb. 7: Red.: K. Großer; Bearb.: R. Bräuer
Abb. 9: Konstr.: C. Lambrecht; Red.: W. Kraus; Bearb.: W. Kraus
Literatur
ALBRECHT, W. u.a. (1991): Erholungswesen und Tourismus in der DDR. In: Geographische Rundschau. Heft 10, S. 606-613.
BECKER, C. (1980): Die räumliche Koinzidenz der Eigentümer- und Gästeherkunft in neuen Fremdenverkehrsgroßprojekten. In: Münstersche Geographische Arbeiten. Heft 7, S. 141-148.
DEUTSCHER FREMDENVERKEHRSVERBAND E.V. (1997): Campingtourismus in Deutschland, Aktualisierung der Grundlagenuntersuchung von 1990 – unter besonderer Berücksichtigung der neuen Bundesländer. Bonn (= Fachreihe des Deutschen Fremdenverkehrsverbandes. Heft 11).
DWIF (Hrsg.) (1990): Campingurlaub in der Bundesrepublik Deutschland. München (= Schriftenreihe des DWIF. Heft 40).
DIEKMANN, S. (1963): Die Ferienhaussiedlungen Schleswig-Holsteins. Kiel (= Schriften des Geographischen Instituts der Universität Kiel. Band 21. Heft 3).
FISCHER, E. (1975): Zur Problematik der Freizeitwohnsitze. In: Neues Archiv für Niedersachsen. Band 24. Heft 1, S. 5-14.
GÖRGMAIER, D. (1973): Zweitwohnungen – Krebszellen der Kulturlandschaft? In: Politische Studien. Nr. 209, S. 275-290.
GRÖNING, G. (1979): Dauercamping, Analyse und planerische Einschätzung einer modernen Freizeitform. Habilitationsschrift. Hannover.
HOFMANN, G. V. (1994): Über den Zaun geguckt, Freizeit auf dem Dauercampingplatz und in der Kleingartenanlage. Frankfurt.
HOFMANN, M. (1972): Freizeitwohnsitze in Nordrhein-Westfalen. In: Informationen des Instituts für Raumordnung. Nr. 2, S. 35-45.
NEUHAUS, F. (1978): Freizeitwohnen in der Bundesrepublik Deutschland. Eine Problemanalyse. Inaugural-Dissertation. Köln.
NEWIG, J. (1974): Fremdenverkehr und Freizeitwohnwesen in ihren Auswirkungen auf Bad und Stadt Westerland auf Sylt. Kiel.
RUPPERT, K. u. J. MAIER (1971): Der Zweitwohnsitz im Freizeitraum – raumrelevanter Teilaspekt einer Geographie des Freizeitverhaltens. In: Informationen des Instituts für Raumordnung. Heft 6, S. 135-157.
STATISTISCHES LANDESAMT SCHLESWIG-HOLSTEIN (1997): Statistische Berichte. Reihe G IV 1-

j/96, der Fremdenverkehr in den Gemeinden Schleswig-Holsteins 1996. Kiel.
STEINHARDT, J. (1993): Camping im vereinten Deutschland – historische Betrachtungen, Auffassungen, Begriffe und Definitionen. In: Greifswalder Beiträge zur Rekreationsgeographie/Freizeit- und Tourismusforschung. Band 3: Mecklenburg-Vorpommern: Tourismus im Umbruch. Greifswald, S. 105-109.

Quellen von Karten und Abbildungen
Abb. 1: Camping-Übernachtungen 1997/99: Dauercamping – DCC (Hrsg.): DCC-Camping-Führer Europa 1999. München. StÄdL. Touristik-Camping – StBA (1998): Statistisches Jahrbuch für die Bundesrepublik Deutschland 1998. Wiesbaden, Werte für 1997. Wenn keine zuverlässigen Werte vorlagen, wurden im Dauercamping 189 Übernachtungen pro Stellplatz angenommen. Insgesamt ergeben sich rund 65 Mio. Übernachtungen. Zum Vergleich: Der DCC (Hrsg.) und der DEUTSCHE FREMDENVERKEHRSVERBAND e.V. (1997) kommen auf insgesamt 80 Mio. Übernachtungen.
Abb. 2: Campingplätze und Stellplätze 1997/99: Dauercamping – DCC (Hrsg.). StÄdL (1999): vorläufige unveröffentlichte Daten zur erstmaligen bundesweiten Erhebung der Campingdauerstellplätze, Daten lieferten die Statistischen Landesämter von Brandenburg, Mecklenburg-Vorpommern, Niedersachen, Nordrhein-Westfalen, Rheinland-Pfalz, Schleswig-Holstein. Die Stellplatzzahl des Dauercampings der restlichen Bundesländer wurden – mit Ausnahme von Berlin (Auskunft DCC) – aus der Gesamtzahl der Plätze geschätzt. Touristik-Camping sowie Anzahl und Nutzung der Plätze – StBA (1998), Werte für 1997.
Abb. 3: Freizeitwohnsitze: Entwurf J. Newig.
Abb. 4: Stellplätze für Touristik- und Dauercamping 1999: DCC (Hrsg.). Eigene Auswertung. Die ausgezählten Campingplätze entsprechen einem Anteil von 54% am Gesamtbestand. Insbesondere muss beachtet werden, dass Nordrhein-Westfalen mit nur 111 von 418 Campingplätze in der Hauptkarte stark unterrepräsentiert ist.
Abb. 5: Übernachtungen im Freizeitwohnen 1995/99: StÄdBL.
Abb. 6: Bauphasen der Freizeitwohnsitze 1987/1995: StBA (o. J.): Gebäude- und Wohnungszählung vom 30.9.1995 in den neuen Ländern und Berlin-Ost. Wiesbaden, Diskettenpaket o. J. StBA: Volkszählung 1987, Tabellenprogramm der Gebäude- und Wohnungszählung. Wiesbaden.
Abb. 7: Freizeitwohnsitze 1987/95: StBA (o. J.): Gebäude- und Wohnungszählung vom 30.9.1995 in den neuen Ländern und Berlin-Ost. Wiesbaden, Diskettenpaket o. J. StBA: Volkszählung 1987, Tabellenprogramm der Gebäude- und Wohnungszählung. Wiesbaden.
Abb. 8: Baustile stationärer Freizeitwohnsitze: Entwurf J. Newig.
Abb. 9: Freizeitwohnsitze 1987/1995: StBA (o. J.): Gebäude- und Wohnungszählung vom 30.9.1995 in den neuen Ländern und Berlin-Ost. Wiesbaden, Diskettenpaket o. J. StBA: Volkszählung 1987, Tabellenprogramm der Gebäude- und Wohnungszählung. Wiesbaden.
Abb. 10: Beheizungsart von Freizeitwohnungen 1995: StBA (o. J.): Gebäude- und Wohnungszählung vom 30.9.1995 in den neuen Ländern und Berlin-Ost. Wiesbaden, Diskettenpaket o. J.

Bildnachweis
S. 68: Dauercamping: copyright J. Newig.
S. 70: Appartementhaus am Starnberger See: copyright J. Newig.

Danksagung
Bei der teilweise sehr aufwendigen Datenrecherche haben mich die verschiedenen Fachverbände freundlich unterstützt, vor allem der Deutsche Fremdenverkehrsverband (Herr Dunkelberg), der Deutsche Campingclub (Herr Grönert, München), der Bundesverband der Campingplatzbetreiber (Herr Heß), der Bundesverband Wassersportwirtschaft in Köln (Herr Tracht) sowie die Statistischen Landesämter der Bundesländer. Insbesondere danke ich Herrn Beschmann vom Statistischen Bundesamt in Wiesbaden für die aufwendige Datenrecherche und eingehende Gespräche zur Datenaufbereitungsproblematik und Herrn Bruschwitz für die Hilfe bei der Datenzusammenstellung.

S. 72-73: Feriengroßprojekte
Autor: Prof. Dr. Christoph Becker, Fachbereich VI – Geographie/Geowissenschaften der Universität Trier, Universitätsring 15, 54286 Trier

Kartographische Bearbeiter
Abb. 1: Red.: K. Großer; Bearb.: R. Bräuer
Abb. 2: Konstr.: C. Becker, M. Lutz; Red.: W. Kraus; Bearb.: W. Kraus

Literatur
BECKER, C. (1984): Neue Entwicklungen bei den Feriengroßprojekten in der Bundesrepublik Deutschland. Ursachen und Probleme einer noch wachsenden Betriebsform. In: Zeitschrift für Wirtschaftsgeographie. Heft 3/4, S. 164-185.
FACHÉ, W. (1995): Transformations in the Concept of Holiday Villages in Northern Europe. In: ASHWORTH, G. J. u. A. G. J. DIETVORST (Ed.): Tourism and Spatial Transformations, S. 109-128.
HUBER, A. (1999): Feriengroßprojekte. Trier (= Trierer Tourismus Bibliographien. Band 11).
KURZ, R. (1977): Ferienzentren an der Ostsee. Geographische Untersuchungen zu einer neuen Angebotsform im Fremdenverkehrsraum. Frankfurt, Zürich.
LÜTHJE, K. u. B. LINDSTÄTT (1994): Freizeit- und Ferienzentren – Umfang und regionale Verteilung. Bonn (= Materialien zur Raumentwicklung. Heft 66).
STRASDAS, W. (1992): Ferienzentren der zweiten Generation – Ökologische, soziale und ökonomische Auswirkungen. Bonn.
RABEN, H. u. D. UTHOFF (1975): Die Raumrelevanz touristischer Großprojekte. Ein Beitrag zur regionalökonomischen Erfolgskontrolle staatlicher Fremdenverkehrsförderung. In: Raumforschung und Raumordnung 33, S. 18-29.
VOSSEBÜRGER, P. u. A. WEBER (1998): Planerischer Umgang mit Freizeitgroßprojekten. Bausteine zum Konfliktmanagement am Beispiel eines ‚Center Parcs'-Projektes. Dortmund (= Dortmunder Beiträge zur Raumplanung. Band 86).
WAGNER, F. A. (1984): Ferienarchitektur. Die gebaute Urlaubswelt. Modelle + Erfahrungen + Thesen. Starnberg.

Quellen von Karten und Abbildungen
Abb. 1: Innovationen bei Feriengroßprojekten 1935-2000: Entwurf C. Becker.
Abb. 2: Feriengroßprojekte bis 1999: Literatur (s.o.). Eigene Erhebungen.

Bildnachweis
S. 72: Ferienpark Damp (Ostsee): copyright Damp Touristik GmbH

S. 74-75: Entwicklung des Beherbergungsangebots (1985-1998)
Autor: Ulrich Spörel, Sachgebiet Gastgewerbe, Tourismus, Statistisches Bundesamt, Gustav-Stresemann-Ring 11, 65189 Wiesbaden

Kartographische Bearbeiter
Abb. 1: Red.: B. Hantzsch; Bearb.: S. Dutzmann

Quellen von Karten und Abbildungen
Abb. 1: Bettenkapazität 1985-1998: StBA.

Bildnachweis
S. 74: Skihütte am Brauneck: copyright Verkehrsamt Lenggries, G. Knirk

S. 76-77: Freizeit- und Erlebnisbäder
Autor: Roman E. Schramm, EWA – European Waterpark Association, Sauerbornstr. 26, 61184 Karben

Kartographische Bearbeiter
Abb. 1: Red.: K. Großer, A. Müller ; Bearb.: A. Müller
Abb. 2: Konstr.: U. Hein; Red.: K. Großer, A. Müller; Bearb.: A. Müller

Literatur
ACTIVE BRAIN CONSULTING: Die BADPRO Homepage: online im Internet unter: http://www.badpro.de
EUROPEAN WATERPARK ASSOCIATION: online im Internet unter: http://www.freizeitbad.de
GRIMM, M. u.a. (1994): Erlebnisbad Salztherme. Eine Besucherstrukturanalyse. Lüneburg (= Schriftenreihe „Kulturarbeit und Kulturmanagement". Nr. 5).

Quellen von Karten und Abbildungen
Abb. 1: Freizeit- und Erlebnisbäder 1999: Eigene Auswertung.
Abb. 2: Freizeit- und Erlebnisbäder 1999: EUROPEAN WATERPARK ASSOCIATION. ACTIVE BRAIN CONSULTING.

Bildnachweis
S. 76: Center-Parc Bispinger Heide: copyright baduragrafik, Münster

S. 78-79: Multiplexkinos – moderne Freizeitgroßeinrichtungen
Autor: Dr. Hans-Jürgen Ulbert, Institut für Landes- und Stadtentwicklungsforschung des Landes Nordrhein-Westfalen, Königswall 38-40, 44269 Dortmund

Kartographische Bearbeiter
Abb. 1, 2, 3, 4: Red.: K. Großer; Bearb.: M. Zimmermann
Abb. 5: Red.: K. Großer; Bearb.: H.-J. Ulbert, M. Zimmermann

Literatur
ARBEITSGEMEINSCHAFT JUNKER UND KRUSE, STADTFORSCHUNG – STADTPLANUNG u. RMC MEDIEN CONSULT GMBH (1998): Untersuchung zur stadtverträglichen und tragfähigen Dimensionierung von Multiplex-Kinoansiedlungen in Deutschland am Beispiel ausgewählter Städte/Regionen. Endfassung vom 8. Oktober 1998. Dortmund und Wuppertal.
BÄHR, R. (1997): 7 Jahre Multiplexe – Die unendliche Geschichte? Großkinosituation in Deutschland. Berlin.
BLATT, L. u. G. V. RACZECK (1998): Multiplex-Kinos – Standortkonkurrenz Innenstadt und „Grüne Wiese". Vergleich deutscher, französischer und englischer Steuerungsinstrumente. Berlin.
DEUTSCHER STÄDTETAG (Hrsg.) (1998): Empfehlung der DST „Multiplexkinos in der Stadt" (556/98). In: Mitteilungen Deutscher Städtetag. Folge 14, Nr. 543-581, S. 306-309.
„Erlebnisort Kino" – vom Filmpalast zum Multiplex (1999). In: Ruhr-Nachrichten vom 28.01.1999.
GEINITZ, C. (1998): Breite Sessel und einladende Foyers – Die Rückkehr des Filmpalasts. In: Frankfurter Allgemeine Zeitung vom 19.08.1998, S. 13.
GIERSCH, N. (1998): Wachstumsmotor Multiplex. In: Demokratische Gemeinde. Heft 7, S. 6-7.
GOEDECKE, O. (1998): Multiplexkinos – Große Risiken aus raumplanerischer Sicht. In: Städte- und Gemeinderat 8, S. 199-201.
INSTITUT FÜR LANDES- UND STADTENTWICKLUNGSFORSCHUNG DES LANDES NORDRHEIN-WESTFALEN (Hrsg.) (1994): Kommerzielle Freizeit-Großeinrichtungen. (= Bausteine für die Planungspraxis in Nordrhein-Westfalen. Band 17). Dortmund.
KLEE, A. (1997): Stadt und Multiplex-Kinos. In: Standort – Zeitschrift für Angewandte Geographie. Heft 1, S. 48-50.
KÜHLING, D. (1998): Verkehrsauswirkungsprüfung von Multiplex-Kinos. In: RaumPlanung 82, S. 157-164.
MEYER, B. (1998): Multiplexkinos in der Stadt. In: MEYER, B. (Bearb.): Kultur in der Stadt : Empfehlungen, Hinweise und Arbeitshilfen des Deutschen Städtetages, 1987-1998. Stuttgart u.a. (= Deutscher Städtetag: Neue Schriften des Deutschen Städtetages 75), S. 107-113.
NECKERMANN, G. (1998): Der Kinobesuch 1991 bis 1997 nach Besuchergruppen und Filmtitel. Auswertung der GfK-Panel-Ergebnisse. Berlin.
NECKERMANN, G. u. L. TROTZ (1998): Kinosäle in der Bundesrepublik Deutschland 1993 bis 1997: Analyse zu Größe, Lage, Programm, technischer Ausstattung, Service und Investitionen. Berlin.
NORDRHEIN-WESTFÄLISCHER STÄDTE- UND GEMEINDEBUND (Hrsg.) (1998): Multiplex-Kinos. In: „Mitteilungen" NWStGBH. Heft 24, Az.: IV/2 485, S. 410-411.
ULBERT, H.-J. (1998): Großeinrichtungen der Freizeitinfrastruktur in Nordrhein-Westfalen. Unveröff. Bestandsaufnahme im Rahmen des Forschungsprojekts „Ziele und Strategien im Freizeitsektor", Fassung 7/98 (Entwurf). Dortmund.
WOLFF, J. u. R. A. HERRMANN (1998): High Noon der Kinos. In: AKP, Fachzeitschrift für Alternative Kommunal Politik. Heft 5/97, S. 38-39.

Quellen von Karten und Abbildungen
Abb. 1: Kinobesucher 1997,
Abb. 2: Multiplexkinos,
Abb. 3: Anteile der Multiplexkinos an allen Kinos 1992-1998,
Abb. 4: Kinosäle und Anteil der Multiplexleinwände 1998 nach Ländern,
Abb. 5: Multiplexkinos 1998: Literatur (s.o.).
BUNDESFORSCHUNGSANSTALT FÜR LANDESKUNDE UND RAUMORDNUNG (Hrsg.) (1995): Laufende Raumbeobachtung. In: Materialien zur Raumentwicklung. Heft 67. FILMFÖRDERUNGSANSTALT: online im Internet unter: http://www.ffa.de HAUPTVERBAND DEUTSCHER FILMTHEATER e.V. (Hrsg.) (1998): Geschäftsbericht 1997/98. Wiesbaden. REITZ, M. (2000): Multiplex-Kinos in Deutschland: online im Internet unter: http://www.online-club.de/m4/multiplex/ UFA-THEATER AG (1998): Pressemappe - Geschichte und Entwicklung, Zukunft Multiplex-Kinos. Düsseldorf.

S. 80-83: Freizeit- und Erlebnisparks
Autor: Prof. Dr. Uwe Fichtner, Fachbereich Landespflege, Fachhochschule Anhalt, Strenzfelder Allee 28, 06406 Bernburg

Kartographische Bearbeiter
Abb. 1: Red.: K. Großer; Bearb.: R. Bräuer
Abb. 2, 3, 7: Konstr.: U. Fichtner; Red.: W. Kraus; Bearb.: W. Kraus
Abb. 4, 5, 6: Red.: K. Großer; Bearb.: R. Bräuer

Literatur
BACHLEITNER, R., H. J. KAGELMANN u. A. G. KEUL (1998) (Hrsg.): Der durchschaute Tourist, Arbeiten zur Tourismusforschung. München (= Tourismuswissenschaftliche Manuskripte. Band 3).
ERDMANN, C. u. B. JANSEN-MERX (1996): Studienprojekt: „Freizeitparks und ihre regionale Bedeutung. Das Beispiel PHANTASIALAND und die Stadt Brühl". Aachen, Geographisches Institut der RWTH, Vervielfältigung. Aachen.
FICHTNER, U. (1981): Geographische Mobilität städtischer Bevölkerung in der kurzfristigen Freizeit. Bayreuth (= Forschungsmaterialien. Heft 3. Lehrstühle Geowissenschaften).
FICHTNER, U. (1997): Freizeitparks – traditionell inszenierte Freizeitwelten vor neuen Herausforderungen? In: STEINECKE, A. u. M. TREINEN (Hrsg.): Inszenierung im Tourismus. Trends – Modelle – Prognosen, 5. Tourismus-Forum Luxemburg Trier Europäisches Tourismus Institut, S. 78-97 (= ETI-Studien. Band 3).
FICHTNER, U. u. R. MICHNA (1987): Freizeitparks. Allgemeine Züge eines modernen Freizeitan-

159 *Quellenverzeichnis*

gebotes, vertieft am Beispiel des EUROPA-PARK in Rust/Baden. Freiburg i. Br.
Hess, U. (1998): Die Debatte um die Völkerverständigung durch Tourismus. Entwicklung einer Idee und empirische Befunde. In: Bachleitner, R., H. J. Kagelmann u. A. G. Keul (1998) (Hrsg.), S. 106-115.
Kagelmann, H. J. (1993): Themenparks. In: Hahn, H. u. H. J. Kagelmann (Hrsg.): Tourismuspsychologie und Tourismussoziologie. Ein Handbuch zur Tourismuswissenschaft. München, S. 407-415.
Kagelmann, H. J. (1998): Erlebniswelten. Grundlegende Bemerkungen zum organisierten Vergnügen. In: Rieder, M., R. Bachleitner u. H. J. Kagelmann, S. 58-94.
Lanquar, R. (1991): Les parcs de loisirs. Paris (= que sais-je? Nr. 2577).
Michna, R. (1985): Freizeitparks in Europa – „ein Geschenk Amerikas an die alte Welt"? In: Organ Show Bussiness No. 6, S. 1-2.
Müllenmeister, H. M. (1997): Spiegelungen und Vorspiegelungen – Infotainement oder kulturelle Animation. In: Steinecke, A. u. M. Treinen (Hrsg.): Inszenierung im Tourismus. Trends – Modelle – Prognosen. Trier (= ETI-Studien. Band 3), S. 106-117.
Opaschowski, H. W. (1995a): Freizeitökonomie. Marketing von Erlebniswelten. Opladen (= Freizeit- und Tourismusstudien. Band 5).
Opaschowski, H. W. (1995b): Die Freizeitaktivitäten der Deutschen im Zeitvergleich 1986-1995. In: BAT Freizeit-Forschungsinstitut (Hrsg.): Daten zur Freizeitforschung. Freizeitaktivitäten 1995. Hamburg, S. 1-12.
Opaschowski, H. W. (1996): Tourismus. Eine systematische Einführung; Opladen (= Freizeit- und Tourismusstudien. Band 3).
Rieder, M., R. Bachleitner u. H. J. Kagelmann (1998) (Hrsg.): ErlebnisWelten. Zur Kommerzialisierung der Emotionen in touristischen Räumen und Landschaften. München (= Tourismuswissenschaftliche Manuskripte. Band 4).
Steinecke, A. u.a. (1996): Tourismusstandort Deutschland – Hemmnisse, Chancen, Herausforderungen. In: Steinecke, A. (Hrsg.) (1997): Der Tourismusmarkt von morgen – zwischen Preispolitik und Kultkonsum – 5. Europäisches Wissenschaftsforum auf der Internationalen Tourismus-Börse Berlin '96. Trier (= ETI-Texte. Heft 10), S. 90-102.
Stiftung Warentest (1996): Freizeit- und Erlebnisparks. Es muß nicht immer Disney sein. In: test 1996. Heft 4, S. 76-81.
Wackermann, G. (1985): L'Europapark de Rust (RFA). In: Espaces Nr. 76. Paris, S. 26-28.
Quellen von Karten und Abbildungen
Abb. 1: Evaluation des EUROPA-PARKs durch seine Besucher,
Abb. 2: Hansa-Park 1998,
Abb. 3: Legoland Deutschland,
Abb. 4: Erlebniswert von Freizeitzielen in den Augen des Publikums,
Abb. 5: Zeitraum der Besuchswiederholung im EUROPA-PARK,
Abb. 6: Aufenthaltsdauer im EUROPA-PARK,
Abb. 7: Freizeit- und Erlebnisparks 2000: Literatur (s.o.). Eigene Erhebungen.
Bildnachweis
S. 80: Prospekte: Allgäu Skyline Park, Fränkisches Wunderland, Plech
S. 80: Musicalnacht in der spanischen Arena des EUROPA-PARK, Rust: copyright Europa-Park, Rust
S. 81: HANSA-PARK, Sierksdorf, Ostsee: copyright Hansa-Park, Sierksdorf

S. 84-85: Sportstätten im Trendsport-Zeitalter
Autor: Dr. Thomas Schnitzler, Institut für Sportgeschichte, Deutsche Sporthochschule Köln, Carl-Diem Weg 6, 50933 Köln
Kartographische Bearbeiter
Abb. 1, 2: Red.: B. Hantzsch; Bearb.: M. Zimmermann
Abb. 3: Konstr.: A. Liebisch; Red.: B. Hantzsch; Bearb.: R. Bräuer
Abb. 4: Konstr.: U. Hein, A. Liebisch; Red.: B. Hantzsch; Bearb.: M. Zimmermann
Literatur
Bach, L. (1990): Sportgelegenheiten – Anmerkungen zu Inhalt, Chancen und Grenzen im Rahmen der kommunalen Sportentwicklungsplanung. In: Der Kultusminister des Landes Nordrhein-Westfalen (Hrsg.): Sportgelegenheiten – Bedeutungsinhalte, Chancen und Grenzen. Frechen (= Materialien zum Sport in Nordrhein-Westfalen. Heft 30), S. 20-26.
Bach, L. (1991): Planungen für den Sport und Sportstätten – Ziele und Aufgaben in Städten und Gemeinden. In: Das Gartenamt. Heft 4 u. 5, S. 233-237, 315-324.
Bach, L. u. W. Köhl (1988): Brauchen wir einen 2. Goldenen Plan? – Anmerkungen zu einer aktuellen Diskussion. In: Sportstättenbau und Bäderanlagen 22, S. 427-431.
Bach, L. u. W. Köhl (1995): Sportstättenentwicklungsplan Weimar. Karlsruhe.
BISp (Hrsg.) (2000): Leitfaden für die Sportstättenentwicklungsplanung. Schorndorf. Im Druck.
Die Arena wird im Herzen des Ruhrgebiets bis 2001 errichtet. In: Zeitung auf Schalke. Nr. 1. November 1998.
Eichberg, H. (1995): Neue Raumstrukturen des Sports. In: Pawelke, R. (Hrsg.): Neue Sportkultur. Neue Wege in Sport, Spiel, Tanz und Theater. Von der Alternativen Bewegungskultur zur Neuen Sportkultur. Ein Handbuch. Lichtenau, S. 458-467.
Eulering, J. (1995): Die sportgerechte Stadt. Zur Zukunftsfähigkeit des Sportstättenbaus. In: Wopp, C.: Entwicklungen und Perspektiven des Freizeitsports. Aachen, S. 198-203.
Hahn, P. (1989): Analyse des Konfliktes Umwelt/Sport – aus landschaftsplanerischer Sicht (= Schriftenreihe des Fachbereichs Landschaftsentwicklung der TU Berlin. Nr. 65).
Koch, J. (1999): Zukunftsorientierte Sportstättenentwicklung. Landessportbund Hessen (Hrsg.): Ein Orientierungshandbuch für Kommunen und Vereine. Band 2: Projektbeispiele. Aachen.
Kölnarena Management GmbH (Hrsg.) (1999): Viel Vergnügen. Köln.
Opaschowski, H. (1997): Deutschland 2010. Wie wir morgen leben – Voraussagen der Wissenschaft zur Zukunft unserer Gesellschaft. Hamburg.
Schemel, H. J. u. W. Erbguth (1992): Handbuch Sport und Umwelt. Der Bundesumweltminister unter fachlicher Begleitung des Umweltbundesamtes (Hrsg.): Deutscher Sportbund, Deutscher Naturschutzring. Aachen.
Wilken, T. (1996): Nicht immer, aber immer öfter – Die Zukunft von Sport und Bewegung in der Stadt. In: Wopp, C. (Hrsg.), S. 190-197.
Wopp, C. (Hrsg.) (1996): Sport der Zukunft – Zukunft des Sports. Aachen.
Quellen von Karten und Abbildungen
Abb. 1: Anzahl der Fitnessstudios und Mitgliederentwicklung 1990-1997,
Abb. 2: Gesamtumsatz der Fitnessstudios 1990-1997: Deutscher Sportstudio verband e.V. (1996): Eckdaten der deutschen Fitness-Wirtschaft. Hamburg: online im Internet unter: http://www.dssv.de
Abb. 3: Kernsportstättendichte,
Abb. 4: Sportstadien und Sporthallen 1997: Bayerisches Landesamt für Statistik und Datenverarbeitung (Hrsg.): Statistische Berichte Februar 1988: Anlagen für Sport, Freizeit und Erholung in Bayern. München. Deutsche Olympische Gesellschaft u. Deutscher Sportbund (Hrsg.) (1996): Sportmanagement 96. Das Adressbuch des Sports. Münster. DFB (Hrsg.) (1997): Fußball-Weltmeisterschaft 2006. Wir stellen uns vor. Frankfurt. Deutscher Sportbund (Hrsg.)(1992): Goldener Plan Ost. Memorandum. Richtlinien für die Schaffung von Erholungs-, Spiel- und Sportanlagen. Anleitung zur Sportstättenentwicklungsplanung. Frankfurt a. M. Ministerium des Inneren und für Sport Rheinland-Pfalz (1988): Länderübergreifende Sportstättenstatistik in den alten Bundesländern. Zusammengestellt von Schauer, P. u. K. Schmidt. Stichtag 01.07.1988. Senator für Bildung und Wissenschaft, Kunst und Sport in Bremen, Abt. Sport und Freizeit: Zwischenergebnis zur laufenden Sportanlagenerhebung 1999 (= Mitteilung an den Autor vom 15.1.1999). Senatsverwaltung für Schule, Jugend und Sport, Berlin (Hrsg.) (1997): Sportanlagenstatistik Berlin 1997. Band 1 (Statistische Daten) u. Band 2 (Liste der Standorte). Berlin. Sozialministerium Mecklenburg-Vorpommern (Hrsg.) (1993): Sportstättenstatistik (Landeserhebung) von 1993, unveröff. Mitteilung an den Autor vom Dezember 1998. Statistisches Landesamt Baden-Württemberg (Hrsg.) (1993): Statistiken von Baden-Württemberg. Band 451: Sportstätten. Stuttgart. Statistisches Landesamt Hamburg: Situation des Sportstättenbaus 1994, unveröff. Mitteilung der Erhebungsergebnisse mit Schreiben vom 27.01.1999.

S. 86-87: Fußball – Volkssport und Zuschauermagnet
Autor: Dipl.-Geogr. Christian Lambrecht, Institut für Länderkunde, Schongauerstr. 9, 04329 Leipzig
Kartographische Bearbeiter
Abb. 1, 2, 3: Red.: O. Schnabel; Bearb.: O. Schnabel
Abb. 4: Konstr.: C. Lambrecht, U. Hein; Red.: C. Lambrecht; Bearb.: S. Dutzmann, C. Lambrecht
Literatur
DFB: online im Internet unter: http://www.dfb.de
FIFA: online im Internet unter: http://www.fifa2.com
Reitz, O. (1999): Wirtschaftsfaktor Sport. In: Standort – Zeitschrift für Angewandte Geographie. Heft 4, S. 28-29.
Sport-Bild und ran SAT1 Bundesliga: Sonderheft Bundesliga 1999/2000.
Quellen von Karten und Abbildungen
Abb. 1: Mitgliederentwicklung des Deutschen Fußball-Bundes (DFB) 1950 bis 1999: Informationsmaterialien des DFB.
Abb. 2: Fußballverbände im Amateurbereich 1999: Informationsmaterialien des DFB.
Abb. 3: Potenzielle Spielklassengebiete eines Fußballvereins am Beispiel von Eime: Informationsmaterialien des Niedersächsischen Fussballverbandes.
Abb. 4: Zuschauerresonanz der 1. und 2. Fußballbundesliga: FC Hansa Rostock: Postleitzahlen und Wohnorte der Dauerkartenbesitzer. Informationsmaterialien der Bundesligavereine. Kicker Almanach 2000. Sport1 GmbH & Co. KG: online im Internet unter: http://www.sport1.de
Bildnachweis
S. 86: Olympiastadion München (Spiel des FC Bayern München): copyright Pressefoto Frinke

S. 88-91: Unterwegs in der Landschaft – Wandern, Radfahren und Reiten
Autorin: Dipl.-Geogr. Petra Becker, Harbigstr. 14, 14055 Berlin
Kartographische Bearbeiter
Abb. 1, 2: Red.: K. Großer; Bearb.: S. Dutzmann
Abb. 3, 5, 7: Red.: A. Müller; Bearb.: A. Müller
Abb. 6: Red.: B. Hantzsch; Bearb.: R. Richter
Literatur
ADFC (Hrsg.) (1998): Handreichung zur Förderung des Fahrradtourismus. 2. Aufl. Bremen.
Biermann, A., F. Hofmann u. A. Steinecke (Hrsg.) (1996): Fahrradtourismus – Baustein eines marktgerechten und umweltverträglichen Tourismus. Europäisches Tourismus Institut GmbH an der Universität Trier. Trier (= ETI-Texte. Heft 8).
Brämer, R. (1998): Unsere Wanderwege sind in die Jahre gekommen. Eine kritische Bestandsaufnahme und Vorschläge zur Modernisierung. Marburg (= Wandern Spezial. Nr. 12. Studien zum sanften Natursport).
Brämer, R. (1998): Profilstudie Wandern – Gewohnheiten und Vorlieben von Wandertouristen. Marburg (= Wandern Spezial. Nr. 62. Studien aus Wissenschaft und Praxis).
Claus, R. u. S. Schmitt (1997): Mit Pferden unterwegs. Vorbereitung, Ausrüstung und Orientierung für Wanderreiter. Stuttgart.
Deutsche Reiterliche Vereinigung e.V. (Hrsg.) (1998): Fernreitwege – Reitstationen. Möglichkeiten einer landesweiten Umsetzung. Dokumentation einer Tagung am 23. September 1998 in Hannover. Warendorf.
Gorges, H. J. (1999): Auf Tour in Europa. Das Handbuch für die Europäischen Fernwanderwege. Stuttgart.
Hofmann, F. u. T. Froitzheim (1996): Radfernwege in Deutschland. 2. Aufl. Bielefeld.
Schemel, H.-J. u. W. Erbguth (1992): Handbuch Sport und Umwelt. Ziele, Analysen, Bewertungen, Lösungsansätze, Rechtsfragen. Aachen.
Quellen von Karten und Abbildungen
Abb.1: Beliebtheit von Freizeittätigkeiten 1997: DGF (Hrsg.) (1998): Freizeit in Deutschland 1998. Aktuelle Daten und Grundinformation. Erkrath.
Abb. 2: Urlaubsaktivitäten 1996-1998: FUR (1999): Die Reiseanalyse RA 99. Hamburg.
Abb. 3: Fern- und Hauptwanderwege 1999: Auskünfte Gebirgs- und Wandervereine. Europäische Fernwanderwege, Internationale Wanderwege, Hauptwanderwege (Auswahl). Große Wanderwege-Übersichtskarte 1:500.000 Bundesrepublik Deutschland mit Bundespräsidenten-Wanderweg (1982). Stuttgart.
Abb. 4: Ausschnitt aus Wanderkarte „Freiburg und Umgebung": Freiburg und Umgebung. Kompass-Wanderkarte im Maßstab 1:30.000. Starnberg.
Abb. 5: „Eifel zu Pferd" – ein Reitstationennetz für Wanderreiter: Deutsche Reiterliche Vereinigung e.V. (Hrsg.) (1999): Fernreitwege und Reitstationen in Deutschland. Verein „Eifel zu Pferd" (Hrsg.) (1999): Eifel zu Pferd 2000. Eure Gastgeber stellen sich vor.
Abb. 6: Mittlere Besucherverteilung auf der Feldbergkuppe Mai-Oktober 1995: Ebel, K.-G. u. R. Kruchten (1995): Besucheraufkommen, -verteilung und -verhalten im Bereich des Feldberggipfels. Teilgutachten der Umweltverträglichkeitsstudie zum Neubau des SWF-Sendeturmes auf dem Feldberg. Bühl/Feldberg. Landesvermessungsamt Baden-Württemberg (Hrsg.) (1998): Topographische Karte 1:25.000. Blatt 8114. Feldberg (Schwarzwald). Stuttgart.
Abb. 7: Radfernwege in Deutschland 1999: ADFC u.a.: Projekt „Deutschland per Rad entdecken". ADFC (1999): Die Radreiseanalyse 1999. Pressemitteilung vom 7. März 1999.
Bildnachweis
S. 88: copyright H. Job
S. 91: Fahrradtouristen: copyright ADFC e.V., Frank Hofmann

S. 92-93: Naturorientierter Freizeitsport – Klettern und Kanufahren
Autoren: Prof. Dr. Hubert Job, Institut für Wirtschaftsgeographie der Ludwig-Maximilians-Universität München, Ludwigstr. 28, 80539 München
Dipl.-Geogr. Daniel Metzler, Fachbereich VI – Geographie/Geowissenschaften der Universität Trier, Universitätsring 15, 54286 Trier
Kartographische Bearbeiter
Abb. 1: Konstr.: A. Liebisch; Red.: B. Hantzsch; Bearb.: B. Hantzsch
Abb. 2: Red.: B. Hantzsch; Bearb.: B. Hantzsch
Abb. 3: Konstr.: A. Liebisch; Red.: B. Hantzsch; Bearb.: S. Dutzmann
Literatur
CLUESSERATH, B. (1998): Freizeit- und Tourismuspotential von Natursportarten – dargestellt am Beispiel des Kanuwanderns auf deutsche Fließgewässern. Diplomarbeit. Universität Trier. Trier.
FRICKE, A. (1998): Abenteuer– und Risikosportarten im Tourismus – dargestellt am Beispiel des Klettersports. Diplomarbeit. Universität Trier. Trier.
GOEDEKE, R. (1992): Der deutsche Kletteratlas. München.
HANEMANN, B. (2000): Klettertourismus zwischen Aktivurlaub und Naturschutz. In: Geographische Rundschau. Heft 2, S. 21-27.
SCHÄFER, C. (1992): Information und Lenkung von Besuchern in Freizeitgebieten – dargestellt am Beispiel der Lahn. Diplomarbeit. Justus-Liebig-Universität Gießen. Gießen.
Quellen von Karten und Abbildungen
Abb. 1: Klettern 1998: Deutscher Alpenverein e.V. Fricke, A. (1998). GOEDEKE, R. (1992).
Abb. 2: Schleusungen muskelbetriebener Sportboote 1989-1999: Deutscher Kanuverband e.V.
Abb. 3: Kanuwandern 1998: CLUESSERATH, B. (1998). Deutscher Kanuverband e.V.
Bildnachweis
S. 92: copyright A. Liebisch

S. 94-95: Golfsport
Autor: Dipl.-Geogr. Kai-Oliver Mursch, Kronberger Str. 4, 65719 Hofheim/Taunus
Kartographische Bearbeiter
Abb. 1: Red.: B. Hantzsch; Bearb.: S. Dutzmann
Abb. 2: Red.: B. Hantzsch; Bearb.: M. Zimmermann
Abb. 3: Konstr.: U. Hein, A. Liebisch; Red.: B. Hantzsch; Bearb.: S. Dutzmann
Literatur
BAER-SCHREMMER, A. (1995): Verbreitung des Golfsports. In: HAIN, H. (Hrsg.): Golf-Info Service: Golf-Planer. Band I. 3. Aufl. Bad Kissingen, S. 1-7.
BOCKLET, F. (1996): Projekttage mit Gymnasiasten. In: golf manager. Heft 6, S.13f.
BTE (1994): Golfplatzprojekte. Eine Planungshilfe für Gemeinden. Berlin.
DEUTSCHER GOLF VERBAND E.V. (Hrsg.) (1999): Golf Timer '99. Wiesbaden.
DREYER, A. u. A. KRÜGER (1995): Sporttourismus. München.
GRÜGER, C. (1994): Golfen steht für Lebensstil – oder – das Freizeitoutfit der Landschaft. In: Geographie und Schule. Heft 2, S. 39-45.
MURSCH, K.-O. (1997): Golf in Deutschland. Strukturwandel auf den deutschen Golfanlagen! Eine Chance als Breitensport? Diplomarbeit. Universität Trier. Trier.
RAITHEL, H. (1996): Golf mit persönlicher Note. Thermal & Golf Resort Bad Griesbach. In: Touristik R.E.P.O.R.T. Heft 15, S. 36-38.
SCHEMEL, H.-J. (1992): Golfsport. In: Handbuch Sport und Umwelt. Aachen, S.190-211.
WAANINGER, C. (1995): Golf Resort Bad Griesbach. Passau.

Quellen von Karten und Abbildungen
Abb. 1: Golfsport in Deutschland 1907-1998: Literatur (s.o.).
Abb. 2: Elemente einer Golfbahn: SCHEMEL, H.-J. (1992), S. 193.
Abb. 3: Golfplätze 1893-1999: Literatur (s.o.).
Bildnachweis
S. 94: Golf-Club Brodauer Mühle, Schleswig-Holstein: copyright Golfclub Brodauer Mühle e.V.

S. 96-97: Wintersport
Autorin: Dr. Tanja Bader-Nia, Voßstr. 43, 30161 Hannover
Kartographische Bearbeiter
Abb. 1, 2, 3: Red.: W. Kraus; Bearb.: S. Dutzmann
Abb. 4: Konstr.: A. Liebisch; Red.: W. Kraus; Bearb.: W. Kraus
Literatur
ABEGG, B. (1996): Klimaänderung und Tourismus – Klimafolgenforschung am Beispiel des Wintertourismus in den Schweizer Alpen. Zürich.
ABEGG, B., U. KÖNIG u. H. ELSASSER (1997): Climate Impact Assessment im Tourismus. In: Die Erde 128, S. 105-116.
AMMER, U. u. U. PRÖBSTL (1991): Freizeit und Natur. Probleme und Lösungsmöglichkeiten einer ökologisch verträglichen Freizeitnutzung. Hamburg, Berlin.
BADER-NIA, T. (1998): Umweltbewußtsein und Tourismus. Der Einfluß eines veränderten Umweltbewußtseins auf die Angebots- und Nachfrageentwicklung, dargestellt am Beispiel Südtirols. Trier (= Materialien zur Fremdenverkehrsgeographie. Heft 42).
BARTALETTI, F. (1998): Tourismus im Alpenraum. In: Praxis Geographie. Heft 2, S. 22-25.
CERNUSCA, A. (1986): Probleme von Wintersportkonzentrationen für den Naturschutz. In: Jahrbuch für Naturschutz und Landschaftspflege 38, S. 33-48.
DÖRMER, U. (1999): Wirtschaftsfaktor Schnee. In: Geographie heute 169, S. 8-11.
ERZ, W. (1985): Wieviel Sport verträgt die Natur? In: GEO. Heft 7, S. 140-156.
JÜLG, F. (1983): Die österreichischen Winterspielorte. Versuch einer Analyse. In: Wirtschaftsgeographische Studien 6, S. 38-61.
LAUTERWASSER, E. (1991): Skisport und Umwelt. Ein Leitfaden zu den Auswirkungen des Skisports auf Natur und Umwelt. Weilheim.
OPASCHOWSKI, H. W. (1985): Freizeit und Umwelt. Hamburg (= Schriftenreihe zur Freizeitforschung. Band 6).
RECK, E. (1991): Wintertourismus in den bayerischen Alpen. Unveröff. Diplomarbeit. Universität Trier. Trier.
RUPPERT, K. (1987): Bayern, eine Landeskunde aus sozialgeographischer Sicht. München (= Wissenschaftliche Länderkunden. Band 8).
SCHWEITZER, F. J. (1991): Chancen und Möglichkeiten ostdeutscher Mittelgebirge als Wintersportgebiete. Unveröff. Diplomarbeit. Universität Trier. Trier.
Quellen von Karten und Abbildungen
Abb. 1: Anteil der Tage pro Monat mit einer Schneedecke: DEUTSCHER WETTERDIENST (Hrsg.) (1999): Deutsches Meteorologisches Jahrbuch 1996. Offenbach a. M.
Abb. 2: Wintersportaktivitäten: Eigene Recherche.
Abb. 3: Mittlere jährliche Anzahl der Tage mit einer Schneedecke: DEUTSCHER WETTERDIENST (Hrsg.) (1999)
Abb. 4: Skigebiete überregionaler Bedeutung 1999: Ski&More: online im Internet unter: http://www.skiatlas.de. StÄdBL.
Bildnachweis
S. 97: copyright Claudio Frey/OKAPIA

S. 98-99: Inländische Reiseziele
Autorin: Dipl.-Geogr. Susanne Flohr, Mitford Hall 1, The Carriage House Mitford, NE61 3PZ Northumberland, GB
Kartographische Bearbeiter
Abb. 1: Red.: B. Hantzsch; Bearb.: R. Bräuer
Abb. 2: Konstr.: U. Hein; Red.: B. Hantzsch; Bearb.: B. Hantzsch
Abb. 3: Konstr.: U. Hein; Red.: B. Hantzsch; Bearb.: M. Zimmermann
Literatur
DEUTSCHER FREMDENVERKEHRSVERBAND E.V. (1997): Der Tourismus in Deutschland – Zahlen, Daten, Fakten. Bonn.
F.U.R. (1998): Die Reiseanalyse '97. Hamburg.
HÖCKLIN, S. (1999): Explorative Datenanalyse innerdeutscher Fremdenverkehrsstruktur und Entwicklung – Grundlage für nachhaltige Tourismusplanung auf der Ebene der Reisegebiete. Dissertation. Universität Trier. Trier.
IPK (1995): Europäischer Reisemonitor. München.
StBA (Hrsg.) (1953-1997): Fachserie F. Reihe 8. Reiseverkehr: Ankünfte und Übernachtungen in Beherbergungsstätten der BRD und Berlin West; ab 1981: Fachserie 6. Reihe 7.1. Beherbergung im Reiseverkehr. Wiesbaden.
UTHOFF, D. (1980): Geographische Aspekte im touristischen Wettbewerb des Harzes. Goslar (= Schriftenreihe des Harzer Verkehrsverbandes. Heft 10).
Quellen von Karten und Abbildungen
Abb. 1: Übernachtungsvolumen und Fremdenverkehrsintensität 1998: HÖCKLIN, S. (1999). StÄdBL.
Abb. 2: Aufenthaltsdauer 1998: HÖCKLIN, S. (1999). StÄdBL.
Abb. 3: Gästeübernachtungen 1988-1998: HÖCKLIN, S. (1999). StÄdBL.

S. 100-103: Auslandsreisen der Deutschen
Autor: Prof. Dr. Karl Vorlaufer, Geographisches Institut der Universität Düsseldorf, Universitätsstr. 1, 40225 Düsseldorf
Kartographische Bearbeiter
Abb. 1, 2, 3, 4, 6, 9, 10: Red.: K. Großer; Bearb.: M. Zimmermann
Abb. 5, 7, 8: Red.: W. Kraus; Bearb.: W. Kraus
Literatur
BECKER, C. (1997): Der Energieverbrauch für die Urlaubsreisen der Deutschen. In: BECKER, C. (HRSG.): Beiträge zur nachhaltigen Regionalentwicklung mit Tourismus. Berlin (= Institut für Tourismus der Freien Universität Berlin. Berichte und Materialien 16, S. 87-91).
DEUTSCHE LUFTHANSA (Hrsg.) (1998): Umweltbericht 1997/98. Frankfurt a. M.
FUR (Hrsg.): Die Reiseanalyse 1998. Hamburg.
IPK INTERNATIONAL (1998): Europäischer Reisemonitor 1997. München (unveröff.).
IPK INTERNATIONAL (1999): Deutscher Reisemonitor 1998. München (unveröff.).
KNISCH, H. u. M. REICHMUTH (1996): Verkehrsleistung und Schadstoffemission des Personenflugverkehrs in Deutschland von 1980 bis 2010 unter besonderer Berücksichtigung des tourismusbedingten Flugverkehrs. Berlin.
SCHALLABÖCK, K. O. (1995): Luftverkehr und Klima – ein Problemfall. Wuppertal.
VORLAUFER, K. (1996): Tourismus in Entwicklungsländern. Möglichkeiten und Grenzen einer nachhaltigen Entwicklung durch Fremdenverkehr. Darmstadt.
VORLAUFER, K. (1993): Transnationale Reisekonzerne und die Globalisierung der Fremdenverkehrswirtschaft: Konzentrationsprozesse, Struktur und Raummuster. In: Erdkunde 47, S. 267-281.
Quellen von Karten und Abbildungen
Abb. 1: Auslandsreiseintensität ausgewählter europäischer Länder 1994 und 1997: IPK INTERNATIONAL (1995, 1998): Europäischer Reisemonitor. München. StBA (versch. Jahrgänge): Statistische Jahrbücher. Wiesbaden.
Abb. 2: In- und Auslandsreiseanteile der Hauptulaubsreisen der Deutschen 1954-1998: FUR-Reiseanalyse (1999). Hamburg.
Abb. 3: Anteil ausgewählter Auslandsreiseziele der Hauptulaubsreisen der Westdeutschen 1970-1998: FUR-Reiseanalyse (1997, 1998). Hamburg.
Abb. 4: Schema der raumzeitlichen Entfaltung des von Deutschland ausgehenden Tourismus seit ca. 1800: Entwurf K. Vorlaufer.
Abb. 5: Auslandsreiseziele der Deutschen in Europa 1998: IPK INTERNATIONAL (1999).
Abb. 6: Soziodemographische Struktur der In- und Auslandsreisenden 1997: FUR-Reiseanalyse (1999).
Abb. 7: Reiseintensität der Deutschen ins Ausland 1998: IPK INTERNATIONAL (1999). StBA (1998): Statistisches Jahrbuch. Wiesbaden.
Abb. 8: Außereuropäische Reiseziele der Deutschen 1998: IPK INTERNATIONAL (1999).
Abb. 9: Auslandsreise-Anteile der Urlaubsreisen 1990-1998: FUR-Reiseanalyse (1991, 1999). Hamburg.
Abb. 10: Einnahmen und Ausgaben Deutschlands im Reiseverkehr 1990 und 1998: DEUTSCHE BUNDESBANK (1992, 1999): Zahlungsbilanzstatistik. Frankfurt a. M.
Bildnachweis
S. 100: Praia da Rocha, Algarve, Portugal: copyright S. Tzschaschel
S. 102: New York: copyright S. Tzschaschel

S. 104-107: Herkunft und Verteilung ausländischer Gäste
Autoren: Michael Horn und Dipl.-Geogr. Rainer Lukhaup, Geographisches Institut der Universität Mannheim, Postfach, 68131 Mannheim
Kartographische Bearbeiter
Abb. 2, 4, 5, 6, 7: Red.: K. Großer; Bearb.: M. Zimmermann
Abb. 3: Konstr.: K. Großer; Red.: K. Großer; Bearb.: R. Bräuer
Abb. 9: Konstr.: M. Horn, R. Lukhaup; Red.: K. Großer; Bearb.: R. Bräuer
Literatur
BECKER, C. (1984): Der Ausländerreiseverkehr und seine Verteilung in der Bundesrepublik Deutschland. In: Zeitschrift für Wirtschaftsgeographie. Heft 1, S. 1-10.
DETTMER, H. (Hrsg.) (1998): Tourismuswirtschaft. Köln.
DZT (Hrsg.) (1998): Jahresbericht 1997. Frankfurt a. M.
FREYER, W. (1995): Tourismus. Einführung in die Fremdenverkehrsökonomie. 5. Aufl. München, Wien.
HAEDRICH, G. u.a. (Hrsg.) (1993): Tourismus-Management. 2. Aufl. Berlin, New York.
KULINAT, K. u. A. STEINECKE (1984): Geographie des Freizeit- und Fremdenverkehrs. Darmstadt.
RINGER, G. (Hrsg.) (1998): Destinations. Cultural landscapes of Tourism. New York.
ROTH, P. (1984): Der Ausländerreiseverkehr in der Bundesrepublik Deutschland. In: Zeitschrift für Wirtschaftsgeographie. Heft 3 u. 4, S. 157-163.
StBA (Hrsg.) (1998): Tourismus in Zahlen 1998. Wiesbaden.
StBA (Hrsg.): Statistisches Jahrbuch der Bundesrepublik Deutschland. Jahrgänge 1991-1999. Wiesbaden.
EUROPEAN TRAVEL MONITOR S. A. (1998): Europa. Auslands- und Deutschlandreisen. Luxemburg, München.
Quellen von Karten und Abbildungen
Abb. 1: Extreme Veränderungen der Übernachtungen von 1997 zu 1998: StBA (Hrsg.).
Abb. 2: Beliebteste Ziele von Urlaubsreisen innerhalb der EU 1997: Statistisches Amt der EG (Eurostat). Luxemburg.

Abb. 3: Herkunftsregionen ausländischer Gäste 1998: StÄdL.
Abb. 4: Übernachtungen ausländischer Touristen in Deutschland 1998: STBA (Hrsg.).
Abb. 5, 6, 7: Reisen der Europäer nach Deutschland: Reisemotiv, Unterkünfte, Urlaubsreisen: EUROPEAN TRAVEL MONITOR S. A. (1998).
Abb. 8: Rangliste der Gemeinden nach Gästeübernachtungen in Beherbergungsstätten 1997: STBA (Hrsg.) (1998).
Abb. 9: Übernachtungen und Verweildauer ausländischer Gäste 1998: STBA (Hrsg.).

Bildnachweis
S. 104: Ausländische Touristen: copyright Volkmar Heinz
S. 106: Köln: copyright I. Decker
S. 106: Der Dresdner Zwinger: copyright Eckstein/OKAPIA

S. 108-111: Städtetourismus zwischen Geschäftsreisen und Events
Autoren: Dipl.-Geogr. Evelyn Jagnow und Dr. Helmut Wachowiak, ECON-CONSULT Wirtschafts- und Sozialwissenschaftliche Beratungsgesellschaft GmbH & Co., Glueler Str. 73, 50935 Köln

Kartographische Vorlage
ECON-CONSULT Wirtschafts- und Sozialwissenschaftliche Beratungsgesellschaft GmbH & Co., Glueler Str. 73, 50935 Köln

Kartographische Bearbeiter
Abb. 1, 2, 5: Red.: B. Hantzsch; Bearb.: R. Richter
Abb. 3: Konstr.: U. Hein; Red.: B. Hantzsch; Bearb.: R. Bräuer
Abb. 4: Red.: B. Hantzsch; Bearb.: M. Zimmermann
Abb. 6: Red.: B. Hantzsch; Bearb.: B. Hantzsch

Literatur
AUMA (1998): Handbuch Messeplatz Deutschland '99. Internationale und überregionale Messen und Ausstellungen 1999 und Vorschau auf die folgenden Jahre. Köln.
AXEL SPRINGER VERLAG AG (1998): Tourismus 97/98. Hamburg.
BECKER, C. u. A. STEINECKE (Hrsg.) (1993): Megatrend Kultur? Chancen und Risiken der touristischen Vermarktung des kulturellen Erbes. 2. Europäisches Wissenschaftsforum auf der Internationalen Tourismus-Börse Berlin 93. Trier (= ETI-Texte. Heft 1).
BECKER, C. u. A. STEINECKE (1997): Kulturtourismus: Strukturen und Entwicklungsperspektiven. Hagen.
BUNDESMINISTERIUM FÜR WIRTSCHAFT (Hrsg.) (1998): Tourismusbericht der Bundesregierung. Bonn.
DEGEFEST E.V.: Allgemeine Definitionen zu den verschiedenen Tagungs- und Veranstaltungsformen. Berlin.
DGF (Hrsg.) (1998): Freizeit in Deutschland 1998. Aktuelle Daten und Grundinformationen. Erkrath.
DZT (1998): Deutsche Städte erleben 1998/99 (Sales Guide). Frankfurt a. M.
DZT (1997): Jahresbericht 1997. Frankfurt a. M.
DEUTSCHER FREMDENVERKEHRSVERBAND E.V. (Hrsg.) (1995): Städtetourismus in Deutschland. Grundlagenuntersuchung. Bonn.
DEUTSCHER FREMDENVERKEHRSVERBAND E.V. (1998): Jahresbericht 1998. Bonn.
DEUTSCHES FREMDENVERKEHRSPRÄSIDIUM (Hrsg.) (1994): Deutscher Tourismusbericht. Bonn.
DIW (1999): Zur gesamtwirtschaftlichen Bedeutung des Tourismus in Deutschland. In: Wochenbericht 9/99 vom 4. März 1999.
DR. EBERHARD GUGG & PARTNER (1995): Die wirtschaftliche Bedeutung des Tagungs- und Kongreßreiseverkehrs in Deutschland. Frankfurt a. M.
EICKEN, J. u. H. MÄGERLE (1998): Tourismus in Stuttgart weiter im Aufwind. In: LANDESHAUPTSTADT STUTTGART, STATISTISCHES AMT (Hrsg.): Statistik und Informationsmanagement Monatshefte. Heft 5.
EXPO 2000: online im Internet unter: http://www.expo2000.de
FREYER, W. (1995): Tourismus. Einführung in die Fremdenverkehrsökonomie. 5. Aufl. München.
fvw International. diverse Artikel. Jahrgänge 1996-1999.
HAEDRICH, G. (Hrsg.) (1993): Tourismus-Management: Tourismusmarketing und Fremdenverkehrsplanung. 2. Aufl. Berlin.
HANK-HAASE, G. (1992): Der Tagungs- und Kongreßreiseverkehr als wirtschaftlicher Faktor in Großstädten der Bundesrepublik Deutschland unter besonderer Berücksichtigung von Wiesbaden. Trier (= Materialien zur Fremdenverkehrsgeographie. Heft 27).
HARRER, B. u.a. (1995): Tagesreisen der Deutschen – Struktur und wirtschaftliche Bedeutung des Tagesausflugs- und Tagesgeschäftsreiseverkehrs in der Bundesrepublik Deutschland. München (= Schriften des Deutschen Wirtschaftswissenschaftlichen Instituts für Fremdenverkehr. Heft 46).
LANGROCK, R. (1999): Geschäftsreisen in Deutschland 1998 – Leistungsträger bauen den Direktvertrieb aus. Berlin (= Presse-Information der ITB 1999).
STBA (1998): Tourismus in Zahlen 1998. Wiesbaden.
STEINECKE, A. u. H. WACHOWIAK (1996): Städte als touristische Ziele – Analyse des Nachfragepotentials im deutschen Städtetourismus. In: Berliner Geographische Studien. Band 44, S. 67-80.
WEISSENBORN, B. (1997): Kulturtourismus. Trier (= Trierer Tourismus Bibliographien. Band 10).

Quellen von Karten und Abbildungen
Abb. 1: Wie vermarkten sich Großstädte?: Entwurf ECON-CONSULT.
Abb. 2: Entwicklung des Städtetourismus 1992-1998: STBA (1998).
Abb. 3: Städtetourismus 1997: Zahlen zur Verfügung gestellt vom StBA.
Abb. 4: Messebesucher in den 90er Jahren: AUMA (1997).
Abb. 5: Auswirkungen kultureller Großveranstaltungen auf die Stadt: Eigene Zusammenstellung nach Internet und telefonischen Recherchen ECON-CONSULT.
Abb. 6: Ausgewählte kulturelle Großveranstaltungen 1994-1998: Eigene Zusammenstellung nach Internet und telefonischen Recherchen ECON-CONSULT.

Bildnachweis
S. 108: Heidelberg, Neckarbrücke und Schloß: copyright Björn Svensson/OKAPIA
S. 108: Hildesheim, Marktplatz und Rathaus: copyright Rainer Waldkirch/OKAPIA
S. 111: Rüdesheim a. Rh. – Kleinstadt mit hohem Besucheraufkommen: copyright Verkehrsamt Rüdesheim a. Rh.

S. 112-115: Urlaub auf dem Land – das Beispiel der Weinanbaugebiete
Autoren: Michael Horn, Dipl.-Geogr. Rainer Lukhaup und Dr. Christophe Neff, Geographisches Institut der Universität Mannheim, Postfach, 68131 Mannheim

Kartographische Bearbeiter
Abb. 1, 2, 3, 5: Red.: B. Hantzsch; Bearb.: S. Dutzmann
Abb. 4: Konstr.: M. Horn; Red.: B. Hantzsch; Bearb.: W. Kraus
Abb. 7: Konstr.: M. Horn; Red.: B. Hantzsch; Bearb.: M. Zimmermann
Abb. 8: Konstr.: M. Horn; Red.: B. Hantzsch; Bearb.: S. Dutzmann

Literatur
AMMER, U. u. PRÖBSTL (1991): Freizeit und Natur – Probleme und Lösungsmöglichkeiten einer ökologisch verträglichen Freizeitnutzung. Hamburg, Berlin.
BECKER, C. (1984): Der Weintourismus an der Mosel. In: Berichte zur deutschen Landeskunde. Heft 2, S. 381-405.
BAG (1999): Geschäftsbericht '98. Bonn.
BMELF (Hrsg.) (1998): Ertragslage Garten- und Weinbau 1998. Bonn.
DER DEUTSCHE WEINBAUVERBAND E.V. (Hrsg.) (1998): Zahlen, Daten, Fakten '98. o. O. (= Der Deutsche Weinbau. Heft 10), Beilage.
DEUTSCHES WEININSTITUT (Hrsg.) (1999): Deutscher Weinmarkt. Heft 1. o. O.
EISENSTEIN, B. (1996): Verflechtungen zwischen Fremdenverkehr und Weinbau an der Deutschen Weinstraße. Trier (= Materialien zur Fremdenverkehrsgeographie. Heft 35).
FINEIS INSTITUT GMBH in Kooperation mit dem Fremdenverkehrs- und Heilbäderverband Rheinland-Pfalz (1997): Permanente Gästebefragung. Koblenz.
GANS, P. (1992): Weinbau und Weinberge. In: IfL (Hrsg.): Das vereinte Deutschland. Leipzig, S. 75-78.
HAHNE, U. (1985): Regionalentwicklung durch Aktivierung intraregionaler Potentiale – zu den Chancen „endogener" Entwicklungsstrategien. München (= Schriften des Instituts für Regionalforschung der Universität Kiel 8).
JENTSCH, C. u. R. SCHEFFEL (1991): Fremdenverkehrsanalyse Neustadt a. d. Weinstraße. Mannheim.
LANDESVERBAND FÜR URLAUB AUF BAUERN- UND WINZERHÖFEN IN RHEINLAND-PFALZ UND DEM SAARLAND E.V. (Hrsg.) (1999): Urlaub auf Bauern- und Winzerhöfen 1999/2000. Simmern.
LUBB (LANDESVERBAND URLAUB AUF DEM BAUERNHOF IN BAYERN, Hrsg.) (1999): Urlaub auf dem Bauernhof. Statistik für Bayern 1998. München.
LUKHAUP, R. u. J. SCHULTZE-RHONHOF (1994): Fallstudien zum Freizeit- und Fremdenverkehr im Naturpark und Biosphärenreservat Pfälzerwald. Mannheim (= Arbeitsberiche zur Geographie 8).
ROTHE, P. (1998): Gesteine und Weine – Geologie und Geschmack. In: HOFFMANN, B. M. u. G. WINTERLING: Zur Lage der Region. Wachenheim.
STATISTISCHES LANDESAMT BADEN-WÜRTTEMBERG (1999): Länderübergreifende Sonderauswertungen Weinbau in Deutschland.

Quellen von Karten und Abbildungen
Abb. 1: Attraktivitätsfaktoren von Weinanbauregionen: FHV Rheinland-Pfalz e.V. (1997).
Abb. 2: Die wichtigsten Weinanbauländer der Erde: DEUTSCHER WEINBAUERNVERBAND E.V. (10/98): Der deutsche Weinbau.
Abb. 3: Einkaufsstätten der privaten Haushalte für Wein 1994-1998: Deutsches Weininstitut (1/99).
Abb. 4: Weinanbaugebiete 1998: Deutscher Weinbauernverband (1998). StÄdL (1999).
Abb. 5: Mitglieder der Verbände für Urlaub auf dem Bauernhof und Landtourismus 1996: BAG e.V. (6/99). DLG Frankfurt (1999). Zentrale für Landurlaub (1999/2000).
Abb. 6: Die deutschen Qualitätsweinanbaugebiete im Überblick: Die deutschen Weine im Internet: online unter: http://www.weine.de
Abb. 7: Weinanbaugebiete und Urlaubsangebote auf Bauern- und Winzerhöfen 1998: BAG e.V. (6/99).
Abb. 8: Weinfeste und Tourismus 1998: Statistisches Landesamt Rheinland-Pfalz (1999).

Bildnachweis
S. 112: Rüdesheim/Rhein: copyright Verkehrsamt Rüdesheim a. Rh.
S. 115: Weinberge in der Pfalz: copyright Pfalzwein e.V./Schmeckenbecher

S. 116-117: Regionalwirtschaftliche Bedeutung des Tourismus
Autoren: Dr. Mathias Feige und Thomas Feil, DWIF-Büro Berlin, Werderstr. 14, 12105 Berlin

Dr. Bernhard Harrer, DWIF e.V. an der Universität München, Hermann-Sack-Str. 2, 80331 München

Kartographische Bearbeiter
Abb. 2, 3: Red.: S. Dutzmann; Bearb.: S. Dutzmann
Abb. 4: Red.: B. Hantzsch; Bearb.: B. Hantzsch
Abb. 5: *Red.*: B. Hantzsch; Bearb.: M. Zimmermann
Abb. 6: Red.: B. Hantzsch; Bearb.: S. Dutzmann

Quellen von Karten und Abbildungen
Abb. 1: Beitrag des Tourismus zum Volkseinkommen 1993: StÄdBL. Eigene Auswertung. Anmerkung: Bundesweit aktuellste Daten zum Ausflugsverkehr stammen von 1993. Im Interesse der Vergleichbarkeit daher auch beim Übernachtungstourismus 1993 Referenzjahr.
Abb. 2: Herkunft und Verteilung tourismusbedingter Umsätze: StÄdBL. Eigene Auswertung.
Abb. 3: Umsatz nach Wirtschaftszweigen am Beispiel Lenggries: DWIF (1997): Der Lenggrieser und seine Touristen. Broschüre im Auftrag der Gemeinde Lenggries in Kooperation mit tourbay im Rahmen der Erstellung des Tourismuskonzeptes für Lenggries. München.
Abb. 4: Lenggries: IfL-Kartographie.
Abb. 5: Tourismus als lokaler Wirtschaftsfaktor: DWIF Erhebungsergebnisse 1998 (verändert). Landesamt für den Nationalpark Schleswig-Holsteinisches Wattenmeer.
Abb. 6: Beitrag des Tourismus zum Volkseinkommen 1993: DWIF Erhebungsergebnisse 1993.

Bildnachweis
S. 116: Lenggries: copyright Verkehrsamt Lenggries, G. Knirk

S. 118-119: Tourismusförderung als Aufgabe der Raumentwicklung
Autor: Prof. Dr. Hans Hopfinger, Lehrstuhl für Kulturgeographie der Katholischen Universität Eichstätt, Ostenstr. 18, 85072 Eichstätt

Kartographische Bearbeiter
Abb. 1, 2, 3: Konstr.: B. Spachmüller; Red.: W. Kraus; Bearb.: B. Spachmüller

Literatur
BUNDESMINISTERIUM FÜR WIRTSCHAFT (1998): Bilanz der Wirtschaftsförderung des Bundes in Ostdeutschland bis Ende 1997. Bonn (= Dokumentation. Nr. 437).
DEUTSCHER BUNDESTAG (1998): Unterrichtung durch die Bundesregierung. Tourismusbericht der Bundesregierung. Bonn (= Drucksache 13/10824).
DEUTSCHER BUNDESTAG: Diverse Drucksachen mit den Rahmenplänen zur „Gemeinschaftsaufgabe Verbesserung der Regionalen Wirtschaftsstruktur". Bonn.
FLASSHOFF, W. (1995): Die Entwicklung der Fremdenverkehrsförderung im Rahmen der Gemeinschaftsaufgabe „Verbesserung der Regionalen Wirtschaftsstruktur". Trier (= Materialien zur Fremdenverkehrsgeographie. Heft 47).
FRAAZ, K. (1988): Bewertung der Fremdenverkehrsförderung im Rahmen der Gemeinschaftsaufgabe „Verbesserung der Regionalen Wirtschaftsstruktur" aus raumordnungspolitischer Sicht. Hannover (= ARL Forschungs- und Sitzungsberichte. Band 172), S. 131-153.
TETSCH, F., U. BENTERBUSCH u. P. LETIXERANT (1996): Die Bund-Länder-Gemeinschaftsaufgabe Verbesserung der regionalen Wirtschaftsstruktur. Leitfaden zur regionalen Wirtschaftsförderung in Deutschland. Köln.

Quellen von Karten und Abbildungen
Abb. 1: Tourismusförderung 1980-1998: Bundesamt für Wirtschaft.
Abb. 2: Entwicklung der Fördergebietskulisse im Rahmen der Gemeinschaftsaufgabe „Verbesserung der Regionalen Wirtschaftsstruktur": Bundesamt für Wirtschaft.

Abb. 3: Investitionen im Tourismus und Förderung im Rahmen der Gemeinschaftsaufgabe „Verbesserung der Regionalen Wirtschaftsstruktur" (GRW) 1990-1998: Bundesamt für Wirtschaft.
Bildnachweis
S. 119: Das Kurhaus von Binz, Rügen, mit GRW-Mitteln renoviert: copyright Dia- und Mediensammlung des FB VI – Geographie/ Geowissenschaften der Universität Trier

S. 120-123: Organisationsstrukturen im deutschen Tourismus
Autoren: Prof. Dr. Christoph Becker, Fachbereich VI – Geographie/Geowissenschaften der Universität Trier, Universitätsring 15, 54286 Trier
Martin L. Fontanari, Europäisches Tourismus Institut GmbH, Bruchhausenstr. 1, 54290 Trier
Kartographische Bearbeiter
Abb. 1: Red.: S. Dutzmann; Bearb.: S. Dutzmann.
Abb. 2: Konstr.: U. Hein, A. Liebisch; Red.: B. Hantzsch; Bearb.: S. Dutzmann
Abb. 4: Red.: B. Hantzsch; Bearb.: S. Dutzmann
Abb. 5: Red.: A. Liebisch; Red.: B. Hantzsch; Bearb.: B. Hantzsch
Literatur
BECKER, C. (1992): Aktionsräumliches Verhalten von Urlaubern und Ausflüglern: Erhebungsmethodik und Zielsetzungen. In: BECKER, C. (Hrsg.) (1992), S. 83-128.
BECKER, C. (Hrsg.) (1992): Erhebungsmethoden und ihre Umsetzung in Tourismus und Freizeit. Trier (= Materialien zur Fremdenverkehrsgeographie. Heft 25).
BIEGER, T. (1997): Management von Destinationen und Tourismusorganisationen. 2. Aufl. München, Wien.
BUSCHE, M. (1998): Messen, Ausstellungen und Kongresse – am Beispiel der Messe Berlin GmbH. In: HAEDRICH, G. u.a. (Hrsg.), S. 763-771.
GUGG, E. (1998): Beherbergungs- und Gaststättengewerbe. In: HAEDRICH, G. u.a. (Hrsg.), S. 671-678.
HAEDRICH, G. u.a. (Hrsg.) (1998): Tourismus-Management: Tourismus-Marketing und Fremdenverkehrsplanung. 3. Aufl. Berlin, New York.
HESSELMANN, G. (1998): Verbände in der Tourismuswirtschaft. In: HAEDRICH, G. u.a. (Hrsg.): Tourismus-Management: Tourismus-Marketing und Fremdenverkehrsplanung. 3. Aufl. Berlin, New York, S. 713-748.
Quellen von Karten und Abbildungen
Abb. 1: Gliederung der Fremdenverkehrs-Organisationen: Autorenvorlage.
Abb. 2: Kettenhotels und Kooperationen 1999: DEHOGA: Verzeichnis der Hotelgesellschaften in Deutschland 1998. Recherchen (2000) Becker, C. u. M. L. Fontanari.
Abb. 3: Die größten Hotelketten und -kooperationen in Deutschland: DEHOGA: Verzeichnis der Hotelgesellschaften in Deutschland 1998. Eigene Recherchen.
Abb. 4: Tourismusverbände: Veröffentlichungen der Landesfremdenverkehrsverbände.
Abb. 5: Touristikmessen 1995: AUMA (1999).
Bildnachweis
S. 120: Die Internationale Tourismusbörse in Berlin: copyright Messe Berlin GmbH, Thomas Machowina
S. 122: Der Tourismusverband Mecklenburg-Vorpommern auf der ITB: copyright Messe Berlin GmbH, Thomas Machowina

S. 124-127: Reiseveranstalter und Reisemittler
Autorin: Dipl.-Geogr. Claudia Kaiser, Martin-Luther-Universität Halle-Wittenberg, Heinrich-und-Thomas-Mann-Str. 26, 06099 Halle

Kartographische Bearbeiter
Abb. 1, 2, 3, 6: Red.: K. Großer; Bearb.: M. Zimmermann
Abb. 4: Red.: K. Großer; Bearb.: R. Richter
Abb. 5: Konstr.: U. Hein; Red.: K. Großer, O. Schnabel; Bearb.: O. Schnabel
Abb. 7: Konstr.: C. Lambrecht; Red.: K. Großer; Bearb.: R. Bräuer
Abb. 8: Red.: K. Großer, O. Schnabel; Bearb.: O. Schnabel
Abb. 9: Red.: K. Großer, O. Schnabel; Bearb.: R. Bräuer
Literatur
HAEDRICH, G. u.a. (Hrsg.) (1998): Tourismus-Management: Tourismus-Marketing und Fremdenverkehrsplanung. 3. Aufl. Berlin, New York.
HEINE, G. (1998): Reiseveranstalter – Funktionen im Touristikmarkt. In: HAEDRICH, G. u.a. (Hrsg.), S. 615-628.
KLEIN, P. (1998): Strukturwandel im Tourismus – eine betriebswirtschaftliche Analyse unter besonderer Berücksichtigung der Einflüsse der neuen Informations- und Kommunikationstechnologien. Siegen.
KREILKAMP, E. (1995): Tourismusmarkt der Zukunft. Die Entwicklung des Reiseveranstalter- und Reisemittlermarktes in der Bundesrepublik Deutschland. Frankfurt a. M.
MUNDT, J. (1998): Einführung in den Tourismus. München.
SCHROEDER, G. (1998): Lexikon der Tourismuswirtschaft. Hamburg.
SÜHLBERG, W. (1998): Reisevermittler. In: HAEDRICH, G. u.a. (Hrsg.), S. 571-613.
TOURCON. (Hrsg.) (1999): TID Touristik-Kontakt. 34. Aufl. Hamburg.
VORLAUFER, K. (1993): Transnationale Reisekonzerne und die Globalisierung der Fremdenverkehrswirtschaft: Konzentrationsprozesse, Struktur- und Raummuster. In: Erdkunde 47, S. 267-281.
Quellen von Karten und Abbildungen
Abb. 1: Urlaubsreisende und Veranstalter-, Auslands- und Flugreisen bei den Haupturlaubsreisen 1976-1998: DUNDLER, F. (1989): Urlaubsreisen 1954-1988. Starnberg. FUR: Kurzfassungen der Reiseanalyse 1996 und 1998. STUDIENKREIS FÜR TOURISMUS: Kurzfassungen der Reiseanalyse 1990, 1991 und 1992. Studienkreis für Tourismus e.V.
Abb. 2: Entwicklung der Anzahl der Reisevertriebsstellen 1970-1995: Das Reisebüro: Ausgabe 12/96-1/97. DUNDLER, F. (1989). FUR. Studienkreis für Tourismus e.V.
Abb. 3: Die größten europäischen Reiseveranstalter mit ihren ausländischen Tochterunternehmen: FVW-International. Nr. 13 vom 28.5.1999. Beilage: „Europäische Veranstalter in Zahlen".
Abb. 4: Wichtigste Zielgebiete der 36 größten deutschen Reiseveranstalter im Touristikjahr 1996/97: FVW-International. Nr. 10/98.
Abb. 5: Die größten deutschen Reiseveranstalter im Touristikjahr 1997/98: FVW-International. Nr. 28 vom 18.12.1998: „Deutsche Veranstalter in Zahlen". TOURCON. (Hrsg.) (1999).
Abb. 6: Touristische Vertretungen des Auslands 1995: TOURCON. (Hrsg.) (1999).
Abb. 7: Reisebürodichte und siedlungsstrukturelle Kreistypen 1998: Deutsche Telekom. StBA.
Abb. 8: Konzernstrukturen der Branchenriesen der Touristik 1999: TOURCON. (Hrsg.) (1999).
Abb. 9: Reisebüroketten, Franchise-Systeme und Kooperationen 1997/98: FVW-International. Nr. 15 vom 26.6.1998, Nr. 14 vom 11.6.1999: „Reisebüroketten und Kooperationen".

S. 128-129: Aus-, Fort- und Weiterbildung im Tourismus
Autorin: Dr. Kristiane Klemm, Willy Scharnow-Institut für Tourismus der FU Berlin, Malteser Str. 74-100, 12249 Berlin
Kartographische Bearbeiter
Abb. 1: Konstr.: U. Hein; Red.: B. Hantzsch; Bearb.: R. Bräuer
Literatur
HAEDRICH, G. u.a. (Hrsg.) (1998): Tourismus-Management: Tourismus-Marketing und Fremdenverkehrsplanung. 3. Aufl. Berlin.
KLEMM, K. (1998): Die akademische Tourismusaus- und weiterbildung in der Bundesrepublik Deutschland. In: HAEDRICH, G. u.a. (Hrsg.), S. 925-936.
STEINECKE, A. u. K. KLEMM (1998): Berufe im Tourismus. In: BUNDESANSTALT FÜR ARBEIT (Hrsg.): Blätter zur Berufskunde. Bielefeld.
TOURCON (Hrsg.) (1999): TID Touristik-Kontakt. 34. Aufl. Hamburg.
Anmerkungen:
Die Blätter zur Berufskunde sind über den Bertelsmann Verlag,
Postfach 10 06 33
33506 Bielefeld
kostenlos zu beziehen.
Die Anschriften der Ausbildungseinrichtungen enthält die Datenbank KURS. Diese steht in den örtlichen Arbeitsämtern (Berufsinformationszentren) und über Internet unter http://www.arbeitsamt.de online zur Verfügung und kann kostenlos genutzt werden.
Quellen von Karten und Abbildungen
Abb. 1: Aus-, Fort- und Weiterbildung im Tourismus 1999: Datenbank KURS (2000). TOURCON (Hrsg.) (1999). Eigene Erhebungen.
Bildnachweis
S. 128: Seminar zur Fremdenverkehrsgeographie, Universität Trier: copyright C. Becker

S. 130-131: Soziokulturelle Belastungen durch den Fremdenverkehr
Autoren: Dr. Heiko Faust und Prof. Dr. Werner Kreisel, Geographisches Institut der Universität Göttingen, Goldschmidtstr. 5, 37077 Göttingen
Kartographische Bearbeiter
Abb.1, 2, 4: Red.: B. Hantzsch; Bearb.: R. Richter
Abb. 3: Red.: B. Hantzsch; Bearb.: B. Hantzsch
Abb. 5: Konstr.: H. Hildenbrand, H. Faust; Red.: B. Hantzsch; Bearb.: R. Richter
Literatur
FREYER, W. (1995): Tourismus – Einführung in die Fremdenverkehrsökonomie. Lehr- und Handbücher zu Tourismus, Verkehr und Freizeit. München.
HOPFENBECK, W. u. P. ZIMMER (1993): Umweltorientiertes Tourismusmanagement. Strategien, Checklisten, Fallstudien. Landsberg/Lech.
KRIPPENDORF, J. (1988): Für einen ganzheitlich orientierten Tourismus. In: KRIPPENDORF, J. u.a.: Für einen anderen Tourismus. Probleme – Perspektiven – Ratschläge. Frankfurt a. M.
ÖSTERREICHISCHER GEMEINDEVERBUND (1992): Tourismus, Landschaft, Umwelt. Ein Leitfaden zur Erhaltung des Erholungs- und Erlebniswertes der touristischen Landschaft. Wien.
SEILER, B. (1989): Kennziffern einer harmonisierten touristischen Entwicklung. Sanfter Tourismus in Zahlen. Bern (= Berner Studien zu Freizeit und Tourismus).
THIEM, M. (1994): Tourismus und kulturelle Identität. Die Bedeutung des Tourismus für die Kultur touristischer Zielgebiete. Bern (= Berner Studien zu Freizeit und Tourismus).
VAN DER BORG, J. (1992): The Management of Cities of Art. In: PILLMANN, W. u. S. PREDL: Strategies for Reducing the Environmental Impact of Tourism. Wien.
Quellen von Karten und Abbildungen
Abb. 1: Entwicklung des KfZ-Transports von und nach Sylt 1960-1994: STATISTISCHES LANDESAMT SCHLESWIG-HOLSTEIN: Der Fremdenverkehr in den Gemeinden Schleswig-Holsteins 1997. Kiel.
Abb. 2: Nebenwohnsitze auf Amrum, Föhr und Sylt 1998: Statistisches Landesamt Schleswig-Holstein 1987, 1998. Kiel.
Abb. 3: Reisende und Übernachtungen im Landkreis Sächsische Schweiz 1997: STATISTISCHES LANDESAMT DES FREISTAATES SACHSEN: Beherbergungswesen im Freistaat Sachsen, Oktober 1998. Dresden. TOURISMUSVERBAND SÄCHSISCHE SCHWEIZ E.V.: Verbandsbericht 1997/1998.
Abb. 4: Übernachtungen im Landkreis Berchtesgadener Land 1996: BAYERISCHES LANDESAMT FÜR STATISTIK UND DATENVERARBEITUNG: Fremdenverkehrsstatistik 1997. München.
Abb. 5: Gästeübernachtungen 1998: StBA: Statistisches Jahrbuch 1998. Wiesbaden. StBA: Statistik regional 1997. Wiesbaden.
Bildnachweis
S. 130: copyright W. Kreisel

S. 132-135: Landschaftszerschneidung durch Infrastrukturtrassen
Autoren: Dipl.-Ing.-oec. Ulrich Schumacher und Dipl.-Geogr. Ulrich Walz, Weberplatz 1, Institut für Ökologische Raumentwicklung, 01217 Dresden
Kartographische Bearbeiter
Abb. 1, 2, 5, 6: Red.: B. Hantzsch; Bearb.: R. Richter
Abb. 3, 4: Red.: B. Hantzsch; Bearb.: R. Bräuer
Abb. 7: Red.: B. Hantzsch; Bearb.: M. Zimmermann
Abb. 8: Red.: B. Hantzsch; Bearb.: B. Hantzsch
Literatur
BLASCHKE, T. (1999): Quantifizierung der Struktur einer Landschaft mit GIS: Potential und Probleme. In: Erfassung und Bewertung der Landschaftsstruktur für Umweltmonotoring und Raumplanung – Auswertung mit GIS und Fernerkundung. Dresden (= IÖR-Schriften. Heft im Druck).
FORMAN, R. T. T. (1998): Road ecology: A solution for the giant embracing us. Landscape Ecology 13: iii - v.
KAPPLER, O. (1996): Ein Verfahren zur Ausgrenzung und Bewertung von unzerschnittenen und störungsarmen Landschaftsräumen für Wirbeltierarten und -populationen mit großen Raumansprüchen. In: Theorie und Quantitative Methodik in der Geographie. Leipzig (= Beiträge zur Regionalen Geographie. Heft 42), S. 117-125.
LANDESAMT FÜR UMWELT UND NATUR MECKLENBURG-VORPOMMERN (1996): Die Bedeutung unzerschnittener, störungsarmer Landschaftsräume für Wirbeltierarten mit großen Raumansprüchen – ein Forschungsprojekt (= Schriftenreihe des Landesamtes. Heft 1).
LASSEN, D. (1987): Unzerschnittene verkehrsarme Räume über 100 km^2 Flächengröße in der Bundesrepublik Deutschland. In: Natur und Landschaft. Heft 12, S. 532-535.
LASSEN, D. (1990): Unzerschnittene verkehrsarme Räume über 100 km^2 – eine Ressource für die ruhige Erholung. In: Natur und Landschaft. Heft 6, S. 326-327.
NETZ, B. (1990): Landschaftsbewertung der unzerschnittenen verkehrsarmen Räume – eine rechnergestützte Methode zur Ermittlung der Erholungsqualität von Landschaftsräumen auf Bundesebene. In: Natur und Landschaft. Heft 6, S. 327-330.
SIEDENTOP, S. (1999): Kumulative Landschaftsbelastungen durch Verstädterung – Methodik und Ergebnisse einer vergleichenden Bestandsaufnahme in sechs deutschen Großstadtregionen. In: Natur und Landschaft. Heft 4, S. 146-155.
WALZ, U. u. U. SCHUMACHER (1998): Das sächsische Vogtland – Ökologische Raumbewertung mit einem GIS. In: Europa Regional. Heft 2, S. 2-9.
WALZ, U. u. U. SCHUMACHER (1999):

Landschaftszerschneidung durch Infrastrukturtrassen in Sachsen. In: Angewandte Geographische Informationsverarbeitung XI. Beiträge zum AGIT-Symposium Salzburg 1999, S. 532-538.

Quellen von Karten und Abbildungen
Abb. 1: Anteil unzerschnittener Freiräume in Großschutzgebieten 1997,
Abb. 2: Unzerschnittene Freiräume 1997,
Abb. 3: Straßennetzdichte 1997,
Abb. 4: Landschaftszerschneidung durch Verkehrstrassen 1997,
Abb. 5: Entwicklung des Autobahnnetzes 1960-1999,
Abb. 6: Anteil der Erholungs- und Schutzgebiete an den Freiräumen in Sachsen 1994, *Abb. 7*: Landschaftszerschneidung in Schutz- und Erholungsgebieten 1994, *Abb. 8*: Eignung für naturnahe Erholung 1997: BBR (1998): Entlastung verkehrlich hoch belasteter Fremdenverkehrsregionen. Bonn (= BBR Forschungsberichte. Heft 86). BfN (1998): Grenzen der Großschutzgebiete in Deutschland. Bonn. DEUTSCHE BAHN (1997): Übersichtskarte für den Personenverkehr. Mainz. SÄCHSISCHES LANDESAMT FÜR UMWELT UND GEOLOGIE (1994): Grenzen der Natur- und Landschaftsschutzgebiete. Radebeul. SÄCHSISCHES STAATSMINISTERIUM FÜR UMWELT UND LANDESENTWICKLUNG (1994): Grenzen der Erholungsgebiete. In: Landesentwicklungsplan Sachsen. Dresden. SÄCHSISCHES STAATSMINISTERIUM FÜR WIRTSCHAFT UND ARBEIT (1997): Verkehrsmengenkarte Sachsen 1995. Dresden. StBA (1997): Bodenbedeckung in Deutschland (CORINE Land Cover). Wiesbaden. UMWELTBUNDESAMT (1997): Daten zur Umwelt – Der Zustand der Umwelt in Deutschland. Berlin.

S. 136-139: Luftschadstoffe und Erholung
Autor: PD Dr. Thomas Littmann, Institut für Geographie der Martin-Luther-Universität Halle-Wittenberg, Domstr. 5, 06108 Halle (Saale)

Kartographische Bearbeiter
Abb. 1, 3, 8: Red.: B. Hantzsch; Bearb.: B. Hantzsch
Abb. 2, 4, 5, 6, 7: Konstr.: A. Schultz; Red.: B. Hantzsch; Bearb.: R. Richter

Literatur
BAUMBACH, G. (1992): Luftreinhaltung. 2. Aufl. Berlin, Heidelberg, New York.
BECKER, K.-H. u. J. LÖBEL (1985): Atmosphärische Spurenstoffe und ihr physikalisch-chemisches Verhalten. Berlin.
Erste Allgemeine Verwaltungsvorschrift zum Bundes-Immissionsschutzgesetz (Technische Anleitung zur Reinhaltung der Luft – TA Luft) vom 27.2.1986. GMBl: 95ff.
GERSTENGARBE, F. W. (1993): Katalog der Großwetterlagen Europas von Paul Hess und Helmut Brezowski 1881-1992 (= Berichte des Deutschen Wetterdienstes 113).
KUTTLER, W. (1979): Einflußgrößen gesundheitsgefährdender Wetterlagen und deren bioklimatische Auswirkung auf potentielle Erholungsgebiete (= Bochumer Geographische Arbeiten 36).
LITTMANN, T. (1994): Immissionsbelastung durch Schwebstaub und Spurenstoffe im ländlichen Raum Nordwestdeutschlands (= Bochumer Geographische Arbeiten 59).
LITTMANN, T. (1997): Räumliche Strukturen der Schwebstaubbelastung in den alten Bundesländern Deutschlands. In: Petermanns Geographische Mitteilungen 141, S. 131-137.
SCHULTZ, A. (1998): Raum-zeitliche Strukturen der Immissionsbelastung durch Schwefeldioxid und Schwebstaub in der Bundesrepublik Deutschland für den Zeitraum 1993 bis 1996. Unveröff. Diplomarbeit. Martin-Luther-Universität Halle-Wittenberg. Halle (Saale).
VDI-KOMMISSION ZUR REINHALTUNG DER LUFT (Hrsg.) (1993): Lufthygiene und Klima. Düsseldorf.
VEREIN DEUTSCHER INGENIEURE (1986): Richtlinie VDI 2310, Maximale Immissions-Werte. Berlin.

Quellen von Karten und Abbildungen
Abb. 1: Zeitlicher Verlauf der Immissionsbelastung durch Schadstoffe,
Abb. 2: Mittlere Belastung durch Luftschadstoffe 1992-1996,
Abb. 3: Quellen und Grenzwerte von Luftschadstoffen,
Abb. 4: Mittlere Schwefeldioxid-Immission 1992-1996,
Abb. 5: Mittlere Schwebstaub-Immission 1992-1996,
Abb. 6: Mittlere Stickoxid-Immission 1992-1996,
Abb. 7: Mittlere Ozon-Immission 1992-1996,
Abb. 8: Abweichung der Immissionswerte vom jeweiligen Mittel: Bayerisches Landesamt für Umweltschutz. München. Gewerbeaufsichtsamt Itzehoe. Hessische Landesanstalt für Umwelt. Wiesbaden. Landesamt für Umwelt und Natur Mecklenburg-Vorpommern. Gülzow. Landesamt für Umweltschutz Sachsen-Anhalt. Magdeburg. Landesamt für Umwelt und Gewerbeaufsicht Rheinland-Pfalz. Oppenheim. Landesanstalt für Umweltschutz Baden-Württemberg. Karlsruhe. Landesumweltamt Brandenburg. Cottbus. Landesumweltamt Nordrhein-Westfalen. Essen. Niedersächsische Landesamt für Ökologie. Hannover. Sächsisches Landesamt für Umwelt und Geologie. Radebeul. Thüringer Landesanstalt für Umwelt. Jena. Umweltbehörde-Amt für Umweltschutz der Freien und Hansestadt Hamburg. Umweltbundesamt-Messnetzzentrale. Offenbach.

Bildnachweis
S. 137: Waldsterben im Erzgebirge 1989: copyright ROBIN WOOD

S. 140-143: Umweltgütesiegel und Produktkennzeichnung im Tourismus
Autor: Dipl.-Geogr. Eric Losang, Institut für Länderkunde, Schongauerstr. 9, 04329 Leipzig

Kartographische Bearbeiter
Abb. 1, 2, 3, 4, 6, 7, 8: Red.: B. Hantzsch; Bearb.: R. Bräuer
Abb. 5: Konstr.: E. Losang; Red.: E. Losang; Bearb.: E. Losang
Abb. 9: Red.: E. Losang, W. Kraus; Bearb.: E. Losang

Literatur
BECKER, C., H. JOB u. A. WITZEL (1996): Tourismus und nachhaltige Entwicklung. Grundlagen und praktische Ansätze für den mitteleuropäischen Raum. Darmstadt.
DALY, H. E. (1992): Vom Wirtschaften in einer leeren Welt zum Wirtschaften in einer vollen Welt. Wir haben einen historischen Wendepunkt erreicht. In: R. GOODLAND u.a. (Hrsg.): Nach dem Brundtland-Bericht: Umweltverträgliche wirtschaftliche Entwicklung. Bonn, S. 29-39.
HAMELE, H. (1997): Umweltgütesiegel im Tourismus. In: G. MICHELSEN (Hrsg.): Umweltberatung. Grundlagen und Praxis. Bonn, S. 556-567.
HARBORTH, H.-J. (1993): Dauerhaft Entwicklung statt globaler Selbstzerstörung. Eine Einführung in das Konzept des „Sustainable Development". 3. überarb. u. erweit. Aufl. Berlin.
JOB, H. (1996): Modell zur Evaluation von Nachhaltigkeit im Tourismus. In: Erdkunde. Heft 2, S. 112-132.
KIRSTGES, T. (1995): Sanfter Tourismus. Chancen und Probleme der Realisierung eines ökologieorientierten und sozialverträglichen Tourismus durch deutsche Reiseveranstalter. 2. überarbeitete u. erweit. Aufl. München.
LASSBERG, D. V. (1997): Urlaubsreisen und Umwelt. Eine Untersuchung über die Ansprechbarkeit des Bundesbürger auf Natur- und Umweltaspekte in Zusammenhang mit Urlaubsreisen. 2. Aufl. Ammerland.
LOSANG, E. (1999): Produktkennzeichnungen touristischer Dienstleistungsangebote – freiwillige Selbstkontrolle oder verpflichtende Verbraucherinformation. In: FONTANARI, M. L. u. H. JOB (Hrsg.): Tagungsband „Produktkennzeichnung im Tourismus": Chancen und Probleme einer einheitlichen Umwelt- und Produktkennzeichnung im Tourismus. Trier (= ETI-Texte. Heft 15), S. 17-27.
LOSANG, E. (2000): Tourismus und Nachhaltigkeit. Trier (= Trierer Tourismus Bibliographien. Band 12).
LÜBBERT, C. (1999): Qualitätsorientiertes Umweltschutzmanagement im Tourismus. Empirische Untersuchung und Entwurf eines nachfrageorientierten Modells zur Umweltkennzeichnung touristischer Leistungen. München (= Wirtschaft und Raum. Band 4).
MIDDLETON, V. T. C. (1998): Sustainable tourism. A marketing perspektive. Oxford, Woburn.
MÜLLER, H. (1998): Qualitätsgütesiegel für den schweizerischen Tourismus. Ein innovatives Programm. In: Jahrbuch der schweizerischen Tourismuswirtschaft, S. 117-128.
OSTERLOH, G. (1997): Der Reisestern: Regionalisierung eines Modells zur Evaluation der Nachhaltigkeit von Reisen am Beispiel der Bundesrepublik Deutschland. Unveröff. Diplomarbeit. Universität Trier. Trier.
PIGRAM, J. J. u. S. WAHAB (1997): The challenge of sustainable tourism growth. In: S. WAHAB u. J. J. PIGRAM (Hrsg.): Tourism, development and growth. The challenge of sustainability. London, New York, S. 3-13.
STOCK, M. (1998): Über den Wolken – unter aller Kritik? In: Jahrbuch Ökologie 1999. München.
THIEL, F. (1997): Touristische Umweltberatung von Reisenden. In: Umweltberatung. Grundlagen und Praxis. Bonn, S. 584-590.

Quellen von Karten und Abbildungen
Abb. 1: Tendenzen im Tourismus: KIRSTGES, T. (1995). LÜBBERT, C. (1999). Eigene Erhebungen.
Abb. 2: Problembewusstsein deutscher Reisender 1986 und 1997: LASSBERG, D. (1997).
Abb. 3: Defizite bisheriger Gütesiegel und Anforderungen an eine umfassende Kennzeichnung touristischer Dienstleistungen: HAMELE, H. (1997). Eigene Erhebungen.
Abb. 4: Das Analysesystem nachhaltiger Tourismusentwicklung: BECKER, C., H. JOB u. A. WITZEL (1996). LOSANG, E. (2000).
Abb. 5: Gütesiegel und potenzielle touristische Belastung 1998: HAMELE, H. (1997). Eigene Erhebungen.
Abb. 6: Gütesiegel in Europa: HAMELE, H. (1997). Eigene Erhebungen.
Abb. 7: Der Reisestern: OSTERLOH, G. (1997). Eigene Erhebungen.
Abb. 8: Schema zur Operationalisierung des Reisesterns: OSTERLOH, G. (1997). Eigene Erhebungen.
Abb. 9: Der Reisestern – ausgewählte Indikatoren: OSTERLOH, G. (1997). Eigene Erhebungen.

S. 148-151: Thematische Karten – ihre Gestaltung und Benutzung
Autoren: Dr. Konrad Großer und Dipl.-Ing. für Kart. Birgit Hantzsch, Institut für Länderkunde, Schongauerstr. 9, 04329 Leipzig

Kartographische Bearbeiter
Abb. 1, 2, 3, 4, 5, 6, 7, 8, 9, 10, 11, 12: Red.: K. Großer, B. Hantzsch; Kart.: K. Großer, B. Hantzsch

Literaturhinweise zur Vertiefung
ARNBERGER, E. (1966): Handbuch der Thematischen Kartographie. Wien.
BERTIN, J. (1974): Graphische Semiologie. Berlin, New York. Übersetzung der Originalausgabe „Sémiologie graphique" (1967). Paris.
BOARD, C. (1967): Maps as models. In: CHORLEY, R. L. u. P. HAGGETT (eds.): Models in Geography. London, S. 671-725.
GROSSER, K. (1982): Zur Konzeption thematischer Grundlagenkarten. In: Geographische Berichte 104. Heft 3, S.171-183.
GROSSER, K. (1997): Topographische Grundlage und kartographische Bearbeitung des Pilotbandes. In: IfL (Hrsg.): Atlas Bundesrepublik Deutschland. Pilotband, S. 19-25.
LOUIS, H. (1960): Die thematische Karte und ihre Beziehungsgrundlage. In: Petermanns Geographische Mitteilungen 104. Heft 1, S. 54-63.
HAKE, G. u. D. GRÜNREICH (1994): Kartographie, Walter de Gruyter. Berlin, New York.
IMHOF, E. (1972): Thematische Kartographie, Walter de Gruyter. Berlin, New York.
OGRISSEK, R. (1983): ABC Kartenkunde. Leipzig.
SALISTSCHEW, K. (1967): Einführung in die Kartographie. Gotha, Leipzig.
SPIESS, E. (1971): Wirksame Basiskarten für thematische Karten. In: Internationales Jahrbuch für Kartographie 11, S. 224-238.

Sachregister

A

Akkulturation ... 143
Allgemeiner Deutscher Fahrrad Club (ADFC) ... 91
alpiner Wintersport ... 96f
Alte Musik ... 56f
Amateurfußball ... 87
Appartementanlagen ... 70, 71, 72f
Arbeitslose ... 100
Arbeitsmarkt ... 128
Arbeitsplätze ... 116f, 118f, 143
Arbeitszeit ... 12
ästhetische Qualitäten ... 26f
Aufenthaltsdauer ... 31, 98f
Aufstiegshilfen (Skisport) ... 97
Ausbildung ... 128f
Ausflugsschifffahrt ... 66f
Ausflugsverkehr ... 116
Ausgaben im Reiseverkehr ... 103
ausländische Touristen ... 104f
ausländische Zielgebiete ... 124
Auslandsreiseintensität ... 100f
Auslandsreiseverkehr ... 25, 100f, 124f
Auslandsreiseziele ... 25, 100
Auslandstourismus ... 25, 100
Autobahnnetz ... 132

B

Badeanlagen ... 76f
Bäderorte ... 22f, 25, 33
Bäderreisen ... 22
Barock (Baustil) ... 48
Barockgärten ... 40f
Baudenkmäler ... 17, 38f, 48f
Baustile ... 48f
Beherbergungsangebot ... 73, 74f
Beherbergungsbetriebe ... 31, 72, 74
Beherbergungskapazitäten ... 69, 121
Belastungen (touristische) ... 141f
Belastungsklima ... 31
beliebte Reiseziele ... 104
Bergbahnen ... 66f
Berufsfachschulen ... 128
Beschäftigungseffekte ... 17, 18, 116f
Besichtigungstourismus ... 22
Besucheraufkommen ... 38, 54f, 56, 57, 63, 78, 80, 82f, 87, 110, 130
Besuchsfrequenz ... 80
Besuchsvolumen ... 80
betriebliche Ausbildung ... 128
Betriebserholungswesen ... 24f
Bettenkapazität ... 33, 74f, 121
Bevölkerungsdichte ... 10
Bildungsgänge ... 129
Binnenschifffahrtsflotte ... 66
Bioklima ... 30f
Biosphärenreservate ... 34f, 133, 134
Bistümer ... 50f
Bodenbedeckung ... 135
Botanische Gärten ... 40f
Brauchtum ... 60f, 62, 130, 131
Bühnenstandorte ... 54f
Bund Deutscher Karneval ... 61
Bundesarbeitsgemeinschaft für Urlaub auf dem Bauernhof ... 114
Bundesfernstraßennetz ... 28, 132f
Bundesgartenschauen ... 42f
Bundeskleingartengesetz ... 45
Bundesministerium für Umwelt, Naturschutz und Reaktorsicherheit (BMU) ... 92
Bundesministerium für Wirtschaft (BMWi) ... 120
Bundesverband der Tourismuswirtschaft (BTW) ... 18
Bundesverband Deutscher Gartenfreunde e.V. ... 44
Bundeswasserstraßen ... 66, 67
Bürgerinitiativen ... 72

C

Camping ... 15, 24, 25, 68f
Corporate Design ... 110

D

Daseinsgrundfunktionen ... 21
Dauercamping ... 68f
Dauerkarteninhaber ... 87
DDR ... 24f
Denkmäler ... 15, 17, 38f
Denkmalpflege/Denkmalschutz ... 38f, 64, 118
Deposition ... 137
Destinationsmarketing ... 122
Deutsche Zentrale für Tourismus (DZT) ... 120
Deutscher Alpenverein ... 88, 92
Deutscher Fußball-Bund (DFB) ... 86, 87
Deutscher Gewerkschaftsbund (DGB) ... 12
Deutscher Heilbäderverband (DHV) ... 18, 32, 120
Deutscher Hotel- und Gaststättenverband (DEHOGA) ... 18, 21, 120, 140, 142
Deutscher Kanu-Verband ... 93
Deutscher Reisebüro- und Reiseveranstalterverband (DRV) ... 120
Deutscher Schaustellerbund ... 62
Deutscher Skiverband ... 96
Deutscher Sportbund (DSB) ... 85
Deutscher Tourismusverband (DTV) ... 18, 120
Deutsches Reich ... 22f
Devisen ... 25, 103

E

Einkommenseffekte ... 117
Einnahmen im Reiseverkehr ... 103
Einreisetourismus ... 14
Einzugsgebiete ... 39, 59, 79, 81, 82
Eisenbahnstrecken ... 66, 67, 132
Emissionen ... 31, 136f
endogene Potenziale ... 37
Ensembles ... 48, 131
Entwicklungsphasen ... 22, 25, 39, 56, 70, 72, 73, 101, 130, 136
Entwicklungstrends ... 20, 140
Erholungsflächen ... 46
Erholungsgebiete ... 25, 92, 134
Erholungsorte ... 25
Erholungskapazitäten ... 108
Erholungstourismus ... 108
Erholungsvorsorgefunktion ... 36
Erlebnisbäder ... 76f
Erlebnisparks ... 62, 80f
EU-Fördergebiete ... 36
Events ... 16, 58, 60, 81, 111

F

Fachhochschulen ... 128f
Fahrgastbinnenschifffahrt ... 66, 67
Fahrradtourismus ... 88f
Fährschifffahrt ... 66f
Fasching ... 60f
Fasnacht ... 60f
Fasnet ... 60f
Fastenzeit ... 60
Fastnacht ... 60f
Feinstäube ... 136f
Feriendienst des FDGB ... 24f
Feriendörfer ... 72
Feriengroßprojekte ... 20, 72f
Ferienparks ... 72f
Ferienstraßen ... 64f
Ferienwohnsitze ... 68f
Ferienzentren ... 14f
Fernreiseverkehr ... 15, 100f
Fernreisewege ... 91
Fernwanderwege ... 88f
Festivals ... 56f
Festkultur ... 62
FIFA ... 86
Filmförderungsanstalt ... 78
Filmparks ... 83
Fitnessstudios ... 84
Flächenbilanz ... 36
Flächenversiegelung ... 78
Fluglärm ... 34
Flugstrecken ... 102
Flusskreuzfahrt ... 66f
Föhn ... 30, 31
Fördergebiete ... 36, 118f
Fördermittel ... 119
Förderpolitik ... 118f
Fortbildung ... 128f
Freibäder ... 84
Freier Deutscher Gewerkschaftsbund (FDGB) ... 25
Freilichtbühnen ... 54f
Freilichtmuseen ... 15, 38f
Freilichttheater ... 54f
Freiräume ... 132f
Freiraumzerschneidung ... 132f
Freizeit ... 12f
Freizeitaktivitäten ... 13f, 88
Freizeitausgaben ... 18
Freizeitbäder ... 20, 76f
Freizeitgroßanlagen ... 78
Freizeitgroßtypen ... 78
Freizeitmobilität ... 134
freizeitorientierte Bäder ... 76f
Freizeitparks ... 20, 62, 80f
Freizeitpotenzial ... 26f
Freizeitsport ... 93f
Freizeitwohnsitze ... 68f
Fremdenverkehrsämter ... 120
Fremdenverkehrsgebiete ... 17, 25, 122
Fremdenverkehrsgemeinden ... 120
Fremdenverkehrsinfrastruktur ... 72f
Fremdenverkehrsintensität ... 98
Fremdenverkehrsorte ... 22f, 25, 26f
Fremdenverkehrsregionen ... 25, 122, 131
Fremdenverkehrstypen ... 14
Fremdenverkehrsverbände ... 18, 23, 74, 120f
Fremdenverkehrswirtschaft ... 118, 116f
Frischluftschneisen ... 45
Funktionalismus ... 48
Fußball ... 86f
Fußballstadien ... 87
Fußballverbände ... 86f

G

Gärten ... 40f
Gartenschauen ... 42f
Gastronomie ... 17, 64, 78, 119
Gebirgs- und Wandervereine ... 89, 90
Gegenreformation ... 48
Gemeinschaftsaufgabe Verbesserung der regionalen Wirtschaftsstruktur (GRW) ... 18, 36, 118f
Geofaktoren ... 30
Geschäftsreiseverkehr ... 22, 31, 98, 100, 105, 108f
Gesellschaft der Naturfreunde „KOSMOS" ... 34
Gesundheitsreform ... 32
Gesundheitstourismus ... 32f, 98
Globalisierung ... 100
Golfplätze ... 94f
Golfsport ... 94f
Gotik ... 48
graphische Grundelemente (Kartographie) ... 148
Großfeuerungsanlagen ... 137
Großhotels ... 72
Großkonzerne ... 124f
Großschutzgebiete ... 29, 35f, 132, 133, 135
Großstädte ... 10, 23, 46, 108f
Großveranstaltungen ... 16
Großwetterlagen ... 137, 139
Grunddaseinsfunktionen ... 21
Grundlagenkarten ... 150

H

Hallenbäder ... 76f, 84
Handelsstädte ... 48
Hansestädte ... 48
Haupturlaubsreisen ... 14, 100
Hauptwanderwege ... 88f
Heilbäder ... 22f, 27, 29, 31, 32f, 42, 123
heilklimatischer Kurort ... 22f, 27, 29
Herkunft ausländischer Gäste ... 105
historische Bahnen ... 64f
historische Baudenkmäler ... 48f
historische Siedlungsformen ... 38f
historische Züge ... 64f
Historismus ... 48
Hochdrucklagen ... 139
Hotelgewerbe ... 74, 121, 122
Hotelschiffe ... 66

I

identitätsstiftende Wirkung ... 54, 60, 112, 114
Identitätsverlust ... 131
Image von Städten, von Fremdenverkehrsgebieten ... 108, 111, 26f
Immissionsbelastung ... 136f
Incentive-Reisen ... 108, 110
Incoming-Tourismus ... 104f
Individualsport ... 85
Individualverkehr ... 64
Indoor-Wasserparks ... 76f
Industriekultur ... 47
Infrastrukturtrassen ... 132f
Inlandsreiseverkehr ... 101
Innovationen im Tourismus ... 20, 72, 101
Internationale Tourismus Börse (ITB) ... 120, 123
internationaler Tourismus ... 100f, 104f
Inversionswetterlage ... 30, 31
Investitionen im Tourismus ... 116f, 118f

J

Jahresarbeitszeit ... 100
Jahrmärkte ... 62f
Jazz ... 56f
Jugendstil ... 48

K

Kanusport ... 93
Kanuwandern ... 47, 93
Karneval ... 16, 60f
Kartengestaltung ... 148f
kartographische Darstellungsmethoden ... 148f
Kernsportstättendichte ... 84
Kettenhotels ... 121, 122
Kfz-Verkehr ... 135
Kinobesucher ... 78
Kinos ... 14, 20, 78f
Kirchenprovinzen ... 51
klassische Musik ... 56f
Kleingärten ... 24, 44f, 70
Kleingartenverbände ... 44
Klettergebiete ... 92f
Klettersport ... 92f
Klimaelemente ... 31
Klöster ... 39, 48, 52
Kneippheilbäder/Kneippkurorte ... 27, 29, 32f
Kohlekraftwerke ... 136
Kommunalverbände ... 18
Konferenzen ... 108
Kongresstourismus ... 108
Konzernstrukturen ... 126
Konzerte ... 54
„Kraft durch Freude" ... 22
Kraftwerke ... 136
Kreise (Folienkarten) ... hintere Umschlagklappe
kreisfreie Städte ... 45
kulturelle Großveranstaltungen ... 111
kulturelle Identität ... 130, 131
Kulturlandschaft ... 38f, 40f, 112
Kulturlandschaftspflege ... 37
Kulturpflege ... 64
Kulturstadt ... 108, 110, 111
Kulturtourismus ... 15, 16, 38, 48f, 56f
Kulturzeugnisse ... 38f
Kurbäder ... 76
Kurhäuser ... 119
Kurmittel ... 32
Kurorte ... 22f, 25, 32f, 42
Kurparks ... 42
Kurzreisen ... 72, 108

L

Landeskunde ... 147
Landesnatur ... 10
Landesnaturschutzgesetze ... 34
ländliche Räume ... 88f, 92f, 112
landschaftliche Attraktivität ... 26f
Landschaftsbewertung ... 17, 26f
Landschaftsgestaltung ... 40f
Landschaftsparks ... 40f
Landschaftspflege ... 37
Landschaftspotenzial ... 26f
Landschaftsverbrauch ... 71
Landschaftsvielfalt ... 28
Landschaftszerschneidung ... 20, 28, 132f
Landtourismus in Deutschland e.V. ... 114
Lärm ... 132, 134
Lebensarbeitszeit ... 100
Legenden (Kartographie) ... 151
Leistungssport ... 84
Linienschifffahrt ... 66, 67
Luftmassentransporte ... 138f
Luftqualität ... 136f
Luftschadstoffe ... 136f
Luftverschmutzung ... 20, 136f
Luxushotels ... 72

M

Marketing ... 20, 108
Marktausschöpfung ... 80, 81
Massenmotorisierung ... 64, 100
Massentourismus ... 22, 72, 100f, 131
Menschenrechte ... 143
Messebesucher ... 110
Messestandorte ... 123
Messetourismus ... 104, 106, 107
Messeveranstaltungen ... 108, 110f
Messstationen (Schnee, Luft) ... 96, 137
Mineralbäder ... 27, 29, 32f
Mittelalter ... 50
Mittelstandsförderung ... 18, 118
Monitoring ... 135
Moorheilbäder ... 32
Multiplexkinos ... 78f
Multiplikatoreffekt ... 18
Museenbesucher ... 38
Museumsbahnen ... 64f, 66, 67
Musicals ... 16, 54, 56f
Musicaltheater ... 58f
Musikfestivals ... 56f

N

Nachhaltigkeit ... 21, 37, 140f
Naherholung ... 46f, 64

Naherholungsgebiete 46f	Radfahren/Radwandern 15, 47, 64,	Sanierung 110	Tourismusförderung 34, 118	Verbandsstrukturen 120f
Nationalparke 34f, 133, 134	.... 88f	Saunaanlagen 76	Tourismusorganisation 120f	Verdichtungsräume 10, 19, 29, 31,
Nationalparkprogramm 36	Radfernwege 90, 91	Schadstoffe 132f, 136f	Tourismuspolitik 18	.... 35, 42, 46, 77, 95, 114, 137f
Naturbühnen 54	Raumordnung/Raumplanung 21,	Schifffahrtslinien 64f	Tourismusunternehmen 118	Verein Naturschutzpark (VNP) 34,36
Naturdenkmäler 15	.... 118f, 135	Schlossparks 40f	Tourismusverbände 74, 120f, 122	Verkehrserschließung 28
Naturlandschaft 26f, 34f, 40f	Raumüberwindung 142	Schmalspurbahnen 64f	Tourismuswerbung 120, 122, 123	Verkehrsinfrastruktur 28, 64f, 118,
naturnahe Erholung 34f, 44f, 46f,	Rebflächen 113	Schneeverhältnisse 96, 97	Tourismuswirtschaft 116f, 118f	.... 132, 134
.... 92f, 94f, 112f, 135	Rebsorten 113, 114	Schonklima 31	Touristikbahnen 64f, 66, 67	Verkehrsprojekte Deutsche
naturorientierter Freizeitsport 93f	Reedereien 66	Schützenfeste 62	Touristikmessen 123	Einheit 132
Naturparke 34f, 37, 133, 134	Reformation 60	Schwebebahnen 66f	touristische Eisenbahnstrecken 66f	Verstädterung 40
naturräumliche Ausstattung 26f	Refugialräume 135	Schwebstäube 136f	touristische Erschließung 101	virtuelle Freizeitmöglichkeiten 16
Naturschutz 29, 34f, 37, 64, 132	Regionalbewusstsein 15	Schwefeloxide 136f	touristische Großräume 19, 75, 98f	Völkerverständigung 22
Natursportarten 92f	regionale Wirtschaftsförderung 64,	Schwüle 31	touristische Schienenwege 67	Volkseinkommen 116f
Nebenwohnsitze 130	.... 118f	Seebäder/Seeheilbäder 22f, 25, 27,	touristische Schiffswege 66f	Volksfeste 16, 60f, 62f
Neue Musik 56f	Regionalmarketing 64	.... 29, 32f, 117	touristische Straßen 64f	
Nutzungskonflikte 82	Regionalparks 20, 40f	semantisches Differenzial 26, 28	touristische Verkehrslinien 64f	**W**
	Rehabilitation 32	Skigebiete 97	touristische Vertretungen 126, 127	Waldschäden 136
O	Reinluftgebiete 139	Skilaufen 96, 97	Tradition 38, 50, 60, 62,130	Wallfahrtsorte 50f
Oberzentren 19, 77, 95	Reisebüros 125, 126	soziale Dimension 142, 143	Trends 14f, 72, 84, 140	Wandern 64, 88f
ökologische Belastungen 71, 130,	Reisefreiheit 25	soziale Identität 130		Wandervereine 89, 90
.... 131, 140f	Reisegebiete (Folienkarte) .... hintere	sozialpolitische Dimension 140f	**U**	Wanderwege 89, 90
ökologische Dimension 140f	.... Umschlagklappe	Sozialversicherung 32	Übernachtungen 20, 22f, 24, 30,	Wasserattraktionen 76
ökonomische Effekte 64, 107, 116f,	Reisegebiete 19, 75, 98f	soziokulturelle Belastungen 130f,	.... 32f, 70, 74f, 98f, 104f, 108f, 131	Wassersport 93
.... 118f, 140f	Reisegewohnheiten 22	.... 32f, 97, 130f, 132f,	Übernachtungsdichte 141	wehrtechnische Anlagen 49
ÖPNV 21	Reiseintensität 12, 13, 100f	.... 136f, 140f	Übernachtungsintensität 141	Weinbaugebiete 112f
Organisationsstrukturen 120f	Reisekonzerne 100	Spielklassengebiete (Fußball) 86	Übernachtungskapazitäten 74f	Weinbauländer 112
Outdoor-Wasserparks 76f	Reisemittler 124f	Sport 14, 20, 84f, 86f, 92f, 94f	Übernachtungsvolumen 98f	Weinfeste 114, 115
Ozon 136f	Reisemotive 88, 106	Sportstätten 84f	Umsätze 116f	Weinlese 114
	Reisereichweiten 100, 101	Sportstättenplanung 85	Umweltbelastungen 20, 21, 45, 71,	Weintourismus 15, 112f
P	Reiseströme 100f	Staatsgebiet 10	.... 72, 97, 130f, 132f,	Weiterbildung 128f
Parahotellerie 74	Reiseveranstalter 15, 124f	Städtebau 118	.... 136f, 140f	Wellnessangebote 76, 84
Parkbahnen 66f	Reiseverhalten 101, 102	Städtetourismus 31, 98, 106, 107,	Umweltbeobachtung 135	Weltausstellung EXPO 16, 111
Parks 40f	Reisevertriebsstellen 124	.... 108f	Umweltbundesamt (UBA) 142	Weltkulturerbe 48
Personenflussschifffahrt 66f	Reiseziele (ausländische) 25, 100f	Stadtfeste 62	Umweltfaktoren 31	Werbung 20, 80, 108, 120, 123
Pfalzen 48	Reiseziele (inländische) 24, 25, 98f	Stadtmarketing 108	Umweltgütesiegel 21, 140f	Wertewandel 12, 13
Pilgerreisen 22, 50f, 100	Reiten 88f	Stadtökologie 45	Umweltverträglichkeitsprüfung 94	Wintersport 96
Politik 18, 36, 118f, 120	Reitwege 90, 91	Stadtparks 40f	UNESCO 34, 48	wirtschaftliche Bedeutung 17, 18,
Prädikatisierung 26f, 118f	Reizklima 31	statistische Datenbasis 18	Universitäten 128f	.... 64, 107,116f, 118f
Problembewusstsein 140	Religionstourismus 50f	Statistisches Bundesamt (STBA) ... 18,	Urlaub auf dem Bauernhof 115	Wirtschaftlichkeit 143
Produktkennzeichnung 140f	religiöse Zentren 50f	 146	Urlaub auf dem Winzerhof 115	Wirtschaftsverbände 18, 120
profane Bauwerke 49	Renaissance 48	Stickstoffe 136f	Urlaubsaktivitäten 13f, 88	Wohlstand 142
Profifußball 87	Rentenreform 32	Strahlungswetterlagen 137	Urlaubsgeld 12	
Prognosen 81, 84	Residenzstädte 48	Straßennetzdichte 132	Urlaubsreisen 100	**Z**
	Rokoko 48	Straßenverkehr 137		Zerschneidungsgrad 26, 28, 140f
Q	Romanik 48	strukturschwache Gebiete 36, 118	**V**	Zersiedlung 131
Quellgebiete 46, 48	Römerzeit 48	Studiengänge 129	Verband Deutscher Gebirgs- und	Zivilisationskritik 22
	Rosenmontagsumzüge 60f		Wandervereine (VDGW) 88, 90	Zonenrandgebiet 72
R		**T**	Verband Deutsches Reise-	Zoologische Gärten 40f
	S	Tagestourismus 116, 117, 131	management (VDR) 111	Zuschauerresonanz (Fußball) 87
Raddampfer 66	sakrale Bauwerke 49	Tagungstourismus 108	Verbände 18, 23, 34, 37, 44, 74,	Zweckverbände 18
	Sanatorien 74f, 123	Thermalbäder 76	.... 86f, 88, 89, 90, 91, 111, 120f	Zweitwohnsitze 130, 131
	sanfter Tourismus 21	Tiefdrucklagen 139		
		Tierparks 40f		